2023 令和5年度 年版

2級土木施工管理技士
過去問コンプリート

日本大学教授 **保坂成司** 監修

森田興司・山田愼吾・小野勇 著

誠文堂新光社

はじめに

　建設業法等の一部改正により，令和３年度から第一次検定の合格者に対し「施工管理技士補」，第二次検定合格者に対し「施工管理技士」の資格が付与されることになりました。また第二次検定に合格すると，実務経験を問わず翌年から１級の第一次検定の受検が可能となりました。１級の第一次検定合格者は１級施工管理技士補となり，監理技術者補佐として現場に従事できるため，２級土木施工管理技士取得が大きなキャリアアップとなります。

　本書は，幅広い知識が修得できるよう，問題の解説に関連知識もできるだけ加えています。直近の過去問からさかのぼって解き，特に誤っている選択肢のどの語句が間違いか，どの語句なら正解なのかを解説を良く読んで理解してください。合格ラインは６割です。本書を存分に活用し，合格されることを願っています。

2023年１月

日本大学教授　保坂成司

スマホでいつでもどこでも学習できる!

＊2023年3月下旬リリース予定。
Android版及びiOS版あり。
アプリは本書とは別売です。

まずは無料版をダウンロードしよう!

本書の内容を収録した学習アプリです。通勤・通学のスキマ時間を使っての予習や復習，苦手分野の克服，直前の総仕上げなど，本書と併せて活用することで，合格力をさらに高めることができます。ぜひご利用ください。

※画像はイメージです。

特長
- 年度別・単元別に問題を解ける。
- 正答率がひと目でわかる。
- 問題のブックマークができる。
- 不正解問題だけを選ぶことができる。

Google Play で手に入れよう
App Store からダウンロード

動作環境：Android 4.4以上／iOS 11.0以上
Google PlayまたはApp Storeからダウンロードしてください。本アプリはスマートフォン専用アプリです。タブレットでの動作保証はしておりません。通信状況などにより，正常に動作しない場合があります。

本書の特長と使い方

　本書は，2級土木施工管理技術検定試験の<u>過去問6年分（11回分）</u>の問題と解答・解説を収録しています。問題は年度別に収録されており，**本試験と同じ雰囲気で解くこと**ができます。**すべての問題に解説がついている**ので，初めての受検者でも安心して学習できます。巻末には，<u>第二次検定の経験記述の攻略法</u>を掲載しています。

第一次検定
解答は四肢択一式です。選択問題（42問中21問解答）と必須問題（19問）の組み合わせです。

解答・解説
重要語句は太字になっています。正解以外の選択肢にも必要に応じて解説を付しています。

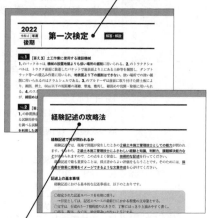

第二次検定
解答は記述式です。必須問題（5問）と選択問題（4問中2問）の組み合わせです。

経験記述の攻略法
経験記述の出題内容と攻略法を紹介しています。経験記述は毎年ほぼ同じ出題形式です。事前に準備しておくことがとても大切です。

ポイント
過去問を解く際は，時間を意識することが大切です。本試験のつもりで時間を計りながら問題を解きましょう。見直しの時間を考慮すると，1問あたり約2.5分が目安です（見直し時間は約30分が目安です）。

※本書は2023年1月現在の法改正等に対応しています。試験実施後，
　法改正等により問題に不備が生じた場合は，その旨を解説で示しています。

2級土木施工管理技術検定試験
試験の概要

2級土木施工管理技術検定とは

　建設業法第27条に基づいて実施される国家試験です。検定試験に合格すると，建設業法に定められている一般建設業の許可要件である営業所における「専任技術者」及び工事現場における「主任技術者」となることが認められています。

令和5年度試験データ

試験日	**第一次検定（前期）**：6月4日（日） **第一次・第二次検定，第一次検定（後期），第二次検定**：10月22日（日）
申込用紙販売	**第一次検定（前期）**：2月17日（金）～3月15日（水） **第一次・第二次検定，第一次検定（後期），第二次検定**：6月19日（月）～7月19日（水） （「第一次・第二次検定」「第一次検定のみ（前期）」「第一次検定のみ（後期）」「第二次検定のみ」の4種類があり1部600円）
申込受付期間	**第一次検定（前期）**：3月1日（水）～3月15日（水） **第一次・第二次検定，第一次検定（後期），第二次検定**：7月5日（水）～7月19日（水） （書面申込は簡易書留郵便による個人別申込に限る）
試験地	**第一次検定（前期）**：札幌，仙台，東京，新潟，名古屋，大阪，広島，高松，福岡，那覇 **第一次・第二次検定，第一次検定（後期），第二次検定**：札幌，釧路，青森，仙台，秋田，東京，新潟，富山，静岡，名古屋，大阪，松江，岡山，広島，高松，高知，福岡，鹿児島，那覇（第一次検定（後期）では熊本が追加）
受検手数料	**第一次・第二次検定**：10,500円 **第一次検定のみ**：5,250円／**第二次検定のみ**：5,250円

試験時間と試験内容

	第一次検定	第二次検定
試験時間	2時間10分	2時間
出題形式	択一式（61問中21問選択，19問必須）	記述式（9問中5問必須，2問選択）
合格基準	得点が60%以上	得点が60%以上

※出題形式は令和4年度の内容です。

※合格基準は，試験の実施状況等を踏まえ，変更する可能性があります。

※試験の内容は試験年度により変更されることがありますので，必ず全国建設研修センターの受検年度の『受検の手引き』でご確認ください。

受検資格

● **第一次検定**

令和5年度中における年齢が17歳以上の者（平成19年4月1日以前に生まれた者）

● **第二次検定**

下表のいずれかに該当する者

学歴	土木施工に関する実務経験年数	
	指定学科卒業後	指定学科以外卒業後
大学／専門学校「高度専門士」	1年以上	1年6か月以上
短期大学／高等専門学校／専門学校「専門士」	2年以上	3年以上
高等学校／中等教育学校／専門学校（「高度専門士」「専門士」を除く）	3年以上	4年6か月以上
その他	8年以上	

（注1）上記の実務経験年数については，当該種別の実務経験年数である。

（注2）実務経験年数の算定基準日　上記の実務経験年数は，2級第二次検定の前日（令和5年10月21日（土））までで計算するものとする。

● **第一次検定免除者**

1) 平成28年度から令和2年度の2級土木施工管理技術検定「学科試験」を受検し合格した者で，所定の実務経験を満たした者

※当該合格年度の初日から起算して12年以内に連続して2回の第二次検定を受検可能

※第一次検定が免除されるのは，合格した学科試験と同じ受検種目・受検種別に限ります

※平成27年度以前の2級土木施工管理技術検定「学科試験」の合格者は，個別に当センターにお問い合わせください

2) 技術士法（昭和58年法律第25号）による第2次試験のうち技術部門を建設部門，上下水道部門，農業部門（選択科目を「農業農村工学」とするものに限る。），森林部門（選択科目を「森林土木」とするものに限る。），水産部門（選択科目を「水産土木」とするものに限る。）又は総合技術監理部門（選択科目を建設部門若しくは上下水道部門に係るもの，「農業農村工学」「森林土木」又は「水産土木」とするものに限る。）に合格した者で，第一次検定の合格を除く2級土木施工管理技術検定・第二次検定の受検資格を有する者（技術士法施行規則の一部を改正する省令（平成15年文部科学省令第36号）による改正前の第2次試験のうち技術部門を建設部門，水道部門，農業部門（選択科目を「農業土木」とするものに限る），林業部門（選択科目を「森林土木」とするものに限る），又は水産部門（選択科目を「水産土木」とするものに限る。）の合格した者を含む。また，技術士法施行規則の一部を改正する省令（技術士法施行規則の一部を改正する省令（平成29年文部科学省令第45号）による改正前の第2次試験のうち技術部門を建設部門，上下水道部門，農業部門（選択科目を「農業土木」とするものに限る），森林部門（選択科目を「森林土木」とするも

5

のに限る），水産部門（選択科目を「水産土木」とするものに限る。）又は総合技術監理部門（選択科目を建設部門若しくは上下水道部門に係るもの，「農業土木」，「森林土木」又は「水産土木」とするものに限る。）に合格した者を含む。）

3) 学校教育法による高等学校又は中等教育学校を卒業した者で，平成27年度までの2級の技術検定の学科試験に合格した後，学校教育法による大学を卒業した者で高等学校又は中等教育学校在学中及び大学在学中に規則第2条に定める学科を修め，高等学校又は中等教育学校を卒業した後8年以内に行われる連続する2回の実地試験（第二次検定）を受検しようとする者で，土木施工管理に関し1年以上の実務経験を有する者

　(注) 実務経験年数の算定基準日　実務経験年数は，2級第一次検定及び第二次検定同日試験の前日（令和5年10月21日（土））までで計算するものとする。

土木施工管理技術検定試験に関する申込書類提出及び問い合わせ先

一般財団法人 全国建設研修センター 試験業務局土木試験部土木試験課
HP：https://www.jctc.jp/　　TEL：042-300-6860
〒187-8540 東京都小平市喜平町2-1-2

2022（令和4）年度後期
最新過去問分析

●**選択問題（No.1〜No.42）：基本は過去問での対策！**

　2022年度後期試験では，No.12鋼材の特性，用途やNo.13鋼道路橋の架設工法工法といった難易度の高い問題や，No.32労働基準法では，36協定が初めて出題されましたが，全体的には過去問ベースでした。なおNo.1〜11の土質調査，土工，コンクリート，基礎工はほぼ必須の9問選択，またNo.32〜42の法令は出題内容がほぼ決まっていますので，正解の選択肢を繰返し読んで覚えましょう。法令では今後，2020年の建設業法改正に関する出題も予想されます。

No.1〜No.11	11問のうちから9問を選択
No.12〜No.31	20問のうちから6問を選択
No.32〜No.42	11問のうちから6問を選択

●**必須問題（No.43〜No.61）：ここでの7割以上の得点が合格への近道！**

　2022年度前期，後期試験では，No.43トラバース測量，後期ではNo.45橋の長さを表す名称といった難易度の高い問題が出題され，多くの受検者を悩ませたと思います。またNo.54〜61は昨年同様，施工管理法（基礎的な能力）として語句の組合せを選択する問題でしたが，基本的には過去問ベースで，過去問で対策をしっかり行っていれば，難しい内容ではなかったと思います。またP.8の出題実績を見て，出題頻度が高い項目は重点的に学習してください。

No.43〜No.53	全11問をすべて解答
No.54〜No.61	施工管理法（基礎的な能力）全8問をすべて解答

●**第二次検定試験問題：過去問の解説で試験対策！**

　解答は穴埋めと記述式です。2022年度試験では，問題3施工計画の事前調査，問題5盛土材料の条件の記述といった難易度が高い問題が複数ありましたが，第一次検定の過去問の選択肢をしっかり理解していれば，十分解答できたと思います。今後は同様な出題が予想されますので，第一次検定の過去問で対策を行うと良いでしょう。なお問題1の経験記述はP.472を参照してください。

問題1	必須問題（経験記述）
問題2〜5	必須問題
問題6〜7	選択問題（1）の2問のうちから1問を選択
問題8〜9	選択問題（2）の2問のうちから1問を選択

2017（平成29）～2022（令和4）年度 出題実績

　試験対策として出題実績を知ることは重要です。2017（平成29）～2022（令和4）年度の過去6年間の11回の検定試験に出題された問題を表にしました。◎は2題出題，●は1題出題，○は1題の選択肢が多項目にわたっているものを示していますので，出題頻度が高い項目は重点的に学習してください。

　2021年度試験よりNo.46～No.61の問題が再編され，施工管理法（基礎的な能力）に関する設問がNo.54～61にまとめられ，適当な語句の組合せの選択問題に変更されました。本表のNo.46～No.61では，2021年度の出題を元に過去問を再編し，旧出題番号も記してありますので参考にしてください。

No.1～4　土工	'17前	'17後	'18前	'18後	'19前	'19後	'20後	'21前	'21後	'22前	'22後
土工作業の種類と使用機械	●	●	●	●	●	●	●	●	●	●	●
土質調査（原位置試験・室内試験）			●	●							
土質試験と試験結果の活用	●	●				●	●	●			
建設機械の走行性（トラフィカビリティー）				●							
盛土の施工・盛土材料	●	●	●		●	●	●	●	●		●
地盤改良工法			●								
軟弱地盤対策工法	●	●		●	●	●	●				●

No.5～8　コンクリート	'17前	'17後	'18前	'18後	'19前	'19後	'20後	'21前	'21後	'22前	'22後
コンクリート用骨材				●				●			
セメントの特性						●					●
コンクリートの用語								●	●		
フレッシュコンクリートに関する用語				●						●	●
混和材料	●	●	●		●		●				
スランプ試験		●						●			
レディーミクストコンクリートの配合設計	●		●								
コンクリートの施工	◎	◎		◎		◎	◎				◎
各種コンクリート（寒中・暑中コンクリート等）						●					
型枠・支保工の施工				●		●		●			
鉄筋の加工，組立・継手			●								

No.9～11　基礎工	'17前	'17後	'18前	'18後	'19前	'19後	'20後	'21前	'21後	'22前	'22後
既製杭の施工	●	●	●	●		●	●		●		
場所打ち杭の施工・特徴	●	●	●	●	●	●	●	●	●		
土留め工の部材名称			●		●	●					
土留め壁の種類と特徴	●		●		●			●		○	○
ヒービング，ボイリング，パイピング										○	○

No.12〜14　構造物	'17前	'17後	'18前	'18後	'19前	'19後	'20後	'21前	'21後	'22前	'22後
鋼材・鋼材の特性	●	●	●	●	●		●	●		●	●
鋼材の溶接		●				●		●		●	
高力ボルト・ボルトの締付け			●		●			●			●
鋼橋の架設工法・架設方法	●			●		●			●		●
コンクリート構造物の耐久性向上						●					
コンクリート構造物の劣化機構・要因	●	●	●	●	●	●		●	●	●	●

No.15〜18　河川・砂防・地すべり防止工	'17前	'17後	'18前	'18後	'19前	'19後	'20後	'21前	'21後	'22前	'22後
河川堤防に用いる土質材料			●							●	
河川堤防の施工	●	●			●	●		●			●
河川用語		●		●	●	●	●			●	●
河川護岸の施工（基礎工，法覆工，根固工等）	●		●	●			●	●		●	
砂防えん堤の構造	●	○			●	●		●			●
砂防えん堤の施工順序		○		●				●		●	
地すべり防止工	●		●	●	●	●	●	●		●	●

No.19〜22　道路・舗装	'17前	'17後	'18前	'18後	'19前	'19後	'20後	'21前	'21後	'22前	'22後
アスファルト舗装の路床・路盤の施工			●	●	●			●	●	●	●
アスファルト舗装の構築路床						●	●				
各種アスファルト舗装の特徴		●									
アスファルト舗装の施工	◎	●	●	●	●	●	●	●	●	●	●
アスファルト舗装の破損	●		●	●	●			●			
アスファルト舗装の補修工法・施工機械		●	●	●				●		●	
コンクリート舗装の施工		●	●	●	●	●				●	
コンクリート舗装の特徴	●							●			

No.23〜24　ダム・トンネル	'17前	'17後	'18前	'18後	'19前	'19後	'20後	'21前	'21後	'22前	'22後
コンクリートダムの施工（基礎，グラウチング，本体，転流工等）	○	○	○	○					○	●	●
RCD工法	○			○		●	●	●	●		
フィルダム		○			●						
山岳工法のトンネルの掘削			○		○			○	●		○
山岳工法のトンネルの支保工の施工	●		●	○		●		○			○
山岳工法のトンネルの覆工		●								●	
山岳工法の観察・計測							●				

No.25〜26　海岸・港湾	'17前	'17後	'18前	'18後	'19前	'19後	'20後	'21前	'21後	'22前	'22後
異形コンクリートブロックによる消波工	●		●		●	●				●	
傾斜型海岸堤防の構造		●		●			●				●
ケーソン・ケーソン式混成堤の施工		●	●			●	●	●			●
海岸堤防（防波堤）の形式・特徴	●							●	●		
浚渫工事・浚渫船				●	●					●	

No.27～29　鉄道・シールド工法	'17前	'17後	'18前	'18後	'19前	'19後	'20後	'21前	'21後	'22前	'22後
鉄道の軌道・軌道の用語	●		●					●	●		●
鉄道の道床，路盤，路床		●		●	●	●			●		●
営業線近接工事の保安対策	●		●	●	●	●	●	●	●	●	●
建築限界・車両限界		●									
シールド工法	●	●	●	●	●	●	●	●	●	●	●

No.30～31　上下水道	'17前	'17後	'18前	'18後	'19前	'19後	'20後	'21前	'21後	'22前	'22後
上水道管の施工	●	●		●		●	●			●	●
上水道管の種類・特徴		●		●				●	●		
下水道用硬質塩化ビニル管の有効長		●									
下水道管渠の継手				●							
下水道管渠の基礎工		●		●			●		●	●	
下水道管渠の接合方式	●		●								
下水道管路の耐震性能の確保						●					
下水道管渠の更生工法								●			

No.32～42　法規	'17前	'17後	'18前	'18後	'19前	'19後	'20後	'21前	'21後	'22前	'22後
労働基準法（労働時間，労働契約，就業制限，災害補償等）	◎	◎	◎	●	◎	●	●	◎	●	●	◎
年少者・女性の就業				●			●		●	●	
労働安全衛生法（作業主任者，特別教育，危険防止等）	●	●	●			●	●	●	●	●	●
労働安全衛生法（計画の届出）				●							
建設業法（主任技術者，監理技術者，施工体制台帳等）	●	●	●			●		●			
車両制限令		●	●	●				●			●
道路法（道路占用）	●										
河川法	●	●	●	●	●	●	●	●	●	●	●
建築基準法	●	●	●	●	●	●	●	●	●	●	●
火薬類取締法	●	●	●	●	●	●	●	●	●	●	●
騒音規制法（特定建設作業）	●	●	●	●	●	●	●	●	●	●	●
振動規制法（特定建設作業）	●	●	●	●	●	●	●	●	●	●	●
港則法	●	●	●	●	●	●	●	●	●	●	●

No.43～45　共通工学（必須問題）	'17前	'17後	'18前	'18後	'19前	'19後	'20後	'21前	'21後	'22前	'22後
水準測量	●	●	●	●	●	●	●	●	●		
基準点測量（TS，GNSS）※											
トラバース測量										●	●
公共工事標準請負契約約款	●	●	●	●		●	●	●	●		
図面の読図	●	●	●		●			●	●		
道路橋の各構造の名称				●			●				●

※基準点測量（TS，GNSS）は2014（平成26）年度以降出題されていない。

No.46〜53　施工管理法（必須問題） ※タイトル後ろの（　）は2021年度以前における 　出題番号	'17前	'17後	'18前	'18後	'19前	'19後	'20後	'21前	'21後	'22前	'22後
建設機械の特徴・用途・性能表示（No.46）	●	●	●	●	●	●	●	●	●	●	●
仮設工事（No.47，No.48）★	●			●	●		●	●	●	●	●
地山の掘削作業における災害防止 （No.53，No.54）★	●	●	●	●			●	●	●	●	●
コンクリート造の工作物の解体等作業における 災害防止（No.55）★	●	●	●	●			●	●	●	●	●
品質管理の用語											●
アスファルト舗装の品質管理（No.56）	●	●								●	
レディーミクストコンクリートの品質管理（No.59）			●	●	●	●	●	●	●	●	●
環境保全対策（騒音振動対策）（No.60）			●	●	●	●	●	●	●	●	●
建設リサイクル法（No.61）	●	●	●	●	●	●			●	●	●
施工体制台帳・施工体系図（No.48）★			●			●					
コンクリート打込みの準備作業（No.48）★		●									
品質管理（PDCA）の手順（No.56）			●					●			
品質管理における工種・品質特性と試験方法（No.56）				●			●		●		
産業廃棄物の種類・処理（No.61）※											
災害防止のための実施事項 （保護具，安全網等）（No.52）★	●				●	●					
型枠支保工の安全対策（No.52）★				●				●			

※産業廃棄物の種類・処理は2014（平成26）年度以降出題されていない。

★印は、今後No.54〜61の施工管理法（基礎的な能力）の問題として出題される可能性がある。

No.54〜61　施工管理法（基礎的な能力）（必須問題） ※タイトル後ろの（　）は2021年度以前における 　出題番号	'17前	'17後	'18前	'18後	'19前	'19後	'20後	'21前	'21後	'22前	'22後
施工計画の事前調査（No.48）	●			●	●			●			
施工計画（No.47）		◎	●		●	●	●	●			
仮設工事										●	
建設機械の作業量・作業効率・組合せ（No.49）	●		●			●	●		●	●	●
建設機械のコーン指数（No.49）				●	●				●		
工程図表の種類と特徴（No.50）		●						●			
工程管理・工程管理曲線（バナナ曲線）（No.50）	●			●						●	
ネットワーク式工程表（No.51）	●	●	●	●	●	●	●	●	●	●	●
特定元方事業者が労働災害防止のために 講ずべき措置（No.52）			●					●			
足場の組立て等の安全対策，墜落・落下防止（No.53）	●					●				●	●
移動式クレーンの安全確保（No.52，No.54）		●				●			●		
車両系建設機械の安全確保（No.54）				●			●			●	
ヒストグラム（No.57）	●	●			●					●	
$\bar{x}$－R管理図・管理図（No.57）				●	●	●		●			●
盛土の締固め・品質管理（No.58）	●	●	●	●	●	●	●	●	●	●	●

目次

2級土木施工管理技術検定試験

2022

令和4 | 年度後期

第一次検定

第二次検定

解答・解説

2022
令和4 年度
後期

第一次検定

※**問題番号No.1～No.11までの11問題のうちから9問題を選択し解答してください。**

No.1 土工の作業に使用する建設機械に関する次の記述のうち，**適当なもの**はどれか。

1. バックホゥは，主に機械の位置よりも高い場所の掘削に用いられる。

2. トラクタショベルは，主に狭い場所での深い掘削に用いられる。

3. ブルドーザは，掘削・押土及び短距離の運搬作業に用いられる。

4. スクレーパは，敷均し・締固め作業に用いられる。

No.2 土質試験における「試験名」とその「試験結果の利用」に関する次の組合せのうち，**適当でないもの**はどれか。

　　　[試験名]　　　　　　　　　　　　　　　[試験結果の利用]

1. 砂置換法による土の密度試験 ⋯⋯⋯⋯⋯ 地盤改良工法の設計

2. ポータブルコーン貫入試験 ⋯⋯⋯⋯⋯⋯ 建設機械の走行性の判定

3. 土の一軸圧縮試験 ⋯⋯⋯⋯⋯⋯⋯⋯⋯⋯ 原地盤の支持力の推定

4. コンシステンシー試験 ⋯⋯⋯⋯⋯⋯⋯⋯ 盛土材料の適否の判断

No.3 盛土の施工に関する次の記述のうち，**適当でないもの**はどれか。

1. 盛土の基礎地盤は，あらかじめ盛土完成後に不同沈下等を生じるおそれがないか検討する。

2. 敷均し厚さは，盛土材料，施工法及び要求される締固め度等の条件に左右される。

3. 土の締固めでは，同じ土を同じ方法で締め固めても得られる土の密度は含水比により異なる。

4. 盛土工における構造物縁部の締固めは，大型の締固め機械により入念に締め固める。

No.4 軟弱地盤における次の改良工法のうち，載荷工法に**該当するもの**はどれか。

1. プレローディング工法
2. ディープウェル工法
3. サンドコンパクションパイル工法
4. 深層混合処理工法

No.5 コンクリートに使用するセメントに関する次の記述のうち，**適当でないもの**はどれか。

1. セメントは，高い酸性を持っている。
2. セメントは，風化すると密度が小さくなる。
3. 早強ポルトランドセメントは，プレストレストコンクリート工事に適している。
4. 中庸熱ポルトランドセメントは，ダム工事等のマスコンクリートに適している。

No.6 コンクリートを棒状バイブレータで締め固める場合の留意点に関する次の記述のうち，**適当でないもの**はどれか。

1. 棒状バイブレータの挿入時間の目安は，一般には5〜15秒程度である。
2. 棒状バイブレータの挿入間隔は，一般に50cm以下にする。
3. 棒状バイブレータは，コンクリートに穴が残らないようにすばやく引き抜く。
4. 棒状バイブレータは，コンクリートを横移動させる目的では用いない。

No.7 フレッシュコンクリートに関する次の記述のうち，**適当でないもの**はどれか。

1. ブリーディングとは，練混ぜ水の一部が遊離してコンクリート表面に上昇する現象である。
2. ワーカビリティーとは，運搬から仕上げまでの一連の作業のしやすさのことである。
3. レイタンスとは，コンクリートの柔らかさの程度を示す指標である。
4. コンシステンシーとは，変形又は流動に対する抵抗性である。

No.8 コンクリートの仕上げと養生に関する次の記述のうち，**適当でないもの**はどれか。

1. 密実な表面を必要とする場合は，作業が可能な範囲でできるだけ遅い時期に金ごてで仕上げる。
2. 仕上げ後，コンクリートが固まり始める前に発生したひび割れは，タンピング等で修復する。
3. 養生では，コンクリートを湿潤状態に保つことが重要である。
4. 混合セメントの湿潤養生期間は，早強ポルトランドセメントよりも短くする。

No.9 既製杭工法の杭打ち機の特徴に関する次の記述のうち，**適当でないもの**はどれか。

1. ドロップハンマは，杭の重量以下のハンマを落下させて打ち込む。
2. ディーゼルハンマは，打撃力が大きく，騒音・振動と油の飛散をともなう。
3. バイブロハンマは，振動と振動機・杭の重量によって，杭を地盤に押し込む。
4. 油圧ハンマは，ラムの落下高さを任意に調整でき，杭打ち時の騒音を小さくできる。

No.10 場所打ち杭工法の特徴に関する次の記述のうち，**適当でないもの**はどれか。

1. 施工時における騒音と振動は，打撃工法に比べて大きい。
2. 大口径の杭を施工することにより，大きな支持力が得られる。
3. 杭材料の運搬等の取扱いが容易である。
4. 掘削土により，基礎地盤の確認ができる。

No.11 土留め工に関する次の記述のうち，**適当でないもの**はどれか。

1. アンカー式土留め工法は，引張材を用いる工法である。
2. 切梁式土留め工法には，中間杭や火打ち梁を用いるものがある。
3. ボイリングとは，砂質地盤で地下水位以下を掘削した時に，砂が吹き上がる現象である。
4. パイピングとは，砂質土の弱いところを通ってヒービングがパイプ状に生じる現象である。

※問題番号No.12～No.31までの20問題のうちから6問題を選択し解答してください。

No.12 鋼材の特性，用途に関する次の記述のうち，**適当でないもの**はどれか。

1. 低炭素鋼は，延性，展性に富み，橋梁等に広く用いられている。
2. 鋼材の疲労が心配される場合には，耐候性鋼材等の防食性の高い鋼材を用いる。
3. 鋼材は，応力度が弾性限度に達するまでは弾性を示すが，それを超えると塑性を示す。
4. 継続的な荷重の作用による摩耗は，鋼材の耐久性を劣化させる原因になる。

No.13 鋼道路橋の架設工法に関する次の記述のうち，市街地や平坦地で桁下空間が使用できる現場において一般に用いられる工法として**適当なもの**はどれか。

1. ケーブルクレーンによる直吊り工法
2. 全面支柱式支保工架設工法
3. 手延べ桁による押出し工法
4. クレーン車によるベント式架設工法

No.14 コンクリートの劣化機構について説明した次の記述のうち，**適当でないもの**はどれか。

1. 中性化は，コンクリートのアルカリ性が空気中の炭酸ガスの侵入等で失われていく現象である。
2. 塩害は，硫酸や硫酸塩等の接触により，コンクリート硬化体が分解したり溶解する現象である。
3. 疲労は，荷重が繰り返し作用することでコンクリート中にひび割れが発生し，やがて大きな損傷となる現象である。
4. 凍害は，コンクリート中に含まれる水分が凍結し，氷の生成による膨張圧でコンクリートが破壊される現象である。

No.15 河川に関する次の記述のうち，**適当なもの**はどれか。

1. 河川において，下流から上流を見て右側を右岸，左側を左岸という。
2. 河川には，浅くて流れの速い淵と，深くて流れの緩やかな瀬と呼ばれる部分がある。
3. 河川の流水がある側を堤外地，堤防で守られている側を堤内地という。
4. 河川堤防の天端の高さは，計画高水位（H. W. L.）と同じ高さにすることを基本とする。

No. 16 河川護岸に関する次の記述のうち，**適当でないもの**はどれか。

1. 基礎工は，洗掘に対する保護や裏込め土砂の流出を防ぐために施工する。

2. 法覆工は，堤防の法勾配が緩く流速が小さな場所では，間知ブロックで施工する。

3. 根固工は，河床の洗掘を防ぎ，基礎工・法覆工を保護するものである。

4. 低水護岸の天端保護工は，流水によって護岸の裏側から破壊しないように保護するものである。

No. 17 砂防えん堤に関する次の記述のうち，**適当でないもの**はどれか。

1. 前庭保護工は，堤体への土石流の直撃を防ぐために設けられる構造物である。

2. 袖は，洪水を越流させないようにし，水通し側から両岸に向かって上り勾配とする。

3. 側壁護岸は，越流部からの落下水が左右の法面を侵食することを防止するための構造物である。

4. 水通しは，越流する流量に対して十分な大きさとし，一般にその断面は逆台形である。

No. 18 地すべり防止工に関する次の記述のうち，**適当なもの**はどれか。

1. 抑制工は，杭等の構造物により，地すべり運動の一部又は全部を停止させる工法である。

2. 地すべり防止工では，一般的に抑止工，抑制工の順序で施工を行う。

3. 抑止工は，地形等の自然条件を変化させ，地すべり運動を停止又は緩和させる工法である。

4. 集水井工の排水は，原則として，排水ボーリングによって自然排水を行う。

No. 19 道路のアスファルト舗装における路床の施工に関する次の記述のうち，**適当でないもの**はどれか。

1. 盛土路床では，1層の敷均し厚さは仕上り厚で40cm以下を目安とする。

2. 安定処理工法は，現状路床土とセメントや石灰等の安定材を混合する工法である。

3. 切土路床では，表面から30cm程度以内にある木根や転石等を取り除いて仕上げる。

4. 置き換え工法は，軟弱な現状路床土の一部又は全部を良質土で置き換える工法である。

No.20 道路のアスファルト舗装における締固めの施工に関する次の記述のうち，**適当でないもの**はどれか。

1. 転圧温度が高過ぎると，ヘアクラックや変形等を起こすことがある。
2. 二次転圧は，一般にロードローラで行うが，振動ローラを用いることもある。
3. 仕上げ転圧は，不陸整正やローラマークの消去のために行う。
4. 締固め作業は，継目転圧，初転圧，二次転圧及び仕上げ転圧の順序で行う。

No.21 道路のアスファルト舗装の補修工法に関する下記の説明文に**該当するもの**は，次のうちどれか。

「局部的なくぼみ，ポットホール，段差等に舗装材料で応急的に充填する工法」

1. オーバーレイ工法
2. 打換え工法
3. 切削工法
4. パッチング工法

No.22 道路の普通コンクリート舗装における施工に関する次の記述のうち，**適当なもの**はどれか。

1. コンクリート版が温度変化に対応するように，車線に直交する横目地を設ける。
2. コンクリートの打込みにあたって，フィニッシャーを用いて敷き均す。
3. 敷き広げたコンクリートは，フロートで一様かつ十分に締め固める。
4. 表面仕上げの終わった舗装版が所定の強度になるまで乾燥状態を保つ。

No.23 ダムの施工に関する次の記述のうち，**適当でないもの**はどれか。

1. 転流工は，ダム本体工事を確実に，また容易に施工するため，工事期間中の河川の流れを迂回させるものである。
2. コンクリートダムのコンクリート打設に用いるRCD工法は，単位水量が少なく，超硬練りに配合されたコンクリートをタイヤローラで締め固める工法である。
3. グラウチングは，ダムの基礎岩盤の弱部の補強を目的とした最も一般的な基礎処理工法である。
4. ベンチカット工法は，ダム本体の基礎掘削に用いられ，せん孔機械で穴をあけて爆破し順次上方から下方に切り下げていく掘削工法である。

No.24 トンネルの山岳工法における掘削に関する次の記述のうち，**適当でないもの**はどれか。

1. 吹付けコンクリートは，吹付けノズルを吹付け面に対して直角に向けて行う。

2. ロックボルトは，特別な場合を除き，トンネル横断方向に掘削面に対して斜めに設ける。

3. 発破掘削は，地質が硬岩質の場合等に用いられる。

4. 機械掘削は，全断面掘削方式と自由断面掘削方式に大別できる。

No.25 下図は傾斜型海岸堤防の構造を示したものである。図の（イ）〜（ハ）の構造名称に関する次の組合せのうち，**適当なもの**はどれか。

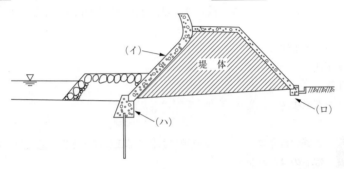

	（イ）	（ロ）	（ハ）
1.	裏法被覆工 ‥‥‥‥	根留工 ‥‥‥‥	基礎工
2.	表法被覆工 ‥‥‥‥	基礎工 ‥‥‥‥	根留工
3.	表法被覆工 ‥‥‥‥	根留工 ‥‥‥‥	基礎工
4.	裏法被覆工 ‥‥‥‥	基礎工 ‥‥‥‥	根留工

No.26 ケーソン式混成堤の施工に関する次の記述のうち，**適当でないもの**はどれか。

1. ケーソンは，えい航直後の据付けが困難な場合には，波浪のない安定した時期まで沈設して仮置きする。

2. ケーソンは，海面がつねにおだやかで，大型起重機船が使用できるなら，進水したケーソンを据付け場所までえい航して据え付けることができる。

3. ケーソンは，注水開始後，着底するまで中断することなく注水を連続して行い，速やかに据え付ける。

4. ケーソンの中詰め後は，波により中詰め材が洗い流されないように，ケーソンのふたとなるコンクリートを打設する。

No.27 「鉄道の用語」と「説明」に関する次の組合せのうち，**適当でないもの**はどれか。

[鉄道の用語]　　　　　　　　　　　　　　[説明]

1. 線路閉鎖工事 …… 線路内で，列車や車両の進入を中断して行う工事のこと
2. 軌間 ……………… レールの車輪走行面より下方の所定距離以内における左右レール頭部間の最短距離のこと
3. 緩和曲線 ………… 鉄道車両の走行を円滑にするために直線と円曲線，又は二つの曲線の間に設けられる特殊な線形のこと
4. 路盤 ……………… 自然地盤や盛土で構築され，路床を支持する部分のこと

No.28 鉄道の営業線近接工事に関する次の記述のうち，**適当でないもの**はどれか。

1. 保安管理者は，工事指揮者と相談し，事故防止責任者を指導し，列車の安全運行を確保する。
2. 重機械の運転者は，重機械安全運転の講習会修了証の写しを添えて，監督員等の承認を得る。
3. 複線以上の路線での積みおろしの場合は，列車見張員を配置し，車両限界をおかさないように材料を置かなければならない。
4. 列車見張員は，信号炎管・合図灯・呼笛・時計・時刻表・緊急連絡表を携帯しなければならない。

No.29 シールド工法に関する次の記述のうち，**適当でないもの**はどれか。

1. シールド工法は，開削工法が困難な都市の下水道工事や地下鉄工事をはじめ，海底道路トンネルや地下河川の工事等で用いられる。
2. シールド工法に使用される機械は，フード部，ガーダー部，テール部からなる。
3. 泥水式シールド工法では，ずりがベルトコンベアによる輸送となるため，坑内の作業環境は悪くなる。
4. 土圧式シールド工法は，一般に粘性土地盤に適している。

No.30 上水道の管布設工に関する次の記述のうち，**適当でないもの**はどれか。

1. 管の布設は，原則として低所から高所に向けて行う。
2. ダクタイル鋳鉄管の据付けでは，管体の管径，年号の記号を上に向けて据え付ける。
3. 一日の布設作業完了後は，管内に土砂，汚水等が流入しないよう木蓋等で管端部をふさぐ。
4. 鋳鉄管の切断は，直管及び異形管ともに切断機で行うことを標準とする。

No.31 下水道管渠の接合方式に関する次の記述のうち，**適当でないもの**はどれか。

1. 水面接合は，管渠の中心を接合部で一致させる方式である。
2. 管頂接合は，流水は円滑であるが，下流ほど深い掘削が必要となる。
3. 管底接合は，接合部の上流側の水位が高くなり，圧力管となるおそれがある。
4. 段差接合は，マンホールの間隔等を考慮しながら，階段状に接続する方式である。

※問題番号No.32～No.42までの11問題のうちから6問題を選択し解答してください。

No.32 労働時間，休憩，休日，年次有給休暇に関する次の記述のうち，労働基準法上，**誤っているもの**はどれか。

1. 使用者は，労働者に対して，労働時間が8時間を超える場合には少なくとも1時間の休憩時間を労働時間の途中に与えなければならない。
2. 使用者は，労働者に対して，原則として毎週少なくとも1回の休日を与えなければならない。
3. 使用者は，労働組合との協定により，労働時間を延長して労働させる場合でも，延長して労働させた時間は1箇月に150時間未満でなければならない。
4. 使用者は，雇入れの日から6箇月間継続勤務し全労働日の8割以上出勤した労働者には，10日の有給休暇を与えなければならない。

No.33 災害補償に関する次の記述のうち，労働基準法上，**誤っているもの**はどれか。

1. 労働者が業務上負傷し，又は疾病にかかった場合においては，使用者は，その費用で必要な療養を行い，又は必要な療養の費用を負担しなければならない。
2. 労働者が重大な過失によって業務上負傷し，かつ使用者がその過失について行政官庁へ届出た場合には，使用者は障害補償を行わなくてもよい。
3. 労働者が業務上負傷した場合，その補償を受ける権利は，労働者の退職によって変更されることはない。

4. 業務上の負傷，疾病又は死亡の認定等に関して異議のある者は，行政官庁に対して，審査又は事件の仲裁を申し立てることができる。

No.34 作業主任者の<u>選任を必要としない作業</u>は，労働安全衛生法上，次のうちどれか。

1. 土止め支保工の切りばり又は腹起こしの取付け又は取り外しの作業
2. 掘削面の高さが2m以上となる地山の掘削の作業
3. 道路のアスファルト舗装の転圧の作業
4. 高さが5m以上のコンクリート造の工作物の解体又は破壊の作業

No.35 建設業法に関する次の記述のうち，**誤っているもの**はどれか。

1. 建設業とは，元請，下請その他いかなる名義をもってするかを問わず，建設工事の完成を請け負う営業をいう。
2. 建設業者は，当該工事現場の施工の技術上の管理をつかさどる主任技術者を置かなければならない。
3. 建設工事の施工に従事する者は，主任技術者がその職務として行う指導に従わなければならない。
4. 公共性のある施設に関する重要な工事である場合，請負代金の額にかかわらず，工事現場ごとに専任の主任技術者を置かなければならない。

No.36 車両の最高限度に関する次の記述のうち，車両制限令上，**誤っているもの**はどれか。

ただし，高速自動車国道を通行するセミトレーラ連結車又はフルトレーラ連結車，及び道路管理者が国際海上コンテナの運搬用のセミトレーラ連結車の通行に支障がないと認めて指定した道路を通行する車両を除くものとする。

1. 車両の最小回転半径の最高限度は，車両の最外側のわだちについて12mである。
2. 車両の長さの最高限度は，15mである。
3. 車両の軸重の最高限度は，10tである。
4. 車両の幅の最高限度は，2.5mである。

No.37 河川法に関する次の記述のうち，**誤っているもの**はどれか。

1. 1級及び2級河川以外の準用河川の管理は，市町村長が行う。
2. 河川法上の河川に含まれない施設は，ダム，堰，水門等である。

3. 河川区域内の民有地での工事材料置場の設置は河川管理者の許可を必要とする。

4. 河川管理施設保全のため指定した，河川区域に接する一定区域を河川保全区域という。

No.38 建築基準法に関する次の記述のうち，**誤っているもの**はどれか。

1. 道路とは，原則として，幅員4m以上のものをいう。

2. 建築物の延べ面積の敷地面積に対する割合を容積率という。

3. 建築物の敷地は，原則として道路に1m以上接しなければならない。

4. 建築物の建築面積の敷地面積に対する割合を建ぺい率という。

No.39 火薬類の取扱いに関する次の記述のうち，火薬類取締法上，**誤っているもの**はどれか。

1. 火工所以外の場所において，薬包に雷管を取り付ける作業を行わない。

2. 消費場所において火薬類を取り扱う場合，固化したダイナマイト等はもみほぐしてはならない。

3. 火工所に火薬類を存置する場合には，見張人を常時配置する。

4. 火薬類の取扱いには，盗難予防に留意する。

No.40 騒音規制法上，建設機械の規格等にかかわらず，特定建設作業の**対象とならない作業**は，次のうちどれか。
ただし，当該作業がその作業を開始した日に終わるものを除く。

1. ロードローラを使用する作業

2. さく岩機を使用する作業

3. バックホゥを使用する作業

4. ブルドーザを使用する作業

No.41 振動規制法に定められている特定建設作業の**対象となる建設機械**は，次のうちどれか。
ただし，当該作業がその作業を開始した日に終わるものを除き，1日における当該作業に係る2地点間の最大移動距離が50mを超えない作業とする。

1. ジャイアントブレーカ

2. ブルドーザ

3. 振動ローラ

4. 路面切削機

No.42 船舶の航路及び航法に関する次の記述のうち，港則法上，**誤っているもの**はどれか。

1. 船舶は，航路内においては，他の船舶を追い越してはならない。

2. 汽艇等以外の船舶は，特定港を通過するときには港長の定める航路を通らなければならない。

3. 船舶は，航路内においては，原則としてえい航している船舶を放してはならない。

4. 船舶は，航路内においては，並列して航行してはならない。

※問題番号No.43～No.53までの11問題は，必須問題ですから全問題を解答してください。

No.43 トラバース測量において下表の観測結果を得た。閉合誤差は0.007mである。**閉合比**は次のうちどれか。

ただし，閉合比は有効数字4桁目を切り捨て，3桁に丸める。

側線	距離 l (m)	方位角	緯距L (m)	経距D (m)
AB	37.373	180° 50' 40"	− 37.289	− 2.506
BC	40.625	103° 56' 12"	− 9.785	39.429
CD	39.078	36° 30' 51"	31.407	23.252
DE	38.803	325° 15' 14"	31.884	− 22.115
EA	41.378	246° 54' 60"	− 16.223	− 38.065
計	197.257		− 0.005	− 0.005

閉合誤差 = 0.007m

1. 1／26100

2. 1／27200

3. 1／28100

4. 1／29200

No.44 公共工事で発注者が示す設計図書に**該当しないもの**は，次のうちどれか。

1. 現場説明書

2. 特記仕様書

3. 設計図面

4. 見積書

No.45 下図は橋の一般的な構造を表したものであるが，（イ）～（ニ）の橋の長さを表す名称に関する組合せとして，**適当なもの**は次のうちどれか。

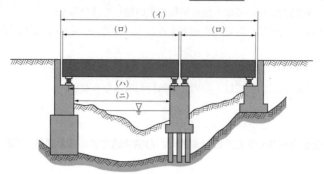

	（イ）	（ロ）	（ハ）	（ニ）
1.	橋長	桁長	径間長	支間長
2.	桁長	橋長	支間長	径間長
3.	橋長	桁長	支間長	径間長
4.	支間長	桁長	橋長	径間長

No.46 建設機械に関する次の記述のうち，**適当でないもの**はどれか。

1. ランマは，振動や打撃を与えて，路肩や狭い場所等の締固めに使用される。

2. タイヤローラは，接地圧の調節や自重を加減することができ，路盤等の締固めに使用される。

3. ドラグラインは，機械の位置より高い場所の掘削に適し，水路の掘削等に使用される。

4. クラムシェルは，水中掘削等，狭い場所での深い掘削に使用される。

No.47 仮設工事に関する次の記述のうち，**適当でないもの**はどれか。

1. 直接仮設工事と間接仮設工事のうち，現場事務所や労務宿舎等の設備は，直接仮設工事である。

2. 仮設備は，使用目的や期間に応じて構造計算を行い，労働安全衛生規則の基準に合致するかそれ以上の計画とする。

3. 指定仮設と任意仮設のうち，任意仮設では施工者独自の技術と工夫や改善の余地が多いので，より合理的な計画を立てることが重要である。

4. 材料は，一般の市販品を使用し，可能な限り規格を統一し，他工事にも転用できるような計画にする。

No.48 地山の掘削作業の安全確保に関する次の記述のうち，労働安全衛生法上，事業者が行うべき事項として**誤っているもの**はどれか。

1. 掘削面の高さが規定の高さ以上の場合は，地山の掘削及び土止め支保工作業主任者技能講習を修了した者のうちから，地山の掘削作業主任者を選任する。

2. 地山の崩壊等により労働者に危険を及ぼすおそれのあるときは，あらかじめ，土止め支保工を設け，防護網を張り，労働者の立入りを禁止する等の措置を講じる。

3. 運搬機械等が労働者の作業箇所に後進して接近するときは，点検者を配置し，その者にこれらの機械を誘導させる。

4. 明り掘削の作業を行う場所は，当該作業を安全に行うため必要な照度を保持しなければならない。

No.49 高さ5m以上のコンクリート造の工作物の解体作業にともなう危険を防止するために事業者が行うべき事項に関する次の記述のうち，労働安全衛生法上，**誤っているもの**はどれか。

1. 外壁，柱等の引倒し等の作業を行うときは，引倒し等について一定の合図を定め，関係労働者に周知さなければならない。

2. 物体の飛来等により労働者に危険が生ずるおそれのある箇所で解体用機械を用いて作業を行うときは，作業主任者以外の労働者を立ち入らせてはならない。

3. 強風，大雨，大雪等の悪天候のため，作業の実施について危険が予想されるときは，当該作業を中止しなければならない。

4. 作業計画には，作業の方法及び順序，使用する機械等の種類及び能力等が示されていなければならない。

No.50 品質管理に関する次の記述のうち，**適当でないもの**はどれか。

1. ロットとは，様々な条件下で生産された品物の集まりである。

2. サンプルをある特性について測定した値をデータ値（測定値）という。

3. ばらつきの状態が安定の状態にあるとき，測定値の分布は正規分布になる。

4. 対象の母集団からその特性を調べるため一部取り出したものをサンプル（試料）という。

No.51 呼び強度24，スランプ12cm，空気量5.0％と指定したJIS A 5308レディーミクストコンクリートの試験結果について，各項目の判定基準を**満足しないもの**は次のうちどれか。

1. 1回の圧縮強度試験の結果は，21.0N/mm^{2}であった。

2. 3回の圧縮強度試験結果の平均値は，24.0N/mm^{2}であった。

3. スランプ試験の結果は，10.0cmであった。

4. 空気量試験の結果は，3.0％であった。

No.52 建設工事における，騒音・振動対策に関する次の記述のうち，**適当なもの**はどれか。

1. 舗装版の取壊し作業では，大型ブレーカの使用を原則とする。

2. 掘削土をバックホゥ等でダンプトラックに積み込む場合，落下高を高くして掘削土の放出をスムーズに行う。

3. 車輪式（ホイール式）の建設機械は，履帯式（クローラ式）の建設機械に比べて，一般に騒音振動レベルが小さい。

4. 作業待ち時は，建設機械等のエンジンをアイドリング状態にしておく。

No.53 「建設工事に係る資材の再資源化等に関する法律」（建設リサイクル法）に定められている特定建設資材に**該当するもの**は，次のうちどれか。

1. 建設発生土

2. 建設汚泥

3. 廃プラスチック

4. コンクリート及び鉄からなる建設資材

※問題番号No.54〜No.61までの8問題は，施工管理法（基礎的な能力）の必須問題ですから全問題を解答してください。

No.54 建設機械の走行に必要なコーン指数の値に関する下記の文章中の _____ の（イ）〜（ニ）に当てはまる語句の組合せとして，**適当なもの**は次のうちどれか。

・ダンプトラックより普通ブルドーザ（15t級）の方がコーン指数は ___(イ)___ 。
・スクレープドーザより ___(ロ)___ の方がコーン指数は小さい。
・超湿地ブルドーザより自走式スクレーパ（小型）の方がコーン指数は ___(ハ)___ 。
・普通ブルドーザ（21t級）より ___(ニ)___ の方がコーン指数は大きい。

	（イ）	（ロ）	（ハ）	（ニ）
1.	大きい	自走式スクレーパ（小型）	小さい	ダンプトラック
2.	小さい	超湿地ブルドーザ	大きい	ダンプトラック
3.	大きい	超湿地ブルドーザ	小さい	湿地ブルドーザ
4.	小さい	自走式スクレーパ（小型）	大きい	湿地ブルドーザ

No.55 建設機械の作業内容に関する下記の文章中の _____ の（イ）〜（ニ）に当てはまる語句の組合せとして，**適当なもの**は次のうちどれか。

・ ___(イ)___ とは，建設機械の走行性をいい，一般にコーン指数で判断される。
・リッパビリティーとは， ___(ロ)___ に装着されたリッパによって作業できる程度をいう。
・建設機械の作業効率は，現場の地形， ___(ハ)___ ，工事規模等の各種条件によって変化する。
・建設機械の作業能力は，単独の機械又は組み合わされた機械の ___(ニ)___ の平均作業量で表される。

	（イ）	（ロ）	（ハ）	（ニ）
1.	ワーカビリティー	大型ブルドーザ	作業員の人数	日当たり
2.	トラフィカビリティー	大型バックホゥ	土質	日当たり
3.	ワーカビリティー	大型バックホゥ	作業員の人数	時間当たり
4.	トラフィカビリティー	大型ブルドーザ	土質	時間当たり

No.56

工程表の種類と特徴に関する下記の文章中の 　　　　の（イ）～（ニ）に当てはまる語句の組合せとして，**適当なもの**は次のうちどれか。

- 　(イ)　は，各工事の必要日数を棒線で表した図表である。
- 　(ロ)　は，工事全体の出来高比率の累計を曲線で表した図表である。
- 　(ハ)　は，各工事の工程を斜線で表した図表である。
- 　(ニ)　は，工事内容を系統だてて作業相互の関連，順序や日数を表した図表である。

	(イ)	(ロ)	(ハ)	(ニ)
1.	バーチャート ·····	グラフ式工程表 ·····	出来高累計曲線 ·····	ネットワーク式工程表
2.	ネットワーク式工程表 ·····	出来高累計曲線 ·····	バーチャート ·····	グラフ式工程表
3.	ネットワーク式工程表 ·····	グラフ式工程表 ·····	バーチャート ·····	出来高累計曲線
4.	バーチャート ·····	出来高累計曲線 ·····	グラフ式工程表 ·····	ネットワーク式工程表

No.57

下図のネットワーク式工程表について記載している下記の文章中の 　　　　の（イ）～（ニ）に当てはまる語句の組合せとして，**正しいもの**は次のうちどれか。

ただし，図中のイベント間のA～Gは作業内容，数字は作業日数を表す。

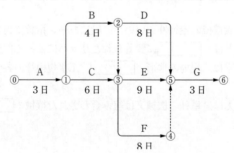

- 　(イ)　及び　(ロ)　は，クリティカルパス上の作業である。
- 作業Bが　(ハ)　遅延しても，全体の工期に影響はない。
- この工程全体の工期は，　(ニ)　である。

	(イ)	(ロ)	(ハ)	(ニ)
1.	作業B ·············	作業D ·············	3日 ·············	20日間
2.	作業C ·············	作業E ·············	2日 ·············	21日間

3. 作業B ············ 作業D ············ 3日 ············ 21日間
4. 作業C ············ 作業E ············ 2日 ············ 20日間

No.58 作業床の端，開口部における，墜落・落下防止に関する下記の文章中の
の（イ）～（ニ）に当てはまる語句の組合せとして，**適当なもの**
は次のうちどれか。

・作業床の端，開口部には，必要な強度の囲い， (イ) ， (ロ) を設置する。
・囲い等の設置が困難な場合は，安全確保のため (ハ) を設置し， (ニ) を使用さ
せる等の措置を講ずる。

　　（イ）　　　　（ロ）　　　　　（ハ）　　　　　　（ニ）
1. 手すり ········· 覆い ············· 安全ネット ········· 要求性能墜落制止用器具
2. 足場板 ········· 筋かい ··········· 作業台 ············· 昇降施設
3. 手すり ········· 覆い ············· 安全ネット ········· 昇降施設
4. 足場板 ········· 筋かい ··········· 作業台 ············· 要求性能墜落制止用器具

No.59 車両系建設機械の災害防止に関する下記の文章中の の（イ）～
（ニ）に当てはまる語句の組合せとして，労働安全衛生規則上，**正しいもの**
は次のうちどれか。

・運転者は，運転位置を離れるときは，原動機を止め， (イ) 走行ブレーキをかける。
・転倒や転落のおそれがある場所では，転倒時保護構造を有し，かつ， (ロ) を備え
た機種の使用に努める。
・ (ハ) 以外の箇所に労働者を乗せてはならない。
・ (ニ) にブレーキやクラッチの機能について点検する。

　　（イ）　　　　（ロ）　　　　　（ハ）　　　　（ニ）
1. または ········· 安全ブロック ········· 助手席 ······· 作業の前日
2. または ········· シートベルト ········· 乗車席 ······· 作業の前日
3. かつ ··········· シートベルト ········· 乗車席 ······· その日の作業開始前
4. かつ ··········· 安全ブロック ········· 助手席 ······· その日の作業開始前

No.60 品質管理に用いられる$\bar{x}$－R管理図に関する下記の文章中の $\boxed{}$ の（イ）～（ニ）に当てはまる語句の組合せとして，**適当なもの**は次のうちどれか。

・データには，連続量として測定される $\boxed{\text{（イ）}}$ がある。

・$\bar{x}$管理図は，工程平均を各組ごとのデータの $\boxed{\text{（ロ）}}$ によって管理する。

・R管理図は，工程のばらつきを各組ごとのデータの $\boxed{\text{（ハ）}}$ によって管理する。

・$\bar{x}$－R管理図の管理線として，$\boxed{\text{（ニ）}}$ 及び上方・下方管理限界がある。

	（イ）	（ロ）	（ハ）	（ニ）
1.	計数値 ‥‥‥‥	平均値 ‥‥‥‥‥‥‥‥‥‥	最大・最小の差 ‥‥‥‥‥	バナナカーブ
2.	計量値 ‥‥‥‥	平均値 ‥‥‥‥‥‥‥‥‥‥	最大・最小の差 ‥‥‥‥‥	中心線
3.	計数値 ‥‥‥‥	最大・最小の差 ‥‥‥‥	平均値 ‥‥‥‥‥‥‥‥‥‥	中心線
4.	計量値 ‥‥‥‥	最大・最小の差 ‥‥‥‥	平均値 ‥‥‥‥‥‥‥‥‥‥	バナナカーブ

No.61 盛土の締固めにおける品質管理に関する下記の文章中の $\boxed{}$ の（イ）～（ニ）に当てはまる語句の組合せとして，**適当なもの**は次のうちどれか。

・盛土の締固めの品質管理の方式のうち $\boxed{\text{（イ）}}$ 規定方式は，盛土の締固め度等を規定するもので，$\boxed{\text{（ロ）}}$ 規定方式は，使用する締固め機械の機種や締固め回数等を規定する方法である。

・盛土の締固めの効果や性質は，土の種類や含水比，$\boxed{\text{（ハ）}}$ 方法によって変化する。

・盛土が最もよく締まる含水比は，最大乾燥密度が得られる含水比で $\boxed{\text{（ニ）}}$ 含水比である。

	（イ）	（ロ）	（ハ）	（ニ）
1.	品質 ‥‥‥‥	工法 ‥‥‥‥	施工 ‥‥‥‥‥	最適
2.	品質 ‥‥‥‥	工法 ‥‥‥‥	管理 ‥‥‥‥‥	最大
3.	工法 ‥‥‥‥	品質 ‥‥‥‥	施工 ‥‥‥‥‥	最適
4.	工法 ‥‥‥‥	品質 ‥‥‥‥	管理 ‥‥‥‥‥	最大

2022
令和4 | 年度

⏱ 試験時間 | 120分

第二次検定

※問題1〜問題5は必須問題です。必ず解答してください。

問題1で

①設問1の解答が無記載又は記述漏れがある場合,

②設問2の解答が無記載又は設問で求められている内容以外の記述の場合,

どちらの場合にも問題2以降は採点の対象となりません。

問題 1

あなたが経験した土木工事の現場において, 工夫した品質管理又は工夫した工程管理のうちから1つ選び, 次の〔設問1〕,〔設問2〕に答えなさい。

→経験記述については, P.472を参照してください。

問題 2

建設工事に用いる工程表に関する次の文章の___の（イ）〜（ホ）に当てはまる適切な語句を, 下記の語句から選び解答欄に記入しなさい。

(1) 横線式工程表には, バーチャートとガントチャートがあり, バーチャートは縦軸に部分工事をとり, 横軸に必要な __(イ)__ を棒線で記入した図表で, 各工事の工期がわかりやすい。ガントチャートは縦軸に部分工事をとり, 横軸に各工事の __(ロ)__ を棒線で記入した図表で, 各工事の進捗状況がわかる。

(2) ネットワーク式工程表は, 工事内容を系統的に明確にし, 作業相互の関連や順序, __(ハ)__ を的確に判断でき, __(ニ)__ 工事と部分工事の関連が明確に表現できる。また, __(ホ)__ を求めることにより重点管理作業や工事完成日の予測ができる。

〔語句〕

アクティビティ, 経済性, 機械, 人力, 施工時期,

クリティカルパス, 安全性, 全体, 費用, 掘削,

出来高比率, 降雨日, 休憩, 日数, アロー

解答欄

（イ）	（ロ）	（ハ）	（ニ）	（ホ）

問題 3 土木工事の施工計画を作成するにあたって実施する，事前の調査について，下記の項目①～③から2つ選び，その番号，実施内容について，解答欄の（例）を参考にして，解答欄に記述しなさい。
ただし，解答欄の（例）と同一の内容は不可とする。

①契約書類の確認
②自然条件の調査
③近隣環境の調査

解答欄

番号	
（例）	

問題 4 コンクリート養生の役割及び具体的な方法に関する次の文章の◻️の（イ）～（ホ）に当てはまる適切な語句を，下記の語句から選び解答欄に記入しなさい。

(1) 養生とは，仕上げを終えたコンクリートを十分に硬化させるために，適当な ［（イ）］ と湿度を与え，有害な ［（ロ）］ 等から保護する作業のことである。

(2) 養生では，散水，湛水，［（ハ）］ で覆う等して，コンクリートを湿潤状態に保つことが重要である。

(3) 日平均気温が ［（ニ）］ ほど，湿潤養生に必要な期間は長くなる。

(4) ［（ホ）］ セメントを使用したコンクリートの湿潤養生期間は，普通ポルトランドセメントの場合よりも長くする必要がある。

[語句] 早強ポルトランド, 高い, 混合, 合成, 安全,
　　　　計画, 沸騰, 温度, 暑い, 低い,
　　　　湿布, 養分, 外力, 手順, 配合

解答欄

(イ)	(ロ)	(ハ)	(ニ)	(ホ)

必須問題 問題 5 盛土の安定性や施工性を確保し, 良好な品質を保持するため, 盛土材料として望ましい条件を2つ解答欄に記述しなさい。

解答欄

1	
2	

問題6～問題9までは選択問題(1), (2)です。

※問題6, 問題7の選択問題(1)の2問題のうちから1問題を選択し解答してください。
　なお, 選択した問題は, 解答用紙の選択欄に○印を必ず記入してください。

選択問題 1 問題 6 土の原位置試験とその結果の利用に関する次の文章の＿＿＿の (イ) ～ (ホ) に当てはまる適切な語句を, 下記の語句から選び解答欄に記入しなさい。

(1) 標準貫入試験は, 原位置における地盤の硬軟, 締まり具合又は土層の構成を判定するための ｜(イ)｜ を求めるために行い, 土質柱状図や地質 ｜(ロ)｜ を作成することにより, 支持層の分布状況や各地層の連続性等を総合的に判断できる。
(2) スウェーデン式サウンディング試験は, 荷重による貫入と, 回転による貫入を併用した原位置試験で, 土の静的貫入抵抗を求め, 土の硬軟又は締まり具合を判定するとともに ｜(ハ)｜ の厚さや分布を把握するのに用いられる。

(3) 地盤の平板載荷試験は，原地盤に剛な載荷板を設置して垂直荷重を与え，この荷重の大きさと載荷板の [(ニ)] との関係から， [(ホ)] 係数や極限支持力等の地盤の変形及び支持力特性を調べるための試験である。

［語句］ 含水比，盛土，水温，地盤反力，管理図，
　　　　軟弱層，N値，P値，断面図，経路図，
　　　　降水量，透水，掘削，圧密，沈下量

解答欄

(イ)	(ロ)	(ハ)	(ニ)	(ホ)

選択問題 1

問題 7 レディーミクストコンクリート（JIS A 5308）の受入れ検査に関する次の文章の □□□ の（イ）～（ホ）に当てはまる**適切な語句又は数値を，下記の語句又は数値から選び解答欄に記入しなさい。**

(1) スランプの規定値が12cmの場合，許容差は ± [(イ)] cmである。

(2) 普通コンクリートの [(ロ)] は4.5%であり，許容差は ±1.5%である。

(3) コンクリート中の [(ハ)] 含有量は$0.30kg/m^3$以下と規定されている。

(4) 圧縮強度の1階の試験結果は，購入者が指定した [(ニ)] 強度の強度値の [(ホ)] %以上であり，3回の試験結果の平均値は，購入者が指定した [(ニ)] 強度の強度値以上である。

［語句又は数値］ 単位水量，空気量，85，　塩化物，75，
　　　　　　　　せん断，95，　引張，2.5，　不純物，
　　　　　　　　7.0，　呼び，5.0，　骨材表面水率，　アルカリ

解答欄

(イ)	(ロ)	(ハ)	(ニ)	(ホ)

※問題8，問題9の選択問題(2)の2問題のうちから1問題を選択し解答してください。
なお，選択した問題は，解答用紙の選択欄に○印を必ず記入してください。

建設工事における高さ2m以上の高所作業を行う場合において，労働安
全衛生法で定められている事業者が実施すべき<u>墜落等による危険の防
止対策</u>を，2つ解答欄に記述しなさい。

解答欄

1	
2	

選択問題 2 問題 9 ブルドーザ又はバックホゥを用いて行う建設工事における<u>具体的な騒
音防止対策</u>を，2つ解答欄に記述しなさい。

解答欄

1	
2	

第一次検定 　解答・解説

No.1 ［答え3］土工作業に使用する建設機械

1. のバックホゥは，**機械の設置地盤よりも低い場所の掘削**に用いられる。**2.** のトラクタショベルは，トラクタ前面に装着したバケットで地表面より上にある土砂等を掘削し，ダンプトラック等への積込み作業に用いられ，**地表面より下の掘削はできない**。狭い場所での深い掘削に用いられるのはクラムシェルである。**3.** のブルドーザは前面に取り付けた排土板により，掘削，押土，60m以下の短距離の運搬，整地，敷均し，締固めや伐開・除根に用いられる。**4.** のスクレーパは，土砂の掘削，積込み，中距離運搬，敷均しの作業を1台でこなせるが，**締固めはできない**。したがって，**3.** が適当である。

No.2 ［答え1］土質試験の試験名と試験結果の利用

1. の砂置換法による土の密度試験は，路盤等に穴を掘り，その穴に質量と体積がわかっている試験用砂を入れ，穴に入った砂の体積と，掘り出した土の質量から，掘り出した土の密度を調べる試験で，**土の締固めの管理**に用いられる。**地盤改良工法の設計には，ボーリング孔を利用した透水試験等**が用いられる。**2.** のポータブルコーン貫入試験は，ロッドの先端に円錐のコーンを取り付けて地中に静的に貫入し，その圧入力から求められる土のコーン指数（q_c）は，建設機械の走行性（トラフィカビリティー）の判定に用いられる。**3.** の土の一軸圧縮試験は，自立する供試体を拘束圧が作用しない状態で圧縮し，圧縮応力の最大値である一軸圧縮強さ（q_u）から支持力を推定する。**4.** のコンシステンシー試験は，土の液性限界と塑性限界の含水比を調べる試験で，結果を盛土材料の選定に活用する。したがって，**1.** が適当でない。

No.3 ［答え4］盛土の施工

1. の基礎地盤は，盛土完成後に不同沈下や破壊を生ずるおそれがないか検討を行い，必要に応じて適切な処理を行う。**2.** の敷均し厚さは，盛土材料の粒度，土質，締固め機械，施工法及び要求される締固め度等の条件に左右される。**3.** の土の締固めでは，同じ土を同じ方法で締め固めても得られる土の密度は含水比により異なるため，最も効率よく土を密にできる最適含水比における施工が望ましい。**4.** の構造物縁部は，底部がくさび形になり，面積が狭く，締固め作業が困難となるため，**小型の機械で入念に締め固める**。したがって，**4.** が適当でない。

No.4 ［答え1］軟弱地盤の改良工法

1. のプレローディング工法は，盛土や構造物の計画地盤に，あらかじめ盛土等で荷重を載荷して圧密を促進させ，その後，構造物を施工することにより構造物の沈下を軽減する**載荷工

法である。サンドマットが併用される。**2.**のディープウェル工法は，掘削箇所の内側及び周辺にディープウェル（深井戸）を設置し，ウェル内に流入する地下水を水中ポンプで排水することにより，周辺地盤の**地下水位を低下させる地下水位低下工法**である。透水性のよい地盤等に有効な排水工法である。**3.**の**サンドコンパクションパイル工法**は，軟弱地盤中に振動あるいは衝撃により砂を打ち込み，締め固めた砂杭を造成するとともに，軟弱層を締め固める**締固め工法**である。砂杭の支持力により軟弱層に加わる荷重が軽減され，圧密沈下量が減少する。**4.**の**深層混合処理工法**は，主としてセメント系の固化材を地中に供給して，撹拌翼により軟弱土と強制的に撹拌混合して柱体状，ブロック状または壁状の安定処理土を形成する**固結工法**である。したがって，**1.**が該当する。

No.5 [答え1] コンクリート用セメント

1.のセメントは，水和によって水酸化カルシウム（$Ca(OH)_2$）を生成し，pH12～13の**強アルカリ性**を示す。**2.**のセメントは，空気中の水分やCO_2により風化すると強熱減量が増し，密度が小さくなって凝結の異常や強度低下をもたらす。**3.**のプレストレストコンクリート工事では，比較的早期にプレストレスを与えるため早強ポルトランドセメントが適している。**4.**の中庸熱ポルトランドセメントは，水和熱が普通ポルトランドセメントより小さくなるように調整されたポルトランドセメントであり，ダム工事等のマスコンクリートに適している。したがって，**1.**が適当でない。

No.6 [答え3] コンクリートの施工

1.は記述の通りである。**2.**の棒状バイブレータの挿入間隔は，一般に50cm以下とし，なるべく鉛直に差し込む。**3.**の棒状バイブレータは**ゆっくり引抜き**，後に穴が残らないようにする。**4.**の棒状バイブレータで，コンクリートを横移動すると材料分離の原因となる。したがって，**3.**が適当でない。

No.7 [答え3] フレッシュコンクリート

1.のブリーディングとは，固体材料の沈降または分離によって，練混ぜ水の一部が遊離してコンクリート表面に上昇する現象である。**2.**のワーカビリティーとは，材料分離を生じることなく，運搬，打込み，締固め，仕上げ等の作業のしやすさのことである。**3.**のレイタンスとは，コンクリートの打込み後，ブリーディングに伴い，内部の微細な粒子が浮上し，**コンクリート表面に形成する脆弱な物質の層**のことである。**4.**は記述の通りである。したがって，**3.**が適当でない。

No.8 [答え4] コンクリートの仕上げと養生

1.の密実な表面を必要とする場合には，作業が可能な範囲で，できるだけ遅い時期に，金ごてで強い力を加えてコンクリート上面を仕上げる。**2.**の仕上げ後，特に鉄筋位置の表面にコンクリートの沈下によるひび割れが発生することがあるため，タンピングと再仕上げによって修復する。**3.**の養生では，セメントの水和反応を十分に進行させる必要があるため，一定

期間はコンクリートを十分な湿潤状態と適当な温度に保ち，かつ有害な作業の影響を受けないようにする。**4.**の混合セメントの湿潤養生期間は，次表の通りであり，早強ポルトランドセメントよりも**長くする**。

表　湿潤養生期間の標準

日平均気温	早強ポルトランドセメント	普通ポルトランドセメント	混合セメントB種
15℃以上	3日	5日	7日
10℃以上	4日	7日	9日
5℃以上	5日	9日	12日

したがって，**4.**が適当でない。

No.9　[答え1]　既製杭工法の杭打ち機の特徴

1.のドロップハンマは，ハンマ（モンケン）をウインチで引き上げ，落下させて杭を打ち込む方法であり，ハンマの重量は**杭の重量以上あるいは杭1mあたりの重量の10倍以上**が望ましく，落下高さは2m以下がよい。**2.**のディーゼルハンマは，2サイクルのディーゼル機関で，シリンダー内でラムの落下，空気の圧縮，燃料の噴射，爆発により杭を打ち込むため打撃力が大きいが，騒音・振動と油の飛散を伴う。**3.**のバイブロハンマは，振動機の上下方向の振動力により，杭と地盤の周面摩擦力及び先端抵抗力を一時的に低減させ，振動機と杭の重量によって杭を地盤に打ち込むため，地盤との摩擦振動と騒音を生じる。**4.**の油圧ハンマは，防音構造でありラムの落下高を任意に調整できることから，杭打ち時の騒音を低くでき，また油煙の飛散もなく，低公害型ハンマとして使用頻度が高い。したがって，**1.**が適当でない。

No.10　[答え1]　場所打ち杭工法の特徴

場所打ち杭工法には次の特徴がある。**1.**施工時の打撃や振動が少ないので，騒音・振動はドロップハンマやバイブロハンマを用いる**打撃工法に比べて小さい**。**2.**機械掘削のため，大口径の杭の施工が可能であり，大きな支持力が得られる。**3.**現場打ちの杭のため，杭材料の運搬等の取扱いや長さの調節が容易である。**4.**中間層や支持層（基礎地盤）の土質が掘削時に目視で確認できる。したがって，**1.**が適当でない。

No.11　[答え4]　土留め工

1.のアンカー式土留め工法は，掘削周辺地盤中に定着させた土留めアンカー（PC鋼棒等の引張材）と掘削側の地盤の抵抗によって土留め壁を支持する工法である。**2.**の中間杭は切梁の座屈防止のために設けられるが，覆工からの荷重を受ける中間杭を兼ねてもよい。火打ち梁は，腹起しと切梁の接続部や隅角部に斜めに入れる梁で，構造計算では土圧が作用する腹起しのスパンや切梁の座屈長を短くすることができる。**3.**のボイリングは，砂質地盤で土留め壁背面と掘削面の水位差が大きい場合に，背面から掘削面側に向かう浸透流により，掘削底面より砂の粒子が水とともに吹き上がる現象である。**4.**のパイピングとは，地盤の弱い箇

所の**土粒子が浸透流により洗い流され地中に水みちが拡大し，最終的にはボイリング状の破壊に至る現象**である。ヒービングとは，土留め背面の土の重量や土留めに接近した地表面での上載荷重等により，掘削底面の隆起が生じ最終的には土留め崩壊に至る現象である。軟らかい粘性土で地下水が高く，土留め工法が鋼矢板の場合，ヒービングに留意する。したがって，**4.**が適当でない。

No.12 [答え2] 鋼材の特性，用途

1.の炭素鋼は，鉄と炭素の合金であり，炭素含有量が少ないと延性，展性に富み溶接など加工性に優れるが，多いと引張強さ・硬さが増すが，伸び・絞りが減少し，被削性・被研削性は悪くなる。炭素含有量が0.25％以下を低炭素鋼といい，橋梁の鋼板，ボルト，ナット，リベット，くぎ，針金等に用いられる。0.6％以上を高炭素鋼といい，表面硬さが必要なキー，ピン，工具等に用いられる。なお0.25〜0.6％を中炭素鋼といい，0.6％以下のものは構造用鋼として用いられる。**2.**の**耐候性鋼等の防食性の高い鋼材は，気象や化学的な作用による腐食が予想される場合に用いられる**。なお，**疲労強度は鋼種に依存しないと考えられている**。**3.**の鋼材は，比例限度を超え弾性限度までは荷重を取り除くと，元の形状に戻る弾性を示すが，弾性限度を超えると荷重を取り除いても元の形状に戻らなくなる塑性を示す。**4.**は記述の通りである。したがって，**2.**が適当でない。

No.13 [答え4] 鋼道路橋の架設工法

1.のケーブルクレーンによる直吊り工法は，鉄塔で支えられたケーブルクレーンで桁をつり込んで受梁上で組み立てて架設する工法で，桁下が利用できない**山間部等で用いる場合が多く，市街地では採用されない**。**2.**の支柱式支保工は**コンクリート道路橋の架設工法**であり，橋梁下を河川や道路が横断している等，架橋地点の**桁下空間を一部あるいは全部を確保する必要がある場合**，または支保工高が高かったり，地盤が軟弱で集中的な基礎を設けた方が有利な場合等に採用される。**3.**の手延べ桁による押出し工法は**コンクリート道路橋の架設工法**であり，橋台または第一橋脚後方の製作ヤードでコンクリートを打ち継ぎながら橋桁を製作し，順次押し出して橋桁を架設する工法である。桁下が利用できない**鉄道，道路，河川等の横断箇所で採用される**。**4.**のクレーン車によるベント式架設工法は，橋桁をクレーン車でつり上げ，下から組み上げたベントで仮受けしながら橋桁を組み立てて架設する工法であり，桁下空間が使用できる現場に適している。したがって，**4.**が適当である。

No.14 [答え2] コンクリートの劣化機構

1.の中性化は，空気中の炭酸ガス（CO_2）がコンクリート内に侵入し，水酸化カルシウム（$Ca(OH)_2$）を炭酸カルシウム（$CaCO_3$）に変化させることによりアルカリ性が失われ，pHが低下する現象である。**2.**の**塩害とは，コンクリート中に侵入した塩化物イオンが鋼材に腐食・膨張を生じさせ，コンクリートにひび割れ，はく離等の損傷を与える現象**である。選択肢の記述内容は，化学的侵食のことである。**3.**は記述の通りである。**4.**の凍害は，コンクリート中の水分が凍結融解作用により膨張と収縮を繰り返し，組織に緩み又は破壊を生じる現

象である。したがって，**2.** が適当でない。

No.15 [答え3] 河川の用語等

1. の河川において，上流から下流を見て右側を右岸，左側を左岸という。**2.** の河川には，**浅くて流れの速い瀬**と，**深くて流れの緩やかな淵**と呼ばれる部分がある。**3.** の堤外地とは，堤防で挟まれた河川の流水がある側をいい，堤内地とは，堤防で洪水氾濫から守られている住居や農地のある側をいう。**4.** の河川堤防の天端の高さは，計画高水位（H.W.L.）に**余裕高**（0.6～2.0 m；計画高水流量（単位 m^3/s）によって決定）**を足した高さ以上**にする。したがって，**3.** が適当である。

No.16 [答え2] 河川護岸

1. の基礎工には，法覆工の法先を直接受け止める法覆工の基礎の役割と，洪水による洗掘に対して法覆工の基礎部分を保護して裏込め土砂の流出を防ぐ役割がある。**2.** の法覆工は，堤防・河岸を被覆し，保護する主要な構造部分で，**法勾配が急で流速の大きな急流部では間知ブロック（積ブロック）**が用いられ，**法勾配が緩く流速が小さな場所では平板ブロックが用いられる。3.** の根固工は，洪水時に河床の洗掘が著しい場所や，大きな流速の作用する場所等で，護岸基礎工前面の河床の洗掘を防止し，基礎工・法覆工を保護するものである。**4.** は記述の通りである。したがって，**2.** が適当でない。

No.17 [答え1] 砂防えん堤

1. の前庭保護工は，**本えん堤を越流した落下水，落下砂礁による基礎地盤の洗掘及び下流の河床低下を防止するため**の構造物であり，副えん堤及び水褥池（ウォータークッション）による減勢工，水叩き，側壁護岸，護床工等からなり，**本えん堤下流に設ける。2.** の袖は，両岸に向かって上り勾配とし，上流の計画堆砂勾配と同程度かそれ以上とする。**3.** は記述の通りである。**4.** の水通しは，原則として逆台形とし，幅は流水によるえん堤下流部の洗掘に対処するため，側面侵食による著しい支障を及ぼさない範囲でできるだけ広くし，高さは対象流量を流しうる水位に，余裕高以上の値を加えて定める。したがって，**1.** が適当でない。

No.18 [答え4] 地すべり防止工

1. の抑制工は，地下水状態等の自然条件を変化させ，**地すべり運動を停止・緩和する工法**である。選択肢の記述内容は抑止工である。**2.** の地すべり防止工では，**抑制工と抑止工の両方を組み合わせて施工を行うのが一般的**であり，工法の主体は抑制工とし，地すべりが活発に継続している場合は抑制工を先行させ，活動を軽減してから抑止工を施工する。**3.** の抑止工は，杭等の構造物によって，**地すべり運動の一部又は全部を停止させる工法**である。選択肢の記述内容は抑制工である。**4.** の集水井工の排水は，原則として排水ボーリング孔（長さ100m程度）または排水トンネルにより自然排水を行う。したがって，**4.** が適当である。

No.19 ［答え1］ 道路のアスファルト舗装における路床の施工

1.の盛土路床の1層の敷均し厚さは，盛土材料の粒度，土質，締固め機械，施工法及び要求される締固め度などの条件に左右されるが，一般的に25～30cm以下とし，締固め後の**仕上り厚さは20cm以下**を目安とする。**2.**の安定処理は，一般に路上混合方式で行い，所定の締固め度を得られることが確認できれば，全厚を一層で仕上げる。**3.**の切土路床では，表面から30cm程度以内に木根，転石等の路床の均一性を損なうものがある場合は，取り除いて仕上げる。**4.**の置き換え工法では，良質土の他に地域産材料を安定処理して用いることもある。したがって，**1.**が適当でない。

No.20 ［答え2］ 道路のアスファルト舗装の締固め

1.のヘアクラックは，ローラ線圧過大，転圧温度の高すぎ，過転圧等の場合に多くみられることがある。**2.**の二次転圧は，一般に8～20tの**タイヤローラ**又は6～10tの振動ローラを用いて行う。タイヤローラによる混合物の締固めは，交通荷重に似た締固め作用により，骨材相互のかみ合わせをよくし，深さ方向に均一な密度が得やすい。**3.**の仕上げ転圧は，不陸修正やローラマークの消去のために，タイヤローラあるいはロードローラで2回（1往復）程度行う。**4.**は記述の通りである。したがって，**2.**が適当でない。

No.21 ［答え4］ 道路のアスファルト舗装の補修工法

1.の**オーバーレイ工法**は，既存舗装の上に，厚さ33m以上の加熱アスファルト混合物を舗設する工法である。**2.**の打換え工法は，不良な舗装の一部分，または全部を取り除き，新しい舗装を行う工法である。**3.**の切削工法は，路面の凸部などを切削除去し，不陸や段差を解消する工法である。**4.**のパッチング工法は，局部的なくぼみ，ポットホール，段差等に加熱アスファルト混合物，瀝青材料や樹脂結合材料系のバインダーを用いた常温混合物等を応急的に充填する工法である。したがって，**4.**が該当する。

No.22 ［答え1］ 道路の普通コンクリート舗装

1.のコンクリート版の温度変化による収縮・膨張を妨げないようにダウエルバー（丸鋼）を用い，車線に直交する横目地を設ける。また，コンクリート版の反りによるひび割れを防止するためにタイバー（異形棒鋼）を用い，車線方向に縦目地を設ける。**2.**のコンクリートの**打込みは，敷均し機械（スプレッダ）**を用い，全体ができるだけ均等な密度になるように適切な余盛りをつけて行う。**3.**の敷き広げたコンクリートは，**コンクリートフィニッシャ**（敷均しを行うロータリー式ファーストスクリード，締固めを行うバイブレータ，荒仕上げを行うフィニッシングスクリードの装置から成る）で締固め及び荒仕上げを行う。**4.**の養生には，粗面仕上げ終了直後から，表面を荒さずに養生作業ができる程度にコンクリートが硬化するまで行う初期養生と，初期養生に引き続き，**水分の蒸発や急激な温度変化等を防ぐ目的で，一定期間散水等をして湿潤状態に保つ**後期養生がある。したがって，**1.**が適当である。

No.23 [答え2] ダムの施工

1. の転流工は，ダム本体工事区域をドライに保つため，河川を一時迂回させる構造物であり，我が国では河川流量や地形等を考慮し，基礎岩盤内に仮排水トンネルを掘削する方式が多く用いられる。**2.** のRCD用のコンクリートは，超硬練りのコンクリートであるため，締固めには十分な締固め能力を有する**振動ローラ**を用いる。**3.** の基礎処理のグラウチングには，基礎地盤と堤体の接触部付近の浸透流の抑制及び基礎地盤の一体化による変形の改良を行うコンソリデーショングラウチングと，浸透流の抑制を目的としたカーテングラウチングがある。**4.** のベンチカット工法は，平坦なベンチを造成し，階段状に切り下げる工法で，基礎岩盤に損傷を与えることが少なく大量掘削に対応できる。したがって，**2.** が適当でない。

No.24 [答え2] トンネルの山岳工法における掘削

1. の吹付けコンクリートは，はね返りを少なくするために，吹付けノズルを吹付け面に直角に保ち，ノズルと吹付面との距離及び衝突速度が適性となるように吹き付けたときに最も圧縮され，付着性がよい。**2.** のロックボルトは，特別な場合を除き，トンネル横断方向に**掘削面に対して直角**に設ける。**3.** の発破掘削は，主に硬岩から中硬岩などの場合に用いられる。**4.** の機械掘削には，TBMなどの全断面掘削機と，ブーム掘削機，バックホゥ，大型ブレーカ及び削岩機などの自由断面掘削機がある。したがって，**2.** が適当でない。

No.25 [答え3] 傾斜型海岸堤防の構造

傾斜型海岸堤防の構造名称は図のとおりである。したがって，**3.** が適当である。

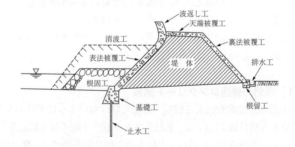

No.26 [答え3] ケーソン式混成堤の施工

1. のケーソンが，波浪や風等の影響でえい航直後の据付けが困難な場合には，仮置きマウント上までえい航し，注水して沈設仮置きする。**2.** は記述の通りである。**3.** のケーソンの据付けは，ケーソンの底面が据付け面に近づいたら，注水を一時止め，潜水士によって正確な位置を決めたのち，ふたたび注水して正しく据え付ける。**4.** のケーソンは，据付け後，その安定を保つため，設計上の単位体積質量を満足する材料をただちに中詰め，蓋コンクリートの施工を行う。したがって，**3.** が適当でない。

No.27 ［答え4］鉄道の軌道の用語

1. は記述の通りである。**2.** の軌間とは，レール面から16mm以内の距離におけるレール頭部間の最短距離をいう。**3.** の緩和曲線は，鉄道では一般的に三次放物線が用いられる。**4.** の路盤とは，**道床を直接支持し，路床への荷重の分散伝達**をする部分のことである。土路盤と強化路盤（砕石路盤とスラグ路盤）がある。したがって，**4.** が適当でない。

No.28 ［答え3］鉄道の営業線近接工事の保守対策

1. と **2.** と **4.** は記述の通りである。**3.** の複線以上の路線での積みおろしの場合は，列車見張員を配置し**建築限界をおかさないように材料を置かなければならない**。したがって，**3.** が適当でない。

No.29 ［答え3］シールド工法

1. のシールド工法は，泥土あるいは泥水で切羽の土圧と水圧に対抗して，切羽の安定を図りながらシールド機を掘進させ，セグメントを組み立てて地山を保持し，トンネルを構築する工法であり，開削工法が困難な都市部で多く用いられる。**2.** のシールド工法に使用される機械は，泥圧や泥水加圧により切羽を安定させ，切削機構で掘削作業を行うフード部，カッターヘッド駆動装置，排土装置やジャッキなどの機械装置を格納するガーダー部，セグメントの組立て覆工作業を行うエレクターや裏込め注入を行う注入管，テールシールなどを備えたテール部からなる。**3.** の泥水式シールド工法は，切羽に隔壁を設けて，この中に泥水を循環させ，切羽の安定を保つと同時に，カッターで切削された土砂を泥水とともに坑外まで**流体輸送**する工法である。**4.** の土圧式シールド工法は，掘削土を泥土化し，それに所定の圧力を与えて切羽の安定を図るもので，粘土，シルトからなる土層では，カッターの切削作用により，掘削土砂の流動性が保持される。掘削土を泥土化させる添加剤の注入装置の有無により，土圧シールドと泥土圧シールドに分けられる。したがって，**3.** が適当でない。

No.30 ［答え4］上水道の管布設工

1. の管の布設は，原則として低所から高所に向けて行い，受口のある管は受口を高所に向けて配管する。**2.** のダクタイル鋳鉄管の据付けにあたっては，管体の表示記号を確認するとともに，管径，年号の記号を上に向けて据え付ける。**3.** は記述の通りである。**4.** の鋳鉄管の切断は，直管は切断機で行うことを標準とするが，曲管，T字管などの**異形管は切断しない**。したがって，**4.** が適当でない。

No.31 ［答え1］下水道管渠の接合方式

1. の水面接合は，**水理学的に概ね計画水位を一致させて接合する**合理的な方法である。設問の記述内容は管中心接合である。**2.** の管頂接合は，上流管と下流管の管頂を一致させる接合方法であり，流水は円滑となり水理学的に安全な方法であるが，管渠の埋設深さが増して建設費がかさみ，ポンプ排水の場合はポンプの揚程が増す。**3.** の管底接合は，上流管と下流管の管底を一致させる接合方法である。掘削深さを減じて工費を軽減でき，特にポンプ排水の

場合は有利となる。しかし上流部において動水勾配線が管頂より上昇し、圧力管となるおそれがある。**4.** の段差接合は、地表勾配が急な場合、地表勾配に応じて適当な間隔にマンホールを設け、1箇所あたりの段差は1.5m以内とすることが望ましい。なお段差が0.6m以上の場合、合流管、汚水管には副管を使用することを原則とする。したがって、**1.** が適当でない。

No.32 [答え3] 労働時間、休憩、休日、年次有給休暇（36協定）

1. は労働基準法第34条（休憩）第1項により正しい。**2.** は同法第35条（休日）第1項により正しい。**3.** は同法第36条（時間外及び休日の労働）第1項、第2項第4号、第3項及び第4項に、使用者は、労働組合との協定により、労働時間を延長して労働させることができる限度時間は、**1箇月について45時間**及び1年について360時間とすると規定されている。**4.** は同法第39条（年次有給休暇）第1項により正しい。したがって、**3.** が誤りである。

No.33 [答え2] 災害補償

1. は労働基準法第75条（療養補償）第1項により正しい。**2.** は同法第78条（休業補償及び障害補償の例外）に「労働者が重大な過失によって業務上負傷し、又は疾病にかかり、且つ使用者がその過失について**行政官庁の認定**を受けた場合においては、休業補償又は障害補償を行わなくてもよい」と規定されている。**3.** は同法第83条（補償を受ける権利）第1項により正しい。**4.** は同法第85条（審査及び仲裁）第1項により正しい。したがって、**2.** が誤りである。

No.34 [答え3] 労働安全衛生法

作業主任者を選任すべき作業は、労働安全衛生法第14条（作業主任者）及び同法施行令第6条（作業主任者を選任すべき作業）に規定されている。**1.** は第10号に規定されている。**2.** は第9号に規定されている。**3.** の道路のアスファルト舗装の転圧の作業は規定されていない。**4.** は第15の5号に規定されている。したがって、**3.** が選任を必要としない。

No.35 [答え4] 建設業法

1. は建設業法第2条（定義）第2項により正しい。**2.** は同法第26条（主任技術者及び監理技術者の設置等）第1項により正しい。**3.** は同法第26条の4（主任技術者及び監理技術者の職務等）第2項より、建設工事の施工に従事する者は、主任技術者又は監理技術者がその職務として行う指導に従わなければならない。**4.** は同法第26条第3項、及び同法施行令第27条より、公共性のある施設若しくは工作物又は多数の者が利用する施設若しくは工作物に関する重要な建設工事で、**工事1件の請負代金の額が3500万円（建築一式工事は7000万円）以上の場合**、置かなければならない主任技術者又は監理技術者は、工事現場ごとに、専任の者でなければならないと規定されている。したがって、**4.** が誤りである。

No.36 [答え 2] 車両の総重量等の最高限度

道路法第47条第1項，及び車両制限令第3条（車両の幅等の最高限度）より，車両の幅，重量，高さ，長さ及び最小回転半径の最高限度は以下の通りである。

車両の幅	2.5m
総重量	20t（高速自動車国道又は道路管理者が道路の構造の保全及び交通の危険の防止上支障がないと認めて指定した道路を通行する車両にあっては25t以下）
軸重	10t
輪荷重	5t
高さ	3.8m（道路管理者が道路の構造の保全及び交通の危険の防止上支障がないと認めて指定した道路を通行する車両にあっては4.1m）
長さ	**12m**
最小回転半径	車両の最外側のわだちについて12m

したがって，**2.** が誤りである。

No.37 [答え 2] 河川法

1. は河川法第100条第1項により正しい。なお，一級河川の管理は同法第9条第1項により国土交通大臣，二級河川の管理は同法第10条第1項により都道府県知事が行う。**2.** は同法第3条（河川及び河川管理施設）第2項に「この法律において「**河川管理施設**」とは，**ダム，堰，水門**，堤防，護岸，床止め，樹林帯，その他河川の流水によって生ずる公利を増進し，又は公害を除却し，若しくは軽減する効用を有する施設をいう（後略）」と規定されている。**3.** は同法第26条（工作物の新築等の許可）第1項により正しい。**4.** は同法第54条（河川保全区域）第1項により正しい。したがって，**2.** が誤りである。

No.38 [答え 3] 建築基準法

1. は建築基準法第42条（道路の定義）第1項により正しい。**2.** は同法第52条（容積率）第1項により正しい。**3.** は同法第43条（敷地等と道路との関係）第1項に「建築物の敷地は，**道路に2m以上接しなければならない**」と規定されている。**4.** は同法第53条（建蔽率）第1項により正しい。したがって，**3.** が誤りである。

No.39 [答え 2] 火薬類取締法

1. は火薬類取締法施行規則第52条の2（火工所）第3項第6号により正しい。**2.** は同規則第51条（火薬類の取扱い）第7号に「**固化したダイナマイト等は，もみほぐすこと**」と規定されている。**3.** は同規則第52条の2第3項第3号により正しい。**4.** は同規則第51条第18号により正しい。したがって，**2.** が誤りである。

No.40 [答え1] 騒音規制法

「特定建設作業」とは，騒音規制法第2条第3項及び同法施行令第2条に規定されている次の表に掲げる作業である。ただし，当該作業がその作業を開始した日に終わるものは除く。

表　別表第2（騒音規制法施行令第2条関係）

1	くい打機（もんけんを除く。），くい抜機又はくい打くい抜機（圧入式くい打くい抜機を除く。）を使用する作業（くい打機をアースオーガーと併用する作業を除く。）
2	びょう打機を使用する作業
3	**さく岩機を使用する作業**（作業地点が連続的に移動する作業にあっては，1日における当該作業に係る2地点間の最大距離が50mを超えない作業に限る。）
4	空気圧縮機（電動機以外の原動機を用いるものであって，その原動機の定格出力が15kW以上のものに限る。）を使用する作業（さく岩機の動力として使用する作業を除く。）
5	コンクリートプラント（混練機の混練容量が0.45m³以上のものに限る。）又はアスファルトプラント（混練機の混練重量が200kg以上のものに限る。）を設けて行う作業（モルタルを製造するためにコンクリートプラントを設けて行う作業を除く。）
6	**バックホゥ**（一定の限度を超える大きさの騒音を発生しないものとして環境大臣が指定するものを除き，原動機の定格出力が80kW以上のものに限る。）**を使用する作業**
7	トラクターショベル（一定の限度を超える大きさの騒音を発生しないものとして環境大臣が指定するものを除き，原動機の定格出力が70kW以上のものに限る。）を使用する作業
8	**ブルドーザ**（一定の限度を超える大きさの騒音を発生しないものとして環境大臣が指定するものを除き，原動機の定格出力が40kW以上のものに限る。）**を使用する作業**

表より，**1.のロードローラを使用する作業は対象とならない。**

No.41 [答え1] 振動規制法

振動規制法第2条第3項及び同法施行令第2条に規定されている「特定建設作業」は，次の表に掲げる作業である。ただし，当該作業がその作業を開始した日に終わるものは除かれる。

表　別表第2（振動規制法施行令第2条関係）

1	くい打機（もんけん及び圧入式くい打機を除く。），くい抜機（油圧式くい抜機を除く。）又はくい打くい抜機（圧入式くい打くい抜機を除く。）を使用する作業
2	鋼球を使用して建築物その他の工作物を破壊する作業
3	舗装版破砕機を使用する作業（作業地点が連続的に移動する作業にあっては，1日における当該作業に係る2地点間の最大距離が50mを超えない作業に限る。）
4	**ブレーカ（手持式のものを除く。）を使用する作業（作業地点が連続的に移動する作業にあっては，1日における当該作業に係る2地点間の最大距離が50mを超えない作業に限る。）**

表より，**1.のジャイアントブレーカを使用する作業が対象となる。**

No.42 [答え2] 港則法

1. は港則法第13条（航法）第4項により正しい。**2.** は同法第11条（航路）に「汽艇等以外の船舶は、特定港に出入し、又は特定港を通過するには、**国土交通省令で定める航路**によらなければならない。ただし、海難を避けようとする場合その他やむを得ない事由のある場合は、この限りでない」と規定されている。**3.** は同法第12条により正しい。**4.** は同法第13条第2項により正しい。したがって、**2.** が誤っている。

No.43 [答え3] トラバース測量

閉合比は、一般に分子を1とした分数で表し、以下の（1）式により求められ、この値の大小でトラバース測量の精度が表される。なお閉合誤差は、以下の（2）式で求められる。

閉合比＝閉合誤差／トラバースの各測線の総和 ・・・・・・ （1）

閉合誤差＝$\sqrt{(緯距の閉合誤差)^2 + (経距の閉合誤差)^2}$ ・・・・・・ （2）

設問文には、閉合誤差0.007m（＝$\sqrt{(-0.005)^2+(-0.005)^2}$）とトラバースの各測線の総和197.257mが示されていることから、閉合比＝ 0.007／197.257 ≒ 1／28100 となる。したがって、**3.** が適当である。

No.44 [答え4] 公共工事標準請負契約約款

公共工事標準請負契約約款第1条（総則）第1項に「（前略）**設計図書**（別冊の**図面、仕様書、現場説明書及び現場説明に対する質問回答書**をいう）（後略）」と規定されており、**4.** の見積書は設計図書ではない。したがって、**4.** が該当しない。

No.45 [答え3] 橋の長さを表す名称

設問の図の各部の名称は、（イ）橋長（橋の全長。両端橋台のパラペット前面間の距離）、（ロ）桁長（上部構造の長さ）、（ハ）支間長（支承の中心間距離）、（ニ）径間長（橋脚又は橋台の前面区間の距離）である。したがって、**3.** の組合せが適当である。

No.46 [答え3] 建設機械の用途

1. のランマは、エンジンの爆発による反力とランマ落下時の衝撃力で、土を締め固める小型締め固め機械である。構造物縁部等の狭い場所における局所的な締固めに用いられる。**2.** のタイヤローラは、矩形の断面の溝がないタイヤを使用し、バラスト積載による輪荷重の増加や、空気圧調整による接地圧の調整が行えることから、締固め力を変えることができる。**3.** のドラグラインは、ロープで保持されたバケットを旋回による遠心力で放り投げて、地面に沿って引き寄せながら掘削する機械で、**機械の位置より低い場所の掘削に適し、砂利の採取等に使用**される。**4.** のクラムシェルは、ロープにつり下げたバケットを自由落下させて土砂をつかみ取る建設機械で、一般土砂の孔掘り、シールド工事の立坑掘削、水中掘削等狭い場所での深い掘削に適している。したがって、**3.** が適当でない。

No.47 [答え1] 仮設工事

1. の直接仮設工事には，工事に必要な工事用道路，荷役設備，支保工足場，安全施設，材料置場，電力設備，給気・排気設備や土留め等があり，**間接仮設工事には工事遂行に必要な現場事務所，労務宿舎，倉庫等**がある。**2.** と**4.** は記述の通りである。**3.** の任意仮設は，構造等の条件は明示されず計画や施工方法は施工業者に委ねられるため，施工者独自の技術と工夫や改善により合理的な計画とすることが重要である。経費は契約上一式計上され，契約変更の対象にならないことが多い。指定仮設は，特に大規模で重要なものとして発注者が設計仕様，数量，設計図面，施工方法，配置等を指定するもので，設計変更の対象となる。したがって，**1.** が適当でない。

No.48 [答え3] 労働安全衛生法（地山の掘削作業）

1. は労働安全衛生規則第359条（地山の掘削作業主任者の選任）により正しい。**2.** は同規則第361条（地山の崩壊等による危険の防止）により正しい。**3.** は同規則第365条（誘導者の配置）第1項に「事業者は，明り掘削の作業を行なう場合において，運搬機械等が，労働者の作業箇所に後進して接近するとき，又は転落するおそれのあるときは，**誘導者を配置し，その者にこれらの機械を誘導させなければならない**」と規定されている。**4.** は同規則第367条（照度の保持）により正しい。したがって，**3.** が誤りである。

No.49 [答え2] 労働安全衛生規則（コンクリート造の工作物の解体等の作業）

1. は労働安全衛生規則第517条の16（引倒し等の作業の合図）第1項により正しい。**2.** は同規則第171条の6（立入禁止等）第1号に「物体の飛来等により労働者に危険が生ずるおそれのある箇所に**運転者以外の労働者を立ち入らせないこと**」と規定されている。**3.** は同規則第517条の15（コンクリート造の工作物の解体等の作業）第2号により正しい。**4.** は同規則第517条の14（調査及び作業計画）第2項により正しい。したがって，**2.** が誤りである。

No.50 [答え1] 品質管理の用語

1. のロットとは，**同じ条件下で生産された品物の一定の数量をまとまりとした最小単位**のことをいう。**2.** と**3.** と**4.** は記述の通りである。したがって，**1.** が適当でない。

No.51 [答え4] JIS A 5308 レディーミクストコンクリート

1. と**2.** の圧縮強度試験に関しては，JIS A 5308に「圧縮強度試験を行ったとき，強度は次の規定を満足しなければならない。なお強度試験における供試体の材齢は，呼び強度を保証する材齢の指定がない場合は28日，指定がある場合は購入者が指定した材齢とする。1）1回の試験結果は，購入者が指定した呼び強度の**強度値の85%以上**でなければならない。2）3回の試験結果の平均値は，購入者が指定した呼び強度の**強度値以上**でなければならない。」と定められている。よって，呼び強度24の場合，**1回の試験結果は20.4N/mm² 以上**，3回の試験結果の**平均値は24.0N/mm² 以上**でなければならない。**3.** のスランプ試験は，フレッシュコンクリートの軟らかさの程度を測定するもので，スランプ値とその許容差は次表の通りで

あり，スランプ10cmの場合の許容値は**7.5〜12.5cm**となる。

表　スランプ値とその許容差（単位：cm）

スランプ値	許容差
2.5	±1
5及び6.5※1	±1.5
8以上18以下	**±2.5**
21	±1.5※2

※1　標準示方書では「5以上8未満」

※2　呼び強度27以上で高性能AE減水剤を使用する場合は，±2とする

4. のコンクリートの種類による空気量及び許容差は次表の通りであり，空気量5.0の場合の許容値は**3.5〜6.5%**となる。

表　空気量（単位：%）

コンクリートの種類	空気量	空気量の許容差
普通コンクリート	4.5	**±1.5**
軽量コンクリート	5.0	
舗装コンクリート	4.5	
高強度コンクリート	4.5	

したがって，**4**が満足していない。

No.52　**[答え3] 建設工事における騒音・振動対策**

1. の舗装版の取壊し作業では，**破砕時の騒音，振動の小さい油圧ジャッキ式舗装版破砕機，低騒音型のバックホゥの使用を原則**とする。**2.** の掘削土をバックホゥ等でダンプトラックに積み込む場合，不必要な騒音振動の発生を避けるべく，**落下高をできるだけ低くして丁寧に行い，掘削土の放出も静かにスムーズに行う**。**3.** の建設機械の騒音・振動は，動力や走行方式等により異なり，大型機械より小型機械，履帯式より車輪式の方が一般に騒音振動レベルが小さい。**4.** の作業待ち時は，建設機械などの**エンジンをできる限り止めるなど騒音振動を発生させない**。したがって，**3.** が適当である。

No.53　**[答え4] 建設工事に係る資材の再資源化等に関する法律（建設リサイクル法）**

建設工事に係る資材の再資源化等に関する法律第2条（定義）第5項及び同法施行令第1条（特定建設資材）に，建設工事に係る資材の再資源化等に関する法律第2条第5項のコンクリート，木材その他建設資材のうち政令で定めるものは，次に掲げる建設資材とする。①**コンクリート**，②**コンクリート及び鉄から成る建設資材**，③**木材**，④**アスファルト・コンクリート**と規定されている。したがって，**4.** のコンクリート及び鉄からなる建設資材が該当する。

[答え 2] 建設機械の走行に必要なコーン指数

建設機械が軟弱な土の上を走行するとき，土の種類や含水比によって作業能率が大きく異なり，高含水比の粘性土や粘土では走行不能になることもある。この建設機械の走行性のことをトラフィカビリティーといい，コーン指数qcで示される。道路土工要綱（日本道路協会：平成21年版）によると，各建設機械のコーン指数は次の通りである。

	建設機械の種類	コーン指数qc（kN/m^2）
1	ダンプトラック	1200以上
2	自走式スクレーパ（小型）	1000以上
3	普通ブルドーザ（21t級）	700以上
4	スクレープドーザ	600以上
5	普通ブルドーザ（15t級）	500以上
6	湿地ブルドーザ	300以上
7	超湿地ブルドーザ	200以上

よって設問文は次の通りとなる。
・ダンプトラックより普通ブルドーザ（15t級）の方がコーン指数は**小さい**。
・スクレープドーザより**超湿地ブルドーザ**の方がコーン指数は小さい。
・超湿地ブルドーザより自走式スクレーパ（小型）の方がコーン指数は**大きい**。
・普通ブルドーザ（21t級）より**ダンプトラック**の方がコーン指数は大きい。
したがって，**2.** が適当である。

No.55 **[答え 4] 建設機械の作業**

トラフィカビリティーとは，軟弱地盤上の建設機械の走行性をいい，一般にコーン指数（qc）で判断される。リッパビリティーとは，**大型ブルドーザ**に装着されたリッパによる軟岩や硬岩の掘削性をいい，岩盤の強度との関係が強く，岩盤の弾性波速度で表される。
建設機械の作業効率は，現場の地形や作業場の広さ，**土質**，工事規模，気象条件，交通条件，工事の段取り，建設機械の管理状態，運転員の技量等の各種条件によって変化する。また，建設機械の作業能力は，単独の機械又は組み合わされた機械の**時間当たり**の平均作業量で表され，建設機械の整備を十分行っておくと向上する。したがって，**4.** が適当である。

No.56 **[答え 4] 工程表の種類と特徴**

バーチャートは，縦軸に各工事名，横軸に各工事の必要日数を棒線で表した図表である。**出来高累計曲線**は，縦軸に出来高比率，横軸に工期をとり，工事全体の出来高比率の累計を曲線で表した図表である。**グラフ式工程表**は，縦軸に出来高又は工事作業量比率，横軸に日数をとり，各工事の工程を斜線で表した図表である。**ネットワーク式工程表**は，工事内容を系統だてて作業相互の関連，順序や日数を表した図表である。したがって，**4.** が適当である。

No.57 [答え2] ネットワーク式工程表

クリティカルパスとは，最も日数を要する最長経路のことであり，工期を決定する。各経路の所要日数は次の通りとなる。⓪→①→②→⑤→⑥＝3＋4＋8＋3＝18日，⓪→①→②→③→⑤→⑥＝3＋4＋0＋9＋3＝19日，⓪→①→②→③→④→⑤→⑥＝3＋4＋0＋8＋0＋3＝18日，⓪→①→③→⑤→⑥＝3＋6＋9＋3＝21日，⓪→①→③→④→⑤→⑥＝3＋6＋8＋0＋3＝20日である。すなわち，**⓪→①→③→⑤→⑥がクリティカルパス**で工期は**21日**であり，**作業C**及び**作業E**はクリティカルパス上の作業である。また，作業Bの最早完了時刻は作業Aと作業Bの作業日数を足した7日，最遅完了時刻は工期の21日から作業Eと作業Gの作業日数を引いた9日であり，作業Bのトータルフロートは2日となるため，2日遅延しても全体の工期に影響はない。したがって，**2.** が正しい。

No.58 [答え1] 労働安全衛生法（作業床の設置等）

作業床については労働安全衛生規則第519条に規定されており，設問文は次の通りとなる。

・事業者は，高さが2m以上の作業床の端，開口部等で墜落により労働者に危険を及ぼすおそれのある箇所には，囲い，**手すり**，**覆い**等を設けなければならない（第1項）。

・事業者は，前項の規定により，囲い等を設けることが著しく困難なとき又は作業の必要上臨時に囲い等を取りはずすときは，**防網**を張り，労働者に**要求性能墜落制止用器具**を使用させる等墜落による労働者の危険を防止するための措置を講じなければならない（第2項）。

なお，**防網とは安全ネットのことである**。したがって，**1.** が適当である。

No.59 [答え3] 労働安全衛生法（車両系建設機械）

車両系建設機械の使用に係る危険の防止は労働安全衛生規則に規定されており，設問文は次の通りとなる。

・運転者は，車両系建設機械の運転位置から離れるときは，原動機を止め，**かつ**，走行ブレーキをかける等の車両系建設機械の逸走を防止する措置を講ずること（第160条（運転位置から離れる場合の措置）第1項第2号）。

・事業者は，路肩，傾斜地等であって，車両系建設機械の転倒又は転落により運転者に危険が生ずるおそれのある場所においては，転倒時保護構造を有し，かつ，**シートベルト**を備えたもの以外の車両系建設機械を使用しないように努めるとともに，運転者にシートベルトを使用させるように努めなければならない（第157条の2）。

・事業者は，車両系建設機械を用いて作業を行なうときは，**乗車席**以外の箇所に労働者を乗せてはならない（第162条（とう乗の制限））。

・事業者は，車両系建設機械を用いて作業を行なうときは，**その日の作業を開始する前**に，ブレーキ及びクラッチの機能について点検を行なわなければならない（第170条（作業開始前点検））。

したがって，**3.** が正しい。

No.60 [答え2] x̄-R管理図

x̄-R管理図は，統計的事実に基づき，ばらつきの範囲の目安となる管理限界線を決めてつくった図表である。設問文は次の通りとなる。

・データには，連続量として測定される**計量値**がある。
・x̄管理図は，工程平均を各組ごとのデータの**平均値**によって管理する。
・R管理図は，工程のばらつきを各組ごとのデータの**最大・最小の差**によって管理する。
・x̄-R管理図の管理線として，**中心線**及び上方・下方管理限界がある。

したがって，**2.**が適当である。

No.61 [答え1] 盛土の締固めにおける品質管理

盛土の締固めの品質管理の方式のうち**品質**規定方式は，盛土の締固め度等を規定するもので，**工法**規定方式は，使用する締固め機械の機種や締固め回数等を規定する方法である。盛土の締固めの効果や性質は，土の種類や含水比，**施工方法**によって変化し，盛土が最もよく締まる含水比は，最大乾燥密度が得られる含水比で**最適含水比**である。したがって**1.**が適当である。(参考：P.221 2020（令和2）年度後期学科試験No.58解説)

2022
令和4 年度

第二次検定　解答・解説

問題 1 必須問題

　問題1は受検者自身の経験を記述する問題です。経験記述の攻略法や解答例は，P.472で紹介しています。

問題 2 必須問題

建設工事に用いる工程表

(1) 横線式工程表には，バーチャートとガントチャートがあり，バーチャートは縦軸に部分工事をとり，横軸に必要な**日数**を棒線で記入した図表で，各工事の工期がわかりやすい。ガントチャートは縦軸に部分工事をとり，横軸に各工事の**出来高比率**を棒線で記入した図表で，各工事の進捗状況がわかる。

(2) ネットワーク式工程表は，工事内容を系統的に明確にし，作業相互の関連や順序，**施工時期**を的確に判断でき，**全体**工事と部分工事の関連が明確に表現できる。また，**クリティカルパス**を求めることにより重点管理作業や工事完成日の予測ができる。

　これらを参考に，（イ）～（ホ）に適語を記入する。

（イ）	（ロ）	（ハ）	（ニ）	（ホ）
日数	出来高比率	施工時期	全体	クリティカルパス

※（ハ）には「日数」が入っても正しい文章となるが，（イ）には「日数」しか入らないため，（ハ）には「施工時期」が適当となる。

施工計画の作成

次に示す①〜③から2つを選び，実施内容を参考に記述すればよい。

番号	実施内容
①契約書類の確認	●契約内容の確認事項 ・事業損失，不可抗力による損害に対する取扱い方法 ・工事中止等による損害に対する取扱い方法 ・賃金又は物価の変動に基づく請負代金額の変更の取扱い方法 ・契約不適合責任の範囲 ・工事代金の支払条件 ・数量の増減による変更の取扱い方法 ●設計図書の確認事項 ・図面と現場との相違及び数量の違いの有無 ・図面，仕様書，施工管理基準等による規格値や基準値 ・工事材料の品質や検査方法 ・現場説明事項の内容
②自然条件の調査	・地形・・・地表勾配，高低差，排水，危険防止箇所，設計図書との相違等 ・地（土）質・・・粒度，含水比，地質，岩質，支持力，トラフィカビリティー，地下水，湧水，既存の資料，柱状図，地元の古老の意見，施工上の問題点等 ・気象・・・降雨量，降雨日数，降雪開始時期，積雪量，気温，日照，凍上等，施工上の悪条件 ・水文・・・季節ごと（梅雨期，台風期，冬期，融雪期）の低水位と高水位，平水位，洪水，流速，潮位の河川への影響等 ・海象・・・波浪，干満差，最高最低潮位，干潮時の流速等 ・その他・・・地震，地すべり，洪水，噴火等の過去の履歴，地元の聞込み
③近隣環境の調査	・現場周辺の状況，近隣の民家密集度，病院・学校・水道水源等，配慮を要する近隣施設，井戸・池等の状況 ・通信，電力，ガス，上下水道等，地下埋設物の有無，送電線等，地上障害物の有無 ・交通量，定期バスの有無，通学路の有無等 ・騒音，振動，粉塵，悪臭，排水等が近隣に与える影響 ・作業時間・作業日に対する制限，近隣住民感情等相隣関係等

問題 4 必須問題

コンクリート養生

(1) 養生とは，仕上げを終えたコンクリートを十分に硬化させるために，適当な**温度**と湿度を与え，有害な**外力**等から保護する作業のことである。

(2) 養生では，散水，湛水，**湿布**で覆う等して，コンクリートを湿潤状態に保つことが重要である。

(3) 日平均気温が**低い**ほど，湿潤養生に必要な期間は長くなる。

(4) **混合**セメントを使用したコンクリートの湿潤養生期間は，普通ポルトランドセメントの場合よりも長くする必要がある。

これらを参考に，（イ）～（ホ）に適語を記入する。

（イ）	（ロ）	（ハ）	（ニ）	（ホ）
温度	外力	湿布	低い	混合

（参考：P.39　2022（令和4）年度後期第一次検定No.8解説）

問題 5 必須問題

盛土材料の条件

次の中から類似する内容を避けた2つを選び，記述すればよい。

①盛土の安定のために締固め乾燥密度やせん断強さが大きい。

②締固めやすい。

③盛土の安定に支障を及ぼすような膨張あるいは収縮がない。

④材料の物理的性質を変える有機物を含まない。

⑤施工中に間隙水圧が発生しにくい。

⑥トラフィカビリティーが確保しやすい。

⑦重金属などの有害な物質を溶出しない。

⑧敷均し・締固めが容易で締固め後のせん断強度が高く，圧縮性が小さい。

⑨雨水などの浸食に強いとともに，吸水による膨潤性（水を吸着して体積が増大する性質）が低い。

⑩粒度配合のよい礫質土や砂質土。

問題 6 選択問題 | 1

土の原位置試験とその結果の利用

(1) 標準貫入試験は，原位置における地盤の硬軟，締まり具合又は土層の構成を判定するためのN値を求めるために行い，土質柱状図や地質**断面図**を作成することにより，支持層の分布状況や各地層の連続性等を総合的に判断できる。なお，N値は，ボーリングロッド頭部に取付けたノッキングブロックに63.5kg±0.5kgの錘を76cm±1cmの高さから落下さ

せ，サンプラーを土中に30cm貫入させた時の打撃回数であり，この値から地盤の支持力を判定する。

(2) スウェーデン式サウンディング試験は，荷重による貫入と，回転による貫入を併用した原位置試験で，土の静的貫入抵抗を求め，土の硬軟又は締まり具合を判定するとともに**軟弱層**の厚さや分布を把握するのに用いられる。なお現在，試験名称は「スクリューウエイト貫入試験方法」（SWS試験：JIS A 1221）に変更されている。

(3) 地盤の平板載荷試験は，原地盤に剛な載荷板（直径30cmの円盤）を設置してバックホゥ等の反力装置により垂直荷重を与え，この荷重の大きさと載荷板の**沈下量**との関係から，**地盤反力**係数や極限支持力等の地盤の変形及び支持力特性を調べるための試験である。道路の路床，路盤などの地盤反力係数が求められる。

これらを参考に，（イ）～（ホ）に適語を記入する。

（イ）	（ロ）	（ハ）	（ニ）	（ホ）
N値	断面図	軟弱層	沈下量	地盤反力

問題 7 選択問題 | 1

レディーミクストコンクリート（JIS A 5308）の受入れ検査

(1) スランプの規定値が12cmの場合，許容差は±**2.5**cmである。

(2) 普通コンクリートの**空気量**は4.5%であり，許容差は±1.5%である。

(3) コンクリート中の**塩化物**含有量は0.30kg/m³以下と規定されている。

(4) 圧縮強度の1階の試験結果は，購入者が指定した**呼び**強度の強度値の**85**%以上であり，3回の試験結果の平均値は，購入者が指定した**呼び**強度の強度値以上である。

これらを参考に，（イ）～（ホ）に適語を記入する。

（イ）	（ロ）	（ハ）	（ニ）	（ホ）
2.5	空気量	塩化物	呼び	85

（参考：P.50　2022（令和4）年度後期第一次検定No.51解説）

問題 8 選択問題 | 2

高所作業を行う場合の墜落等による危険の防止対策

建設工事における高所作業を行う場合の墜落等による危険の防止対策は，労働安全衛生規則において次のように規定されている。次の中から2つを参考に記述すればよい。

①墜落により労働者に危険を及ぼすおそれのあるときは，足場を組み立てる等の方法により作業床を設ける（第518条（作業床の設置等）第1項）。

②作業床を設けることが困難なときは，防網を張り，労働者に要求性能墜落制止用器具を使用させる等墜落による労働者の危険を防止する（同条第2項）。

③作業床の端，開口部等で墜落により労働者に危険を及ぼすおそれのある箇所には，囲い，手すり，覆い等を設ける（第519条第1項）。

④囲い等を設けることが著しく困難なとき又は作業の必要上臨時に囲い等を取り外すときは，防網を張り，労働者に要求性能墜落制止用器具を使用させる等墜落による労働者の危険を防止する（同条第2項）。

⑤労働者に要求性能墜落制止用器具等を使用させるときは，要求性能墜落制止用器具等を安全に取り付けるための設備等を設ける（第521条（要求性能墜落制止用器具等の取付設備等）第1項）。

⑥労働者に要求性能墜落制止用器具等を使用させるときは，要求性能墜落制止用器具等及びその取付け設備等の異常の有無について，随時点検する（同条第2項）。

⑦強風，大雨，大雪等の悪天候のため，当該作業の実施について危険が予想されるときは，当該作業に労働者を従事させない（第522条（悪天候時の作業禁止））。

⑧作業を安全に行なうため必要な照度を保持する（第523条（照度の保持））。

問題 **9** 選択問題 | 2

ブルドーザ又はバックホゥを用いて行う建設工事の騒音防止対策

建設工事における具体的な騒音防止対策は，建設工事に伴う騒音振動対策技術指針などに示されている。次の中から2つを選び記述すればよい。

①低騒音の施工法を選択する。

②工事の円滑を図るとともに現場管理等に留意し，不必要な騒音を発生させない。

③整備不良による騒音が発生しないように点検，整備を十分行う。

④作業の待ち時間はエンジンを止めるなどしてできるだけ騒音を発生させない。

⑤掘削，積込み作業にあたっては，低騒音型建設機械を使用する。

⑥掘削はできる限り衝撃力による施工を避ける。

⑦無理な負荷をかけないようにする。

⑧不必要な高速運転やむだな空ぶかしをしない。

⑨丁寧に運転を行う。

⑩掘削土をトラックに積み込む場合，不必要な騒音の発生を避けるべく，落下高をできるだけ低くして，掘削土の放出も静かにスムーズに行う。

⑪ブルドーザを用いて掘削押し土を行う場合，無理な負荷をかけない丁寧な運転を行う。

⑫ブルドーザ作業は前進・後進走行を繰り返して行うが，高速で後進を行うと，足回り騒音が大きくなることがあるので注意する。

⑬警報音・合図音については，必要最小限に止めるよう運転手に対する指導を徹底する。

⑭建設機械はできるだけ水平に据え付け，片荷重によるきしみ音を出さないようにする。

memo

2級土木施工管理技術検定試験

2022

令和4 | 年度前期

第一次検定

第二次検定

解答・解説

※問題番号No.1〜No.11までの11問題のうちから9問題を選択し解答してください。

No.1 土の締固めに使用する機械に関する次の記述のうち，**適当でないもの**はどれか。

1. タイヤローラは，細粒分を適度に含んだ山砂利の締固めに適している。

2. 振動ローラは，路床の締固めに適している。

3. タンピングローラは，低含水比の関東ロームの締固めに適している。

4. ランマやタンパは，大規模な締固めに適している。

No.2 土質試験における「試験名」とその「試験結果の利用」に関する次の組合せのうち，**適当でないもの**はどれか。

[試験名] [試験結果の利用]

1. 標準貫入試験 ‥‥‥‥‥‥‥‥‥‥‥ 地盤の透水性の判定

2. 砂置換法による土の密度試験 ‥‥‥‥‥ 土の締固め管理

3. ポータブルコーン貫入試験 ‥‥‥‥‥‥ 建設機械の走行性の判定

4. ボーリング孔を利用した透水試験 ‥‥‥‥ 地盤改良工法の設計

No.3 道路土工の盛土材料として望ましい条件に関する次の記述のうち，**適当でないもの**はどれか。

1. 盛土完成後の圧縮性が小さいこと。

2. 水の吸着による体積増加が小さいこと。

3. 盛土完成後のせん断強度が低いこと。

4. 敷均しや締固めが容易であること。

No.4 地盤改良に用いられる固結工法に関する次の記述のうち，**適当でないもの**はどれか。

1. 深層混合処理工法は，大きな強度が短期間で得られ沈下防止に効果が大きい工法である。
2. 薬液注入工法は，薬液の注入により地盤の透水性を高め，排水を促す工法である。
3. 深層混合処理工法には，安定材と軟弱土を混合する機械攪拌方式がある。
4. 薬液注入工法では，周辺地盤等の沈下や隆起の監視が必要である。

No.5 コンクリートの耐凍害性の向上を図る混和剤として**適当なもの**は，次のうちどれか。

1. 流動化剤
2. 収縮低減剤
3. AE剤
4. 鉄筋コンクリート用防錆剤

No.6 レディーミクストコンクリートの配合に関する次の記述のうち，**適当でないもの**はどれか。

1. 単位水量は，所要のワーカビリティーが得られる範囲内で，できるだけ少なくする。
2. 水セメント比は，強度や耐久性等を満足する値の中から最も小さい値を選定する。
3. スランプは，施工ができる範囲内で，できるだけ小さくなるようにする。
4. 空気量は，凍結融解作用を受けるような場合には，できるだけ少なくするのがよい。

No.7 フレッシュコンクリートの性質に関する次の記述のうち，**適当でないもの**はどれか。

1. 材料分離抵抗性とは，フレッシュコンクリート中の材料が分離することに対する抵抗性である。
2. ブリーディングとは，練混ぜ水の一部が遊離してコンクリート表面に上昇する現象である。
3. ワーカビリティーとは，変形又は流動に対する抵抗性である。
4. レイタンスとは，コンクリート表面に水とともに浮かび上がって沈殿する物質である。

No.8 コンクリートの現場内での運搬と打込みに関する次の記述のうち，**適当でないもの**はどれか。

1. コンクリートの現場内での運搬に使用するバケットは，材料分離を起こしにくい。

2. コンクリートポンプで圧送する前に送る先送りモルタルの水セメント比は，使用するコンクリートの水セメント比よりも大きくする。

3. 型枠内にたまった水は，コンクリートを打ち込む前に取り除く。

4. 2層以上に分けて打ち込む場合は，上層と下層が一体となるように下層コンクリート中にも棒状バイブレータを挿入する。

No.9 既製杭の中掘り杭工法に関する次の記述のうち，**適当でないもの**はどれか。

1. 地盤の掘削は，一般に既製杭の内部をアースオーガで掘削する。

2. 先端処理方法は，セメントミルク噴出攪拌方式とハンマで打ち込む最終打撃方式等がある。

3. 杭の支持力は，一般に打込み工法に比べて，大きな支持力が得られる。

4. 掘削中は，先端地盤の緩みを最小限に抑えるため，過大な先掘りを行わない。

No.10 場所打ち杭の「工法名」と「孔壁保護の主な資機材」に関する次の組合せのうち，**適当なもの**はどれか。

　　　［工法名］　　　　　　　　　　　　　　［孔壁保護の主な資機材］

1. 深礎工法 ……………………………………… 安定液（ベントナイト）

2. オールケーシング工法 …………………… ケーシングチューブ

3. リバースサーキュレーション工法 ……… 山留め材（ライナープレート）

4. アースドリル工法 ………………………… スタンドパイプ

No.11 土留め工に関する次の記述のうち，**適当でないもの**はどれか。

1. 自立式土留め工法は，切梁や腹起しを用いる工法である。

2. アンカー式土留め工法は，引張材を用いる工法である。

3. ヒービングとは，軟弱な粘土質地盤を掘削した時に，掘削底面が盛り上がる現象である。

4. ボイリングとは，砂質地盤で地下水位以下を掘削した時に，砂が吹き上がる現象である。

第一次検定

※問題番号No.12～No.31までの20問題のうちから6問題を選択し解答してください。

No.12 鋼材の溶接継手に関する次の記述のうち，**適当でないもの**はどれか。

1. 溶接を行う部分は，溶接に有害な黒皮，さび，塗料，油等があってはならない。
2. 溶接を行う場合には，溶接線近傍を十分に乾燥させる。
3. 応力を伝える溶接継手には，完全溶込み開先溶接を用いてはならない。
4. 開先溶接では，溶接欠陥が生じやすいのでエンドタブを取り付けて溶接する。

No.13 鋼道路橋に用いる高力ボルトに関する次の記述のうち，**適当でないもの**はどれか。

1. 高力ボルトの軸力の導入は，ナットを回して行うことを原則とする。
2. 高力ボルトの締付けは，連結板の端部のボルトから順次中央のボルトに向かって行う。
3. 高力ボルトの長さは，部材を十分に締め付けられるものとしなければならない。
4. 高力ボルトの摩擦接合は，ボルトの締付けで生じる部材相互の摩擦力で応力を伝達する。

No.14 コンクリートに関する次の用語のうち，劣化機構に**該当しないもの**はどれか。

1. 塩害
2. ブリーディング
3. アルカリシリカ反応
4. 凍害

No.15 河川堤防に用いる土質材料に関する次の記述のうち，**適当でないもの**はどれか。

1. 堤体の安定に支障を及ぼすような圧縮変形や膨張性がない材料がよい。
2. 浸水，乾燥等の環境変化に対して，法すべりやクラック等が生じにくい材料がよい。
3. 締固めが十分行われるために単一な粒径の材料がよい。
4. 河川水の浸透に対して，できるだけ不透水性の材料がよい。

2022 令和4 年度 前期 問題

65

No.16 河川護岸に関する次の記述のうち，**適当なもの**はどれか。

1. 高水護岸は，高水時に表法面，天端，裏法面の堤防全体を保護するものである。

2. 法覆工は，堤防の法面をコンクリートブロック等で被覆し保護するものである。

3. 基礎工は，根固工を支える基礎であり，洗掘に対して保護するものである。

4. 小口止工は，河川の流水方向の一定区間ごとに設けられ，護岸を保護するものである。

No.17 砂防えん堤に関する次の記述のうち，**適当でないもの**はどれか。

1. 水抜きは，一般に本えん堤施工中の流水の切替えや堆砂後の浸透水を抜いて水圧を軽減するために設けられる。

2. 袖は，洪水を越流させないために設けられ，両岸に向かって上り勾配で設けられる。

3. 水通しの断面は，一般に逆台形で，越流する流量に対して十分な大きさとする。

4. 水叩きは，本えん堤からの落下水による洗掘の防止を目的に，本えん堤上流に設けられるコンクリート構造物である。

No.18 地すべり防止工に関する次の記述のうち，**適当なもの**はどれか。

1. 排土工は，地すべり頭部の不安定な土塊を排除し，土塊の滑動力を減少させる工法である。

2. 横ボーリング工は，地下水の排除を目的とし，抑止工に区分される工法である。

3. 排水トンネル工は，地すべり規模が小さい場合に用いられる工法である。

4. 杭工は，杭の挿入による斜面の安定度の向上を目的とし，抑制工に区分される工法である。

No.19 道路のアスファルト舗装における下層・上層路盤の施工に関する次の記述のうち，**適当でないもの**はどれか。

1. 上層路盤に用いる粒度調整路盤材料は，最大含水比付近の状態で締め固める。

2. 下層路盤に用いるセメント安定処理路盤材料は，一般に路上混合方式により製造する。

3. 下層路盤材料は，一般に施工現場近くで経済的に入手でき品質規格を満足するものを用いる。

4. 上層路盤の瀝青安定処理工法は，平坦性がよく，たわみ性や耐久性に富む特長がある。

No.20 道路のアスファルト舗装の施工に関する次の記述のうち，**適当でないもの**はどれか。

1. 加熱アスファルト混合物を舗設する前は，路盤又は基層表面のごみ，泥，浮き石等を取り除く。

2. 現場に到着したアスファルト混合物は，ただちにアスファルトフィニッシャ又は人力により均一に敷き均す。

3. 敷均し終了後は，継目転圧，初転圧，二次転圧及び仕上げ転圧の順に締め固める。

4. 継目の施工は，継目又は構造物との接触面にプライムコートを施工後，舗設し密着させる。

No.21 道路のアスファルト舗装の破損に関する次の記述のうち，**適当なもの**はどれか。

1. 道路縦断方向の凹凸は，不定形に生じる比較的短いひび割れで主に表層に生じる。

2. ヘアクラックは，長く生じるひび割れで路盤の支持力が不均一な場合や舗装の継目に生じる。

3. わだち掘れは，道路横断方向の凹凸で車両の通過位置が同じところに生じる。

4. 線状ひび割れは，道路の延長方向に比較的長い波長でどこにでも生じる。

No.22 道路のコンクリート舗装における施工に関する次の記述のうち，**適当でないもの**はどれか。

1. 極めて軟弱な路床は，置換工法や安定処理工法等で改良する。

2. 路盤厚が30cm以上のときは，上層路盤と下層路盤に分けて施工する。

3. コンクリート版に鉄網を用いる場合は，表面から版の厚さの1/3程度のところに配置する。

4. 最終仕上げは，舗装版表面の水光りが消えてから，滑り防止のため膜養生を行う。

No.23 ダムの施工に関する次の記述のうち，**適当でないもの**はどれか。

1. ダム工事は，一般に大規模で長期間にわたるため，工事に必要な設備，機械を十分に把握し，施工設備を適切に配置することが安全で合理的な工事を行ううえで必要である。

2. 転流工は，ダム本体工事を確実に，また容易に施工するため，工事期間中河川の流れを迂回させるもので，仮排水トンネル方式が多く用いられる。

3. ダムの基礎掘削工法の１つであるベンチカット工法は，長孔ボーリングで穴をあけて爆破し，順次上方から下方に切り下げ掘削する工法である。

4. 重力式コンクリートダムの基礎岩盤の補強・改良を行うグラウチングは，コンソリデーショングラウチングとカーテングラウチングがある。

No.24 トンネルの山岳工法における覆工コンクリートの施工の留意点に関する次の記述のうち，**適当でないもの**はどれか。

1. 覆工コンクリートのつま型枠は，打込み時のコンクリートの圧力に耐えられる構造とする。

2. 覆工コンクリートの打込みは，一般に地山の変位が収束する前に行う。

3. 覆工コンクリートの型枠の取外しは，コンクリートが必要な強度に達した後に行う。

4. 覆工コンクリートの養生は，打込み後，硬化に必要な温度及び湿度を保ち，適切な期間行う。

No.25 海岸における異形コンクリートブロック（消波ブロック）による消波工に関する次の記述のうち，**適当なもの**はどれか。

1. 乱積みは，層積みに比べて据付けが容易であり，据付け時は安定性がよい。

2. 層積みは，規則正しく配列する積み方で外観が美しいが，安定性が劣っている。

3. 乱積みは，高波を受けるたびに沈下し，徐々にブロックのかみ合わせがよくなり安定する。

4. 層積みは，乱積みに比べて据付けに手間がかかるが，海岸線の曲線部等の施工性がよい。

No.26 グラブ浚渫船による施工に関する次の記述のうち，**適当なもの**はどれか。

1. グラブ浚渫船は，ポンプ浚渫船に比べ，底面を平坦に仕上げるのが容易である。
2. グラブ浚渫船は，岸壁等の構造物前面の浚渫や狭い場所での浚渫には使用できない。
3. 非航式グラブ浚渫船の標準的な船団は，グラブ浚渫船と土運船のみで構成される。
4. 出来形確認測量は，音響測深機等により，グラブ浚渫船が工事現場にいる間に行う。

No.27 鉄道工事における砕石路盤に関する次の記述のうち，**適当でないもの**はどれか。

1. 砕石路盤は軌道を安全に支持し，路床へ荷重を分散伝達し，有害な沈下や変形を生じない等の機能を有するものとする。
2. 砕石路盤では，締固めの施工がしやすく，外力に対して安定を保ち，かつ，有害な変形が生じないよう，圧縮性が大きい材料を用いるものとする。
3. 砕石路盤の施工は，材料の均質性や気象条件等を考慮して，所定の仕上り厚さ，締固めの程度が得られるように入念に行うものとする。
4. 砕石路盤の施工管理においては，路盤の層厚，平坦性，締固めの程度等が確保できるよう留意するものとする。

No.28 鉄道の営業線近接工事における工事従事者の任務に関する下記の説明文に**該当する工事従事者の名称**は，次のうちどれか。

「工事又は作業終了時における列車又は車両の運転に対する支障の有無の工事管理者等への確認を行う。」

1. 線閉責任者
2. 停電作業者
3. 列車見張員
4. 踏切警備員

No.29 シールド工法の施工に関する次の記述のうち，**適当でないもの**はどれか。

1. セグメントの外径は，シールドの掘削外径よりも小さくなる。
2. 覆工に用いるセグメントの種類は，コンクリート製や鋼製のものがある。
3. シールドのテール部には，シールドを推進させるジャッキを備えている。
4. シールド推進後に，セグメント外周に生じる空隙にはモルタル等を注入する。

No.30 上水道の管布設工に関する次の記述のうち，**適当でないもの**はどれか。

1. 塩化ビニル管の保管場所は，なるべく風通しのよい直射日光の当たらない場所を選ぶ。

2. 管のつり下ろしで，土留め用切梁を一時取り外す場合は，必ず適切な補強を施す。

3. 鋼管の据付けは，管体保護のため基礎に砕石を敷き均して行う。

4. 埋戻しは片埋めにならないように注意し，現地盤と同程度以上の密度になるよう締め固める。

No.31 下水道管渠の剛性管の施工における「地盤区分（代表的な土質）」と「基礎工の種類」に関する次の組合せのうち，**適当でないもの**はどれか。

[地盤区分（代表的な土質）]   [基礎工の種類]

1. 硬質土（硬質粘土，礫混じり土及び礫混じり砂）‥‥‥‥‥ 砂基礎

2. 普通土（砂，ローム及び砂質粘土）‥‥‥‥‥‥‥‥‥‥ 鳥居基礎

3. 軟弱土（シルト及び有機質土）‥‥‥‥‥‥‥‥‥‥‥‥ はしご胴木基礎

4. 極軟弱土（非常に緩いシルト及び有機質土）‥‥‥‥‥‥ 鉄筋コンクリート基礎

※**問題番号No.32～No.42までの11問題のうちから6問題を選択し解答してください。**

No.32 就業規則に関する記述のうち，労働基準法上，**誤っているもの**はどれか。

1. 使用者は，常時使用する労働者の人数にかかわらず，就業規則を作成しなければならない。

2. 就業規則は，法令又は当該事業場について適用される労働協約に反してはならない。

3. 使用者は，就業規則の作成又は変更について，労働者の過半数で組織する労働組合がある場合にはその労働組合の意見を聴かなければならない。

4. 就業規則には，賃金（臨時の賃金等を除く）の決定，計算及び支払の方法等に関する事項について，必ず記載しなければならない。

No.33 年少者の就業に関する次の記述のうち，労働基準法上，**正しいもの**はどれか。

1. 使用者は，児童が満15歳に達する日まで，児童を使用することはできない。

2. 親権者は，労働契約が未成年者に不利であると認められる場合においても，労働契約を解除することはできない。

3. 後見人は，未成年者の賃金を未成年者に代って請求し受け取らなければならない。

4. 使用者は，満18才に満たない者に，運転中の機械や動力伝導装置の危険な部分の掃除，注油をさせてはならない。

No.34 事業者が，技能講習を修了した作業主任者でなければ就業させてはならない作業に関する次の記述のうち労働安全衛生法上，**該当しないもの**はどれか。

1. 高さが3m以上のコンクリート造の工作物の解体又は破壊の作業

2. 掘削面の高さが2m以上となる地山の掘削の作業

3. 土止め支保工の切りばり又は腹起こしの取付け又は取り外しの作業

4. 型枠支保工の組立て又は解体の作業

No.35 建設業法に定められている主任技術者及び監理技術者の職務に関する次の記述のうち，**誤っているもの**はどれか。

1. 当該建設工事の施工計画の作成を行わなければならない。

2. 当該建設工事の施工に従事する者の技術上の指導監督を行わなければならない。

3. 当該建設工事の工程管理を行わなければならない。

4. 当該建設工事の下請代金の見積書の作成を行わなければならない。

No.36 道路に工作物又は施設を設け，継続して道路を使用する行為に関する次の記述のうち，道路法令上，占用の許可を**必要としないもの**はどれか。

1. 道路の維持又は修繕に用いる機械，器具又は材料の常置場を道路に接して設置する場合

2. 水管，下水道管，ガス管を設置する場合

3. 電柱，電線，広告塔を設置する場合

4. 高架の道路の路面下に事務所，店舗，倉庫，広場，公園，運動場を設置する場合

No.37 河川法に関する河川管理者の許可について，次の記述のうち**誤っているもの**はどれか。

1. 河川区域内の土地において民有地に堆積した土砂などを採取する時は，許可が必要である。

2. 河川区域内の土地において農業用水の取水機能維持のため，取水口付近に堆積した土砂を排除する時は，許可は必要ない。

3. 河川区域内の土地において推進工法で地中に水道管を設置する時は，許可は必要ない。

4. 河川区域内の土地において道路橋工事のための現場事務所や工事資材置場等を設置する時は，許可が必要である。

No.38 建築基準法の用語に関して，次の記述のうち**誤っているもの**はどれか。

1. 特殊建築物とは，学校，体育館，病院，劇場，集会場，百貨店などをいう。

2. 建築物の主要構造部とは，壁，柱，床，はり，屋根又は階段をいい，局部的な小階段，屋外階段は含まない。

3. 建築とは，建築物を新築し，増築し，改築し，又は移転することをいう。

4. 建築主とは，建築物に関する工事の請負契約の注文者であり，請負契約によらないで自らその工事をする者は含まない。

No.39 火薬類の取扱いに関する次の記述のうち，火薬類取締法上，**誤っているもの**はどれか。

1. 火薬庫の境界内には，必要がある者のほかは立ち入らない。

2. 火薬庫の境界内には，爆発，発火，又は燃焼しやすい物をたい積しない。

3. 火工所に火薬類を保存する場合には，必要に応じて見張人を配置する。

4. 消費場所において火薬類を取り扱う場合，固化したダイナマイト等は，もみほぐす。

No.40 騒音規制法上，建設機械の規格などにかかわらず特定建設作業の**対象とならない作業**は，次のうちどれか。
ただし，当該作業がその作業を開始した日に終わるものを除く。

1. ブルドーザを使用する作業

2. バックホゥを使用する作業

3. 空気圧縮機を使用する作業

4. 舗装版破砕機を使用する作業

振動規制法上，特定建設作業の規制基準に関する「測定位置」と「振動の大きさ」との組合せとして，次のうち**正しいもの**はどれか。

[測定位置]　　　　　　　　　　　　　[振動の大きさ]

1. 特定建設作業の場所の敷地の境界線 …… 85dBを超えないこと

2. 特定建設作業の場所の敷地の中心部 …… 75dBを超えないこと

3. 特定建設作業の場所の敷地の中心部 …… 85dBを超えないこと

4. 特定建設作業の場所の敷地の境界線 …… 75dBを超えないこと

No.42 特定港における港長の許可又は届け出に関する次の記述のうち，港則法上，**正しいもの**はどれか。

1. 特定港内又は特定港の境界付近で工事又は作業をしようとする者は，港長の許可を受けなければならない。

2. 船舶は，特定港内において危険物を運搬しようとするときは，港長に届け出なければならない。

3. 船舶は，特定港を入港したとき又は出港したときは，港長の許可を受けなければならない。

4. 特定港内で，汽艇等を含めた船舶を修繕し，又は係船しようとする者は，港長の許可を受けなければならない。

※問題番号No.43～No.53までの11問題は，必須問題ですから全問題を解答してください。

No.43 トラバース測量を行い下表の観測結果を得た。
測線ABの方位角は183°50′40″である。**測線BCの方位角**は次のうちどれか。

測点	観測角
A	116° 55' 40"
B	100° 5' 32"
C	112° 34' 39"
D	108° 44' 23"
E	101° 39' 46"

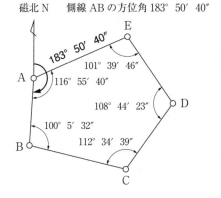

1. 103° 52' 10"
2. 103° 54' 11"
3. 103° 56' 12"
4. 103° 58' 13"

No. 44 公共工事標準請負契約約款に関する次の記述のうち，**誤っているもの**はどれか。

1. 設計図書とは，図面，仕様書，現場説明書及び現場説明に対する質問回答書をいう。

2. 工事材料の品質については，設計図書にその品質が明示されていない場合は，上等の品質を有するものでなければならない。

3. 発注者は，工事完成検査において，必要があると認められるときは，その理由を受注者に通知して，工事目的物を最小限度破壊して検査することができる。

4. 現場代理人と主任技術者及び専門技術者は，これを兼ねることができる。

No. 45 下図は標準的なブロック積擁壁の断面図であるが，ブロック積擁壁各部の名称と寸法記号の表記として2つとも**適当なもの**は，次のうちどれか。

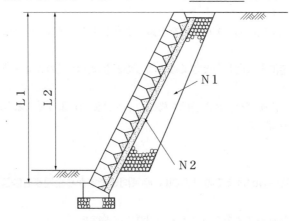

1. 擁壁の直高L1，裏込め材N2

2. 擁壁の直高L2，裏込めコンクリートN1

3. 擁壁の直高L1，裏込めコンクリートN2

4. 擁壁の直高L2，裏込め材N1

No. 46 建設機械に関する次の記述のうち，**適当でないもの**はどれか。

1. トラクターショベルは，土の積込み，運搬に使用される。

2. ドラグラインは，機械の位置より低い場所の掘削に適し，砂利の採取等に使用される。

3. クラムシェルは，水中掘削など広い場所での浅い掘削に使用される。

4. バックホゥは，固い地盤の掘削ができ，機械の位置よりも低い場所の掘削に使用される。

No.47 仮設工事に関する次の記述のうち，**適当でないもの**はどれか。

1. 材料は，一般の市販品を使用し，可能な限り規格を統一し，他工事にも転用できるような計画にする。

2. 直接仮設工事と間接仮設工事のうち，安全施設や材料置場等の設備は，間接仮設工事である。

3. 仮設は，使用目的や期間に応じて構造計算を行い，労働安全衛生規則の基準に合致するかそれ以上の計画とする。

4. 指定仮設と任意仮設のうち，任意仮設では施工者独自の技術と工夫や改善の余地が多いので，より合理的な計画を立てることが重要である。

No.48 地山の掘削作業の安全確保に関する次の記述のうち，労働安全衛生法上，事業者が行うべき事項として**誤っているもの**はどれか。

1. 地山の崩壊，埋設物等の損壊等により労働者に危険を及ぼすおそれのあるときは，あらかじめ，作業箇所及びその周辺の地山について調査を行う。

2. 地山の崩壊又は土石の落下による労働者の危険を防止するため，点検者を指名し，作業箇所等について，前日までに点検させる。

3. 掘削面の高さが規定の高さ以上の場合は，地山の掘削作業主任者に地山の作業方法を決定させ，作業を直接指揮させる。

4. 明り掘削作業では，あらかじめ運搬機械等の運行の経路や土石の積卸し場所への出入りの方法を定めて，関係労働者に周知させる。

No.49 高さ5m以上のコンクリート造の工作物の解体作業における危険を防止するため事業者が行うべき事項に関する次の記述のうち，労働安全衛生法上，**誤っているもの**はどれか。

1. 強風，大雨，大雪等の悪天候のため，作業の実施について危険が予想されるときは，当該作業を慎重に行わなければならない。

2. 外壁，柱等の引倒し等の作業を行うときは，引倒し等について一定の合図を定め，関係労働者に周知させなければならない。

3. 器具，工具等を上げ，又は下ろすときは，つり綱，つり袋等を労働者に使用させなければならない。

4. 作業を行う区域内には，関係労働者以外の労働者の立入りを禁止しなければならない。

No.50 アスファルト舗装の品質特性と試験方法に関する次の記述のうち，**適当でないもの**はどれか。

1. 路床の強さを判定するためには，CBR試験を行う。

2. 加熱アスファルト混合物の安定度を確認するためには，マーシャル安定度試験を行う。

3. アスファルト舗装の厚さを確認するためには，コア採取による測定を行う。

4. アスファルト舗装の平坦性を確認するためには，プルーフローリング試験を行う。

No.51 レディーミクストコンクリート（JIS A 5308）の品質管理に関する次の記述のうち，**適当でないもの**はどれか。

1. 1回の圧縮強度試験結果は，購入者の指定した呼び強度の強度値の75％以上である。

2. 3回の圧縮強度試験結果の平均値は，購入者の指定した呼び強度の強度値以上である。

3. 品質管理の項目は，強度，スランプ又はスランプフロー，塩化物含有量，空気量の4つである。

4. 圧縮強度試験は，一般に材齢28日で行う。

No.52 建設工事における環境保全対策に関する次の記述のうち，**適当なもの**はどれか。

1. 建設工事の騒音では，土砂，残土等を多量に運搬する場合，運搬経路は問題とならない。

2. 騒音振動の防止対策として，騒音振動の絶対値を下げるとともに，発生期間の延伸を検討する。

3. 広い土地の掘削や整地での粉塵対策では，散水やシートで覆うことは効果が低い。

4. 土運搬による土砂の飛散を防止するには，過積載の防止，荷台のシート掛けを行う。

No.53 「建設工事に係る資材の再資源化等に関する法律」（建設リサイクル法）に定められている特定建設資材に**該当するもの**は，次のうちどれか。

1. 土砂

2. 廃プラスチック

3. 木材

4. 建設汚泥

※問題番号No.54〜No.61までの8問題は，施工管理法（基礎的な能力）の必須問題ですから全問題を解答してください。

No.54 仮設備工事の直接仮設工事と間接仮設工事に関する下記の文章中の
の（イ）〜（ニ）に当てはまる語句の組合せとして，**適当なもの**は次のうちどれか。

・ （イ） は直接仮設工事である。
・労務宿舎は （ロ） である。
・ （ハ） は間接仮設工事である。
・安全施設は （ニ） である。

	（イ）	（ロ）	（ハ）	（ニ）
1.	支保工足場	間接仮設工事	現場事務所	直接仮設工事
2.	監督員詰所	直接仮設工事	現場事務所	間接仮設工事
3.	支保工足場	直接仮設工事	工事用道路	直接仮設工事
4.	監督員詰所	間接仮設工事	工事用道路	間接仮設工事

No.55 平坦な砂質地盤でブルドーザを用いて掘削押土する場合，時間当たり作業量Q（m³/h）を算出する計算式として下記の の（イ）〜（ニ）に当てはまる数値の組合せとして，**適当なもの**は次のうちどれか。

・ブルドーザの時間当たり作業量Q（m³/h）

$$Q = \frac{（イ） \times （ロ） \times E}{（ハ）} \times 60 = （ニ） \ \text{m}^3/\text{h}$$

q：1回当たりの掘削押土量（3 m³）
f：土量換算係数 = 1/L（土量の変化率　ほぐし土量L = 1.25）
E：作業効率（0.7）
Cm：サイクルタイム（2分）

	（イ）	（ロ）	（ハ）	（ニ）
1.	2	0.8	3	22.4
2.	2	1.25	3	35.0
3.	3	0.8	2	50.4
4.	3	1.25	2	78.8

No.56 工程管理に関する下記の文章中の _____ の（イ）～（ニ）に当てはまる語句の組合せとして，**適当なもの**は次のうちどれか。

・工程表は，工事の施工順序と ____(イ)____ をわかりやすく図表化したものである。
・工程計画と実施工程の間に差が生じた場合は，その ____(ロ)____ して改善する。
・工程管理では，____(ハ)____ を高めるため，常に工程の進行状況を全作業員に周知徹底する。
・工程管理では，実施工程が工程計画よりも ____(ニ)____ 程度に管理する。

	（イ）	（ロ）	（ハ）	（ニ）
1.	所要日数	原因を追及	経済効果	やや下回る
2.	所要日数	原因を追及	作業能率	やや上回る
3.	実行予算	材料を変更	経済効果	やや下回る
4.	実行予算	材料を変更	作業能率	やや上回る

No.57 下図のネットワーク式工程表について記載している下記の文章中の _____ の（イ）～（ニ）に当てはまる語句の組合せとして，**適当なもの**は次のうちどれか。

ただし，図中のイベント間のA～Gは作業内容，数字は作業日数を表す。

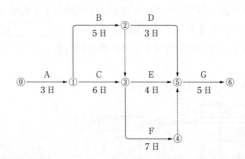

・____(イ)____ 及び ____(ロ)____ は，クリティカルパス上の作業である。
・作業Dが ____(ハ)____ 遅延しても，全体の工期に影響はない。
・この工程全体の工期は，____(ニ)____ である。

	（イ）	（ロ）	（ハ）	（ニ）
1.	作業C	作業F	5日	21日間
2.	作業B	作業D	5日	16日間
3.	作業B	作業D	6日	16日間
4.	作業C	作業F	6日	21日間

No.58 高さ2m以上の足場（つり足場を除く）の安全に関する下記の文章中の
の（イ）～（ニ）に当てはまる数値の組合せとして，労働安全衛
生法上，**正しいもの**は次のうちどれか。

・足場の作業床の手すりの高さは，　(イ)　cm以上とする。
・足場の作業床の幅は，　(ロ)　cm以上とする。
・足場の床材間の隙間は，　(ハ)　cm以下とする。
・足場の作業床より物体の落下を防ぐ幅木の高さは，　(ニ)　cm以上とする。

	(イ)	(ロ)	(ハ)	(ニ)
1.	75	30	5	10
2.	75	40	5	5
3.	85	30	3	5
4.	85	40	3	10

No.59 移動式クレーンを用いた作業に関する下記の文章中の
の（イ）～（ニ）に当てはまる語句の組合せとして，クレーン等安全規則上，**正しいもの**は次のうちどれか。

・クレーンの定格荷重とは，フック等のつり具の重量を　(イ)　最大つり上げ荷重である。
・事業者は，クレーンの運転者及び　(ロ)　者が定格荷重を常時知ることができるよう，表示等の措置を講じなければならない。
・事業者は，原則として　(ハ)　を行う者を指名しなければならない。
・クレーンの運転者は，荷をつったままで，運転位置を　(ニ)　。

	(イ)	(ロ)	(ハ)	(ニ)
1.	含まない	玉掛け	合図	離れてはならない
2.	含む	合図	監視	離れて荷姿や人払いを確認するのがよい
3.	含まない	玉掛け	合図	離れて荷姿や人払いを確認するのがよい
4.	含む	合図	監視	離れてはならない

No.60 品質管理に用いられるヒストグラムに関する下記の文章中の　　　　　の（イ）〜（ニ）に当てはまる語句の組合せとして、**適当なもの**は次のうちどれか。

・ヒストグラムは、測定値の　(イ)　を知るのに最も簡単で効率的な統計手法である。
・ヒストグラムは、データがどのような分布をしているかを見やすく表した　(ロ)　である。
・ヒストグラムでは、横軸に測定値、縦軸に　(ハ)　を示している。
・平均値が規格値の中央に見られ、左右対称なヒストグラムは　(ニ)　いる。

	(イ)	(ロ)	(ハ)	(ニ)
1.	ばらつき	折れ線グラフ	平均値	作業に異常が起こって
2.	異常値	柱状図	平均値	良好な品質管理が行われて
3.	ばらつき	柱状図	度数	良好な品質管理が行われて
4.	異常値	折れ線グラフ	度数	作業に異常が起こって

No.61 盛土の締固めにおける品質管理に関する下記の文章中の　　　　　の（イ）〜（ニ）に当てはまる語句の組合せとして、**適当なもの**は次のうちどれか。

・盛土の締固めの品質管理の方式のうち　(イ)　規定方式は、使用する締固め機械の機種や締固め回数等を規定するもので、　(ロ)　規定方式は、盛土の締固め度等を規定する方法である。
・盛土の締固めの効果や性質は、土の種類や含水比、施工方法によって　(ハ)　。
・盛土が最もよく締まる含水比は、　(ニ)　乾燥密度が得られる含水比で最適含水比である。

	(イ)	(ロ)	(ハ)	(ニ)
1.	工法	品質	変化しない	最適
2.	工法	品質	変化する	最大
3.	品質	工法	変化しない	最大
4.	品質	工法	変化する	最適

第一次検定 　解答・解説

No.1 ［答え4］ 土の締固めに使用する機械

1.のタイヤローラは，空気入りタイヤの特性を利用して締固めを行うもので，タイヤの接地圧は載荷重及び空気圧により変化させることができる。細粒分を適度に含んだ粒度のよい締固めが容易な土，まさ，山砂利等の締固めに適している。**2.**の振動ローラは，ローラに起振機を組み合わせ，振動によって土の粒子を密な配列に移行させ，小さな重量で大きな締固め効果を得ようとするものである。路床の締固めに適している。**3.**のタンピングローラは，ローラの表面に突起をつけたもので，細粒分は多いが鋭敏比の低い土，低含水比の関東ローム，砕きやすい土丹等の締固めに適している。**4.**のランマやタンパは，小型の締固め機械で，**大型機械で締固めができない小規模な締固めに適している**。したがって，**4.**が適当でない。

No.2 ［答え1］ 土質試験の試験名と試験結果の利用

1.の標準貫入試験は，ボーリングロッド頭部に取り付けたノッキングブロックに，76cm±1cmの高さから63.5kg±0.5kgの錘を落下させ，土中にサンプラーを30cm貫入させる打撃回数（N値）から地盤の支持力を判定するものである。**地盤の透水性の判定は現場透水試験等で求められる透水係数で行う。2.**の砂置換法による土の密度試験は，路盤等に穴を掘り，その穴に質量と体積がわかっている試験用砂を入れ，穴に入った試験用砂の体積と，掘り出した土の質量から，掘り出した土の密度を調べる試験で，土の締固めの管理に用いられる。**3.**のポータブルコーン貫入試験は，ロッドの先端に円錐のコーンを取り付けて地中に静的に貫入「するもので」，その圧入力から求められる土のコーン指数（qc）は，建設機械の走行性（トラフィカビリティー）の判定に用いられる。**4.**のボーリング孔を利用した透水試験は，孔内の地下水位を人為的に低下させ，その後の水位の回復量と時間から地盤の透水係数を直接測定する試験であり，透水係数は地盤の透水性の判定，掘削時の排水計画，地盤改良工法の設計等に用いられる。したがって，**1.**が適当でない。

No.3 ［答え3］ 道路土工の盛土材料

道路土工の盛土材料の条件としては，粒度配合のよい礫質土や砂質土のように，敷均しや締固めが容易で，**締固め後のせん断強さが大きく**，圧縮性（沈下量）が小さく，雨水等の浸食に強い（透水性が小さい）とともに，吸水による膨潤性（水を吸着して体積が増大する性質）が低いことが望ましい。したがって，**3.**が適当でない。

No.4 ［答え2］ 地盤改良工法（固結工法）

1.と**3.**の深層混合処理工法は，粉体状あるいはスラリー状の主としてセメント系の固化材を地中に供給して，原位置の軟弱土と攪拌翼を用いて強制的に攪拌混合することによって原

位置で深層に至る強固な柱体状，ブロック状または壁状の安定処理土を形成する工法である。施工時の騒音・振動等の周辺環境への影響が比較的小さく，短期間に高強度の改良体を造成できる。**2.**の薬液注入工法は，土の隙間に水ガラスやセメントミルクを注入，浸透・固化させ，**地盤の透水性の減少**，強度増加及び液状化防止等を行う工法である。**4.**の薬液注入工法では，注入材による地下水汚染や地盤変位，近接構造物の変状を生じる場合があり，監視や適切な施工管理が必要である。したがって，**2.**が適当でない。

No.5 [答え3] コンクリート用混和剤

1.の流動化剤は，あらかじめ練り混ぜられたコンクリートに添加し，撹拌することによって流動性を増大させる効果がある。**2.**の収縮低減剤は，コンクリートに$5 \sim 10 \mathrm{kg/m^3}$程度添加することでコンクリートの乾燥収縮ひずみを$20 \sim 40$%程度低減できるが，凝結遅延，強度低下及び凍結融解抵抗性の低下等を引き起こす場合がある。**3.**のAE剤は，フレッシュコンクリート中に微少な独立したエントレインドエアを均等に連行することにより，①ワーカビリティーの改善，②**耐凍害性の向上**，③ブリーディング，レイタンスの減少といった効果が期待できる。**4.**の鉄筋コンクリート用防錆剤は，海砂中の塩分に起因する鉄筋の腐食を抑制する目的でコンクリートに添加される混和剤であり，不動態皮膜形成形防錆剤，沈殿皮膜形成形防錆剤，吸着皮膜形成形防錆剤の3つに分類される。したがって，**3.**が適当である。

No.6 [答え4] レディーミクストコンクリートの配合

1.の単位水量の上限は$175 \mathrm{kg/m^3}$を標準とし，所要のワーカビリティーが得られる範囲内で，できるだけ少なくする。**2.**のセメント比は，65%以下で，かつコンクリートに要求される強度，劣化に対する抵抗性，ならびに物質の透過に対する抵抗性等を考慮して，これらから定まる値のうちで最小の値を選定する。**3.**のスランプは，運搬，打込み，締固め等の作業に適する範囲内でできるだけ小さくする。**4.**の空気量は，**練上がり時においてコンクリート容積の4〜7％程度とするのが一般的であるが，長期的に凍結融解作用を受けるような場合には，所要の強度を満足することを確認した上で6％程度とする**。したがって，**4.**が適当でない。

No.7 [答え3] フレッシュコンクリートの性質

1.の材料分離抵抗性は，単位セメント量あるいは単位粉体量を適切に設定することによって確保する。**2.**のブリーディングは，コンクリートの打込み後，骨材等の沈降又は分離によって，練混ぜ水の一部が遊離してコンクリート表面に上昇する現象である。**3.**のワーカビリティーとは，**材料分離を生じることなく，運搬，打込み，締固め，仕上げ等の作業のしやすさをいい，変形又は流動に対する抵抗性はコンシステンシーである**。**4.**のレイタンスとは，ブリーディングに伴い，内部の微細な粒子が浮上し，コンクリート表面に形成する脆弱な物質の層のことである。したがって，**3.**が適当でない。

No.8 [答え2] コンクリートの現場内での運搬と打込み

1.のバケットによる運搬は，コンクリートに振動を与えることがなく，骨材分離を起こしに

くい。**2.**の先送りモルタルの水セメント比は，使用するコンクリートの水セメント比以下を原則とする。また，圧送後の先送りモルタルは型枠内に打ち込まない。**3.**の型枠内が，降雨，地下水の流入，散水養生，あるいはブリーディング水等で滞水した状態でコンクリートを打ち込むと，コンクリートの品質や一体性を損ねる可能性があるため，打ち込み前に取り除く。**4.**の２層以上に分けて打ち込む場合は，上層と下層が一体となるように，下層のコンクリートの中に棒状バイブレータを10cm程度挿入する。したがって，**2.**が適当でない。

No.9 ［答え3］ 既製杭の施工（中掘り杭工法）

1.の地盤の掘削は，中空の既製杭の内部にアースオーガ（スパイラルオーガ）を通して地盤を掘削し，土砂を排出しながら杭を沈設するので，一般に打込み杭工法に比べて騒音・振動が小さく，隣接構造物に対する影響が小さい。**2.**の先端処理方法には，杭先端部の地盤にセメントミルクを噴出し，撹拌混合して根固部を築造するセメントミルク噴出撹拌方式，ハンマで打ち込む最終打撃方式，及び杭先端の杭体内にコンクリートを打設するコンクリート打設方式の３つに分類できる。**3.**の杭の支持力は，一般に**打込み工法に比べて小さい**。**4.**は記述の通りである。したがって，**3.**が適当でない。

No.10 ［答え2］ 場所打ち杭の「工法名」と「孔壁保護の主な資機材」

1.の深礎工法は，掘削孔の全長にわたり**ライナープレートを用いて孔壁の崩壊を防止**しながら，人力または機械で掘削する。**2.**のオールケーシング工法（ベノト工法）は，掘削機により杭全長にわたりケーシングチューブを回転（揺動）圧入し，孔壁を保護しながらハンマグラブで掘削・排土を行う。**3.**のリバースサーキュレーション工法は，**スタンドパイプを建て込み，掘削孔に満たした水の圧力で孔壁を保護**しながら，水を循環させて削孔機で掘削する。**4.**のアースドリル工法は，**表層ケーシングを建て込み，孔内に注入した安定液の水圧で孔壁を保護**しながら，ドリリングバケットで掘削・排土する。したがって，**2.**が適当である。

No.11 ［答え1］ 土留め工

1.の自立式土留め工法は，**切梁や腹起し等を用いず，主として掘削側の地盤の抵抗によって土留め壁を支持する工法**である。**2.**のアンカー式土留め工法は，掘削周辺地盤中に定着させた土留めアンカー（PC鋼棒等の引張材）と掘削側の地盤の抵抗によって土留め壁を支持する工法である。**3.**のヒービングは，粘土質地盤において土留め壁背面の土が掘削面に回り込み，掘削底面が隆起する現象である。**4.**のボイリングは，砂質地盤で土留め壁背面と掘削面の水位差が大きい場合に，背面から掘削面側に向かう浸透流により，掘削底面より砂の粒子が水とともに吹き上がる現象である。したがって，**1.**が適当でない。

No.12 ［答え3］ 鋼材の溶接継手

1.の溶接を行う部分の黒皮，さび，塗料，油等はブローホールや割れの発生原因となるため，グラインダーやワイヤブラシ等で清掃を行う。**2.**の溶接線近傍に水分が付着していると，溶接に悪影響を与える。**3.**の応力を伝える溶接継手には，完全溶込み開先溶接，部分溶込み開

先溶接または連続すみ肉溶接を用いなければならない。完全溶込み開先溶接では，原則として反対側から溶接を行う前に健全な溶接層まで裏はつりを行う。**4.**の開先溶接では，始端には溶込み不良やブローホール等，終端にはクレータ割れ等の欠陥が生じやすいため，部材と同等の開先を有するエンドタブを取り付け，溶接終了後，エンドタブはガス等で切断し，グラインダーにて母材面まで仕上げる。したがって，**3.**が適当でない。

No.13 [答え2] 鋼道路橋に用いる高力ボルト

1.は記述の通りである。**2.**の高力ボルトの締付けは，**連結板の中央のボルトから順次端部のボルトに向かって行い**，２度締めを行う。端部から締め付けると連結板が浮き上がり，密着性が悪くなる傾向がある。**3.**の高力ボルトの長さは，ボルトの平先部が締付け完了後に少なくともナットの面より外側にあること。**4.**の高力ボルトの摩擦接合は，高力ボルトで母材及び連結板を締め付け，部材相互の摩擦力で応力を伝達する。したがって，**2.**が適当でない。

No.14 [答え2] コンクリートの劣化機構

1.の塩害とは，コンクリート中に侵入した塩化物イオンが鋼材に腐食・膨張を生じさせ，コンクリートにひび割れ，はく離等の損傷を与える現象である。**2.**の**ブリーディングは，コンクリートの打込み後，骨材等の沈降又は分離によって，練混ぜ水の一部が遊離してコンクリート表面に上昇する現象**である。**3.**のアルカリシリカ反応は，コンクリート中のアルカリ分が骨材中の特定成分と反応し，骨材の異常膨張やそれに伴うひび割れ等を起こし，耐久性を低下させる現象である。 **4.**の凍害は，コンクリート中の水分が凍結融解作用により膨張と収縮を繰り返し，組織に緩み又は破壊を生じる現象である。したがって，**2.**が該当しない。

No.15 [答え3] 河川堤防に用いる土質材料

河川堤防に用いる土質材料の条件は，①**高い密度を与える粒度分布**であり，かつせん断強度が大ですべてに対する安定性があること，②できるだけ不透水性であり，河川水の浸透により浸潤面が裏法尻まで達しない程度の透水性が望ましい，③堤体の安定に支障を及ぼすような圧縮変形や膨張性がないもの，④施工性がよく，特に締固めが容易であること，⑤浸水，乾燥等の環境変化に対して，法すべりやクラック等が生じにくく安定であること，⑥有害な有機物及び水に溶解する成分を含まないことである。したがって，**3.**が適当でない。

No.16 [答え2] 河川護岸

1.の高水護岸は，複断面河道で高水敷幅が十分あるような箇所の**堤防の表法面を，高水時に保護するもの**である。**2.**の法覆工は，堤防・河岸を被覆し，保護する主要な構造部分で，法勾配が急で流速の大きな急流部では間知ブロック（積ブロック）が用いられ，法勾配が緩く流速が小さな場所では平板ブロックが用いられる。**3.**の基礎工（法留工）は，法覆工の法尻部に設置し，**法覆工を支持するための構造物**である。根固工は，流水による急激な河床洗掘を緩和し，基礎工の沈下や法面からの土砂の吸出し等を防止するため，低水護岸及び堤防護岸の基礎工前面に設置する構造物である。**4.**の小口止工は，**法覆工の上下流端に施工して護**

岸を保護するものである。選択肢の記述内容は横帯工である。したがって，**2.**が適当である。

No.17 [答え**4**] 砂防えん堤

1.は記述の通りである。**2.**の袖は，両岸に向かって上り勾配とし，上流の計画堆砂勾配と同程度かそれ以上とする。**3.**の水通しは，原則として逆台形とし，幅は流水によるえん堤下流部の洗掘に対処するため，側面侵食による著しい支障を及ぼさない範囲でできるだけ広くし，高さは対象流量を流しうる水位に，余裕高以上の値を加えて定める。**4.**の水叩きは，本えん堤を越流した落下水，落下砂礫による基礎地盤の洗掘及び下流の河床低下を防止するための前庭保護工であり，**本えん堤下流に設ける**。したがって，**4.**が適当でない。

No.18 [答え**1**] 地すべり防止工

1.の排土工は，地すべり頭部の不安定な土塊を排除し荷重を減ずることで，土塊の滑動力を減少させる工法である。**2.**の横ボーリング工は，地表から5m以深のすべり面付近に分布する深層地下水や断層，破砕帯に沿った地下水を排除するために設置する抑制工である。**3.**の排水トンネル工は，**地すべりの規模が大きく，地下水が深部にあるため横ボーリング，集水井の施工が困難な場合に用いられる**。排水トンネル内からの集水ボーリングによって滑り面付近の深層地下水を排除する。**4.**の杭工は，鋼管杭，鉄筋コンクリート杭，H形鋼杭等をすべり面以深の所定の深度に設置し，杭の曲げ強さとせん断抵抗によりすべり面上部の土塊の移動を抑止し，斜面の安定性を高める**抑止工**である。したがって，**1.**が適当である。

No.19 [答え**1**] 道路のアスファルト舗装における下層・上層路盤の施工

1.の粒度調整路盤材料は，乾燥しすぎている場合は適宜散水し，**最適含水比**付近の状態で締め固める。**2.**のセメント安定処理路盤材料は，中央混合方式により製造することもあるが，一般に路上混合方式により製造する。**3.**は記述の通りである。**4.**の瀝青安定処理工法は，骨材に瀝青材料を添加して処理する工法である。したがって，**1.**が適当でない。

No.20 [答え**4**] 道路のアスファルト舗装の施工

1.と**3.**は記述の通りである。**2.**の敷均し時の混合物の温度は，一般に110℃を下回らないようにする。**4.**の継目の施工は，継目又は構造物との接触面をよく清掃し，**タックコートを施工後**，舗設し密着させる。したがって，**4.**が適当でない。

No.21 [答え**3**] 道路のアスファルト舗装の破損

1.の道路縦断方向の凹凸は，混合物の品質不良，路床・路盤の支持力の不均一による不等沈下，ひび割れ，わだち掘れ，構造物と舗装の接合部における段差，補修箇所の路面凹凸等が発生原因で，**道路の延長方向に比較的長い波長でどこにでも生じる**。**2.**のヘアクラックは，**主にアスコン層舗設時に舗装表面に発生する微細なクラック**であり，混合物の品質不良，転圧温度の不適による転圧初期のひび割れが発生原因である。**3.**のわだち掘れは，過大な大型車交通，地下水の影響等による路床・路盤の支持力の低下，混合物の品質不良，締固め不足

等が発生原因となる。**4.**の線状ひび割れは，**長く生じるひび割れ**で継目部の施工不良，切盛境の不等沈下，基層・路盤のひび割れ，路床・路盤の支持力の不均一，敷均し転圧不良が発生原因で**舗装の継目に生じる**。したがって，**3.**が適当である。

No.22 [答え4] 道路のコンクリート舗装

1.の極めて軟弱な路床は，その一部又は全部を良質土で置き換える置換工法や，原位置で路床土とセメントや石灰等の安定材を混合し支持力を改善する安定処理工法等で改良する。**2.**と**3.**は記述の通りである。**4.**の最終仕上げは，舗装版表面の水光りが消えてから，滑り防止のため粗面仕上げ機械又は人力により**粗面仕上げを行う**。したがって，**4.**が適当でない。

No.23 [答え3] ダムの施工

1.と**2.**は記述の通りである。**3.**の**ベンチカット工法**は，**大型の削孔機械が走行できるベンチを数段設け，上部ベンチで発破し下段ベンチで土石を搬出しながら順次階段状に切り下げる工法**である。**4.**のコンソリデーショングラウチングは，基礎地盤と堤体の接触部付近の浸透流の抑制及び基礎地盤の一体化による変形の改良を目的に実施され，カーテングラウチングは，浸透流の抑制を目的に実施される。したがって，**3.**が適当でない。

No.24 [答え2] トンネルの山岳工法における覆工コンクリートの施工

1.のつま型枠は，コンクリートの圧力に耐えられる構造とし，モルタル漏れのないように取り付ける。**2.**の覆工コンクリートの打込みは，原則として内空変位が収束したことを確認した後に行う。なお，膨張性地山の場合には早期に覆工を行う場合もある。**3.**は記述の通りである。**4.**の覆工コンクリートの養生は，打込み後一定期間中，適当な温度及び湿度に保ち，かつ振動や変形等の有害な作用の影響を受けないようにする。したがって，**2.**が適当でない。

No.25 [答え3] 異形コンクリートブロックによる消波工

1.の乱積みは，層積みに比べて据付けが容易であるが，据付け時にブロック間や基礎地盤とのかみ合わせが不十分な箇所が生じるため，**据付け時の安定性は劣る**。**2.**の層積みは，規則正しく配列する積み方で外観が美しく，施工当初から**安定性も優れている**。**3.**の乱積みは，施工時のブロック間のかみ合わせが悪い部分もあるが，荒天時の高波を受けるたびに沈下し，徐々にブロックどうしのかみ合わせがよくなり安定する。**4.**の**層積み**は，乱積みに比べて据付けに手間がかかり，直線部に比べ曲線部の施工は難しい。したがって，**3.**が適当である。

No.26 [答え4] グラブ浚渫船による施工

1.のポンプ浚渫船は，吸水管の先端に取り付けられたカッターヘッドが海底の土砂を切り崩し，ポンプで土砂を吸引し，排砂管により埋立地等へ運搬する。グラブ浚渫船は，グラブバケットで海底の土砂をつかんで浚渫する工法で，浚渫断面の余掘り厚，法面余掘り幅を大きくする必要があるため，ポンプ浚渫船に比べ**底面を平たんに仕上げるのが難しい**。**2.**のグラブ浚渫船は，中小規模の浚渫に適し，浚渫深度や土質の制限が少なく，適用範囲は極めて広

く，岸壁等の構造物前面の浚渫や狭い場所での浚渫にも使用できる。**3.**の非航式グラブ浚渫船の標準的な船団は，一般的に**グラブ浚渫船**のほか，**引船，非自航土運船，自航揚錨船**が一組となって構成される。**4.**の出来形確認測量は，原則として音響測深機を用い，岸壁直下，測量船が入れない浅い場所，ヘドロの堆積場所等は，錘とロープを用いたレッド測深を用いることもある。なお浚渫済みの箇所に堆砂があった場合は再施工が必要なため，出来形確認測量は浚渫船が工事現場にいる間に行う。したがって，**4.**が適当である。

No.27 ［答え **2**］鉄道工事における砕石路盤

1.の砕石路盤は，列車の走行安定性を確保するために軌道を十分強固に支持し，軌道に対して適当な弾性を与えるとともに，路床の軟弱化防止，路床への荷重の分散伝達及び排水勾配を設け道床内の水を速やかに排除する等により，有害な沈下や変形を生じない等の機能を有するものとする。**2.**の砕石路盤は，締固めの施工がしやすく，外力に対して安定を保ち，かつ，有害な変形が生じないよう，**圧縮性が小さい材料**を用いるものとする。**3.**の砕石路盤の施工は，降雨，降雪の少ない時期を選んで実施する。**4.**の砕石路盤は，雨水が路盤内に浸透する構造であり，噴泥等を防ぐ必要があることから，路盤の層厚，平坦性，締固めの程度等が確保できるよう施工管理を行う。したがって，**2.**が適当でない。

No.28 ［答え **1**］鉄道の営業線近接工事における工事従事者の任務

説明文に該当する工事従事者の名称は，**1.**の**線閉責任者**である。**2.**の停電作業者は，検電を行い通電していないことを確認後，接地器の取付けや，作業終了後の接地器の取外しを行う。**3.**の列車見張員は，指定された位置で列車等の進来・通過の監視を行ない，列車等が所定の位置に接近したときは，あらかじめ定められた方法により，工事管理者等及び作業員等に列車接近の合図を行う。**4.**の踏切警備員は，保守用車等の監視や通行者等に対する保守用車等接近の注意喚起を行う。したがって，**1.**が該当する。

No.29 ［答え **3**］シールド工法の施工

1.のシールドの外径は，セグメントリングの外径，テールクリアランス及びテールスキンプレート厚を考慮して決定するため，セグメントの外径はシールドで掘削される掘削外径より小さくなる。**2.**のセグメントには，材質別に鉄筋コンクリート製セグメント，鋼製セグメント，合成セグメントがある。**3.**のテール部には，セグメントの組立て覆工作業を行うエレクターや裏込め注入を行う注入管，テールシール等を装備している。**ジャッキは**，シールドの主体構造でありカッター駆動部，排土装置等の機器装置が格納されている**ガーダー部**にある。**4.**のセグメント外周に生じた空隙には，セグメントに設けられた注入孔やテール部に設けられた注入管からモルタル等を裏込め注入する。したがって，**3.**が適当でない。

No.30 [答え3] 上水道の管布設工

1.は記述の通りである。**2.**の切梁を一時的に取り外す場合は，必ず適切な補強を施し，安全を確認のうえ施工する。**3.**の鋼管の据付けは，管体保護のため基礎に**良質の砂**を敷き均す。**4.**の埋戻しは，片埋めにならないように注意しながら厚さ30cm以下に敷き均し，現地盤と同程度以上の密度となるように締め固めを行う。したがって，**3.**が適当でない。

No.31 [答え2] 下水道管渠の剛性管における基礎工

剛性管における基礎工は，土質，地耐力，施工方法，荷重条件，埋設条件等によって選択するが，基礎地盤の土質区分と基礎の種類の関係は次表の通りである。

表 管の種類と基礎

管　種 ＼ 地　盤		硬質土（礫質粘土，礫混じり土及び礫混じり砂）及び**普通土（砂，ローム及び砂質粘土）**	軟弱土（シルト及び有機質土）	極軟弱土（非常にゆるいシルト及び有機質土）
剛性感	鉄筋コンクリート	**砂基礎** **砕石基礎** **コンクリート基礎**	砂基礎 砕石基礎 はしご胴木基礎 コンクリート基礎	はしご胴木基礎 鳥居基礎 鉄筋コンクリート基礎
剛性感	陶管	**砂基礎** **砕石基礎**	砕石基礎 コンクリート基礎	
可とう性感	硬質塩化ビニル管 ポリエチレン管	砂基礎	砂基礎 ベットシート基礎 ソイルセメント基礎	ベットシート基礎 ソイルセメント基礎 はしご胴木基礎 布基礎
可とう性感	強化プラスチック複合管	砂基礎 砕石基礎		
可とう性感	ダクタイル鋳鉄管 鋼管	砂基礎	砂基礎	砂基礎 はしご胴木基礎 布基礎

したがって，**2.**が適当でない。

No.32 [答え1] 就業規則

1.は労働基準法第89条（作成及び届出の義務）に「**常時10人以上の労働者を使用する使用者**は，（中略）就業規則を作成し，行政官庁に届け出なければならない（後略）」と規定されている。**2.**は同法第92条（法令及び労働協約との関係）第1項により正しい。**3.**は同法第90条（作成の手続）第1項により正しい。**4.**は同法第89条第2号により正しい。したがって，**1.**が誤りである。

No.33 [答え4] 年少者の就業

1. は労働基準法第56条（最低年齢）第1項に「使用者は，**児童が満15歳に達した日以後の最初の3月31日が終了するまで，これを使用してはならない**」と規定されている。**2.** は同法第58条（未成年者の労働契約）第2項に「親権者若しくは後見人又は行政官庁は，労働契約が未成年者に不利であると認める場合においては，将来に向ってこれを**解除することができる**」と規定されている。**3.** は同法第59条に「**未成年者は，独立して賃金を請求することができる。親権者又は後見人は，未成年者の賃金を代って受け取ってはならない**」と規定されている。**4.** は同法第62条（危険有害業務の就業制限）第1項により正しい。したがって，**4.** が正しい。

No.34 [答え1] 労働安全衛生法

技能講習を修了した作業主任者でなければ就業させてはならない作業は，労働安全衛生法第14条（作業主任者）及び同法施行令第6条（作業主任者を選任すべき作業）に規定されている。**1.** は第15の5号に「コンクリート造の工作物（その**高さが5m以上であるものに限る**）の解体又は破壊の作業」と規定されている。**2.** は第9号に規定されている。**3.** は第10号に規定されている。**4.** は第14号に規定されている。したがって，**1.** が該当しない。

No.35 [答え4] 建設業法

建設業法第26条の4（主任技術者及び監理技術者の職務等）第1項に「主任技術者及び監理技術者は，工事現場における建設工事を適正に実施するため，当該建設工事の**施工計画の作成，工程管理**，品質管理その他の技術上の管理及び**当該建設工事の施工に従事する者の技術上の指導監督**の職務を誠実に行わなければならない」と規定されている。したがって，**4.** が誤りである。

No.36 [答え1] 道路の占有許可

1. は道路法第2条（用語の定義）第1項に「（前略）「道路」とは，一般交通の用に供する道で，（中略）トンネル，橋，渡船施設，道路用エレベーター等道路と一体となってその効用を全うする施設又は工作物及び道路の附属物で当該道路に附属して設けられているものを含むものとする」及び第2項に「（前略）「道路の附属物」とは，道路の構造の保全，安全かつ円滑な道路の交通の確保その他道路の管理上必要な施設又は工作物で，次に掲げるものをいう」，同項第6号に「道路に接する道路の維持又は修繕に用いる機械，器具又は材料の常置場」と規定されており，**道路の附属物であることから許可は必要ない。2.** は同法第32条（道路の占用の許可）第1項第2号により許可を必要とする。**3.** は同項第1号により許可を必要とする。**4.** は同項第7号及び同法施行令第7条（道路の構造又は交通に支障を及ぼすおそれのある工作物等）第9号により許可を必要とする。したがって，**1.** が許可を必要としない。

No.37 [答え3] 河川法

1. は河川法第25条（土石等の採取の許可）に「河川区域内の土地において土石（砂を含む。

以下同じ）を採取しようとする者は，（中略）河川管理者の許可を受けなければならない（後略）」と規定されており，この規定は河川区域内の民有地にも適用される。**2.**は同法第27条第1項に「河川区域内の土地において土地の掘削，盛土若しくは切土その他土地の形状を変更する行為又は竹木の栽植若しくは伐採をしようとする者は，（中略）河川管理者の許可を受けなければならない。ただし，政令で定める軽易な行為については，この限りでない」と規定されている。この政令で定める軽易な行為は，同法施行令第15条の4第1項第2号に，「工作物の新築等に関する河川管理者許可を受けて設置された取水施設又は排水施設の機能を維持するために行う取水口又は排水口の付近に積もった土砂等の排除」と規定されており，下水処理場の排水口付近に積もった土砂の排除については，河川管理者から許可を必要としない。**3.**は同法第24条（土地の占用の許可）に「河川区域内の土地（河川管理者以外の者がその権原に基づき管理する土地を除く（後略））を占用しようとする者は，（中略）河川管理者の許可を受けなければならない」と規定されており，この規定は**地表面だけではなく，上空や地下にも適用される**。**4.**は同法第26条（工作物の新築等の許可）第1項に「河川区域内の土地において工作物を新築し，改築し，又は除却しようとする者は，（中略）河川管理者の許可を受けなければならない。河川の河口附近の海面において河川の流水を貯留し，又は停滞させるための工作物を新築し，改築し，又は除却しようとする者も，同様とする」と規定されており，この規定は一時的な仮設工作物にも適用される。したがって，**3.**が誤りである。

No.38 ［答え4］ 建築基準法

1.は建築基準法第2条（用語の定義）第2号により正しい。**2.**は同条第5号により正しい。**3.**は同条第13号により正しい。**4.**は同条第16号に「建築主　**建築物に関する工事の請負契約の注文者又は請負契約によらないで自らその工事をする者をいう**」と規定されている。したがって，**4.**が誤りである。

No.39 ［答え3］ 火薬類取締法

1.は火薬類取締法施行規則第21条（貯蔵上の取扱い）第1項第1号により正しい。**2.**は同項第2号により正しい。**3.**は同規則第52条の2（火工所）第3項第3号に「火工所に火薬類を存置する場合には，**見張人を常時配置すること**（後略）」と規定されている。**4.**は同規則第51条（火薬類の取扱い）第7号により正しい。したがって，**3.**が誤りである。

No.40 ［答え4］ 騒音規制法

「特定建設作業」とは，騒音規制法第2条第3項及び同法施行令第2条に規定されている次の表に掲げる作業である。ただし，当該作業がその作業を開始した日に終わるものは除く。

表　別表第二（騒音規制法施行令第2条関係）

一	くい打機（もんけんを除く。），くい抜機又はくい打くい抜機（圧入式くい打くい抜機を除く。）を使用する作業（くい打機をアースオーガーと併用する作業を除く。）

2	びょう打機を使用する作業
3	さく岩機を使用する作業（作業地点が連続的に移動する作業にあっては，1日における当該作業に係る2地点間の最大距離が50mを超えない作業に限る。）
4	**空気圧縮機**（電動機以外の原動機を用いるものであって，その原動機の定格出力が15kW以上のものに限る。）**を使用する**作業（さく岩機の動力として使用する作業を除く。）
5	コンクリートプラント（混練機の混練容量が0.45m³以上のものに限る。）又はアスファルトプラント（混練機の混練重量が200kg以上のものに限る。）を設けて行う作業（モルタルを製造するためにコンクリートプラントを設けて行う作業を除く。）
6	**バックホゥ**（一定の限度を超える大きさの騒音を発生しないものとして環境大臣が指定するものを除き，原動機の定格出力が80kW以上のものに限る。）**を使用する**作業
7	トラクターショベル（一定の限度を超える大きさの騒音を発生しないものとして環境大臣が指定するものを除き，原動機の定格出力が70kW以上のものに限る。）を使用する作業
8	**ブルドーザ**（一定の限度を超える大きさの騒音を発生しないものとして環境大臣が指定するものを除き，原動機の定格出力が40kW以上のものに限る。）**を使用する**作業

表より，**4.** の舗装版破砕機を使用する作業は対象とならない。

No.41 [答え4] 振動規制法

振動規制法施行規則第11条（特定建設作業の規制に関する基準）及び別表第1第1号に「特定建設作業の振動が，**特定建設作業の場所の敷地の境界線において，75dBを超える大きさのものでないこと**」と規定されている。したがって，**4.** が正しい。

No.42 [答え1] 港則法

1. は港則法第31条（工事等の許可及び進水等の届出）第1項により正しい。**2.** は同法第22条第4項に「船舶は，特定港内又は特定港の境界付近において危険物を運搬しようとするときは，**港長の許可を受けなければならない**」と規定されている。**3.** は同法第4条（入出港の届出）に「船舶は，特定港に入港したとき又は特定港を出港しようとするときは，（中略）**港長に届け出なければならない**」と規定されている。**4.** は同法第7条（修繕及び係船）第1項に「特定港内においては，**汽艇等以外**の船舶を修繕し，又は係船しようとする者は，その旨を港長に届け出なければならない**」と規定されている。したがって，**1.** が正しい。

No.43 [答え3] トラバース測量

方位角とは，真北（磁北Nの方向）を0°0'0"として右回り（時計回り）に表示した水平角のことである。測線ABの方位角（A→Bの方向）は183°50'40"であることから，測線BAの方位角（B→Aの方向）は3°50'40"となる。よって測線BCの方位角は，測線BAの方位角3°50'40"に測点Bの観測角100°5'32"を足した**103°56'12"**となる。したがって，**3.** が正しい。

No.44 [答え2] 公共工事標準請負契約約款

1.は公共工事標準請負契約約款第1条（総則）第1項により正しい。**2.**は同約款第13条（工事材料の品質及び検査等）第1項に「工事材料の品質については，設計図書に定めるところによる。設計図書にその品質が明示されていない場合にあっては，**中等の品質を有するものとする**」と規定されている。**3.**は同約款第32条（検査及び引渡し）第2項により正しい。**4.**は同約款第10条（現場代理人及び主任技術者等）第5項により正しい。したがって，**2.**が誤りである。

No.45 [答え3] ブロック積擁壁の断面図

図のブロック積擁壁の断面図において，L1は直高，L2は地上高，N1は裏込め材，N2は裏込めコンクリートである。したがって，**3.**が適当である。

No.46 [答え3] 建設機械の用途

1.のトラクターショベルは，機械前方に取り付けたバケットで掘削，積込み，運搬を行うが，地表面より下を掘削できない。車輪で走行するホイール式はホイールローダとも呼ばれ，機動性に富み，履帯で走行するクローラ式は軟弱地盤に適し，掘削力も強い。**2.**のドラグラインは，ロープで保持されたバケットを旋回による遠心力で放り投げて，地面に沿って引き寄せながら掘削する機械で，機械の位置より低い場所の掘削に適し，砂利の採取等に使用される。**3.**のクラムシェルは，ロープにつり下げたバケットを自由落下させて土砂をつかみ取る建設機械で，一般土砂の孔掘り，シールド工事の立坑掘削，水中掘削等**狭い場所での深い掘削に適している。4.**のバックホゥは，バケットを車体側に引き寄せて掘削する機械で，機械の位置よりも低い場所の掘削に適し，掘削位置も正確に把握でき，固い地盤の掘削ができ，仕上がり面が比較的きれいで，垂直掘り，底ざらいが正確にできるので，基礎の掘削や溝掘り等幅広く使用される。したがって，**3.**が適当でない。

No.47 [答え2] 仮設工事

1.と**3.**は記述の通りである。**2.**の直接仮設工事には，**工事に必要な工事用道路，支保工足場，安全施設，材料置場，電力設備や土留め等**があり，間接仮設工事には工事遂行に必要な現場事務所，労務宿舎，倉庫等がある。**4.**の任意仮設は，構造等の条件は明示されず計画や施工方法は施工業者に委ねられ，経費は契約上一式計上され，契約変更の対象にならないことが多い。指定仮設は，特に大規模で重要なものとして発注者が設計仕様，数量，設計図面，施工方法，配置等を指定するもので，設計変更の対象となる。したがって，**2.**が適当でない。

(参考：P.94 2022（令和4）年度前期第一次検定問題No.54解説)

No.48 [答え2] 労働安全衛生法（地山の掘削作業）

1.は労働安全衛生規則第355条（作業箇所等の調査）により正しい。**2.**は同規則第358条（点検）に「事業者は，明り掘削の作業を行なうときは，地山の崩壊又は土石の落下による労働者の危険を防止するため，次の措置を講じなければならない」第1号「点検者を指名して，

作業箇所及びその周辺の地山について，**その日の作業を開始する前**，大雨の後及び中震以上の地震の後，浮石及びき裂の有無及び状態並びに含水，湧水及び凍結の状態の変化を点検させること」と規定されている。**3.**は同規則第360条（地山の掘削作業主任者の職務）第1号により正しい。**4.**は同規則第364条（運搬機械等の運行の経路等）により正しい。したがって，**2.**が誤りである。

No.49 [答え1] 労働安全衛生規則（コンクリート造の工作物の解体作業）

1.は労働安全衛生規則第517条の15（コンクリート造の工作物の解体等の作業）第2号に「強風，大雨，大雪等の悪天候のため，作業の実施について危険が予想されるときは，**当該作業を中止すること**」と規定されている。**2.**は同規則第517条の16（引倒し等の作業の合図）第1項により正しい。**3.**は同規則第517条の15第3号により正しい。**4.**は同条第1号により正しい。したがって，**1.**が誤りである。

No.50 [答え4] アスファルト舗装の品質特性と試験方法

1.のCBR試験には室内CBRと現場CBRがあり，道路舗装で用いる設計CBRには室内CBR試験，締固め度の確認等の施工管理には現場CBR試験が用いられる。**2.**のマーシャル安定度試験の結果は，舗装用アスファルト混合物の配合設計，特に最適アスファルト量の決定に利用される。**3.**は記述の通りである。**4.**のプルーフローリング（proof rolling）試験は，路床や路盤の締固めが適切であるか，施工に用いた転圧機械と同等以上の締固め力を有する機械を走行させ，輪荷重による表面のたわみ量の観測や不良箇所を発見する試験である。**平坦性は3mプロフィルメータや路面性状測定車等で測定する**。したがって，**4.**が適当でない。

No.51 [答え1] レディーミクストコンクリート（JIS A 5308）

1.はJIS A 5308 5品質 5.2強度a）に「1回の試験結果は購入者の指定した**呼び強度の強度値の85%以上でなければならない**」と規定されている。**2.**は同b）により正しい。**3.**は5.1品質項目により正しい。**4.**は5.2強度により正しい。したがって，**1.**が適当でない。
（参考：P.50 2022（令和4）年度後期第一次検定問題No.51解説）

No.52 [答え4] 建設工事における環境保全対策

1.の建設工事の騒音は，**工事現場の内外を問わず運搬経路が問題となる**ことがある。特に住宅地の狭い道路等を使用せざるを得ない場合には，過大な運搬車両の使用による路面等の損壊ならびに騒音が問題となることがあるので，運搬車両の大きさの選定には注意が必要である。**2.**は建設工事に伴う騒音振動対策技術指針 1総論 第4章対策の基本事項 第2項に「騒音，振動対策については，騒音，振動の大きさを下げるほか，**発生期間を短縮する**等，全体的に影響の小さくなるように検討しなければならない」と規定されている。**3.**の広い土地の掘削や整地，土砂堆積場等からの**粉塵対策には，散水やシートで覆うことや植栽することも効果的**である。**4.**の土運搬による土砂飛散防止については，過積載防止，荷台のシート掛けの励行，現場から公道に出る位置に洗車設備の設置を行う。したがって**4.**が適当である。

No.53 **[答え3]** 建設工事に係る資材の再資源化等に関する法律（建設リサイクル法）

建設工事に係る資材の再資源化等に関する法律第2条（定義）第5項及び同法施行令第1条（特定建設資材）に，「建設工事に係る資材の再資源化等に関する法律第2条第5項のコンクリート，木材その他建設資材のうち政令で定めるものは，次に掲げる建設資材とする。①**コンクリート**，②**コンクリート及び鉄から成る建設資材**，③**木材**，④**アスファルト・コンクリート**」と規定されている。したがって，**3.**の木材が該当する。

No.54 **[答え1]** 直接仮設工事と間接仮設工事

直接仮設工事と間接仮設工事は以下のように分けられる。

直接仮設工事	工事用道路・軌道，索道・クレーン，コンベヤ類，その他運搬設備，荷役設備，桟橋，**支保工足場**，材料置場，電力設備，給水設備，排水・止水設備，給気・排気設備，土留め，締切り，コンクリート打設設備，バッチャープラント，砕石プラント，ケーソン・シールド用圧気設備，防護施設，**安全施設**，その他機械の据付・撤去
間接仮設工事	**現場事務所**，連絡所，現場見張所，下請事務所，各種倉庫，車庫，モータープール，修理工場，コンプレッサー・ウィンチ・ポンプ・その他各種機械室，鉄筋・型枠等の下ごしらえ小屋，試験室，社員宿舎，**労務宿舎**，医務室，更生施設

したがって，**1.**が適当である。

No.55 **[答え3]** 建設機械の作業能力

ブルドーザを用いて掘削押土する場合，時間当たり作業量Q（m³/h）を算出する計算式は以下の通りとなる。

$$Q=\frac{q\times f\times E}{Cm}\times60$$

よって，q = 3（m³），f = 0.8（f = 1/L = 1/1.25），E = 0.7，Cm = 2（分）より，Q = 50.4（m³/h）となる。したがって，**3.**が適当である。

No.56 **[答え2]** 工程管理

工程表は，工事の施工順序と**所要日数**をわかりやすく図表化したものである。工程管理にあたっては，実施工程が，工程計画よりも，**やや上回る**程度に管理し，工程計画と実施工程の間に差が生じた場合は，労務・機械・資材及び作業日数等，あらゆる面から調査・**原因の追及**を行い，工期内に効率的に工事を完成させる対策を講ずる。工程管理においては，常に工程の進行状況を全作業員に周知徹底させて，全作業員に**作業能率**を高めるように努力させることが大切である。したがって，**2.**が適当である。

No.57 **[答え1]** ネットワーク式工程表

クリティカルパスとは，最も日数を要する最長経路のことであり，工期を決定する。各経路

の所要日数は次の通りとなる。⓪→①→②→⑤→⑥＝3＋5＋3＋5＝16日，⓪→①→②→③→⑤→⑥＝3＋5＋0＋4＋5＝17日，⓪→①→②→③→④→⑤→⑥＝3＋5＋0＋7＋0＋5＝20日，⓪→①→③→⑤→⑥＝3＋6＋4＋5＝18日，⓪→①→③→④→⑤→⑥＝3＋6＋7＋0＋5＝21日である。すなわち，**⓪→①→③→④→⑤→⑥がクリティカルパス**で工期は**21日間**であり，**作業C**及び**作業F**はクリティカルパス上の作業である。また，作業Dの最早完了時刻は作業Aと作業Bと作業Dの作業日数を足した11日，最遅完了時刻は工期の21日から作業Gの作業日数を引いた16日であり，作業Dのトータルフロートは5日となるため，5日遅延しても全体の工期に影響はない。したがって，**1.**が適当である。

No.58 ［答え4］労働安全衛生法（足場）

足場の安全に関する数値は，労働安全衛生規則第552条（架設通路）及び第563条（作業床）に規定されており，設問文は次の通りとなる。

・足場の作業床の手すりの高さは，**85cm**以上とする。（第552条第1項第4号イ）
・足場の作業床の幅は，**40cm**以上とする。（第563条第1項第2号イ）
・足場の床材間の隙間は，**3cm**以下とする。（同条第1項第2号ロ）
・足場の作業床より物体の落下を防ぐ幅木の高さは，**10cm**以上とする。（同条第1項第6号）

したがって，**4.**が適当である。

No.59 ［答え1］クレーン等安全規則（移動式クレーンを用いた作業）

移動式クレーンを用いた作業における安全確保については，クレーン等安全規則に規定されており，設問文は次の通りとなる。

・クレーンの定格荷重とは，フック等のつり具の重量を**含まない**最大つり上げ荷重である。（第1条（定義）第6号）
・事業者は，クレーンの運転者及び**玉掛け**者が定格荷重を常時知ることができるよう，表示等の措置を講じなければならない。（第70条の2（定格荷重の表示等））
・事業者は，原則として**合図**を行う者を指名しなければならない。（第71条（運転の合図）第1項）
・クレーンの運転者は，荷をつったままで，運転位置を**離れてはならない**。（第75条（運転位置からの離脱の禁止）第1項）

したがって，**1.**が正しい。

No.60 ［答え3］ヒストグラム

ヒストグラムは，測定値の**ばらつき**の状態を知ることができる統計的手法であり，横軸をいくつかのデータ範囲に分け，それぞれの範囲に入るデータの数を縦軸に**度数**として高さで表した**柱状図**（棒グラフ）である。平均値が規格値の中央に見られ，平均値から離れるほど度数が少なくなる左右対称のつり鐘型の正規分布を示すヒストグラムは**良好な品質管理が行われている**。したがって**3.**が適当である。

No.**61** [答え**2**] 盛土の締固めにおける品質管理

盛土の締固めの品質管理の方式のうち**工法**規定方式は，使用する締固め機械の機種や締固め回数等を規定するもので，**品質**規定方式は，盛土の締固め度等を規定する方法である。盛土の締固めの効果や性質は，土の種類や含水比，施工方法によって**変化**し，盛土が最もよく締まる含水比は，**最大**乾燥密度が得られる含水比で最適含水比である。したがって**2.**が適当である。(参考：P.221　2020（令和2）年度後期学科試験No.58解説)

2級土木施工管理技術検定試験

2021

令和3 | 年度後期

第一次検定

第二次検定

解答・解説

※**問題番号No.1～No.11までの11問題のうちから9問題を選択し解答してください。**

No.1 「土工作業の種類」と「使用機械」に関する次の組合せのうち，**適当でないもの**はどれか。

[土工作業の種類]　　　　　　　　　[使用機械]

1. 伐開・除根 ………………………… タンピングローラ

2. 掘削・積込み ……………………… トラクターショベル

3. 掘削・運搬 ………………………… スクレーパ

4. 法面仕上げ ………………………… バックホウ

No.2 土質試験における「試験名」とその「試験結果の利用」に関する次の組合せのうち，**適当でないもの**はどれか。

[試験名]　　　　　　　　　　　　　[試験結果の利用]

1. 土の圧密試験 …………………………… 粘性土地盤の沈下量の推定

2. ボーリング孔を利用した透水試験 ……… 土工機械の選定

3. 土の一軸圧縮試験 ……………………… 支持力の推定

4. コンシステンシー試験 ………………… 盛土材料の選定

No.3 盛土工に関する次の記述のうち，**適当でないもの**はどれか。

1. 盛土の基礎地盤は，盛土の完成後に不同沈下や破壊を生じるおそれがないか，あらかじめ検討する。

2. 建設機械のトラフィカビリティーが得られない地盤では，あらかじめ適切な対策を講じる。

3. 盛土の敷均し厚さは，締固め機械と施工法及び要求される締固め度などの条件によって左右される。

4. 盛土工における構造物縁部の締固めは，できるだけ大型の締固め機械により入念に締め固める。

No.4 地盤改良工法に関する次の記述のうち，**適当でないもの**はどれか。

1. プレローディング工法は，地盤上にあらかじめ盛土等によって載荷を行う工法である。
2. 薬液注入工法は，地盤に薬液を注入して，地盤の強度を増加させる工法である。
3. ウェルポイント工法は，地下水位を低下させ，地盤の強度の増加を図る工法である。
4. サンドマット工法は，地盤を掘削して，良質土に置き換える工法である。

No.5 コンクリートに用いられる次の混和材料のうち，コンクリートの耐凍害性を向上させるために使用される混和材料に**該当するもの**はどれか。

1. 流動化剤
2. フライアッシュ
3. AE剤
4. 膨張材

No.6 コンクリートの配合設計に関する次の記述のうち，**適当でないもの**はどれか。

1. 所要の強度や耐久性を持つ範囲で，単位水量をできるだけ大きく設定する。
2. 細骨材率は，施工が可能な範囲内で，単位水量ができるだけ小さくなるように設定する。
3. 締固め作業高さが高い場合は，最小スランプの目安を大きくする。
4. 一般に鉄筋量が少ない場合は，最小スランプの目安を小さくする。

No.7 フレッシュコンクリートに関する次の記述のうち，**適当でないもの**はどれか。

1. スランプとは，コンクリートの軟らかさの程度を示す指標である。
2. 材料分離抵抗性とは，コンクリートの材料が分離することに対する抵抗性である。
3. ブリーディングとは，練混ぜ水の一部の表面水が内部に浸透する現象である。
4. ワーカビリティーとは，運搬から仕上げまでの一連の作業のしやすさのことである。

No.8 鉄筋の加工及び組立に関する次の記述のうち，**適当なもの**はどれか。

1. 型枠に接するスペーサは，原則としてモルタル製あるいはコンクリート製を使用する。
2. 鉄筋の継手箇所は，施工しやすいように同一の断面に集中させる。
3. 鉄筋表面の浮きさびは，付着性向上のため，除去しない。
4. 鉄筋は，曲げやすいように，原則として加熱して加工する。

No.9 既製杭の施工に関する次の記述のうち，**適当でないもの**はどれか。

1. プレボーリング杭工法は，孔内の泥土化を防止し孔壁の崩壊を防ぎながら掘削する。
2. 中掘り杭工法は，ハンマで打ち込む最終打撃方式により先端処理を行うことがある。
3. 中掘り杭工法は，一般に先端開放の既製杭の内部にスパイラルオーガ等を通して掘削する。
4. プレボーリング杭工法は，ソイルセメント状の掘削孔を築造して杭を沈設する。

No.10 場所打ち杭の各種工法に関する次の記述のうち，**適当なもの**はどれか。

1. 深礎工法は，地表部にケーシングを建て込み，以深は安定液により孔壁を安定させる。
2. オールケーシング工法は，掘削孔全長にわたりケーシングチューブを用いて孔壁を保護する。
3. アースドリル工法は，スタンドパイプ以深の地下水位を高く保ち孔壁を保護・安定させる。
4. リバース工法は，湧水が多い場所では作業が困難で，酸欠や有毒ガスに十分に注意する。

No.11

下図に示す土留め工の（イ），（ロ）の部材名称に関する次の組合せのうち，**適当なもの**はどれか。

	（イ）	（ロ）
1.	腹起し	中間杭
2.	腹起し	火打ちばり
3.	切ばり	腹起し
4.	切ばり	火打ちばり

※**問題番号No.12～No.31までの20問題のうちから6問題を選択し解答してください。**

No.12

鋼材に関する次の記述のうち，**適当でないもの**はどれか。

1. 硬鋼線材を束ねたワイヤーケーブルは，吊橋や斜張橋等のケーブルとして用いられる。

2. 低炭素鋼は，表面硬さが必要なキー，ピン，工具等に用いられる。

3. 棒鋼は，主に鉄筋コンクリート中の鉄筋として用いられる。

4. 鋳鋼や鍛鋼は，橋梁の支承や伸縮継手等に用いられる。

No.13

鋼道路橋の架設工法に関する次の記述のうち，主に深い谷等，桁下の空間が使用できない現場において，トラス橋などの架設によく用いられる工法として**適当なもの**はどれか。

1. トラベラークレーンによる片持式工法

2. フォルバウワーゲンによる張出し架設工法

3. フローティングクレーンによる一括架設工法

4. 自走クレーン車による押出し工法

No.14 コンクリートの劣化機構に関する次の記述のうち，**適当でないもの**はどれか。

1. 中性化は，空気中の二酸化炭素が侵入することによりコンクリートのアルカリ性が失われる現象である。

2. 塩害は，コンクリート中に侵入した塩化物イオンが鉄筋の腐食を引き起こす現象である。

3. 疲労は，繰返し荷重が作用することで，コンクリート中の微細なひび割れがやがて大きな損傷になる現象である。

4. 化学的侵食は，凍結や融解の繰返しによってコンクリートが溶解する現象である。

No.15 河川堤防の施工に関する次の記述のうち，**適当でないもの**はどれか。

1. 堤防の腹付け工事では，旧堤防との接合を高めるため階段状に段切りを行う。

2. 堤防の腹付け工事では，旧堤防の表法面に腹付けを行うのが一般的である。

3. 河川堤防を施工した際の法面は，一般に総芝や筋芝等の芝付けを行って保護する。

4. 旧堤防を撤去する際は，新堤防の地盤が十分安定した後に実施する。

No.16 河川護岸に関する次の記述のうち，**適当なもの**はどれか。

1. コンクリート法枠工は，一般的に法勾配が緩い場所で用いられる。

2. 間知ブロック積工は，一般的に法勾配が緩い場所で用いられる。

3. 石張工は，一般的に法勾配が急な場所で用いられる。

4. 連結（連節）ブロック張工は，一般的に法勾配が急な場所で用いられる。

No.17 砂防えん堤に関する次の記述のうち，**適当なもの**はどれか。

1. 袖は，洪水を越流させないため，両岸に向かって水平な構造とする。

2. 本えん堤の堤体下流の法勾配は，一般に1：1程度としている。

3. 水通しは，流量を越流させるのに十分な大きさとし，形状は一般に矩形断面とする。

4. 堤体の基礎地盤が岩盤の場合は，堤体基礎の根入れは1m以上行うのが通常である。

No.18 地すべり防止工に関する次の記述のうち，**適当でないもの**はどれか。

1. 横ボーリング工は，地下水の排除のため，帯水層に向けてボーリングを行う工法である。

2. 地すべり防止工では，抑止工，抑制工の順に施工するのが一般的である。

3. 杭工は，鋼管等の杭を地すべり斜面等に挿入して，斜面の安定を高める工法である。

4. 地すべり防止工では，抑止工だけの施工は避けるのが一般的である。

No.19 道路のアスファルト舗装における上層路盤の施工に関する次の記述のうち，**適当でないもの**はどれか。

1. 粒度調整路盤は，材料の分離に留意し，均一に敷き均し，締め固めて仕上げる。

2. 加熱アスファルト安定処理路盤は，下層の路盤面にプライムコートを施す必要がある。

3. 石灰安定処理路盤材料の締固めは，最適含水比よりやや乾燥状態で行うとよい。

4. セメント安定処理路盤材料の締固めは，硬化が始まる前までに完了することが重要である。

No.20 道路のアスファルト舗装における締固めに関する次の記述のうち，**適当でないもの**はどれか。

1. 締固め作業は，継目転圧・初転圧・二次転圧・仕上げ転圧の順序で行う。

2. 初転圧時のローラへの混合物の付着防止には，少量の水，又は軽油等を薄く塗布する。

3. 転圧温度が高すぎたり過転圧等の場合，ヘアクラックが多く見られることがある。

4. 継目は，既設舗装の補修の場合を除いて，下層の継目と上層の継目を重ねるようにする。

No.21 道路のアスファルト舗装の補修工法に関する次の記述のうち，**適当でないもの**はどれか。

1. オーバーレイ工法は，不良な舗装の全部を取り除き，新しい舗装を行う工法である。

2. パッチング工法は，ポットホール，くぼみを応急的に舗装材料で充填する工法である。

3. 切削工法は，路面の凸部などを切削除去し，不陸や段差を解消する工法である。

4. シール材注入工法は，比較的幅の広いひび割れに注入目地材等を充填する工法である。

No.22 道路のコンクリート舗装に関する次の記述のうち，**適当でないもの**はどれか。

1. コンクリート版に温度変化に対応した目地を設ける場合，車線方向に設ける横目地と車線に直交して設ける縦目地がある。

2. コンクリートの打込みは，一般的には施工機械を用い，コンクリートの材料分離を起こさせないように，均一に隅々まで敷き広げる。

3. コンクリートの最終仕上げとして，コンクリート舗装版表面の水光りが消えてから，ほうきやブラシ等で粗仕上げを行う。

4. コンクリートの養生は，一般的に初期養生として膜養生や屋根養生，後期養生として被覆養生及び散水養生等を行う。

No.23 ダムに関する次の記述のうち，**適当でないもの**はどれか。

1. 転流工は，比較的川幅が狭く，流量が少ない日本の河川では仮排水トンネル方式が多く用いられる。

2. ダム本体の基礎掘削工は，基礎岩盤に損傷を与えることが少なく，大量掘削に対応できるベンチカット工法が一般的である。

3. 重力式コンクリートダムの基礎処理は，カーテングラウチングとブランケットグラウチングによりグラウチングする。

4. 重力式コンクリートダムの堤体工は，ブロック割してコンクリートを打ち込むブロック工法と堤体全面に水平に連続して打ち込むRCD工法がある。

No.24 トンネルの山岳工法における掘削に関する次の記述のうち，**適当でないもの**はどれか。

1. ベンチカット工法は，トンネル全断面を一度に掘削する方法である。

2. 導坑先進工法は，トンネル断面を数個の小さな断面に分け，徐々に切り広げていく工法である。

3. 発破掘削は，爆破のためにダイナマイトやANFO等の爆薬が用いられる。

4. 機械掘削は，騒音や振動が比較的少ないため，都市部のトンネルにおいて多く用いられる。

No.25 海岸堤防の形式に関する次の記述のうち，**適当でないもの**はどれか。

1. 緩傾斜型は，堤防用地が広く得られる場合や，海水浴場等に利用する場合に適している。

2. 混成型は，水深が割合に深く，比較的軟弱な基礎地盤に適している。

3. 直立型は，比較的良好な地盤で，堤防用地が容易に得られない場合に適している。

4. 傾斜型は，比較的軟弱な地盤で，堤体土砂が容易に得られない場所に適している。

No.26 ケーソン式混成堤の施工に関する次の記述のうち，**適当でないもの**はどれか。

1. 据え付けたケーソンは，すぐに内部に中詰めを行って，ケーソンの質量を増し，安定性を高める。

2. ケーソンのそれぞれの隔壁には，えい航，浮上，沈設を行うため，水位を調整しやすいように，通水孔を設ける。

3. 中詰め後は，波によって中詰め材が洗い出されないように，ケーソンの蓋となるコンクリートを打設する。

4. ケーソンの据付けにおいては，注水を開始した後は，中断することなく注水を連続して行い，速やかに据え付ける。

No.27 鉄道工事における道床バラストに関する次の記述のうち，**適当でないもの**はどれか。

1. 道床の役割は，マクラギから受ける圧力を均等に広く路盤に伝えることや，排水を良好にすることである。

2. 道床に用いるバラストは，単位容積重量や安息角が小さく，吸水率が大きい，適当な粒径，粒度を持つ材料を使用する。

3. 道床バラストに砕石が用いられる理由は，荷重の分布効果に優れ，マクラギの移動を抑える抵抗力が大きいためである。

4. 道床バラストを貯蔵する場合は，大小粒が分離ならびに異物が混入しないようにしなければならない。

No.28 鉄道営業線における建築限界と車両限界に関する次の記述のうち，**適当でないもの**はどれか。

1. 建築限界とは，建造物等が入ってはならない空間を示すものである。

2. 曲線区間における建築限界は，車両の偏いに応じて縮小しなければならない。

3. 車両限界とは，車両が超えてはならない空間を示すものである。

4. 建築限界は，車両限界の外側に最小限必要な余裕空間を確保したものである。

No.29 シールド工法に関する次の記述のうち，**適当でないもの**はどれか。

1. シールドのフード部には，切削機構を備えている。

2. シールドのガーダー部には，シールドを推進させるジャッキを備えている。

3. シールドのテール部には，覆工作業ができる機構を備えている。

4. フード部とガーダー部がスキンプレートで仕切られたシールドを密閉型シールドという。

No.30 上水道の導水管や排水管の特徴に関する次の記述のうち，**適当でないもの**はどれか。

1. ステンレス鋼管は，強度が大きく，耐久性があり，ライニングや塗装が必要である。

2. ダクタイル鋳鉄管は，強度が大きく，耐腐食性があり，衝撃に強く，施工性がよい。

3. 硬質塩化ビニル管は，耐腐食性や耐電食性にすぐれ，質量が小さく加工性がよい。

4. 鋼管は，強度が大きく，強靭性があり，衝撃に強く，加工性がよい。

No.31 下水道管渠の剛性管における基礎工の施工に関する次の記述のうち，**適当でないもの**はどれか。

1. 礫混じり土及び礫混じり砂の硬質土の地盤では，砂基礎が用いられる。

2. シルト及び有機質土の軟弱土の地盤では，コンクリート基礎が用いられる。

3. 地盤が軟弱な場合や土質が不均質な場合には，はしご胴木基礎が用いられる。

4. 非常に緩いシルト及び有機質土の極軟弱土の地盤では，砕石基礎が用いられる。

※問題番号No.32～No.42までの11問題のうちから6問題を選択し解答してください。

No.32 労働時間及び休日に関する次の記述のうち，労働基準法上，**正しいもの**はどれか。

1. 使用者は，労働者に対して，毎週少なくとも1回の休日を与えるものとし，これは4週間を通じ4日以上の休日を与える使用者についても適用する。
2. 使用者は，坑内労働においては，労働者が坑口に入った時刻から坑口を出た時刻までの時間を，休憩時間を除き労働時間とみなす。
3. 使用者は，労働者に休憩時間を与える場合には，原則として，休憩時間を一斉に与え，自由に利用させなければならない。
4. 使用者は，労働者を代表する者との書面又は口頭による定めがある場合は，1週間に40時間を超えて，労働者を労働させることができる。

No.33 年少者の就業に関する次の記述のうち，労働基準法上，**誤っているもの**はどれか。

1. 使用者は，満18才に満たない者について，その年齢を証明する戸籍証明書を事業場に備え付けなければならない。
2. 親権者又は後見人は，未成年者に代って使用者との間において労働契約を締結しなければならない。
3. 満18才に満たない者が解雇の日から14日以内に帰郷する場合は，使用者は，必要な旅費を負担しなければならない。
4. 未成年者は，独立して賃金を請求することができ，親権者又は後見人は，未成年者の賃金を代って受け取ってはならない。

No.34 労働安全衛生法上，作業主任者の選任を**必要としない作業**は，次のうちどれか。

1. 高さが2m以上の構造の足場の組立て，解体又は変更の作業
2. 土止め支保工の切りばり又は腹起しの取付け又は取り外しの作業
3. 型枠支保工の組立て又は解体の作業
4. 掘削面の高さが2m以上となる地山の掘削作業

No.35 建設業法に関する次の記述のうち，**誤っているもの**はどれか。

1. 建設工事の請負契約が成立した場合，必ず書面をもって請負契約書を作成する。

2. 建設業者は，請け負った建設工事を，一括して他人に請け負わせてはならない。

3. 主任技術者は，工事現場における工事施工の労務管理をつかさどる。

4. 建設業者は，施工技術の確保に努めなければならない。

No.36 道路法令上，道路占用者が道路を掘削する場合に**用いてはならない方法**は，次のうちどれか。

1. えぐり掘

2. 溝掘

3. つぼ掘

4. 推進工法

No.37 河川法上，河川区域内において，**河川管理者の許可を必要としないもの**は，次のうちどれか。

1. 道路橋の橋梁架設工事に伴う河川区域内の工事資材置き場の設置

2. 河川区域内における下水処理場の排水口付近に積もった土砂の排除

3. 河川区域内の土地における竹林の伐採

4. 河川区域内上空の送電線の架設

No.38 建築基準法上，主要構造部に**該当しないもの**は，次のうちどれか。

1. 床

2. 階段

3. 付け柱

4. 屋根

No.39 火薬類取締法上，火薬類の取扱いに関する次の記述のうち，**誤っているもの**はどれか。

1. 消費場所においては，薬包に雷管を取り付ける等の作業を行うために，火工所を設けなければならない。

2. 火工所に火薬類を存置する場合には，見張り人を必要に応じて配置しなければならない。

3. 火工所以外の場所においては，薬包に雷管を取り付ける作業を行ってはならない。

4. 火工所には，原則として薬包に雷管を取り付けるために必要な火薬類以外の火薬類を持ち込んではならない。

No.40 騒音規制法上，指定地域内において特定建設作業を伴う建設工事を施工する者が，作業開始前に市町村長に実施の届出をしなければならない期限として，**正しいもの**は次のうちどれか。

1. 3日前まで

2. 5日前まで

3. 7日前まで

4. 10日前まで

No.41 振動規制法上，指定地域内において行う特定建設作業に**該当するもの**は，次のうちどれか。

1. もんけん式くい打機を使用する作業

2. 圧入式くい打くい抜機を使用する作業

3. 油圧式くい抜機を使用する作業

4. ディーゼルハンマのくい打機を使用する作業

No.42 港則法上，特定港内での航路，及び航法に関する次の記述のうち，**誤っているもの**はどれか。

1. 航路から航路外に出ようとする船舶は，航路を航行する他の船舶の進路を避けなければならない。

2. 船舶は，港内において防波堤，埠頭，又は停泊船舶などを右げんに見て航行するときは，できるだけこれに遠ざかって航行しなければならない。

3. 船舶は，航路内においては，原則として投びょうし，またはえい航している船舶を放してはならない。

4. 船舶は，航路内において他の船舶と行き会うときは，右側を航行しなければならない。

※問題番号No.43～No.53までの11問題は,必須問題ですから全問題を解答してください。

No.43 下図のようにNo. 0からNo. 3までの水準測量を行い, 図中の結果を得た。 **No. 3の地盤高**は次のうちどれか。なお, No. 0の地盤高は12.0mとする。

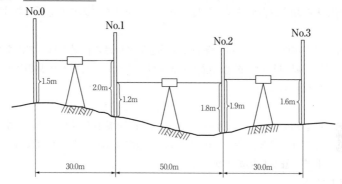

1. 10.6m
2. 10.9m
3. 11.2m
4. 11.8m

No.44 公共工事標準請負契約約款に関する次の記述のうち, **誤っているもの**はどれか。

1. 受注者は, 不用となった支給材料又は貸与品を発注者に返還しなければならない。
2. 発注者は, 工事の完成検査において, 工事目的物を最小限度破壊して検査することができる。
3. 現場代理人, 主任技術者（監理技術者）及び専門技術者は, これを兼ねることができない。
4. 発注者は, 必要があるときは, 設計図書の変更内容を受注者に通知して, 設計図書を変更することができる。

No.45 下図は道路橋の断面図を示したものであるが，（イ）～（ニ）の構造名称に関する組合せとして，**適当なもの**は次のうちどれか。

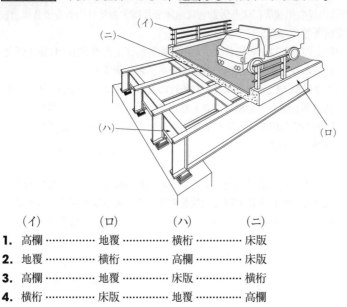

	（イ）	（ロ）	（ハ）	（ニ）
1.	高欄	地覆	横桁	床版
2.	地覆	横桁	高欄	床版
3.	高欄	地覆	床版	横桁
4.	横桁	床版	地覆	高欄

No.46 建設機械の用途に関する次の記述のうち，**適当でないもの**はどれか。

1. バックホゥは，機械の位置よりも低い位置の掘削に適し，かたい地盤の掘削ができる。

2. トレーラーは，鋼材や建設機械等の質量の大きな荷物を運ぶのに使用される。

3. クラムシェルは，オープンケーソンの掘削等，広い場所での浅い掘削に適している。

4. モーターグレーダは，砂利道の補修に用いられ，路面の精密仕上げに適している。

No.47 仮設工事に関する次の記述のうち，**適当でないもの**はどれか。

1. 直接仮設工事と間接仮設工事のうち，現場事務所や労務宿舎等の設備は，間接仮設工事である。

2. 仮設備は，使用目的や期間に応じて構造計算を行うので，労働安全衛生規則の基準に合致しなくてよい。

3. 指定仮設と任意仮設のうち，任意仮設では施工者独自の技術と工夫や改善の余地が多いので，より合理的な計画を立てることが重要である。

4. 材料は，一般の市販品を使用し，可能な限り規格を統一し，他工事にも転用できるような計画にする。

No.48 地山の掘削作業の安全確保のため，事業者が行うべき事項に関する次の記述のうち，労働安全衛生法上，**誤っているもの**はどれか。

1. 地山の崩壊，埋設物等の損壊等により労働者に危険を及ぼすおそれのあるときは，作業と並行して作業箇所等の調査を行う。

2. 掘削面の高さが規定の高さ以上の場合は，地山の掘削及び土止め支保工作業主任者技能講習を修了した者のうちから，地山の掘削作業主任者を選任する。

3. 地山の崩壊等により労働者に危険を及ぼすおそれのあるときは，あらかじめ，土止め支保工を設け，防護網を張り，労働者の立入りを禁止するなどの措置を講じる。

4. 運搬機械等が労働者の作業箇所に後進して接近するときは，誘導者を配置し，その者にこれらの機械を誘導させる。

No.49 コンクリート造の工作物（その高さが5メートル以上であるものに限る。）の解体又は破壊の作業における危険を防止するため事業者が行うべき事項に関する次の記述のうち，労働安全衛生法上，**誤っているもの**はどれか。

1. 解体用機械を用いた作業で物体の飛来等により労働者に危険が生ずるおそれのある箇所に，運転者以外の労働者を立ち入らせないこと。

2. 外壁，柱等の引倒し等の作業を行うときは，引倒し等について一定の合図を定め，関係労働者に周知させること。

3. 強風，大雨，大雪等の悪天候のため，作業の実施について危険が予想されるときは，当該作業を注意しながら行うこと。

4. 作業主任者を選任するときは，コンクリート造の工作物の解体等作業主任者技能講習を修了した者のうちから選任する。

No.50 建設工事の品質管理における「工種」・「品質特性」とその「試験方法」との組合せとして，**適当でないもの**は次のうちどれか。

　　　[工種]・[品質特性]　　　　　　　　　　[試験方法]

1. 土工・最適含水比 ……………………… 突固めによる土の締固め試験

2. 路盤工・材料の粒度 …………………… ふるい分け試験

3. コンクリート工・スランプ …………… スランプ試験

4. アスファルト舗装工・安定度 ………… 平板載荷試験

No.51 レディーミクストコンクリート（JIS A 5308）の受入れ検査と合格判定に関する次の記述のうち，**適当でないもの**はどれか。

1. 圧縮強度試験は，スランプ，空気量が許容値以内に収まっている場合にも実施する。

2. 圧縮強度の3回の試験結果の平均値は，購入者の指定した呼び強度の強度値以上である。

3. 塩化物含有量は，塩化物イオン量として原則3.0kg/m³以下である。

4. 空気量4.5%のコンクリートの許容差は，±1.5%である。

No.52 建設工事における環境保全対策に関する次の記述のうち，**適当でないもの**はどれか。

1. 土工機械の騒音は，エンジンの回転速度に比例するので，高負荷となる運転は避ける。

2. ブルドーザの騒音振動の発生状況は，前進押土より後進が，車速が速くなる分小さい。

3. 覆工板を用いる場合，据付け精度が悪いとガタつきに起因する騒音・振動が発生する。

4. コンクリートの打込み時には，トラックミキサの不必要な空ぶかしをしないよう留意する。

No.53 「建設工事に係る資材の再資源化等に関する法律」（建設リサイクル法）に定められている特定建設資材に**該当しないもの**は，次のうちどれか。

1. コンクリート及び鉄からなる建設資材

2. 木材

3. アスファルト・コンクリート

4. 土砂

※問題番号No.54〜No.61までの8問題は，施工管理法（基礎的な能力）の必須問題ですから全問題を解答してください。

No.54　施工計画の作成に関する下記の文章中の　　　　　の（イ）〜（ニ）に当てはまる語句の組合せとして，**適当なもの**は次のうちどれか。

・事前調査は，契約条件・設計図書の検討，　(イ)　が主な内容であり，また調達計画は，労務計画，機械計画，　(ロ)　が主な内容である。

・管理計画は，品質管理計画，環境保全計画，　(ハ)　が主な内容であり，また施工技術計画は，作業計画，　(ニ)　が主な内容である。

	（イ）	（ロ）	（ハ）	（ニ）
1.	工程計画	安全衛生計画	資材計画	仮設備計画
2.	現地調査	安全衛生計画	資材計画	工程計画
3.	工程計画	資材計画	安全衛生計画	仮設備計画
4.	現地調査	資材計画	安全衛生計画	工程計画

No.55　建設機械の走行に必要なコーン指数に関する下記の文章中の　　　　　の（イ）〜（ニ）に当てはまる語句の組合せとして，**適当なもの**は次のうちどれか。

・建設機械の走行に必要なコーン指数は，　(イ)　より　(ロ)　の方が小さく，　(イ)　より　(ハ)　の方が大きい。

・走行頻度の多い現場では，より　(ニ)　コーン指数を確保する必要がある。

	（イ）	（ロ）	（ハ）	（ニ）
1.	ダンプトラック	自走式スクレーパ	超湿地ブルドーザ	大きな
2.	普通ブルドーザ（21t級）	自走式スクレーパ	ダンプトラック	小さな
3.	普通ブルドーザ（21t級）	湿地ブルドーザ	ダンプトラック	大きな
4.	ダンプトラック	湿地ブルドーザ	超湿地ブルドーザ	小さな

No.56 工程管理の基本事項に関する下記の文章中の____の（イ）～（ニ）に当てはまる語句の組合せとして，**適当なもの**は次のうちどれか。

・工程管理にあたっては，____(イ)____が，____(ロ)____よりも，やや上回る程度に管理をすることが最も望ましい。

・工程管理においては，常に工程の____(ハ)____を全作業員に周知徹底させて，全作業員に____(ニ)____を高めるように努力させることが大切である。

	（イ）	（ロ）	（ハ）	（ニ）
1.	実施工程	工程計画	進行状況	作業能率
2.	実施工程	工程計画	作業能率	進行状況
3.	工程計画	実施工程	進行状況	作業能率
4.	作業能率	進行状況	実施工程	工程計画

No.57 下図のネットワーク式工程表について記載している下記の文章中の____の（イ）～（ニ）に当てはまる語句の組合せとして，**正しいもの**は次のうちどれか。

ただし，図中のイベント間のA～Gは作業内容，数字は作業日数を表す。

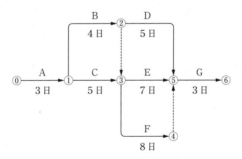

・____(イ)____及び____(ロ)____は，クリティカルパス上の作業である。

・作業Bが____(ハ)____遅延しても，全体の工期に影響はない。

・この工程全体の工期は，____(ニ)____である。

	（イ）	（ロ）	（ハ）	（ニ）
1.	作業C	作業D	1日	18日
2.	作業B	作業D	2日	19日
3.	作業C	作業F	1日	19日
4.	作業B	作業F	2日	18日

No.58 足場の安全管理に関する下記の文章中の［　　　　］の（イ）～（ニ）に当てはまる語句の組合せとして，労働安全衛生法上，**適当なもの**は次のうちどれか。

・足場の作業床より物体の落下を防ぐ，［　（イ）　］を設置する。
・足場の作業床の［　（ロ）　］には，［　（ハ）　］を設置する。
・足場の作業床の［　（ニ）　］は，3cm以下とする。

	（イ）	（ロ）	（ハ）	（ニ）
1.	幅木	手すり	筋かい	すき間
2.	幅木	手すり	中さん	すき間
3.	中さん	筋かい	幅木	段差
4.	中さん	筋かい	手すり	段差

No.59 車両系建設機械を用いた作業において，事業者が行うべき事項に関する下記の文章中の［　　　　］の（イ）～（ニ）に当てはまる語句の組合せとして，労働安全衛生法上，**正しいもの**は次のうちどれか。

・車両系建設機械には，原則として［　（イ）　］を備えなければならず，また転倒又は転落の危険が予想される作業では運転者に［　（ロ）　］を使用させるよう努めなければならない。
・岩石の落下等の危険が予想される場合，堅固な［　（ハ）　］を装備しなければならない。
・運転者が運転席を離れる際は，原動機を止め，［　（ニ）　］，走行ブレーキをかける等の措置を講じさせなければならない。

	（イ）	（ロ）	（ハ）	（ニ）
1.	前照燈	要求性能墜落制止用器具	バックレスト	または
2.	回転燈	要求性能墜落制止用器具	バックレスト	かつ
3.	回転燈	シートベルト	ヘッドガード	または
4.	前照燈	シートベルト	ヘッドガード	かつ

下図のＡ工区，Ｂ工区の管理図について記載している下記の文章中の

の（イ）～（ニ）に当てはまる語句の組合せとして，**適当なもの**は次のうちどれか。

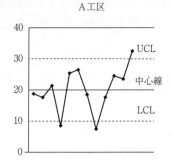

Ａ工区

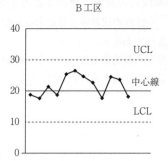

Ｂ工区

・管理図は，上下の　（イ）　を定めた図に必要なデータをプロットして作業工程の管理を行うものであり，Ａ工区の上方　（イ）　は，　（ロ）　である。

・Ｂ工区では中心線より上方に記入されたデータの数が中心線より下方に記入されたデータの数よりも　（ハ）　。

・品質管理について異常があると疑われるのは，　（ニ）　の方である。

	（イ）	（ロ）	（ハ）	（ニ）
1.	管理限界	30	多い	Ａ工区
2.	測定限界	10	多い	Ｂ工区
3.	管理限界	30	少ない	Ｂ工区
4.	測定限界	10	少ない	Ａ工区

No.61

盛土の締固めにおける品質管理に関する下記の文章中の　　　　　の（イ）～（ニ）に当てはまる語句の組合せとして，**適当なもの**は次のうちどれか。

・盛土の締固めの品質管理の方式のうち工法規定方式は，使用する締固め機械の　（イ）　や締固め回数等を規定するもので，品質規定方式は，盛土の　（ロ）　等を規定する方法である。

・盛土の締固めの効果や性質は，土の種類や含水比，施工方法によって　（ハ）　。

・盛土が最もよく締まる含水比は，　（ニ）　乾燥密度が得られる含水比で最適含水比である。

	（イ）	（ロ）	（ハ）	（ニ）
1.	台数	材料	変化する	最適
2.	台数	締固め度	変化しない	最大
3.	機種	締固め度	変化する	最大
4.	機種	材料	変化しない	最適

⏱試験時間 | 120分

2021

令和3 | 年度

第二次検定

※問題1〜問題5は必須問題です。必ず解答してください。

問題1で

①設問1の解答が無記載又は記述漏れがある場合,

②設問2の解答が無記載又は設問で求められている内容以外の記述の場合,

どちらの場合にも問題2以降は採点の対象となりません。

必須問題
問題 1

あなたが経験した土木工事の現場において，工夫した安全管理又は工夫した品質管理のうちから1つ選び，次の〔設問1〕，〔設問2〕に答えなさい。

→経験記述については，P.472を参照してください。

必須問題
問題 2

フレッシュコンクリートの仕上げ，養生，打継目に関する次の文章の ▢ の（イ）〜（ホ）に当てはまる適切な語句又は数値を，次の語句又は数値から選び解答欄に記入しなさい。

(1) 仕上げ後，コンクリートが固まり始めるまでに， ▢(イ) ひび割れが発生することがあるので，タンピンク再仕上げを行い修復する。

(2) 養生では，散水，湛水，湿布で覆う等して，コンクリートを ▢(ロ) 状態に保つことが必要である。

(3) 養生期間の標準は，使用するセメントの種類や養生期間中の環境温度等に応じて適切に定めなければならない。そのため，普通ポルトランドセメントでは日平均気温15℃以上で， ▢(ハ) 日以上必要である。

(4) 打継目は，構造上の弱点になりやすく， ▢(ニ) やひび割れの原因にもなりやすいため，その配置や処理に注意しなければならない。

(5) 旧コンクリートを打ち継ぐ際には，打継面の ▢(ホ) や緩んだ骨材粒を完全に取り除き，十分に吸水させなければならない。

［語句又は数値］

漏水，1，出来形不足，絶乾，疲労，

飽和，2，ブリーディング，沈下，色むら，

湿潤，5，エントラップトエアー，膨張，レイタンス

解答欄

(イ)	(ロ)	(ハ)	(ニ)	(ホ)

必須問題 問題3

移動式クレーンを使用する荷下ろし作業において，労働安全衛生規則及びクレーン等安全規則に定められている安全管理上必要な労働災害防止対策に関し，次の（1），（2）の作業段階について，具体的な措置を解答欄に記述しなさい。

ただし，同一内容の解答は不可とする。

(1) 作業着手前
(2) 作業中

解答欄

(1) 作業着手前	
(2) 作業中	

必須問題 問題4

盛土の締固め作業及び締固め機械に関する次の文章の □ の（イ）〜（ホ）に当てはまる適切な語句を，次の語句から選び解答欄に記入しなさい。

(1) 盛土全体を ［(イ)］ に締め固めることが原則であるが，盛土 ［(ロ)］ や隅部（特に法面近く）等は締固めが不十分になりがちであるから注意する。

(2) 締固め機械の選定においては，土質条件が重要なポイントである。すなわち，盛土材料は，破砕された岩から高 ［(ハ)］ の粘性土にいたるまで多種にわたり，同じ土質で

あっても $\boxed{(ハ)}$ の状態等で締固めに対する適応性が著しく異なることが多い。

(3) 締固め機械としての $\boxed{(ニ)}$ は，機動性に優れ，比較的種々の土質に適用できる等の点から締固め機械として最も多く使用されている。

(4) 振動ローラは，振動によって土の粒子を密な配列に移行させ，小さな重量で大きな効果を得ようとするもので，一般に $\boxed{(ホ)}$ に乏しい砂利や砂質土の締固めに効果がある。

[語句] 水セメント比，改良，粘性，端部，生物的，
トラクタショベル，耐圧，均等，仮設的，塩分濃度，
ディーゼルハンマ，含水比，伸縮部，中央部，タイヤローラ

解答欄

(イ)	(ロ)	(ハ)	(ニ)	(ホ)

必須問題
問題 5
コンクリート構造物の施工において，**コンクリートの打込み時，又は締固め時に留意すべき事項**を2つ，解答欄に記述しなさい。

解答欄

打込み時	
締固め時	

問題6〜問題9までは選択問題（1），（2）です。

※問題6，問題7の選択問題(1)の2問題のうちから1問題を選択し解答してください。
なお，選択した問題は，解答用紙の選択欄に○印を必ず記入してください。

選択問題 | 1
問題 6
盛土の施工に関する次の文章の $\boxed{}$ の（イ）〜（ホ）に当てはまる適切な語句を，次の語句から選び解答欄に記入しなさい。

(1) 敷均しは，盛土を均一に締め固めるために最も重要な作業であり $\boxed{(イ)}$ でていねい

に敷均しを行えば均一でよく締まった盛土を築造することができる。

(2) 盛土材料の含水量の調節は，材料の [(ロ)] 含水比が締固め時に規定される施工含水比の範囲内にない場合にその範囲に入るよう調節するもので，曝気乾燥，トレンチ掘削による含水比の低下，散水等の方法がとられる。

(3) 締固めの目的として，盛土法面の安定や土の [(ハ)] の増加等，土の構造物として必要な [(ニ)] が得られるようにすることがあげられる。

(4) 最適含水比，最大 [(ホ)] に締め固められた土は，その締固めの条件のもとでは土の間隙が最小である。

［語句］ 塑性限界，収縮性，乾燥密度，薄層，最小，
湿潤密度，支持力，高まき出し，最大，砕石，
強度特性，飽和度，流動性，透水性，自然

解答欄

(イ)	(ロ)	(ハ)	(ニ)	(ホ)

選択問題｜1
問題 **7** 鉄筋の組立・型枠及び型枠支保工の品質管理に関する次の文章の □□□ の（イ）～（ホ）に当てはまる**適切な語句を，次の語句から選び**解答欄に記入しなさい。

(1) 鉄筋の継手箇所は，構造上弱点になりやすいため，できるだけ，大きな荷重がかかる位置を避け，[(イ)] の断面に集めないようにする。

(2) 鉄筋の [(ロ)] を確保するためのスペーサは，版（スラブ）及び梁部ではコンクリート製やモルタル製を用いる。

(3) 型枠は，外部からかかる荷重やコンクリートの [(ハ)] に対し，十分な強度と剛性を有しなければならない。

(4) 版（スラブ）の型枠支保工は，施工時及び完成後のコンクリートの自重による沈下や変形を想定して，適切な [(ニ)] をしておかなければならない。

(5) 型枠及び型枠支保工を取り外す順序は，比較的荷重を受けにくい部分をまず取り外し，その後残りの重要な部分を取り外すので，梁部では [(ホ)] が最後となる。

［語句］負圧，相互，妻面，千鳥，側面，
底面，側圧，同一，水圧，上げ越し，
口径，下げ止め，応力，下げ越し，かぶり

解答欄

(イ)	(ロ)	(ハ)	(ニ)	(ホ)

※問題8，問題9の選択問題(2)の2問題のうちから1問題を選択し解答してください。
なお，選択した問題は，解答用紙の選択欄に○印を必ず記入してください。

選択問題 2
問題 **8**

下図のような道路上で工事用掘削機械を使用してガス管更新工事を行う場合，架空線損傷事故を防止するために<u>配慮すべき具体的な安全対策について2つ</u>，解答欄に記述しなさい。

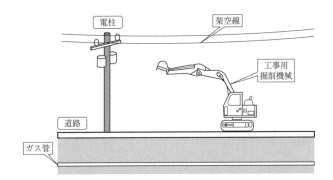

解答欄

1	
2	

選択問題｜2

問題 **9**

建設工事において用いる次の<u>工程表の特徴</u>について，それぞれ1つずつ
解答欄に記述しなさい。
ただし，解答欄の（例）と同一内容は不可とする。

(1) ネットワーク式工程表
(2) 横線式工程表

解答欄

(1) ネットワーク式工程表	
(2) 横線式工程表	

2021

令和 3 年度

後期

第一次検定

解答・解説

No.1 [答え1] 土工作業に使用する建設機械

1. の伐開・除根は，**ブルドーザ**や，ブルドーザの排土板（土工板）をレーキに取り替えた**レーキドーザ**や，**バックホゥ等**を用いて行う。タンピングローラは，踏み跡をデコボコ状にする締固め機械であり，アースダム，築堤，道路，飛行場等の厚層の土等の転圧に用いられる。**2.** の掘削・積込みは，バケットを装着したトラクターショベルや，バックホゥ等で行う。**3.** の掘削・運搬は，ブルドーザ，スクレープドーザ，スクレーパ等が用いられる。**4.** の法面仕上げは，法面バケット付のバックホゥで行う。したがって，**1.** が適当でない。

No.2 [答え2] 土質試験の試験名と試験結果の利用

1. の土の圧密試験は，粘性土地盤の載荷重による断続的な圧密で，地盤沈下の解析に必要な沈下量と時間の関係を測定する。**2.** のボーリング孔を利用した透水試験は，孔内の地下水位を人為的に低下させ，その後の水位の回復量と時間から**地盤の透水係数を直接測定**する試験である。**透水係数は，地盤の透水性の判定，掘削時の排水計画，地盤改良工法の設計等に用いられる**。土工機械の選定は，ポータブルコーン貫入試験等により求められる土のコーン指数（qc）により，建設機械のトラフィカビリティー（走行性）の判定を行う。**3.** の土の一軸圧縮試験は，自立する供試体を拘束圧が作用しない状態で圧縮し，圧縮応力の最大値である一軸圧縮強さ（qu）から支持力を推定する。**4.** のコンシステンシー試験は，土が塑性状から液状や半固体状に移るときの境界の含水比であるコンシステンシー限界（液性限界・塑性限界）を求める試験である。したがって，**2.** が適当でない。

No.3 [答え4] 盛土工

1. の基礎地盤は，盛土の完成後に不同沈下や破壊を生ずるおそれがないか検討を行い，必要に応じて適切な処理を行う。**2.** のトラフィカビリティーが得られない地盤では，適切な質量の施工機械の選定や，サンドマット工法または表層混合処理工法等の対策を行う。**3.** の盛土の敷均し厚さは，盛土材料の粒度，土質，締固め機械，施工法及び要求される締固め度等の条件に左右される。**4.** の構造物縁部は，底部がくさび形になり，面積が狭く，締固め作業が困難となるため，**小型の機械で入念に締め固める**。したがって，**4.** が適当でない。

No.4 [答え4] 地盤改良工法

1. のプレローディング工法は，盛土や構造物の計画地盤に，盛土等によりあらかじめ荷重を載荷して圧密を促進させ，築造する盛土や構造物の沈下を軽減する載荷工法である。サンドマットが併用される。**2.** の薬液注入工法は，水ガラスやセメントミルクを地盤に注入し，土粒子の間げきに浸透・固化させ，地盤強度の増加や透水性の改良を行う固結工法である。

3.のウェルポイント工法は，地盤中の地下水位を低下させ，それまで受けていた浮力に相当する荷重を下層の軟弱層に載荷して圧密を促進するとともに，地盤の強度の増加を図る地下水位低下工法である。**4.**のサンドマット工法は，**軟弱地盤表面に厚さ0.5〜1.2m程度の砂を敷設し，軟弱層の圧密のための上部排水の促進**と，**施工機械のトラフィカビリティーの確保**を図る表層処理工法である。選択肢の記述内容は掘削置換工法である。したがって，**4.**が適当でない。

No.5 [答え3] コンクリート用混和材料

1.の流動化剤は，あらかじめ練り混ぜられたコンクリートに添加し，撹拌することによって流動性を増大させる効果がある。**2.**のフライアッシュを適切に用いると，ワーカビリティーを改善して単位水量を減らすことができ，水和熱による温度上昇の低減，長期材齢における強度増進，乾燥収縮の減少，水密性や化学抵抗性の向上等，優れた効果が期待できる。**3.**のAE剤は，フレッシュコンクリート中に微少な独立したエントレインドエアを均等に連行することにより，①ワーカビリティーの改善，②**耐凍害性の向上**，③ブリーディング，レイタンスの減少といった効果が期待できる。**4.**の膨張材は，水和反応によってモルタルまたはコンクリートを膨張させる作用があり，適切に用いると，乾燥収縮や硬化収縮等に起因するひび割れの発生を低減したり，コンクリートに生ずる膨張力を鉄筋等で拘束し，ケミカルプレストレスを導入してひび割れ耐力を向上できる。したがって，**3.**が該当する。

No.6 [答え1] コンクリートの配合設計

1.の単位水量は，作業できる範囲で**できるだけ少なくなるようにし**，上限は175kg/m³を標準とする。**2.**の細骨材率は，一般に小さいほど同じスランプのコンクリートを得るのに必要な単位水量が減少する傾向にあり，それに伴い単位セメント量の低減も図れることから経済的なコンクリートとなる。**3.**と**4.**は記述の通りである。なお，次表に壁部材における打込みの最小スランプの目安を示す。

表　壁部材における打込みの最小スランプの目安（cm）

鋼材量	鋼材の最小あき	締固め作業高さ		
		3m未満	3m以上5m未満	5m以上
200kg/m³未満	100mm以上	8	10	15
	100mm未満	10	12	
200kg/m³以上 350kg/m³未満	100mm以上	10	12	
	100mm未満	12	12	
350kg/m³以上	−	15		

したがって，**1.**が適当でない。

No.7 [答え3] フレッシュコンクリート

1. のスランプは，スランプコーンを引き上げた直後に測った頂部からの下がりで表す。**2.** の材料分離抵抗性は，単位セメント量あるいは単位粉体量を適切に設定することによって確保する。**3.** のブリーディングは，コンクリートの打込み後，骨材等の沈降又は分離によって，**練混ぜ水の一部が遊離してコンクリート表面に上昇する現象**である。**4.** のワーカビリティーは，材料分離を生じることなく，運搬，打込み，締固め，仕上げ等の作業のしやすさのことである。したがって，**3.** が適当でない。

No.8 [答え1] 鉄筋の加工及び組立

1. は記述の通りである。**2.** の継手を同一の断面に集中すると，継手に弱点がある場合，部材が危険になり，また継手の種類によっては継手部分のコンクリートの行きわたりが悪くなることもあるので**継手は相互にずらして設ける**ことを原則とする。継手位置を軸方向に相互にずらす距離は，継手の長さに鉄筋直径の25倍を加えた長さ以上を標準とする。**3.** の鉄筋を組み立ててからコンクリートの打込みまでに長時間が経過し，**汚れや浮きさびが認められる場合は，再度鉄筋を清掃し，鉄筋への付着物を除去しなければならない**。**4.** の鉄筋の加工は，**常温で行うことが原則**である。加熱して加工する場合は，あらかじめ材質を害さないことが確認された方法で，加工部の鉄筋温度を適切に管理して行う。したがって，**1.** が適当である。

No.9 [答え1] 既製杭の施工

1. のプレボーリング杭工法は，掘削ビット及びロッドにより，水または掘削液を注入しながら地盤を掘削・撹拌混合して**孔内を泥土化し，孔壁の崩壊を防ぎながら掘削**する。地質条件により掘削孔が崩壊するような場合は，ベントナイト等を添加した掘削液を使用する。**2.** の中掘り杭工法の先端処理方法には，最終打撃方式とセメントミルク噴出撹拌方式があり，最終打撃方式は，ある深さまで中掘り沈設した杭を打撃によって所定の深さまで打ち込むものである。**3.** は記述の通りである。**4.** のプレボーリング杭工法は，支持層まで掘削した後，根固液を注入・撹拌混合しながら反復して根固部を築造する。根固部の築造後，杭周固定液を注入・撹拌混合しながらロッド及び掘削ビットを引き上げて，ソイルセメント状の掘削孔を築造した後，既製コンクリート杭を沈設する。したがって，**1.** が適当でない。

No.10 [答え2] 場所打ち杭の各種工法

1. の深礎工法は，掘削孔の全長にわたり**ライナープレートを用いて孔壁の崩壊を防止しながら，人力または機械で掘削**する。選択肢の記述内容はアースドリル工法である。**2.** は記述の通りである。**3.** のアースドリル工法は，**表層ケーシングを建込み，孔内に注入した安定液の水圧で孔壁を保護しながら，ドリリングバケットで掘削・排土**する。選択肢の記述内容はリバース工法である。**4.** のリバース工法は，**スタンドパイプを建込み，掘削孔に満たした水の圧力で孔壁を保護しながら，水を循環させて削孔機で掘削**する。選択肢の記述内容は深礎工法である。したがって，**2.** が適当である。

No.11 [答え3] 土留め工法の部材名称

図の**(イ)は切ばり**，**(ロ)は腹起し**である。腹起しは，連続的な土留め壁を押さえるはりであり，切ばりは，腹起しを介して土留め壁を相互に支えるはりである。中間杭は切ばりの座屈防止のために設けられるが，覆工からの荷重を受ける中間杭を兼ねてもよい。火打ちばりは，腹起しと切ばりの接続部や隅角部に斜めに入れるはりで，構造計算では土圧が作用する腹起しのスパンや切ばりの座屈長を短くすることができる。したがって，**3.**が適当である。

No.12 [答え2] 鋼材

1.と**3.**と**4.**は記述の通りである。**2.**の炭素鋼は，鉄と炭素の合金であり，炭素含有量が少ないと延性，展性に富み溶接等加工性に優れるが，多いと引張強さ・硬さが増すが，伸び・絞りが減少し，被削性・被研削性は悪くなる。**炭素含有量が0.25％以下を低炭素鋼といい，針金，くぎ，リベット，ボルト，ナット，橋梁の鋼板等に用いられる。0.6％以上を高炭素鋼といい，表面硬さが必要なキー，ピン，工具等に用いられる**。なお0.25〜0.6％を中炭素鋼といい，0.6％以下のものは構造用鋼として用いられる。したがって，**2.**が適当でない。

No.13 [答え1] 鋼道路橋の架設工法

1.のトラベラークレーンによる片持式工法は，既に架設された桁をカウンターウエイトとし，桁上に設置したトラベラークレーンで，続く部材を片持式に架設する工法であり，主に深い谷等，桁下の空間が使用できない現場に適している。**2.**の**フォルバウワーゲンによる張出し架設工法はPC橋の架設工法**である。**3.**の**フローティングクレーンによる一括架設工法**は，組み立てられた部材を台船で現場までえい航し，フローティングクレーンでつり込み一括して架設する工法であり，**流れの弱い河川や海岸での架設に用いられる**。**4.**の自走クレーン車による押出し工法であるが，このような工法は存在しない。なお，**自走クレーン車による工法では自走クレーン車が自由に進入できる桁下空間が必要**である。また，**押出し工法はPC橋の架設工法**であり，橋台背後の桁製作ヤードでブロックを製作し，前方に押し出した後，空いたヤード上で押し出したブロックにコンクリートを打ち継ぎ，PC鋼材で結合しながら順次，橋桁を押し出して架設する工法である。したがって，**1.**が適当である。

No.14 [答え4] コンクリートの劣化機構

1.の中性化は，空気中の二酸化炭素がコンクリート中に侵入し，コンクリート中の水酸化カルシウムを炭酸カルシウムに変化させることによりアルカリ性が失われ，pHが低下する現象である。**2.**の塩害とは，コンクリート中に侵入した塩化物イオンが鋼材に腐食・膨張を生じさせ，コンクリートにひび割れ，はく離等の損傷を与える現象である。**3.**は記述の通りである。**4.**の化学的侵食は，工場排水，下水道，海水，温泉，侵食性ガス等に含まれる**硫酸や硫酸塩等により**，遊離石灰の溶出，可溶性物質の生成による溶出，エトリンガイトの生成による膨張崩壊等を引き起こし，コンクリートが溶解又は分解する現象である。したがって，**4.**が適当でない。

No.15 [答え2] 河川堤防の施工

1.の段切りは，1：4より急な法面に腹付け工事を行う場合に，旧堤防との十分な接合とすべり面が生じないようにするために行う。**2.**の腹付け工事を行う場合，表法面への腹付けは河積の減少等の問題があるため，高水敷が広く川幅に余裕がある場合を除き，**原則旧堤防の裏法面に行う**。**3.**の法面は，降雨や流水等による浸食を防止し，安定をはかるため，芝張り，種子吹付け等による法覆工を行う。**4.**の新堤防は，圧密沈下や法面の安定に時間を要するので，堤防法面の植生の生育状況，堤防本体の締固めの状況（自然転圧）等を考慮し，原則，新堤防完成後3年間は旧堤防を撤去しない。したがって，**2.**が適当でない。

No.16 [答え1] 河川護岸

1.のコンクリート法枠工は，一般的に法勾配が1：1.5〜3.0の緩い場所で用いられる。**2.**の間知ブロック積工は，一般的に**法勾配が1：0.4〜0.6の急な場所**や流速の大きな急流部で用いられる。**3.**の石張工は，一般的に**法勾配が1：1.5〜3.0の緩い場所**で用いられる。なお，法勾配が1割より緩いものを石張工，急なものを石積工という。**4.**の連結（連節）ブロック張工は，一般的に**法勾配が1：2.0以上の緩い場所**で用いられる。したがって，**1.**が適当である。

No.17 [答え4] 砂防えん堤

1.の袖は，洪水を越流させないことを原則とし，**両岸に向かって上り勾配**とし，袖の嵌入深さは本体と同程度の安定性を有する地盤までとする。**2.**の本えん堤の堤体下流の法勾配は，越流土砂による損傷を避けるため，**1：0.2を標準**とするが，流出土砂の粒径が小さく，量が少ない場合は必要に応じて緩くできる。**3.**の水通しは，**原則として逆台形**とし，幅は流水による堰堤下流部の洗掘に対処するため，側面侵食等の著しい支障を及ぼさない範囲でできるだけ広くし，高さは対象流量を流し得る水位に，余裕高以上の値を加えて定める。**4.**の堤体基礎の根入れは，基礎の不均質性や風化の速度を考慮し，岩盤では1m以上，砂礫盤では2m以上が必要である。したがって，**4.**が適当である。

No.18 [答え2] 地すべり防止工

1.の横ボーリング工は，地表から5m以深のすべり面付近に分布する深層地下水や断層，破砕帯に沿った地下水を排除するために設置する抑制工である。**2.**の地すべり防止工では，工法の主体は抑制工とし，**地すべりが活発に継続している場合は抑制工を先行させ，活動を軽減してから抑止工を施工する**。**3.**の杭工は，鋼管杭，鉄筋コンクリート杭，H形鋼杭等をすべり面以深の所定の深度に設置し，杭の曲げ強さとせん断抵抗によりすべり面上部の土塊の移動を抑止し，斜面の安定性を高める工法である。**4.**の地すべり防止工では，抑制工と抑止工の両方を組み合わせて施工を行うのが一般的である。したがって，**2.**が適当でない。

No.19 [答え3] 道路のアスファルト舗装における上層路盤の施工

1.の粒度調整路盤は，材料の分離に留意しながら路盤材料を均一に敷き均し，締め固め，一層の仕上り厚は15cm以下を標準とする。**2.**と**4.**は記述の通りである。**3.**の石灰安定処理路盤材料の締固めは，最適含水比よりやや**湿潤状態**で行うとよい。したがって，**3.**が適当でない。

No.20 [答え4] 道路のアスファルト舗装の締固め

1.は記述の通りである。**2.**の初転圧時のローラへの混合物の付着防止には，少量の水，切削油乳剤の希釈液，又は軽油等を薄く塗布する。**3.**のヘアクラックは，ローラ線圧過大，転圧温度の高すぎ，過転圧等の場合に多く見られることがある。**4.**の継目は，その方向により横継目と縦継目があるが，いずれの継目も既設舗装の補修の場合を除いて，**下層の継目と上層の継目を重ねない**ようにする。したがって，**4.**が適当でない。

No.21 [答え1] 道路のアスファルト舗装の補修工法

1.のオーバーレイ工法は，**既存舗装の上に，厚さ3cm以上の加熱アスファルト混合物を舗設する工法**であり，局部的な不良箇所が含まれる場合，事前に局部打換え等を行う。**2.**のパッチング工法に使用する舗装材料には，加熱アスファルト混合物，瀝青材料や樹脂結合材料系のバインダーを用いた常温混合物等がある。**3.**の切削工法は，オーバーレイ工法や表面処理工法の事前処理として行われることも多い。**4.**のシール材注入工法は，予防的維持工法として用いられることもある。注入材料として一般的に用いられるのは加熱型であり，エマルジョン型，カットバック型，樹脂型等の種類もある。したがって，**1.**が適当でない。

No.22 [答え1] 道路のコンクリート舗装

1.の目地には，**車線方向に設ける縦目地，車線に直交して設ける横目地**がある。縦目地には，コンクリート版の反りによるひび割れを防止するタイバー（異形棒鋼）が用いられ，横目地には，コンクリート版の収縮・膨張を妨げないダウエルバー（丸鋼）が用いられる。**2.**のコンクリートの打込みは，敷均し機械（スプレッダ）を用い，全体ができるだけ均等な密度になるように適切な余盛りをつけて行う。**3.**は記述の通りである。**4.**の養生には，粗面仕上げ終了直後から，表面を荒さずに養生作業ができる程度にコンクリートが硬化するまで行う初期養生と，初期養生に引き続き，水分の蒸発や急激な温度変化等を防ぐ目的で，一定期間散水等をして湿潤状態に保つ後期養生がある。したがって，**1.**が適当でない。

No.23 [答え3] ダム

1.の転流工は，ダム本体工事区域をドライに保つために，河川を一時迂回させる構造物で，我が国では河川流量や地形等を考慮し，基礎岩盤内に仮排水トンネルを掘削する方式が多く用いられる。**2.**のベンチカット工法は，まず平坦なベンチを造成し，階段状に切り下げる工法である。**3.**の**重力式コンクリートダムの基礎処理**は，**カーテングラウチング**と**コンソリデーショングラウチング**を行う。コンソリデーショングラウチングは，基礎地盤と堤体の接触

部付近の浸透流の抑制及び基礎地盤の一体化による変形の改良，カーテングラウチングは，浸透流の抑制を目的に実施される。**ブランケットグラウチングは，フィルダムにおいて岩盤部の表層部における浸透流の抑制を目的に実施**される。**4.** の重力式コンクリートダムの堤体工は，コンクリート内部の温度応力によるクラック発生防止のために，堤体をブロック割して縦継目，横継目を設けてコンクリートを打ち込むブロック工法（柱状工法）と，堤体全面に水平に連続してコンクリートを打ち込み，打設後，振動目地切機等によりダム軸に対して直角方向に横継目を設置するRCD工法や拡張レヤー工法（面状工法）がある。したがって，**3.** が適当でない。

No.24 [答え1] トンネルの山岳工法における掘削

1. のベンチカット工法は，一般に上部半断面（上半）と下部半断面（下半）に2分割して掘進する工法で，**全断面では切羽が安定しない場合に有効な掘削方法**である。ロングベンチ，ショートベンチ，ミニベンチに分けられる。トンネル全断面を一度に掘削する方法は，全断面掘削工法である。**2.** の導坑先進工法は，全断面掘削が困難な場合に掘削断面内に先に中小の導坑を掘削する工法であり，導坑の掘削位置により，頂設導坑，底設導坑，側壁導坑，中央導坑等がある。**3.** の発破掘削は，主に硬岩から中硬岩の地山に適用される。**4.** の機械掘削は，主に中硬岩から軟岩及び未固結地山に適用され，発破掘削に比べ地山を緩めることが少なく，地質条件に適合すれば効率的な掘削が行える。したがって，**1.** が適当でない。

No.25 [答え4] 海岸堤防の形式

1. と **3.** は記述の通りである。**2.** の混成型は，傾斜型と直立型の特性を生かして，水深が割合に深く，比較的軟弱な基礎地盤に適している。**4.** の**傾斜型は，比較的軟弱な地盤で，堤防用地が容易に得られ，堤体土砂が容易に得られる場所**に適している。したがって，**4.** が適当でない。

No.26 [答え4] ケーソン式混成堤の施工

1. と **3.** のケーソンは，据付け後，その安定を保つため，設計上の単位体積質量を満足する材料をただちに中詰め，蓋コンクリートの施工を行う。**2.** は記述の通りである。**4.** の**ケーソンの据付けは，ケーソンの底面が据付け面に近づいたら，注水を一時止め，潜水士によって正確な位置を決めたのち，再び注水して正しく据え付ける**。したがって，**4.** が適当でない。

No.27 [答え2] 鉄道の道床バラスト

1. の道床の役割は，①マクラギから受ける圧力を均等に広く路盤に伝える，②マクラギ位置を固定する，③荷重を受けて自ら変位することにより衝撃力を緩和し，他の軌道材料の破壊を低減する，④良好に排水することである。**2.** の道床に用いるバラストは，①**吸水率が小さく排水が良好である**，②材質が強固でじん性に富み，摩損や風化に耐える，③**単位容積重量，安息角が大きい**，④適当な粒径と粒度を有し，突固めその他の作業が容易である，⑤粘土・沈泥・有機物を含まない，⑥列車荷重により破砕されにくい，⑦どこでも多量に得られて廉

価である等の性質が必要である。**3.** の道床バラストに砕石が用いられる理由は，荷重の分布効果に優れ，列車から伝わる振動加速度に対して崩れにくく，マクラギの移動を抑える抵抗力が大きいためである。**4.** の道床バラストを貯蔵する場合は，大小粒の分離を防ぐとともに，じんあい，土砂等が混入しないようにする。したがって，**2.** が適当でない。

No.28 [答え2] 鉄道営業線における建築限界と車両限界

1. の建築限界とは，列車の走行には，車両の左右上下の動揺や，曲線部ではカントやスラックの設置や車両の偏い等が生ずるため，線路上の車両限界の外側に最小限必要な余裕空間が必要である。この空間を建築限界といい，建築限界内には建造物の設置や物を置いてはならない。**2.** の曲線区間における建築限界は，車両の偏いに応じて拡大しなければならない。**3.** と **4.** は記述の通りである。したがって，**2.** が適当でない。

No.29 [答え4] シールド工法

1. のフード部は，シールド本体の先端部にあって，隔壁とともにカッターチャンバーを形成する部分をいう。**2.** のガーダー部は，シールド本体の中間部にあってシールド内部の装置群を収容し，シールド本体全体の構造を保持する部分をいう。**3.** のテール部は，シールド本体の後部にあって，セグメントを組み立てる部分をいい，エレクターやテールシール等を装備している。**4.** の密閉型シールドは，フード部とガーダー部が隔壁で仕切られている。スキンプレートとは，シールド本体の外板部をいう。したがって，**4.** が適当でない。

(参考：P.303　2019（令和元）年度前期学科試験No.29解説)

No.30 [答え1] 上水道の導水管や排水管の特徴

1. のステンレス鋼管は，耐食性に優れ，一般的にライニングや塗装を必要としない。ただし，異種金属と接続する場合は，イオン化傾向の違いにより異種金属接触腐食を生ずるので，絶縁処理が必要である。**2.** のダクタイル鋳鉄管は，質量が大きく，内外の防食面に損傷を受けると腐食しやすい。**3.** の硬質塩化ビニル管は，特定の有機溶剤及び熱，紫外線に弱く，また低温時に耐衝撃性が低下する。**4.** の鋼管は，内外の防食面に損傷を受けると腐食しやすい。また電食に対する配慮が必要である。したがって，**1.** が適当でない。

No.31 [答え4] 下水道管渠の剛性管における基礎工

剛性管における基礎工は，土質，地耐力，施工方法，荷重条件，埋設条件等によって選択するが，基礎地盤の土質区分と基礎の種類の関係は次表の通りである。

表　管の種類と基礎

管　種 ＼ 地　盤		硬質土（礫質粘土，礫混じり土及び礫混じり砂）及び普通土（砂，ローム及び砂質粘土）	軟弱土（シルト及び有機質土）	極軟弱土（非常にゆるいシルト及び有機質土）
剛性管	鉄筋コンクリート	砂基礎 砕石基礎 コンクリート基礎	砂基礎 砕石基礎 はしご胴木基礎 コンクリート基礎	**はしご胴木基礎 鳥居基礎 鉄筋コンクリート基礎**
	陶管	砂基礎 砕石基礎	砕石基礎 コンクリート基礎	
可とう性管	硬質塩化ビニル管 ポリエチレン管	砂基礎	砂基礎 ベットシート基礎 ソイルセメント基礎	ベットシート基礎 ソイルセメント基礎 はしご胴木基礎 布基礎
	強化プラスチック 複合管	砂基礎 砕石基礎		
	ダクタイル鋳鉄管 鋼管	砂基礎	砂基礎	砂基礎 はしご胴木基礎 布基礎

したがって，**4.** が適当でない。

No.32 [答え3] 労働時間及び休日

1. は労働基準法第35条（休日）第1項に「使用者は，労働者に対して，毎週少くとも1回の休日を与えなければならない」及び第2項に「前項の規定は，**4週間を通じ4日以上の休日を与える使用者については適用しない**」と規定されている。**2.** は同法第38条（時間計算）第2項に「坑内労働については，労働者が坑口に入った時刻から坑口を出た時刻までの時間を，**休憩時間を含め労働時間とみなす**」と規定されている。**3.** は同法第34条（休憩）第2項及び第3項により正しい。**4.** は同法第36条（時間外及び休日の労働）第1項に「使用者は，当該事業場に，労働者の過半数で組織する労働組合がある場合においてはその労働組合，労働者の過半数で組織する労働組合がない場合においては労働者の過半数を代表する者との**書面による協定**をし，厚生労働省令で定めるところによりこれを行政官庁に届け出た場合においては，（中略）その協定で定めるところによって労働時間を延長し，又は休日に労働させることができる」と規定されている。したがって，**3.** が正しい。

No.33 [答え2] 年少者の就業

1. は労働基準法第57条（年少者の証明書）第1項により正しい。**2.** は同法第58条（未成年者の労働契約）第1項に「**親権者又は後見人は，未成年者に代って労働契約を締結してはならない**」と規定されている。**3.** は同法第64条（帰郷旅費）により正しい。**4.** は同法第59条により正しい。したがって，**2.** が誤りである。

右余白縦書き：2021 令和3年度 後期 解説

No.34 [答え1] 労働安全衛生法

作業主任者を選任すべき作業は，労働安全衛生法第14条（作業主任者）及び同法施行令第6条（作業主任者を選任すべき作業）に規定されている。**1.**は第15号に「つり足場（ゴンドラのつり足場を除く），張出し足場又は**高さが5m以上の構造の足場の組立て，解体又は変更の作業**」と規定されている。**2.**は第10号に規定されている。**3.**は第14号に規定されている。**4.**は第9号に規定されている。したがって，**1.**が選任を必要としない。

No.35 [答え3] 建設業法

1.は建設業法第19条（建設工事の請負契約の内容）第1項により正しい。**2.**は同法第22条（一括下請負の禁止）第1項により正しい。**3.**は同法第26条（主任技術者及び監理技術者の設置等）第1項に「建設業者は，その請け負った建設工事を施工するときは，（中略）当該工事現場における建設工事の施工の**技術上の管理**をつかさどるもの（主任技術者）を置かなければならない」と規定されている。**4.**は同法第25条の27（施工技術の確保に関する建設業者等の責務）第1項により正しい。したがって，**3.**が誤りである。

No.36 [答え1] 道路法

道路法施行令第13条（工事実施の方法に関する基準）第2号に「道路を掘削する場合においては，溝掘，つぼ掘又は推進工法その他これに準ずる方法によるものとし，**えぐり掘の方法によらないこと**」と規定されている。したがって，**1.**のえぐり掘が用いてはならない。

No.37 [答え2] 河川法

1.は河川法第26条（工作物の新築等の許可）第1項に「河川区域内の土地において工作物を新築し，改築し，又は除却しようとする者は，（中略）河川管理者の許可を受けなければならない。河川の河口附近の海面において河川の流水を貯留し，又は停滞させるための工作物を新築し，改築し，又は除却しようとする者も，同様とする」と規定されており，この規定は一時的な仮設工作物にも適用される。**2.**は同法第27条第1項に「河川区域内の土地において土地の掘削，盛土若しくは切土その他土地の形状を変更する行為又は竹木の栽植若しくは伐採をしようとする者は，（中略）河川管理者の許可を受けなければならない。ただし，政令で定める軽易な行為については，この限りでない」と規定されている。この政令で定める軽易な行為は，同法施行令第15条の4第1項第2号に「工作物の新築等に関する河川管理者許可を受けて設置された**取水施設又は排水施設の機能を維持するために行う取水口又は排水口の付近に積もった土砂等の排除**」と規定されており，**下水処理場の排水口付近に積もった土砂の排除については，河川管理者から許可を必要としない。3.**は同条同項により，河川管理者の許可が必要である。**4.**は同法第24条（土地の占用の許可）に「河川区域内の土地（河川管理者以外の者がその権原に基づき管理する土地を除く）を占用しようとする者は，（中略）河川管理者の許可を受けなければならない」と規定されており，この規定は地表面だけではなく，上空や地下にも適用される。したがって，**2.**が許可を必要としない。

No.38 **[答え3] 建築基準法**

建築基準法第2条（用語の定義）第5号に「**主要構造部** 壁，柱，床，はり，屋根又は階段をいい，**建築物の構造上重要でない**間仕切壁，間柱，**付け柱**，揚げ床，最下階の床，回り舞台の床，小ばり，ひさし，局部的な小階段，屋外階段その他これらに類する建築物の部分を**除くものとする**」と規定されている。したがって，**3.**が該当しない。

No.39 **[答え2] 火薬類取締法**

1.は火薬類取締法施行規則第52条の2（火工所）第1項により正しい。**2.**は同条第3項第3号に「**火工所に火薬類を存置する場合には，見張人を常時配置すること**」と規定されている。**3.**は同項第6号により正しい。**4.**は同項第7号により正しい。したがって，**2.**が誤りである。

No.40 **[答え3] 騒音規制法**

騒音規制法第14条（特定建設作業の実施の届出）第1項に「指定地域内において特定建設作業を伴う建設工事を施工しようとする者は，当該特定建設作業の開始の日の**7日前までに**，（中略）市町村長に届け出なければならない。ただし，災害その他非常の事態の発生により特定建設作業を緊急に行う必要がある場合は，この限りでない」と規定されている。したがって，**3.**が正しい。

No.41 **[答え4] 振動規制法**

振動規制法第2条第3項及び同法施工令第2条に規定されている「特定建設作業」は，次の表に掲げる作業である。ただし，当該作業がその作業を開始した日に終わるものは除かれる。

表 別表第2（振動規制法施行令第2条関係）

1	くい打機（もんけん及び圧入式くい打機を除く。），くい抜機（油圧式くい抜機を除く。）又はくい打くい抜機（圧入式くい打くい抜機を除く。）を使用する作業
2	鋼球を使用して建築物その他の工作物を破壊する作業
3	舗装版破砕機を使用する作業（作業地点が連続的に移動する作業にあっては，1日における当該作業に係る2地点間の最大距離が50mを超えない作業に限る。）
4	ブレーカ（手持式のものを除く。）を使用する作業（作業地点が連続的に移動する作業にあっては，1日における当該作業に係る2地点間の最大距離が50mを超えない作業に限る。）

表より，**4.**のディーゼルハンマのくい打機を使用する作業が該当する。

No.42 **[答え2] 港則法**

1.は港則法第13条（航法）第1項により正しい。**2.**は同法第17条に「船舶は，港内においては，防波堤，ふとうその他の工作物の突端又は停泊船舶を**右げんに見て航行するときは，できるだけこれに近寄り**，左げんに見て航行するときは，できるだけこれに遠ざかって航行しなければならない」と規定されている。**3.**は同法第12条により正しい。**4.**は同法第13条第

3項により正しい。したがって，**2.**が誤りである。

No.43 [答え3] 水準測量

水準測量で測定した結果を，昇降式で野帳に記入し整理すると，次表の通りになる。

測点No.	距離 (m)	後視 (m)	前視 (m)	高低差 (m)		備考
				＋	－	
0		1.5				測点No.0…地盤高12.0m
	30					
1		1.2	2.0		0.5	
	50					
2		1.9	1.8		0.6	
	30					
3			1.6	0.3		

それぞれ測点の地盤高は次の通りとなる。

No.1：12.0m（No.0の地盤高）＋（1.5m（No.0の後視）－2.0m（No.1の前視））＝11.5m

No.2：11.5m（No.1の地盤高）＋（1.2m（No.1の後視）－1.8m（No.2の前視））＝10.9m

No.3：10.9m（No.2の地盤高）＋（1.9m（No.2の後視）－1.6m（No.3の前視））＝11.2m

【別解】表の高低差の総和を測点No.0の地盤高12.0mに足してもよい。

12.0m＋（0.3m＋（－0.5m－0.6m））＝11.2m

したがって，**3.**が適当である。

No.44 [答え3] 公共工事標準請負契約約款

1.は公共工事標準請負契約約款第15条（支給材料及び貸与品）第9項により正しい。**2.**は同約款第32条（検査及び引渡し）第2項により正しい。**3.**は同約款第10条（現場代理人及び主任技術者等）第5項に「現場代理人，監理技術者等（監理技術者，監理技術者補佐又は主任技術者をいう）及び専門技術者は，これを**兼ねることができる**」と規定されている。**4.**は同約款第19条（設計図書の変更）により正しい。したがって，**3.**が誤りである。

No.45 [答え1] 道路橋の断面図

図の道路橋の断面図において，（イ）は高欄，（ロ）は地覆，（ハ）は横桁，（ニ）は床版である。したがって，**1.**が適当である。

No.46 [答え3] 建設機械の用途

1.のバックホゥは，バケットを車体側に引き寄せて掘削する機械で，機械の設置地盤より低所を掘るのに適し，掘削位置も正確に把握でき，仕上がり面が比較的きれいで，垂直掘り，底ざらいが正確にできるので，基礎の掘削や溝掘り等幅広く使用される。**2.**のトレーラーは被牽引装置を備え，これによってトラック，トラクターまたは牽引装置を持つ他の自動車に牽引される構造の車両であり，鋼材等の長尺物や建設機械等の重量物を運ぶのに使用される。**3.**のクラムシェルは，ロープにつり下げたバケットを自由落下させて土砂をつかみ取る建設

機械である。一般土砂の孔掘り，シールド工事の立坑掘削，地下鉄工事の集積土さらい等，狭い場所での深い掘削に適している。**4.** のモーターグレーダは，平面均し作業を主とした整地機械で，地面の凹凸を高い精度で均すことができるため，平滑度の要求される道路建設やグラウンド建設等に用いられる。したがって，**3.** が適当でない。

No.47 [答え2] 仮設工事

1. の直接仮設工事には，工事に必要な工事用道路，支保工足場，電力設備や土留め等があり，間接仮設工事には工事遂行に必要な現場事務所，労務宿舎，倉庫等がある。**2.** の仮設備は，使用目的や期間に応じて構造計算を行い，**労働安全衛生規則の基準に合致するか，それ以上の計画とする。3.** の任意仮設は，構造等の条件は明示されず計画や施工方法は施工業者に委ねられ，経費は契約上一式計上され，契約変更の対象にならないことが多い。指定仮設は，特に大規模で重要なものとして発注者が設計仕様，数量，設計図面，施工方法，配置等を指定するもので，設計変更の対象となる。**4.** は記述の通りである。したがって，**2.** が適当でない。

No.48 [答え1] 労働安全衛生規則（地山の掘削作業）

1. は労働安全衛生規則第362条（埋設物等による危険の防止）第1項に「事業者は，埋設物等又はれんが壁，コンクリートブロック塀，擁壁等の建設物に近接する箇所で明り掘削の作業を行なう場合において，これらの損壊等により労働者に危険を及ぼすおそれのあるときは，**これらを補強し，移設する等当該危険を防止するための措置が講じられた後でなければ，作業を行なってはならない**」と規定されている。**2.** は同規則第359条（地山の掘削作業主任者の選任）により正しい。**3.** は同規則第361条（地山の崩壊等による危険の防止）により正しい。**4.** は同規則第365条（誘導者の配置）第1項により正しい。したがって，**1.** が誤りである。

No.49 [答え3] 労働安全衛生規則（コンクリート造の工作物の解体等の作業）

1. は労働安全衛生規則第171条の6（立入禁止等）第1号により正しい。**2.** は同規則第517条の16（引倒し等の作業の合図）第1項により正しい。**3.** は同規則第517条の15（コンクリート造の工作物の解体等の作業）第2号に「強風，大雨，大雪等の悪天候のため，作業の実施について危険が予想されるときは，**当該作業を中止すること**」と規定されている。**4.** は同規則第517条の17（コンクリート造の工作物の解体等作業主任者の選任）により正しい。したがって，**3.** が誤りである。

No.50 [答え4] 品質管理における工種・品質特性と試験方法

1. と**2.** と**3.** は組合せの通りである。**4.** のアスファルト舗装工・安定度は，**マーシャル安定度試験**により測定する。平板載荷試験は，路盤や路床の支持力を評価する試験である。したがって，**4.** が適当でない。

2021 令和3年度 後期 解説

No.51 [答え3] レディーミクストコンクリート（JIS A 5308）

1. はJIS A 5308 5品質 5.1品質項目に，レディミクストコンクリートの品質項目は，強度，スランプ又はスランプフロー，空気量，塩化物含有量とし，荷卸し地点において，各項目に規定する条件を満足しなければならないと規定されている。**2.** は5.2強度に，圧縮強度は，1回の試験結果は購入者の指定した呼び強度の強度値の85%以上であり，3回の試験結果の平均値が呼び強度の強度以上であることが規定されている。**3.** は5.6塩化物含有量に，塩化物イオン量として**0.3kg/m³以下**と規定されている。**4.** の空気量の許容差は次表の通りである。

表 空気量 (単位：%)

コンクリートの種類	空気量	空気量の許容差
普通コンクリート	4.5	
軽量コンクリート	5.0	±1.5
舗装コンクリート	4.5	
高強度コンクリート	4.5	

したがって，**3.** が適当でない。

No.52 [答え2] 建設工事における環境保全対策

1. の土工機械の騒音は，エンジン回転速度に比例するので，不必要な空ぶかしや高負荷となる運転は避ける。**2.** のブルドーザの騒音振動の発生は，エンジンと履帯が主であり，走行速度と質量に比例して大きくなる。ブルドーザは前進・後進を繰り返して作業を行うが，**高速で後進を行うと足回り騒音や振動が大きくなる傾向にある**。**3.** は記述の通りである。**4.** のコンクリート打設作業は住宅周辺で行われることが多く，苦情が発生することがあるので，工事現場内及び付近におけるトラックミキサの待機場所等について配慮し，また不必要な空ぶかしをしないように留意する。したがって**2.** が適当でない。

No.53 [答え4] 建設工事に係る資材の再資源化等に関する法律（建設リサイクル法）

建設工事に係る資材の再資源化等に関する法律第2条（定義）第5項及び同法施行令第1条（特定建設資材）に「建設工事に係る資材の再資源化等に関する法律第2条第5項のコンクリート，木材その他建設資材のうち政令で定めるものは，次に掲げる建設資材とする。①**コンクリート**，②**コンクリート及び鉄から成る建設資材**，③**木材**，④**アスファルト・コンクリート**」と規定されている。したがって，**4.** の土砂は該当しない。

No.54 [答え4] 施工計画の作成

施工計画の作成において，事前調査は，契約条件・設計図書の検討，**現地調査**が主な内容であり，また調達計画は，労務計画，機械計画，**資材計画**が主な内容である。管理計画は，品質管理計画，環境保全計画，**安全衛生計画**が主な内容であり，また施工技術計画は，作業計画，**工程計画**が主な内容である。したがって，**4.** が適当である。

No.55 [答え3] 建設機械の走行に必要なコーン指数

建設機械が軟弱な土の上を走行するとき，土の種類や含水比によって作業能率が大きく異なり，高含水比の粘性土や粘土では走行不能になることもある。この建設機械の走行性のことをトラフィカビリティーといい，コーン指数qcで示される。道路土工要綱（日本道路協会：平成21年版）によると，各建設機械のコーン指数は次の通りである。

	建設機械の種類	コーン指数qc（kN/m²）
1	ダンプトラック	1200以上
2	自走式スクレーパ（小型）	1000以上
3	普通ブルドーザ（21t級）	700以上
4	湿地ブルドーザ	300以上

よって設問文は次の通りとなる。
・建設機械の走行に必要なコーン指数は，**普通ブルドーザ（21t級）** より湿地ブルドーザの方が小さく，**普通ブルドーザ（21t級）** より**ダンプトラック**の方が大きい。
・走行頻度の多い現場では，より**大きな**コーン指数を確保する必要がある。
したがって，**3.** が適当である。

No.56 [答え1] 工程管理

工程管理にあたっては，**実施工程**が，**工程計画**よりも，やや上回る程度に管理をすることが最も望ましい。実施工程と工程計画の間に差が生じた場合は，労務・機械・資材及び作業日数等，あらゆる面から調査・原因究明を行い，工期内に効率的に工事を完成させる対策を講ずる。工程管理においては，常に工程の**進行状況**を全作業員に周知徹底させて，全作業員に**作業能率**を高めるように努力させることが大切である。したがって，**1.** が適当である。

No.57 [答え3] ネットワーク式工程表

クリティカルパスとは，最も日数を要する最長経路のことであり，工期を決定する。各経路の所要日数は次の通りとなる。⓪→①→②→⑤→⑥＝3＋4＋5＋3＝15日，⓪→①→②→③→⑤→⑥＝3＋4＋0＋7＋3＝17日，⓪→①→②→③→④→⑤→⑥＝3＋4＋0＋8＋0＋3＝18日，⓪→①→③→⑤→⑥＝3＋5＋7＋3＝18日，⓪→①→③→④→⑤→⑥＝3＋5＋8＋0＋3＝19日である。したがって，**⓪→①→③→④→⑤→⑥がクリティカルパス**であり，**作業C**及び**作業F**はクリティカルパス上の作業である。また工期は**19日間**である。なお，作業Bの最早開始時刻は3日，最遅完了時刻は8日であり，トータルフロートは1日のため，1日遅延しても全体の工期に影響はない。したがって，**3.** が正しい。

No.58 [答え2] 労働安全衛生法（足場）

足場の作業床については労働安全衛生規則第563条（作業床）に規定されており，設問文は次の通りとなる。

・足場の作業床より物体の落下を防ぐ，**幅木**を設置する。（第１項第６号）

・足場の作業床の**手すり**には，**中さん**を設置する。（第１項第３号ロ）

・足場の作業床の**すき間**は，３cm以下とする。（第１項第２号ロ）

したがって，**2.** が適当である。

No.59 ［答え4］労働安全衛生規則（車両系建設機械）

車両系建設機械の使用に係る危険の防止は労働安全衛生規則に規定されており，設問文は次の通りとなる。

・車両系建設機械には，原則として**前照燈**を備えなければならず，また転倒又は転落の危険が予想される作業では運転者に**シートベルト**を使用させるよう努めなければならない。（第152条（前照灯の設置）及び第157条の２）

・岩石の落下等の危険が予想される場合，堅固な**ヘッドガード**を装備しなければならない。（第153条（ヘッドガード））

・運転者が運転席を離れる際は，原動機を止め，**かつ**，走行ブレーキをかける等の措置を講じさせなければならない。（第160条（運転位置から離れる場合の措置）第１項第２号）

したがって，**4.** が正しい。

No.60 ［答え1］管理図

管理図は，測定値の時間的変化から工程が安定しているかを判断するもので，測定値の平均値や範囲等に対する上下の管理限界を求め，プロットした点が管理限界線内の内側にあり，かつ並び方にクセがなければ工程は安定状態にあると判断できる。設問文は次の通りとなる。

・管理図は，上下の**管理限界**を定めた図に必要なデータをプロットして作業工程の管理を行うものであり，Ａ工区の上方**管理限界**は，**30**である。

・B工区では中心線より上方に記入されたデータの数が中心線より下方に記入されたデータの数よりも**多い**。

・品質管理について異常があると疑われるのは，（プロットが管理限界の外側にある）**Ａ工区**の方である。

したがって**1.** が適当である。

No.61 ［答え3］盛土の締固めにおける品質管理

盛土の締固めの品質管理の方式のうち工法規定方式は，使用する締固め機械の**機種**や締固め回数等を規定するもので，品質規定方式は，盛土の**締固め度**等を規定する方法である。盛土の締固めの効果や性質は，土の種類や含水比，施工方法によって**変化する**。盛土が最もよく締まる含水比は，**最大**乾燥密度が得られる含水比で最適含水比である。したがって**3.** が適当である。（参考：P.221　2020（令和２）年度後期学科試験No.58解説）

第二次検定　　解答・解説

問題1 必須問題

　問題1は受検者自身の経験を記述する問題です。経験記述の攻略法や解答例は，P.472で紹介しています。

問題2 必須問題

フレッシュコンクリートの仕上げ，養生，打継目

(1) 仕上げ後，コンクリートが固まり始めるまでに，**沈下**ひび割れが発生することがあるので，表面仕上げの前にこてを用い，コンクリート表面を軽く繰返し叩いて締め固めるタンピング再仕上げを行い修復する。タンピングはコンクリート表面を密実にし，表面ひび割れ，沈下ひび割れの防止，鉄筋の付着力の向上などに効果がある。

(2) 養生では，散水，湛水，湿布で覆う等して，コンクリートを一定期間は十分な**湿潤**状態に保つことが必要である。セメントの水和反応にとって十分な水の供給が理想である。

(3) 養生期間の標準は，使用するセメントの種類や養生期間中の環境温度等に応じて適切に定めなければならない。そのため，普通ポルトランドセメントでは日平均気温15℃以上で，5日以上必要である。なお，通常のコンクリート工事におけるコンクリートの湿潤養生期間は次表を標準とする。

表　湿潤養生期間の標準

日平均気温	早強ポルトランドセメント	普通ポルトランドセメント	混合セメントB種
15℃以上	3日	5日	7日
10℃以上	4日	7日	9日
5℃以上	5日	9日	12日

(4) 打継目は，せん断力に対して弱点になりやすく，**漏水**やひび割れの原因にもなりやすいため，できるだけせん断力の小さい位置に設けたり，打継面を部材の圧縮力の作用する方向と直角にして打継面のせん断抵抗力が大きくなるようにする。

(5) 旧コンクリートを打ち継ぐ際には，打継目の**レイタンス**や品質の悪いコンクリート，緩んだ骨材粒を完全に取り除き，コンクリート表面を粗にした後，十分に吸水させなければならない。

　　これらを参考に，（イ）〜（ホ）に適語を記入する。

（イ）	（ロ）	（ハ）	（ニ）	（ホ）
沈下	湿潤	5	漏水	レイタンス

移動式クレーンを使用する荷下ろし作業

労働安全衛生法の規定に基づいた「クレーン等安全規則」第3章 移動式クレーンに下記の項目が記されている。これらを参考に記述すればよい。

(1) 作業着手前

・移動式クレーンについては，厚生労働大臣の定める基準に適合するものでなければ使用しない。

・移動式クレーンの転倒等による労働者の危険防止のため，あらかじめ，当該作業に係る場所の広さ，地形及び地質の状態，運搬しようとする荷の重量，使用する移動式クレーンの種類及び能力等を考慮して，①移動式クレーンによる作業の方法，②移動式クレーンの転倒を防止するための方法，③移動式クレーンによる作業に係る労働者の配置及び指揮の系統を定め，作業開始前に関係労働者に周知する。

・移動式クレーンの運転者及び玉掛けをする者が，定格荷重を常時知ることができるよう，表示その他の措置を講じる。

・アウトリガーを有する移動式クレーン又は拡幅式のクローラを有する移動式クレーンは，アウトリガー又はクローラを最大限に張り出す。

・移動式クレーンの運転について一定の合図を定め，合図を行なう者を指名する。

・強風のため，移動式クレーンに係る作業の実施について危険が予想されるときは，当該作業を中止する。※

・その日の作業開始前に，巻過防止装置，過負荷警報装置その他の警報装置，ブレーキ，クラッチ及びコントローラーの機能について点検を行なう。

・自主検査又は点検において異常を認めたときは，直ちに補修する。

(2) 作業中

・荷をつり上げるときは，外れ止め装置を使用する。

・定格荷重をこえる荷重をかけない。

・移動式クレーン明細書に記されているジブの傾斜角の範囲をこえて使用しない。

・作業に従事する労働者は合図を行なう者の合図に従う。

・移動式クレーンにより，労働者を運搬し，又は労働者をつり上げて作業しない。

・移動式クレーンの上部旋回体と接触することにより労働者に危険が生ずるおそれのある箇所に労働者を立ち入らせない。

・強風のため，移動式クレーンに係る作業の実施について危険が予想されるときは，当該作業を中止する。※

・移動式クレーンの運転者は，荷をつったままで，運転位置を離れない。

※設問文に「同一内容の解答は不可とする」とあるため，(1) 作業着手前，(2) 作業中どちらか片方に解答し，両方に解答しないこと。

問題 4 必須問題

盛土の締固め作業及び締固め機械

(1) 盛土全体を**均等**に締め固めることが原則であるが，盛土**端部**や隅部（特に法面近く）等は締固めが不十分になりがちであるから注意する。

(2) 締固め機械の選定においては，土質条件が重要なポイントである。すなわち，盛土材料は，破砕された岩から高**含水比**の粘性土にいたるまで多種にわたり，同じ土質であっても**含水比**の状態等で締固めに対する適応性が著しく異なることが多い。

(3) 締固め機械としての**タイヤローラ**は，機動性に優れ，比較的種々の土質に適用できる等の点から締固め機械として最も多く使用されている。

(4) 振動ローラは，ローラに起振機を組み合わせ，振動によって土の粒子を密な配列に移行させ，小さな重量で大きな効果を得ようとするもので，一般に**粘性**に乏しい砂利や砂質土の締固めに効果がある。

これらを参考に，（イ）～（ホ）に適語を記入する。

（イ）	（ロ）	（ハ）	（ニ）	（ホ）
均等	端部	含水比	タイヤローラ	粘性

問題 5 必須問題

コンクリート構造物の施工

次の中から2つを選び，記述すればよい。

●打込み時

・鉄筋や型枠が所定の位置から動かないように注意する。

・打ち込んだコンクリートは型枠内で横移動させない。

・著しい材料分離が認められた場合は，材料分離を抑制するための方法を講じる。

・計画した打継目以外では，コンクリートは連続して打ち込む。

・打上がり面がほぼ水平になるように打ち込み，打込みの1層の高さは40〜50cm以下を標準とする。

・2層以上に分けて打ち込む場合，上層と下層が一体となるように施工し，許容打重ね時間間隔は外気温が25℃を超える場合には2時間，25℃以下の場合は2.5時間を標準とする。

・型枠の高さが大きい場合，型枠に投入口を設けるか，縦シュートあるいは輸送管の吐出口と打込み面までの高さを1.5m以下にしてコンクリートを打ち込む。

・コンクリートの打込み中，表面に集まったブリーディング水は，適当な方法で取り除いてからコンクリートを打ち込む。

・打上がり速度は，一般の場合は30分あたり1.0〜1.5m程度を標準とする。

・（版）スラブまたは梁のコンクリートが壁または柱のコンクリートと連続している場合には，沈みひび割れを防止するため壁または柱のコンクリートの沈下がほぼ終了してからスラブまたは梁のコンクリートを打ち込む。

・直接地面に打ち込む場合には，あらかじめ均しコンクリートを敷いておく。

・暑中コンクリートにおいては，打込みにあたり，コンクリートから吸水するおそれのある部分を湿潤状態に保つ。

・暑中コンクリートにおいては，練混ぜ開始から打ち終わるまでの時間は1.5時間以内とする。

・暑中コンクリートにおいては，打込み時のコンクリート温度の上限は35℃以下とする。

・寒中コンクリートにおいては，打込み時のコンクリート温度を5〜20℃に保つ。

●締固め時

・締固めには棒状バイブレーターを用いることを原則とする。

・せき板に接するコンクリートは，できるだけ平坦な表面が得られるように打ち込み，締め固める。

・コンクリートを打ち重ねる場合，上層と下層が一体となるよう，棒状バイブレータを下層のコンクリート中に10cm程度挿入する。

・棒状バイブレータは，なるべく鉛直に一様な間隔で差し込み，挿入間隔は一般に50cm以下にする。

・1箇所あたりの締固め時間の目安は，一般に5〜15秒程度とする。

・棒状バイブレーターはゆっくりと引き抜き，後に穴が残らないようにする。

・再振動を行う場合には，締固めが可能な範囲で適切な時期に行う。

問題 6 選択問題 | 1

盛土の施工

(1) 敷均しは，盛土を均一に締め固めるために最も重要な作業であり**薄層**でていねいに敷均しを行えば均一でよく締まった盛土を築造することができる。

(2) 盛土材料の含水量の調節は，材料の**自然**含水比が締固め時に規定される施工含水比の範囲内にない場合にその範囲に入るよう調節するもので，曝気乾燥，トレンチ掘削による含水比の低下，散水等の方法がとられる。

(3) 締固めの目的として，土の空気間隙を少なくして透水性を低下させ，水の浸入による軟化，膨張を小さくして土を最も安定した状態にし，盛土法面の安定や土の**支持力**の増加等，土の構造物として必要な**強度特性**が得られるようにすることがあげられる。

(4) 最適含水比，最大**乾燥密度**に締め固められた土は，その締固めの条件のもとでは土の間隙が最小である。最適含水比とは，ある一定のエネルギーにおいて最も効率よく土を密にすることのできる含水比をいい，そのときの乾燥密度を最大乾燥密度という。

　　これらを参考に，（イ）〜（ホ）に適語を記入する。

（イ）	（ロ）	（ハ）	（ニ）	（ホ）
薄層	自然	支持力	強度特性	乾燥密度

問題 7 選択問題 1

鉄筋の組立・型枠及び型枠支保工の品質管理

(1) 鉄筋の継手箇所は，構造上弱点になりやすいため，できるだけ，大きな荷重がかかる位置を避け，**同一**の断面に集めないようにする。継手位置を軸方向に相互にずらす距離は，継手の長さに鉄筋直径の25倍を加えた長さ以上を標準とする。

(2) 鉄筋の**かぶり**を確保するためのスペーサは，版（スラブ）及び梁部では，本体コンクリートと同程度以上の品質を有するコンクリート製やモルタル製を用いる。

(3) 型枠は，外部からかかる荷重やコンクリートの**側圧**に対し，十分な強度と剛性を有しなければならない。

(4) 版（スラブ）の型枠支保工は，施工時及び完成後のコンクリートの自重による沈下や変形を想定して，適切な**上げ越し**をしておかなければならない。

(5) 型枠及び型枠支保工を取り外す順序は，比較的荷重を受けにくい部分をまず取り外し，その後残りの重要な部分を取り外すので，梁部では**底面**が最後となる。なお，型枠及び支保工を取り外してよい時期のコンクリートの圧縮強度の参考値を次表に示す。

表　型枠及び支保工を取り外して良い時期のコンクリートの圧縮強度の参考値

部材面の種類	例	コンクリートの圧縮強度 (N/mm^2)
厚い部材の鉛直又は鉛直に近い面，傾いた上面，小さいアーチの外面	フーチングの側面	3.5
薄い部材の鉛直又は鉛直に近い面，45°より急な傾きの下面，小さいアーチの内面	柱，壁，梁の側面	5.0
橋，建物等のスラブ及び梁，45°より緩い傾きの下面	スラブ，梁の底面，アーチの内面	14.0

これらを参考に，（イ）〜（ホ）に適語を記入する。

（イ）	（ロ）	（ハ）	（ニ）	（ホ）
同一	かぶり	側圧	上げ越し	底面

問題 8 選択問題 2

架空線損傷事故防止のための安全対策

下記のような内容で，配慮すべき具体的な安全対策について2つ記述すればよい。

・施工に先立ち，現地調査を実施し，種類，位置（場所，高さ等）及び管理者を確認する。
・必要に応じて，管理者に施工方法の確認や立会いを求める。
・架空線への防護カバーを設置する。
・架空線の位置を明示する看板等を設置する。
・建設機械のブーム等の旋回・立入り禁止区域等を設定する。

・架空線等と機械，工具，材料等について安全な離隔を確保する。
・建設機械，ダンプトラック等のオペレータ，運転手に対し，工事現場区域及び工事用道路
　内の架空線の種類，位置（場所，高さ等）を連絡する。
・ダンプトラックのダンプアップ状態での移動・走行の禁止や，建設機械のブーム等の旋
　回・立ち入り禁止区域等について周知徹底する。
・措置を講ずることが著しく困難なときは，監視人を置き，作業を監視させる。

問題 9 選択問題 | 2

工程表の特徴

次の中からそれぞれ1つずつ選び記述すればよい。

(1) ネットワーク式工程表
・ネットワーク式工程表は，各作業の日数を明らかにし，各作業を施工順序に従って矢印で
　つないだ工程表であり，各作業の相互関連と工事全体が明確であり，1つの作業の遅れや
　変化が工事全体の工期に与える影響を把握しやすい。
・ネットワーク式工程表は，各作業の進捗状況及び他作業への影響や全体工期に対する影響
　を把握でき，どの作業を重点管理すべきか明確にできる。
・ネットワーク式工程表は，各作業の所要日数と他の作業との順序関係を表した図表で，時
　間的に余裕のないクリティカルパスや，各作業の余裕日数などが明らかになる。精度の高
　い工程管理が可能であり，各工事間の調整が円滑にできる。

(2) 横線式工程表
・横線式工程表には，バーチャートとガントチャートがあり，いずれも縦軸に部分作業をと
　るが，横軸はバーチャートは工期（日数），ガントチャートは各工種の作業の達成率を取
　り，棒グラフで表している。
・バーチャートは縦軸に工事を構成する全ての部分作業（工種）を列記し，横軸に工期（日
　数）をとって作成する工程表である。作業の流れが左から右へ移行しているので進捗状況
　が直視的にわかり，作業間の関連も漠然とわかるが，工期に影響する作業は不明確である。
・ガントチャートは，縦軸に工事を構成する部分作業，横軸に各工種の作業の達成率を100
　％で示した工程表である。各作業の進捗率は一目でわかるが，日数の把握は困難である。

2級土木施工管理技術検定試験

2021

令和3 | 年度前期

第一次検定

解答・解説

第一次検定

※ 問題番号No.1〜No.11までの11問題のうちから9問題を選択し解答してください。

No.1 「土工作業の種類」と「使用機械」に関する次の組合せのうち, **適当でないもの**はどれか。

[土工作業の種類]　　　　　　　[使用機械]
1. 掘削・積込み ································ バックホウ
2. 溝掘り ······································ ランマ
3. 敷均し・整地 ······························ ブルドーザ
4. 締固め ······································ ロードローラ

No.2 土質試験における「試験名」とその「試験結果の利用」に関する次の組合せのうち, **適当でないもの**はどれか。

[試験名]　　　　　　　　　　　[試験結果の利用]
1. 砂置換法による土の密度試験 ········· 土の締固め管理
2. 土の一軸圧縮試験 ······················ 支持力の推定
3. ボーリング孔を利用した透水試験 ····· 地盤改良工法の設計
4. ポータブルコーン貫入試験 ············· 土の粗粒度の判定

No.3 盛土工に関する次の記述のうち, **適当でないもの**はどれか。

1. 盛土の締固めの目的は, 土の空気間隙を少なくすることにより, 土を安定した状態にすることである。
2. 盛土材料の敷均し厚さは, 盛土材料の粒度, 土質, 要求される締固め度等の条件に左右される。
3. 盛土材料の含水比が施工含水比の範囲内にないときには, 空気量の調節が必要となる。
4. 盛土の締固めの効果や特性は, 土の種類, 含水状態及び施工方法によって大きく変化する。

No.4 軟弱地盤における次の改良工法のうち，締固め工法に**該当するもの**はどれか。

1. 押え盛土工法
2. バーチカルドレーン工法
3. サンドコンパクションパイル工法
4. 石灰パイル工法

No.5 コンクリートで使用される骨材の性質に関する次の記述のうち，**適当でないもの**はどれか。

1. 骨材の品質は，コンクリートの性質に大きく影響する。
2. 吸水率の大きい骨材を用いたコンクリートは，耐凍害性が向上する。
3. 骨材に有機不純物が多く混入していると，凝結や強度等に悪影響を及ぼす。
4. 骨材の粗粒率が大きいほど，粒度が粗い。

No.6 コンクリートの施工に関する次の記述のうち，**適当でないもの**はどれか。

1. コンクリートを練り混ぜてから打ち終わるまでの時間は，外気温が25℃を超えるときは2時間以内を標準とする。
2. 現場内でコンクリートを運搬する場合，バケットをクレーンで運搬する方法は，コンクリートの材料分離を少なくできる方法である。
3. コンクリートを打ち重ねる場合は，棒状バイブレータ（内部振動機）を下層コンクリート中に10cm程度挿入する。
4. 養生では，散水，湛水，湿布で覆う等して，コンクリートを一定期間湿潤状態に保つことが重要である。

No.7 フレッシュコンクリートに関する次の記述のうち，**適当でないもの**はどれか。

1. コンシステンシーとは，コンクリートの仕上げ等の作業のしやすさである。
2. スランプとは，コンクリートの軟らかさの程度を示す指標である。
3. 材料分離抵抗性とは，コンクリート中の材料が分離することに対する抵抗性である。
4. ブリーディングとは，練混ぜ水の一部が遊離してコンクリート表面に上昇する現象である。

No. 8 型枠の施工に関する次の記述のうち，**適当なもの**はどれか。

1. 型枠内面には，セパレータを塗布しておく。

2. コンクリートの側圧は，コンクリート条件，施工条件によらず一定である。

3. 型枠の締付け金物は，型枠を取り外した後，コンクリート表面に残してはならない。

4. 型枠は，取り外しやすい場所から外していくのがよい。

No. 9 既製杭の打撃工法に用いる杭打ち機に関する次の記述のうち，**適当でないもの**はどれか。

1. ドロップハンマは，ハンマの重心が低く，杭軸と直角にあたるものでなければならない。

2. ドロップハンマは，ハンマの重量が異なっても落下高さを変えることで，同じ打撃力を得ることができる。

3. 油圧ハンマは，ラムの落下高を任意に調整できることから，杭打ち時の騒音を低くすることができる。

4. 油圧ハンマは，構造自体の特徴から油煙の飛散が非常に多い。

No. 10 場所打ち杭をオールケーシング工法で施工する場合，**使用しない機材**は次のうちどれか。

1. トレミー管

2. ハンマグラブ

3. ケーシングチューブ

4. サクションホース

No. 11 土留め壁の「種類」と「特徴」に関する次の組合せのうち，**適当なもの**はどれか。

[種類]   [特徴]

1. 連続地中壁 ……………… あらゆる地盤に適用でき，他に比べ経済的である。

2. 鋼矢板 …………………… 止水性が高く，施工は比較的容易である。

3. 柱列杭 …………………… 剛性が小さいため，浅い掘削に適する。

4. 親杭・横矢板 …………… 地下水のある地盤に適しているが，施工は比較的難しい。

※ 問題番号No.12～No.31までの20問題のうちから6問題を選択し解答してください。

No.12 鋼材に関する次の記述のうち，**適当でないもの**はどれか。

1. 鋼材は，応力度が弾性限界に達するまでは弾性を示すが，それを超えると塑性を示す。
2. PC鋼棒は，鉄筋コンクリート用棒鋼に比べて高い強さをもっているが，伸びは小さい。
3. 炭素鋼は，炭素含有量が少ないほど延性や展性は低下するが，硬さや強さは向上する。
4. 継ぎ目なし鋼管は，小・中径のものが多く，高温高圧用配管等に用いられている。

No.13 鋼道路橋に用いる高力ボルトに関する次の記述のうち，**適当でないもの**はどれか。

1. トルク法による高力ボルトの締付け検査は，トルク係数値が安定する数日後に行う。
2. トルシア形高力ボルトの本締めには，専用の締付け機を使用する。
3. 高力ボルトの締付けは，原則としてナットを回して行う。
4. 耐候性鋼材を使用した橋梁には，耐候性高力ボルトが用いられている。

No.14 コンクリート構造物の「劣化機構」と「劣化要因」に関する次の組合せのうち，**適当でないもの**はどれか。

　　［劣化機構］　　　　　　　　　　　［劣化要因］
1. 中性化 ……………………………… 二酸化炭素
2. 塩害 ………………………………… 塩化物イオン
3. アルカリシリカ反応 ……………… 反応性骨材
4. 凍害 ………………………………… 繰返し荷重

No.15 河川に関する次の記述のうち，**適当でないもの**はどれか。

1. 霞堤は，上流側と下流側を不連続にした堤防で，洪水時には流水が開口部から逆流して堤内地に湛水し，洪水後には開口部から排水される。
2. 河川堤防における天端は，堤防法面の安定性を保つために法面の途中に設ける平らな部分をいう。
3. 段切りは，堤防法面に新たに腹付盛土する場合は，法面に水平面切土を行い，盛土と地山とのなじみをよくするために施工する。
4. 堤防工事には，新しく堤防を構築する工事，既設の堤防を高くするかさ上げや断面積を増やすために腹付けする拡築の工事等がある。

No.16 河川護岸に関する次の記述のうち，**適当でないもの**はどれか。

1. 横帯工は，法覆工の延長方向の一定区間ごとに設け，護岸の変位や破損が他に波及しないように絶縁するものである。

2. 縦帯工は，護岸の法肩部に設けられるもので，法肩の施工を容易にするとともに，護岸の法肩部の破損を防ぐものである。

3. 小口止工は，法覆工の上下流端に施工して護岸を保護するものである。

4. 護岸基礎工は，河床を直接覆うことで急激な洗掘を防ぐものである。

No.17 下図に示す砂防えん堤を砂礫の堆積層上に施工する場合の一般的な順序として，**適当なもの**は次のうちどれか。

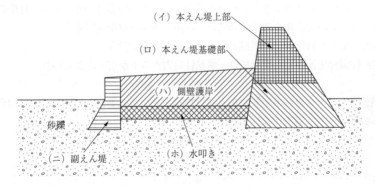

（イ）本えん堤上部
（ロ）本えん堤基礎部
（ハ）側壁護岸
砂礫
（ニ）副えん堤
（ホ）水叩き

1. （ロ）→（ニ）→（ハ）・（ホ）→（イ）

2. （ニ）→（ロ）→（イ）→（ハ）・（ホ）

3. （ロ）→（ニ）→（イ）→（ハ）・（ホ）

4. （ニ）→（ロ）→（ハ）・（ホ）→（イ）

No.18 地すべり防止工に関する次の記述のうち，**適当でないもの**はどれか。

1. 抑制工は，地下水状態等の自然条件を変化させ，地すべり運動を停止・緩和する工法である。

2. 水路工は，地表の水を水路に集め，速やかに地すべりの地域外に排除する工法である。

3. 排土工は，地すべり脚部の不安定土塊を排除し，地すべりの滑動力を減少させる工法である。

4. 抑止工は，杭等の構造物によって，地すべり運動の一部又は全部を停止させる工法である。

No.19 道路のアスファルト舗装の路床・路盤の施工に関する次の記述のうち，**適当でないもの**はどれか。

1. 盛土路床では，1層の敷均し厚さは仕上り厚さで20cm以下を目安とする。

2. 切土路床では，土中の木根・転石などを取り除く範囲を表面から30cm程度以内とする。

3. 粒状路盤材料を使用した下層路盤では，1層の仕上り厚さは30cm以下を標準とする。

4. 粒度調整路盤材料を使用した上層路盤では，1層の仕上り厚さは15cm以下を標準とする。

No.20 道路のアスファルト舗装の施工に関する次の記述のうち，**適当でないもの**はどれか。

1. 加熱アスファルト混合物は，通常アスファルトフィニッシャにより均一な厚さに敷き均す。

2. 敷均し時の混合物の温度は，一般に110℃を下回らないようにする。

3. 敷き均された加熱アスファルト混合物の初転圧は，一般にロードローラにより行う。

4. 転圧終了後の交通開放は，一般に舗装表面の温度が70℃以下となってから行う。

No.21 道路のアスファルト舗装の破損に関する次の記述のうち，**適当でないもの**はどれか。

1. わだち掘れは，道路横断方向の凹凸で車両の通過位置が同じところに生じる。

2. 道路縦断方向の凹凸は，道路の延長方向に比較的長い波長でどこにでも生じる。

3. ヘアクラックは等間隔で規則的な比較的長いひび割れで，主に表層に生じる。

4. 線状ひび割れは，長く生じるひび割れで路盤の支持力が不均一な場合や舗装の継目に生じる。

No.22 道路のコンクリート舗装に関する次の記述のうち，**適当でないもの**はどれか。

1. コンクリート舗装は，セメントコンクリート版を路盤上に施工したもので，たわみ性舗装とも呼ばれる。

2. コンクリート舗装は，温度変化によって膨張したり収縮したりするので，一般には目地が必要である。

3. コンクリート舗装には，普通コンクリート舗装，転圧コンクリート舗装，プレストレスコンクリート舗装等がある。

4. コンクリート舗装は，養生期間が長く部分的な補修が困難であるが，耐久性に富むため，トンネル内等に用いられる。

No.23 コンクリートダムのRCD 工法に関する次の記述のうち，**適当でないもの**はどれか。

1. RCD用コンクリートの運搬に利用されるインクライン方法は，コンクリートをダンプトラックに積み，ダンプトラックごと斜面に設置された台車で直接堤体面上に運ぶ方法である。

2. RCD用コンクリートの1回に連続して打ち込まれる高さをリフトという。

3. RCD用コンクリートの敷均しは，ブルドーザ等を用いて行うのが一般的である。

4. RCD用コンクリートの敷均し後，堤体内に不規則な温度ひび割れの発生を防ぐため，横継目を振動目地切機等を使ってダム軸と平行に設ける。

No.24 トンネルの山岳工法における施工に関する次の記述のうち，**適当でないもの**はどれか。

1. 鋼アーチ式（鋼製）支保工は，H型鋼材等をアーチ状に組み立て，所定の位置に正確に建て込む。

2. ロックボルトは，特別な場合を除き，トンネル掘削面に対して直角に設ける。

3. 吹付けコンクリートは，鋼アーチ式（鋼製）支保工と一体となるように注意して吹き付ける。

4. ずり運搬は，タイヤ方式よりも，レール方式の方が大きな勾配に対応できる。

No.25 海岸堤防の形式に関する次の記述のうち，**適当でないもの**はどれか。

1. 緩傾斜型は，堤防用地が広く得られる場合や，海水浴等に利用する場合に適している。

2. 混成型は，水深が割合に深く，比較的軟弱な基礎地盤に適している。

3. 直立型は，比較的軟弱な地盤で，堤防用地が容易に得られない場合に適している。

4. 傾斜型は，比較的軟弱な地盤で，堤体土砂が容易に得られる場合に適している。

No.26 ケーソン式混成堤の施工に関する次の記述のうち，**適当でないもの**はどれか。

1. ケーソンは，海面がつねにおだやかで，大型起重機船が使用できるなら，進水したケーソンを据付け場所までえい航して据え付けることができる。

2. ケーソンは，波が静かなときを選び，一般にケーソンにワイヤをかけて引き船でえい航する。

3. ケーソンの中詰め材の投入には，一般に起重機船を使用する。

4. ケーソンの底面が据付け面に近づいたら，注水を一時止め，潜水士によって正確な位置を決めたのち，ふたたび注水して正しく据え付ける。

No.27 鉄道の軌道に関する次の記述のうち，**適当でないもの**はどれか。

1. ロングレールとは，軌道の欠点である継目をなくすために，溶接でつないでレールを200m以上としたものである。

2. 有道床軌道とは，軌道の保守作業を軽減するため開発された省力化軌道で，プレキャストのコンクリート版を用いた軌道構造である。

3. マクラギは，軌間を一定に保持し，レールから伝達される列車荷重を広く道床以下に分散させる役割を担うものである。

4. 路盤とは，道床を直接支持する部分をいい，3％程度の排水勾配を設けることにより，道床内の水を速やかに排除する役割を担うものである。

No.28 営業線内工事における工事保安体制に関する次の記述のうち，**適当でないもの**はどれか。

1. 工事管理者は，工事現場ごとに専任の者を常時配置しなければならない。

2. 軌道作業責任者は，作業集団ごとに専任の者を常時配置しなければならない。

3. 列車見張員及び特殊列車見張員は，工事現場ごとに専任の者を配置しなければならない。

4. 停電責任者は，工事現場ごとに専任の者を配置しなければならない。

No.29 シールド工法の施工に関する下記の文章の　　　の（イ），（ロ）に当てはまる次の組合せのうち，**適当なもの**はどれか。

「土圧式シールド工法は，カッターチャンバー排土用の　(イ)　内に掘削した土砂を充満させて，切羽の土圧と平衡を保ちながら掘進する工法である。一方，泥水式シールド工法は，切羽に隔壁を設けて，この中に泥水を循環させ，切羽の安定を保つと同時に，カッターで切削された土砂を泥水とともに坑外まで　(ロ)　する工法である。」

　　（イ）　　　　　　　　　　　（ロ）
1. スクリューコンベヤ ……………… 流体輸送
2. 排泥管 ……………… ベルトコンベヤ輸送
3. スクリューコンベヤ ……………… ベルトコンベヤ輸送
4. 排泥管 ……………… 流体輸送

No.30 上水道に用いる配水管の特徴に関する次の記述のうち，**適当なもの**はどれか。

1. 鋼管は，溶接継手により一体化できるが，温度変化による伸縮継手等が必要である。
2. ダクタイル鋳鉄管は，継手の種類によって異形管防護を必要とし，管の加工がしやすい。
3. 硬質塩化ビニル管は，高温度時に耐衝撃性が低く，接着した継手の強度や水密性に注意する。
4. ポリエチレン管は，重量が軽く，雨天時や湧水地盤では融着継手の施工が容易である。

No.31 下水道管渠の更生工法に関する下記の（イ），（ロ）の説明とその工法名の次の組合せのうち，**適当なもの**はどれか。

（イ）既設管渠内に表面部材となる硬質塩化ビニル材等をかん合して製管し，製管させた樹脂パイプと既設管渠との間隙にモルタル等の充填材を注入することで管を構築する。
（ロ）既設管渠より小さな管径の工場製作された二次製品の管渠を牽引・挿入し，間隙にモルタル等の充填材を注入することで管を構築する。

$\qquad$（イ）$\qquad\qquad$（ロ）
1. 形成工法 …………… さや管工法
2. 製管工法 …………… 形成工法
3. 形成工法 …………… 製管工法
4. 製管工法 …………… さや管工法

※ **問題番号No.32～No.42までの11問題のうちから6問題を選択し解答してください。**

No.32 賃金の支払いに関する次の記述のうち，労働基準法上，**誤っているもの**はどれか。

1. 賃金とは，賃金，給料，手当，賞与その他名称の如何を問わず，労働の対償として使用者が労働者に支払うすべてのものをいう。
2. 賃金は，通貨で，直接又は間接を問わず労働者に，その全額を毎月1回以上，一定の期日を定めて支払わなければならない。
3. 使用者は，労働者が女性であることを理由として，賃金について，男性と差別的取扱いをしてはならない。
4. 平均賃金とは，これを算定すべき事由の発生した日以前3箇月間にその労働者に対し支払われた賃金の総額を，その期間の総日数で除した金額をいう。

No.33 災害補償に関する次の記述のうち，労働基準法上，**正しいもの**はどれか。

1. 労働者が業務上死亡した場合は，使用者は，遺族に対して，平均賃金の5年分の遺族補償を行わなければならない。

2. 労働者が業務上の負傷，又は疾病の療養のため，労働することができないために賃金を受けない場合には，使用者は，労働者の賃金を全額補償しなければならない。

3. 療養補償を受ける労働者が，療養開始後3年を経過しても負傷又は疾病がなおらない場合は，使用者は，その後の一切の補償を行わなくてよい。

4. 労働者が重大な過失によって業務上負傷し，且つその過失について行政官庁の認定を受けた場合は，使用者は休業補償又は障害補償を行わなくてもよい。

No.34 事業者が労働者に対して特別の教育を行わなければならない業務に関する次の記述のうち，労働安全衛生法上，**該当しないもの**はどれか。

1. エレベーターの運転の業務

2. つり上げ荷重が1t未満の移動式クレーンの運転の業務

3. つり上げ荷重が5t未満のクレーンの運転の業務

4. アーク溶接作業の業務

No.35 建設業法に関する次の記述のうち，**誤っているもの**はどれか。

1. 建設業者は，請負契約を締結する場合，主な工種のみの材料費，労務費等の内訳により見積りを行うことができる。

2. 元請負人は，作業方法等を定めるときは，事前に，下請負人の意見を聞かなければならない。

3. 現場代理人と主任技術者はこれを兼ねることができる。

4. 建設工事の施工に従事する者は，主任技術者又は監理技術者がその職務として行う指導に従わなければならない。

No.36 車両の最高限度に関する次の記述のうち，車両制限令上，**誤っているもの**はどれか。
ただし，道路管理者が道路の構造の保全及び交通の危険の防止上支障がないと認めて指定した道路を通行する車両を除く。

1. 車両の輪荷重は，5tである。

2. 車両の高さは，3.8mである。

3. 車両の最小回転半径は，車両の最外側のわだちについて10mである。

4. 車両の幅は，2.5mである。

No.37 河川法に関する次の記述のうち，**正しいもの**はどれか。

1. 一級河川の管理は，原則として，国土交通大臣が行う。

2. 河川法の目的は，洪水防御と水利用の2つであり河川環境の整備と保全は目的に含まれない。

3. 準用河川の管理は，原則として，都道府県知事が行う。

4. 洪水防御を目的とするダムは，河川管理施設には該当しない。

No.38 建築基準法の用語の定義に関する次の記述のうち，**誤っているもの**はどれか。

1. 建築物は，土地に定着する工作物のうち，屋根及び柱若しくは壁を有するもの，これに附属する門若しくは塀などをいう。

2. 居室は，居住のみを目的として継続的に使用する室をいう。

3. 建築設備は，建築物に設ける電気，ガス，給水，排水，換気，汚物処理などの設備をいう。

4. 特定行政庁は，原則として，建築主事を置く市町村の区域については当該市町村の長をいい，その他の市町村の区域については都道府県知事をいう。

No.39 火薬類取締法上，火薬類の取扱いに関する次の記述のうち，**正しいもの**はどれか。

1. 火薬庫を設置しようとするものは，所轄の警察署に届け出なければならない。

2. 爆発し，発火し，又は燃焼しやすい物は，火薬庫の境界内に堆積させなければならない。

3. 火薬庫内には，火薬類以外のものを貯蔵してはならない。

4. 火薬庫内では，温度の変化を少なくするため夏期は換気をしてはならない。

No.40 騒音規制法上，指定地域内における特定建設作業の規制基準に関する次の記述のうち，**正しいもの**はどれか。

1. 特定建設作業の敷地の境界線において騒音の大きさは，85デシベルを超えてはならない。

2. 1号区域では夜間・深夜作業の禁止時間帯は，午後7時から翌日の午前9時である。

3. 1号区域では1日の作業時間は，3時間を超えてはならない。

4. 連続作業の制限は，同一場所においては7日である。

No.41 振動規制法上，指定地域内において特定建設作業を施工しようとする者が行う特定建設作業の実施に関する届出先として，**正しいもの**は次のうちどれか。

1. 国土交通大臣

2. 環境大臣

3. 都道府県知事

4. 市町村長

No.42 港則法上，船舶の航路，及び航法に関する次の記述のうち，**誤っているもの**はどれか。

1. 船舶は，航路内において他の船舶と行き会うときは，左側を航行しなければならない。

2. 船舶は，航路内においては，原則として投びょうし，又はえい航している船舶を放してはならない。

3. 船舶は，港内においては停泊船舶を右げんに見て航行するときは，できるだけ停泊船舶に近寄って航行しなければならない。

4. 船舶は，航路内においては，他の船舶を追い越してはならない。

※ **問題番号No.43～No.53までの11問題は，必須問題ですから全問題を解答してください。**

No.43 測点No.5の地盤高を求めるため，測点No.1を出発点として水準測量を行い下表の結果を得た。**測点No.5の地盤高**は次のうちどれか。

測点No.	距離 (m)	後視 (m)	前視 (m)	高低差 (m) +	高低差 (m) −	備考
1		0.9				測点No.1…地盤高 9.0m
	20					
2		1.7	2.3			
	30					
3		1.6	1.9			
	20					
4		1.3	1.1			
	30					
5			1.5			測点No.5…地盤高□m

1. 6.4m   **2.** 6.8m   **3.** 7.3m   **4.** 7.7m

No.44 公共工事標準請負契約約款に関する次の記述のうち，**正しいもの**はどれか。

1. 監督員は，いかなる場合においても，工事の施工部分を破壊して検査することができる。

2. 発注者は，工事の施工部分が設計図書に適合しない場合，受注者がその改造を請求したときは，その請求に従わなければならない。

3. 設計図書とは，図面，仕様書，現場説明書及び現場説明に対する質問回答書をいう。

4. 受注者は，工事現場内に搬入した工事材料を監督員の承諾を受けないで工事現場外に搬出することができる。

No.45 下図は逆T型擁壁の断面図であるが，逆T型擁壁各部の名称と寸法記号の表記として2つとも**適当なもの**は，次のうちどれか。

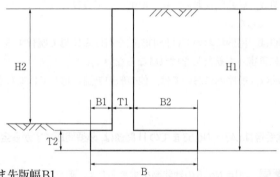

1. 擁壁の高さ H2，つま先版幅 B1
2. 擁壁の高さ H1，たて壁厚 T1
3. 擁壁の高さ H2，底版幅 B
4. 擁壁の高さ H1，かかと版幅 B

No.46 建設機械の用途に関する次の記述のうち，**適当でないもの**はどれか。

1. フローティングクレーンは，台船上にクレーン装置を搭載した型式で，海上での橋梁架設等に用いられる。

2. ブルドーザは，トラクタに土工板（ブレード）を取りつけた機械で，土砂の掘削・押土及び短距離の運搬作業等に用いられる。

3. タンピングローラは，ローラの表面に多数の突起をつけた機械で，盛土材やアスファルト混合物の締固め等に用いられる。

4. ドラグラインは，機械の位置より低い場所の掘削に適し，水路の掘削やしゅんせつ等に用いられる。

No.47 仮設工事に関する次の記述のうち，**適当でないもの**はどれか。

1. 仮設工事の材料は，一般の市販品を使用し，可能な限り規格を統一するが，他工事には転用しないような計画にする。

2. 仮設工事には直接仮設工事と間接仮設工事があり，現場事務所や労務宿舎等の設備は，間接仮設工事である。

3. 仮設工事は，使用目的や期間に応じて構造計算を行い，労働安全衛生規則の基準に合致するか，それ以上の計画とする。

4. 仮設工事における指定仮設と任意仮設のうち，任意仮設では施工者独自の技術と工夫や改善の余地が多いので，より合理的な計画を立てることが重要である。

No.48 地山の掘削作業の安全確保に関する次の記述のうち，労働安全衛生法上，事業者が行うべき事項として**誤っているもの**はどれか。

1. 地山の崩壊又は土石の落下による労働者の危険を防止するため，点検者を指名し，作業箇所等について，その日の作業を開始する前に点検させる。

2. 掘削面の高さが規定の高さ以上の場合は，地山の掘削作業主任者に地山の作業方法を決定させ，作業を直接指揮させる。

3. 明り掘削作業では，あらかじめ運搬機械等の運行経路や土石の積卸し場所への出入りの方法を定めて，地山の掘削作業主任者のみに周知すれば足りる。

4. 明り掘削の作業を行う場所は，当該作業を安全に行うため必要な照度を保持しなければならない。

No.49 事業者が，高さが5m以上のコンクリート構造物の解体作業に伴う災害を防止するために実施しなければならない事項に関する次の記述のうち，労働安全衛生法上，**誤っているもの**はどれか。

1. 工作物の倒壊，物体の飛来又は落下等による労働者の危険を防止するため，あらかじめ当該工作物の形状等を調査し，作業計画を定め，これにより作業を行わなければならない。

2. 労働者の危険を防止するために作成する作業計画は，作業の方法及び順序，使用する機械等の種類及び能力等が示されているものでなければならない。

3. 強風，大雨，大雪等の悪天候のため，作業の実施について危険が予想されるときは，当該作業を中止しなければならない。

4. 解体用機械を用いて作業を行うときは，物体の飛来等により労働者に危険が生ずるおそれのある箇所に作業主任者以外の労働者を立ち入らせてはならない。

No.50 工事の品質管理活動における（イ）～（ニ）の作業内容について，品質管理のPDCA（Plan，Do，Check，Action）の手順として，**適当なもの**は次のうちどれか。

（イ）異常原因を追究し，除去する処置をとる。
（ロ）作業標準に基づき，作業を実施する。
（ハ）統計的手法により，解析・検討を行う。
（ニ）品質特性の選定と，品質規格を決定する。

1. （ロ）→（ハ）→（イ）→（ニ）
2. （ニ）→（イ）→（ロ）→（ハ）
3. （ロ）→（ニ）→（イ）→（ハ）
4. （ニ）→（ロ）→（ハ）→（イ）

No.51 レディーミクストコンクリート（JIS A 5308）の品質管理に関する次の記述のうち，**適当でないもの**はどれか。

1. レディーミクストコンクリートの品質検査は，すべて工場出荷時に行う。
2. 圧縮強度試験は，一般に材齢28日で行うが，購入者の指定した材齢で行うこともある。
3. 品質管理の項目は，強度，スランプ，空気量，塩化物含有量である。
4. スランプ12cmのコンクリートの試験結果で許容されるスランプの下限値は，9.5cmである。

No.52 建設工事における環境保全対策に関する次の記述のうち，**適当でないもの**はどれか。

1. 土工機械は，常に良好な状態に整備し，無用な摩擦音やガタつき音の発生を防止する。
2. 空気圧縮機や発動発電機は，騒音，振動の影響の少ない箇所に設置する。
3. 運搬車両の騒音・振動の防止のためには，道路及び付近の状況によって必要に応じて走行速度に制限を加える。
4. アスファルトフィニッシャは，敷均しのためのスクリード部の締固め機構において，バイブレータ式の方がタンパ式よりも騒音が大きい。

No.53 「建設工事に係る資材の再資源化等に関する法律」（建設リサイクル法）に定められている特定建設資材に**該当しないもの**は，次のうちどれか。

1. アスファルト・コンクリート
2. 建設発生土
3. 木材
4. コンクリート

※ 問題番号 No.54〜No.61 までの8問題は，施工管理法（基礎的な能力）の必須問題ですから全問題を解答してください。

No.54 施工計画作成のための事前調査に関する下記の文章中の　　　　の（イ）〜（ニ）に当てはまる語句の組合せとして，**適当なもの**は次のうちどれか。

・　(イ)　の把握のため，地域特性，地質，地下水，気象等の調査を行う。
・　(ロ)　の把握のため，現場周辺の状況，近隣構造物，地下埋設物等の調査を行う。
・　(ハ)　の把握のため，調達の可能性，適合性，調達先等の調査を行う。また，(ニ)の把握のため，道路の状況，運賃及び手数料，現場搬入路等の調査を行う。

	(イ)	(ロ)	(ハ)	(ニ)
1.	近隣環境	自然条件	資機材	輸送
2.	自然条件	近隣環境	資機材	輸送
3.	近隣環境	自然条件	輸送	資機材
4.	自然条件	近隣環境	輸送	資機材

No.55 建設機械の作業能力・作業効率に関する下記の文章中の　　　　の（イ）〜（ニ）に当てはまる語句の組合せとして，**適当なもの**は次のうちどれか。

・建設機械の作業能力は，単独，又は組み合わされた機械の　(イ)　の平均作業量で表す。また，建設機械の　(ロ)　を十分行っておくと向上する。
・建設機械の作業効率は，気象条件，工事の規模，　(ハ)　等の各種条件により変化する。
・ブルドーザの作業効率は，砂の方が岩塊・玉石より　(ニ)　。

	（イ）	（ロ）		（ハ）		（ニ）
1.	時間当たり	整備		運転員の技量		大きい
2.	施工面積	整備		作業員の人数		小さい
3.	時間当たり	暖機運転		作業員の人数		小さい
4.	施工面積	暖機運転		運転員の技量		大きい

No.56 工程表の種類と特徴に関する下記の文章中の □□□□ の（イ）〜（ニ）に当てはまる語句の組合せとして，**適当なもの**は次のうちどれか。

・ □（イ）□ は，縦軸に作業名を示し，横軸にその作業に必要な日数を棒線で表した図表である。
・ □（ロ）□ は，縦軸に作業名を示し，横軸に各作業の出来高比率を棒線で表した図表である。
・ □（ハ）□ 工程表は，各作業の工程を斜線で表した図表であり，□（ニ）□ は，作業全体の出来高比率の累計をグラフ化した図表である。

	（イ）	（ロ）	（ハ）	（ニ）
1.	ガントチャート	出来高累計曲線	バーチャート	グラフ式
2.	ガントチャート	出来高累計曲線	グラフ式	バーチャート
3.	バーチャート	ガントチャート	グラフ式	出来高累計曲線
4.	バーチャート	ガントチャート	バーチャート	出来高累計曲線

No.57 下図のネットワーク式工程表について記載している下記の文章中の □□□□ の（イ）〜（ニ）に当てはまる語句の組合せとして，**正しいもの**は次のうちどれか。
ただし，図中のイベント間のA〜Gは作業内容，数字は作業日数を表す。

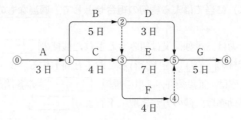

・ □（イ）□ 及び □（ロ）□ は，クリティカルパス上の作業である。
・作業Fが □（ハ）□ 遅延しても，全体の工期に影響はない。
・この工程全体の工期は，□（ニ）□ である。

	（イ）	（ロ）	（ハ）	（ニ）
1.	作業C	作業D	3日	19日間
2.	作業B	作業E	3日	20日間
3.	作業B	作業D	4日	19日間
4.	作業C	作業E	4日	20日間

No.58 複数の事業者が混在している事業場の安全衛生管理体制に関する下記の文章中の　　　　の（イ）～（ニ）に当てはまる語句の組合せとして，労働安全衛生法上，**正しいもの**は次のうちどれか。

・事業者のうち，一つの場所で行う事業で，その一部を請負人に請け負わせている者を　（イ）　という。
・　（イ）　のうち，建設業等の事業を行う者を　（ロ）　という。
・　（ロ）　は，労働災害を防止するため，　（ハ）　の運営や作業場所の巡視は　（ニ）　に行う。

	（イ）	（ロ）	（ハ）	（ニ）
1.	元方事業者	特定元方事業者	技能講習	毎週作業開始日
2.	特定元方事業者	元方事業者	協議組織	毎作業日
3.	特定元方事業者	元方事業者	技能講習	毎週作業開始日
4.	元方事業者	特定元方事業者	協議組織	毎作業日

No.59 移動式クレーンを用いた作業において，事業者が行うべき事項に関する下記の文章中の　　　　の（イ）～（ニ）に当てはまる語句の組合せとして，クレーン等安全規則上，**正しいもの**は次のうちどれか。

・移動式クレーンに，その　（イ）　をこえる荷重をかけて使用してはならず，また強風のため作業に危険が予想されるときには，当該作業を　（ロ）　しなければならない。
・移動式クレーンの運転者を荷をつったままで　（ハ）　から離れさせてはならない。
・移動式クレーンの作業においては，　（ニ）　を指名しなければならない。

	（イ）	（ロ）	（ハ）	（ニ）
1.	定格荷重	注意して実施	運転位置	監視員
2.	定格荷重	中止	運転位置	合図者
3.	最大荷重	注意して実施	旋回範囲	合図者
4.	最大荷重	中止	旋回範囲	監視員

No.60 A工区，B工区における測定値を整理した下図のヒストグラムについて記載している下記の文章中の　　　　　の（イ）〜（ニ）に当てはまる語句の組合せとして，**適当なもの**は次のうちどれか。

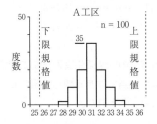

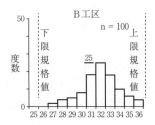

・ヒストグラムは測定値の　（イ）　の状態を知る統計的手法である。

・A工区における測定値の総数は　（ロ）　で，B工区における測定値の最大値は，　（ハ）　である。

・より良好な結果を示しているのは　（ニ）　の方である。

	（イ）	（ロ）	（ハ）	（ニ）
1.	ばらつき	100	25	B工区
2.	時系列変化	50	36	B工区
3.	ばらつき	100	36	A工区
4.	時系列変化	50	25	A工区

No.61 盛土の締固めにおける品質管理に関する下記の文章中の　　　　　の（イ）〜（ニ）に当てはまる語句の組合せとして，**適当なもの**は次のうちどれか。

・盛土の締固めの品質管理の方式のうち工法規定方式は，使用する締固め機械の機種や締固め　（イ）　等を規定するもので，品質規定方式は，盛土の　（ロ）　等を規定する方法である。

・盛土の締固めの効果や性質は，土の種類や含水比，施工方法によって　（ハ）　。

・盛土が最もよく締まる含水比は，最大乾燥密度が得られる含水比で　（ニ）　含水比である。

	（イ）	（ロ）	（ハ）	（ニ）
1.	回数	材料	変化しない	最大
2.	回数	締固め度	変化する	最適
3.	厚さ	締固め度	変化しない	最適
4.	厚さ	材料	変化する	最大

第一次検定　解答・解説

No.1 ［答え2］土工作業に使用する建設機械

1.の掘削・積込みは，トラクタショベルや，バックホウ等で行う。**2.**の溝掘りは，小型のバケットを環状につなぎ，回転させて溝を掘る**トレンチャやバックホウ等で行う**。ランマは，エンジンの爆発力を利用し，機械の自重と落下時の衝撃力で地面を締め固める小型の機械である。**3.**の敷均し・整地は，ブルドーザやモーターグレーダで行う。**4.**の締固めは，ロードローラやタイヤローラ，振動ローラ，タンパ等で行う。したがって，**2.**が適当でない。

No.2 ［答え4］土質試験の試験名と試験結果の利用

1.の砂置換法は，現場で土に穴を掘り，その穴に質量と体積がわかっている試験用砂を入れ，入った砂の体積と掘り出した土の質量から掘り出した土の密度を調べる試験で，土の締固め管理に用いられる。**2.**の土の一軸圧縮試験は，自立する供試体を拘束圧が作用しない状態で圧縮し，圧縮応力の最大値である一軸圧縮強さ（qu）から支持力を推定する。**3.**のボーリング孔を利用した透水試験は，孔内の地下水位を人為的に低下させ，その後の水位の回復量と時間から地盤の透水係数を直接測定する試験である。透水係数は，地盤の透水性の判定，掘削時の排水計画，地盤改良工法の設計等に用いられる。**4.**の**ポータブルコーン貫入試験**は，ロッドの先端に円錐のコーンを取り付けて地中に静的に貫入し，その圧入力から**土のコーン指数を求める試験**であり，**建設機械のトラフィカビリティー（走行性）の判定を行う**。土の粗粒度の判定は，土の粒度を求める土の粒度試験で行う。したがって，**4.**が適当でない。

No.3 ［答え3］盛土工

1.は記述の通りである。**2.**の盛土材料は，一般的に1層の締固め後の仕上がり厚さは，路体では30cm以下（敷均し厚さは35〜45cm以下），路床では20cm以下（敷均し厚さは25〜30cm以下）とする。**3.**の盛土材料の含水比が施工含水比の範囲内にないときには，**含水量の調節が必要**となる。含水量の調節には，ばっ気と散水があり，一般に敷均しの際に行う。**4.**の盛土の締固めの効果や特性は，土の種類，含水状態等により大きく異なり，最も効率よく土を密にできる最適含水比における施工が望ましい。したがって，**3.**が適当でない。

No.4 ［答え3］軟弱地盤の改良工法

1.の**押え盛土工法**は，本体盛土に先行して側方に押え盛土を施工し，基礎地盤のすべり破壊に抵抗するモーメントを増加させて本体盛土のすべり破壊を防止する**構造物による対策工法**である。**2.**の**バーチカルドレーン工法**は，軟弱地盤の鉛直方向に砂柱等の排水路を打設し，水平方向の排水距離を短くし，圧密時間を短縮する**圧密・排水工法**である。**3.**の**サンドコンパクションパイル工法**は，地盤内に鋼管を貫入して管内に砂等を投入し，振動により締め固

めた砂杭を造成する**締固め工法**である。**4.** の**石灰パイル工法**は，軟弱地盤中に生石灰を柱状に打設し，その吸水による脱水や化学的結合によって地盤の固結，含水比の低下，地盤の強度・安定性を増加させ，沈下を減少させる**固結工法**である。したがって，**3.** が該当する。

No.5 [答え2] コンクリート用混和材料

1. の骨材の品質は，コンクリートの性質に大きく影響するため，骨材の粒度や表面水率の安定化，異物の混入等に注意する。**2.** の吸水率が大きい骨材は，一般的に**多孔質で強度が小さく**，多孔質な粒子は**コンクリートの耐凍害性を損なう原因となる**。**3.** の有機不純物（フミン酸やタンニン酸等）は，コンクリートの凝結を妨げ，強度や耐久性を低下させる。**4.** の粒度とは，骨材の大小粒の混合の程度をいい，JIS A 1102によるふるい分け試験結果から，粗粒率や粒度曲線によって表される。粗粒率（F.M.）とは，80，40，20，10，5，2.5，1.2，0.6，0.3，0.15mmの各ふるいにとどまる質量分率（％）の和を100で除した値であり，粗粒率が大きいほど粒度が大きい。したがって，**2.** が適当でない。

No.6 [答え1] コンクリートの施工

1. のコンクリートを練り混ぜてから打ち終わるまでの時間は，**25℃を超えるときは1.5時間以内**，外気温が25℃以下のときは2時間以内とする。**2.** のバケットによる運搬は，振動を与えることがなく，骨材分離を少なくできる。**3.** は記述の通りである。**4.** の養生では，コンクリート打込み後の一定期間，硬化に必要な湿潤状態及び温度に保ち，有害な作用の影響を受けない方法を定め，所要の品質を確保できるように養生する。したがって，**1.** が適当でない。

No.7 [答え1] フレッシュコンクリート

1. の**コンシステンシー**とは，**フレッシュコンクリート等の変形又は流動に対する抵抗性のこと**である。仕上げ等の作業のしやすさは，ワーカビリティである。**2.** と**3.** は記述の通りである。**4.** のブリーディングは，コンクリートの打込み後，骨材等の沈降又は分離によって，練混ぜ水の一部が遊離して表面に上昇する現象である。したがって，**1.** が適当でない。

No.8 [答え3] 型枠の施工

1. の型枠内面には，コンクリートがせき板に付着するのを防ぐとともに，せき板の取外しを容易にするために**はく離剤を塗布する**。**セパレータ**は，せき板を所定の間隔に固定するための**型枠の締付け金物**である。**2.** の**コンクリートの側圧は，構造物条件，コンクリート条件および施工条件によって変化するため**，側圧を考慮して型枠を設計する。**3.** の型枠の締付け金物であるプラスチック製コーンを除去した後の穴は，高品質のモルタル等で埋めておく。**4.** の型枠の取外しの順序は，**比較的荷重を受けない部分をまず取り外し，その後に残りの重要な部分を取り外す**のが一般的である。したがって，**3.** が適当である。

No.9 [答え4] 既製杭の打撃工法に用いる杭打ち機

1. のドロップハンマは，鋳鋼または鋳鉄製で重心が低く，下面は凹凸の少ない平面で杭軸と

直角にあたるものでなければならない。**2.**のドロップハンマによる打撃力は，ハンマの重量とハンマの落下高さとの積の平方根に比例する。**3.**の油圧ハンマは，防音構造であり，ラムの落下高を任意に調整できることから，杭打ち時の騒音を低くできる。**4.**の油圧ハンマは，**油煙の飛散もなく**，低公害型ハンマとして使用頻度が高い。したがって，**4.**が適当でない。

No.10 [答え4] オールケーシング工法での施工

オールケーシング工法（ベノト工法）は，掘削機により杭全長にわたり**ケーシングチューブ**を回転（揺動）圧入し，孔壁を保護しながら**ハンマグラブ**で掘削・排土を行う。掘削完了後に鉄筋かごを建て込み，**トレミー管**によりコンクリートを打設しながらケーシングチューブを引き抜き，杭を築造する。**4.**の**サクションホース**は，**リバースサーキュレーション工法**で掘削土砂を泥水とともに吸引・排出するホースである。したがって，**4.**が使用しない。

No.11 [答え2] 土留め壁の「種類」と「特徴」

1.の連続地中壁は，止水性がよく掘削底面以下の根入れ部の連続性が保たれ剛性が大きいため，適用地盤の範囲が広く，大規模な開削工事や重要構造物の近接工事などに用いられる。また，そのまま躯体として使用できるが，作業に時間を要することや支障物の移設など，他に比べて**経済的とはいえない**。**2.**の鋼矢板は，継手が強固で止水性が高く，根入れ部の連続性が保たれるため，地下水位の高い地盤や軟弱な地盤に用いられ，施工も比較的容易である。**3.**の**柱列杭**は，モルタル柱など地中に連続して構築するため，**剛性が大きく，深い掘削に適する**が，工期・工費の面で不利である。**4.**の**親杭・横矢板**は，良質地盤における標準工法であり**施工も比較的容易**であるが，**止水性がなく根入れ部が連続していないため，地下水位の高い地盤や軟弱地盤では補助工法が必要**となることがある。したがって，**2.**が適当である。

No.12 [答え3] 鋼材

1.の鋼材は，比例限度を超え弾性限度までは荷重を取り除くと，元の形状に戻る弾性を示すが，弾性限度を超えると荷重を取り除いても元の形状に戻らなくなる塑性を示す。**2.**のPC棒鋼は圧延，熱処理，引抜き等により製造された直径9mm程度以上の棒状の鋼材である。**3.**の炭素鋼は，鉄と炭素の合金であり，**炭素含有量が多くなると，引張強さ・硬さが増すが，伸び・絞りが減少し，被削性・被研削性が悪くなる**。炭素含有量が0.6%以上のものを高炭素鋼といい，工具鋼として使用される。**4.**の継ぎ目なし鋼管は，シームレスパイプ，引抜鋼管とも呼ばれ，冷間引抜法または熱間仕上法で製造される。継目がないため滑らかで，耐圧性，均一性に優れる。したがって，**3.**が適当でない。

No.13 [答え1] 鋼道路橋に用いる高力ボルト

1.の**トルク係数値**は，高力ボルトの**締付け後**時間が経過すると変化するので，**締付け検査は締付け後速やかに行う**。**2.**のトルシア形高力ボルトの本締めには，専用締付け機であるシャーレンチを用いて行う。**3.**と**4.**は記述の通りである。したがって，**1.**が適当でない。

No.14 ［答え4］ コンクリート構造物の劣化機構と劣化要因

1.の中性化は，空気中の二酸化炭素がコンクリート内に侵入し，水酸化カルシウムを炭酸カルシウムに変化させ，本来高アルカリ性であるコンクリートのpHを低下させる現象である。**2.**の塩害とは，コンクリート中の鋼材が塩化物イオンと反応して，鋼材に腐食・膨張が生じ，コンクリートにひび割れ，はく離等の損傷を与える現象をいう。**3.**のアルカリシリカ反応は，コンクリート中のアルカリ分が骨材中の特定成分と反応し，骨材の異常膨張やそれに伴うひび割れ等を起こし，耐久性を低下させる現象である。**4.**の凍害は，**コンクリート中の水分が凍結融解作用により膨張と収縮を繰り返し，組織に緩み又は破壊を生じる現象**である。繰返し荷重によって生ずるのは疲労であり，繰返し荷重によってコンクリート中に微細なひび割れが発生し，やがて大きな損傷となっていく。したがって，**4.**が適当でない。

No.15 ［答え2］ 河川の用語等

1.と**4.**は記述の通りである。**2.**の堤防法面の途中に設ける平らな部分は小段という。天端は堤防の頂部のことをいう。**3.**の段切りは，1：4より急な法面に腹付け工事を行う場合に，盛土と地山とのなじみをよくするために施工する。したがって，**2.**が適当でない。

No.16 ［答え4］ 河川護岸

1.の横帯工は，法覆工の延長方向に50m程度の間隔で設ける。**2.**と**3.**は記述の通りである。**4.**の護岸基礎工は法留工ともいい，**法覆工の法尻部に設置し，法覆工を支持するための構造物**である。選択肢の記述内容は根固工である。したがって，**4.**が適当でない。

No.17 ［答え1］ 砂防えん堤

砂礫層上に施工する砂防えん堤の施工順序は，一般的には①**本えん堤基礎部**，②**副えん堤**，③**側壁護岸**，④**水叩き**，⑤**本えん堤上部**の順に施工する。したがって，**1.**が適当である。

No.18 ［答え3］ 地すべり防止工

1.の抑制工には，地すべり頭部の荷重を減ずる排土工，深さ10～20m程度の井戸により地すべり地の地下水を集水して外部に排水する集水井工や地下水排除工等がある。**2.**は記述の通りである。**3.**の排土工は，地すべり頭部に存在する不安定土塊を排除し荷重を減ずることで，地すべりの滑動力を減少させる工法である。**4.**の抑止工には，杭工，シャフト工（深礎杭工），アンカー工，擁壁工等がある。したがって，**3.**が適当でない。

No.19 ［答え3］ 道路のアスファルト舗装における路床・路盤の施工

1.の盛土路床の1層の敷均し厚さは25～30cm以下とし，締固め後の仕上り厚さは20cm以下を目安とする。**2.**の切土路床では，表面から30cm程度以内に木根，転石等の路床の均一性を損なうものは，取り除いて仕上げる。**3.**の粒状路盤材料を使用した下層路盤では，**1層の仕上り厚さは20cm以下を標準**とする。**4.**の粒度調整路盤材料を使用した上層路盤では，1層の仕上り厚さは15cm以下を標準とするが，振動ローラを用いる場合は上限を20cmとして

よい。なお，1層の仕上り厚さが20cmを超える場合，所要の締固め度が保証される施工方法が確認されていれば，その仕上り厚さを用いてもよい。したがって，**3.** が適当でない。

No.20 [答え4] 道路のアスファルト舗装の施工

1. と **2.** は記述の通りである。**3.** の初転圧は，10〜12t程度のロードローラを用い，駆動輪をアスファルトフィニッシャ側に向けて2回（1往復）程度行う。**4.** の転圧終了後の交通開放は，一般に舗装表面の温度が50℃以下になってから行う。したがって，**4.** が適当でない。

No.21 [答え3] 道路のアスファルト舗装の破損

1. のわだち掘れは，過大な大型車交通，地下水の影響などによる路床・路盤の支持力の低下，混合物の品質不良，締固め不足などが発生原因となる。**2.** の道路縦断方向の凹凸は，混合物の品質不良，路床・路盤の支持力の不均一による不等沈下，ひび割れ，わだち掘れ，構造物と舗装の接合部における段差，補修箇所の路面凹凸などが発生原因となる。**3.** のヘアクラックは，主に**アスコン層舗設時に舗装表面に発生する微細なクラック**であり，混合物の品質不良，転圧温度の不適による転圧初期のひび割れが発生原因である。選択肢の記述内容は**リフレクションクラック**であり，路盤に発生したひび割れや版の目地等が原因で発生する。**4.** の線状ひび割れは，継目部の施工不良，切盛境の不等沈下，基層・路盤のひび割れ，路床・路盤の支持力の不均一，敷均し転圧不良が発生原因となる。したがって，**3.** が適当でない。

No.22 [答え1] 道路のコンクリート舗装

1. の**コンクリート舗装**は，コンクリート版が交通荷重などによる曲げ応力に抵抗するので，**剛性舗装**と呼ばれる。**アスファルト舗装**は，せん断力に対する抵抗力は高いが，曲げ応力に対する抵抗力は低く，**たわみ性舗装**と呼ばれる。**2.** の目地はコンクリート舗装の弱点になりやすいので，鉄筋で補強される。**3.** のコンクリート舗装には，無筋コンクリート舗装，鉄網コンクリート舗装，連続鉄筋コンクリート舗装，転圧コンクリート舗装，プレキャストコンクリート舗装，プレストレスコンクリート舗装等がある。**4.** のコンクリート舗装は，トンネル内や空港のエプロン，港湾ヤードに多く用いられている。したがって，**1.** が適当でない。

No.23 [答え4] コンクリートダムにおける**RCD**工法

1. は記述の通りである。**2.** と **3.** のRCDコンクリートは，0.75mリフトの場合は3層，1mリフトの場合は4層にブルドーザ等で敷き均し，振動ローラで締め固める。**4.** の横継目は**ダム軸に対して直角方向**に設ける。したがって，**4.** が適当でない。

No.24 [答え4] トンネルの山岳工法における施工

1. の鋼アーチ式支保工は，建込みと同時にその機能を発揮できるため，吹付けコンクリートの強度が発現するまでの早期に切羽の安定ができる。**2.** は記述の通りである。**3.** の吹付けコンクリートは，鋼アーチ式支保工の背面に空隙を残さないように入念に吹き付けるとともに，後続の防水シート取付け作業における破損防止のため，吹付け面をできるだけ平滑に仕上げ

る。**4.** のずり運搬は，**タイヤ方式は通常15%程度までの勾配に対応できるが，レール方式は**労働安全衛生規則第202条（軌道のこう配）に，**5%以下**と規定されている。また2%程度以上では，車両の逸走防止装置を設けなければならない。したがって，**4.** が適当でない。

No.25 ［答え3］ 海岸堤防の形式

1. は記述の通りである。**2.** の混成型は，傾斜型及び直立型の特性を生かして，水深が割合に深く，比較的軟弱な基礎地盤に適している。**3.** の直立型は，**比較的堅固な地盤**で，堤防用地が容易に得られない場合に適している。**4.** の傾斜型は，比較的軟弱な地盤で，堤防用地が容易に得られ，堤体土砂が容易に得られる場合に用いられる。したがって，**3.** が適当でない。

No.26 ［答え3］ ケーソン式混成堤の施工

1. と **2.** は記述の通りである。**3.** の**中詰め材の投入には，一般にガット船を使用**し，中詰め材を所定の高さまで投入後，バックホウと人力にて天端を均す。**4.** のケーソンの据付けは，一次注水，据付け位置の微調整，二次注水の順で沈設する。したがって，**3.** が適当でない。

No.27 ［答え2］ 鉄道の軌道の用語

1. と **3.** と **4.** は記述の通りである。**2.** の有道床軌道は，**バラスト道床を有する軌道構造**のことである。省力化軌道は，軌道保守作業の軽減を目的に開発された軌道であり，代表的なものにプレキャストコンクリート版を用いたスラブ軌道がある。したがって，**2.** が適当でない。

No.28 ［答え4］ 営業線内工事における工事保安体制

1. の工事管理者は，工事現場ごとに専任の者を常時配置し，工事の内容及び施工方法等，必要により複数配置する。**2.** の軌道作業責任者は，作業集団ごとに専任の者を常時配置し，工事の内容及び施工方法等，必要により複数配置する。**3.** の列車見張員及び特殊列車見張員（軌道保守工事・作業，指定された土木工事に配置）は，工事現場ごとに専任の者を配置し，必要により複数配置する。なお見通し距離を確保できない場合は，中継見張員を配置する。**4.** の停電責任者は，き電停止工事を施行する場合に配置する。したがって，**4.** が適当でない。

No.29 ［答え1］ シールド工法の施工

土圧式シールド工法は，カッターチャンバー排土用の**スクリューコンベヤ**内に掘削した土砂を充満させて，スクリューコンベヤの回転数や掘進速度の制御により，カッターチャンバー内と切羽の土圧の平衡を保ちながら掘進する工法である。一方，泥水式シールド工法は，切羽に隔壁を設けて，この中に泥水を循環させ，切羽の安定を保つと同時に，カッターで切削された土砂を泥水とともに坑外まで**流体輸送**する工法である。したがって，**1.** が適当である。

No.30 ［答え1］ 上水道に使用する配水管の種類と特徴

1. の鋼管は，溶接継手により一体化でき，地盤の変動に対し長大なラインとして追従できるが，温度伸縮継手や可とう継手が必要である。**2.** のダクタイル鋳鉄管は，施工性はよいが重

量が大きく，継手の種類によって異形管防護を必要とし，**管の加工がしにくい。3.** の硬質塩化ビニル管は，耐食性，耐電食性に優れ，軽量で施工性・加工性がよいが，**低温時に耐衝撃性が低く**，接着した継手の強度や水密性に注意する。**4.** のポリエチレン管は，耐食性，耐電食性に優れ，軽量で施工が容易であるが，管接合は融着接合のため**雨天時や湧水地盤での施工が困難**である。また，専用の融着器具が必要である。したがって，**1.** が適当である。

No.31 ［答え4］下水道管渠の更生工法

（イ）は**製管工法**，（ロ）は**さや管工法**の説明である。形成工法は，熱硬化性樹脂を含浸させたライナーや熱可塑性樹脂ライナーを既設管渠内に引込み，水圧又は空気圧などで拡張・密着させた後に硬化させることで管を構築する工法である。したがって，**4.** が適当である。

No.32 ［答え2］賃金の支払い

1. は労働基準法第11条により正しい。**2.** は同法第24条（賃金の支払）第1項に「賃金は，通貨で，**直接労働者に**，その全額を支払わなければならない。（後略）」及び第2項に「賃金は，毎月1回以上，一定の期日を定めて支払わなければならない。ただし，臨時に支払われる賃金，賞与その他これに準ずるもので厚生労働省令で定める賃金については，この限りでない」と規定されている。**3.** は同法第4条（男女同一賃金の原則）により正しい。**4.** は同法第12条第1項により正しい。したがって，**2.** が誤りである。

No.33 ［答え4］災害補償

1. は労働基準法第79条（遺族補償）に「労働者が業務上死亡した場合においては，使用者は，遺族に対して，**平均賃金の1000日分の遺族補償**を行わなければならない」と規定されている。**2.** は同法第76条（休業補償）第1項に「労働者が業務上の負傷，又は疾病の療養のため，労働することができないために賃金を受けない場合においては，**使用者は，労働者の療養中平均賃金の100分の60の休業補償を行わなければならない**」と規定されている。**3.** は同法第81条（打切補償）に「療養補償を受ける労働者が，療養開始後3年を経過しても負傷又は疾病がなおらない場合においては，**使用者は，平均賃金の1200日分の打切補償を行い，その後はこの法律の規定による補償を行わなくてもよい**」と規定されている。**4.** は同法第78条（休業補償及び障害補償の例外）により正しい。したがって，**4.** が正しい。

No.34 ［答え1］労働安全衛生法

労働安全衛生法第59条（安全衛生教育）第3項及び同規則第36条（特別教育を必要とする業務）に，労働者に対して特別の教育を行わなければならない業務が示されている。**1.** の**エレベーターの運転の業務は規定されていない**。**2.** は第16号に規定されている。**3.** は第15号イに規定されている。**4.** は第3号に規定されている。したがって，**1.** が該当しない。

No.35 ［答え1］建設業法

1. は建設業法第20条（建設工事の見積り等）第1項に「建設業者は，建設工事の請負契約を

締結するに際して，工事内容に応じ，**工事の種別ごとの材料費，労務費その他の経費の内訳並びに工事の工程ごとの作業及びその準備に必要な日数を明らかにして，建設工事の見積りを行う**よう努めなければならない」と規定されている。**2.** は同法第24条の2（下請負人の意見の聴取）により正しい。**3.** は同法第26条第3項及び同施行令第27条に「公共性のある施設若しくは工作物又は多数の者が利用する施設若しくは工作物に関する重要な建設工事で，工事1件の請負代金の額が3500万円（建築一式工事は7000万円）以上の場合，置かなければならない主任技術者又は監理技術者は，工事現場ごとに，専任の者でなければならない」と規定されている。すなわちこの請負金額未満であれば専任を要しないので，主任技術者は現場代理人の職務を兼ねることができる。**4.** は同法第26条の4（主任技術者及び監理技術者の職務等）第2項により正しい。したがって，**1.** が誤りである。

No.36 ［答え3］ 車両の総重量等の最高限度

道路法第47条第1項，及び車両制限令第3条（車両の幅等の最高限度）より，車両の幅，重量，高さ，長さ及び最小回転半径の最高限度は以下の通りである。

車両の幅	2.5m
総重量	20t（高速自動車国道又は道路管理者が道路の構造の保全及び交通の危険の防止上支障がないと認めて指定した道路を通行する車両にあっては25t以下）
軸重	10t
輪荷重	5t
高さ	3.8m（道路管理者が道路の構造の保全及び交通の危険の防止上支障がないと認めて指定した道路を通行する車両にあっては4.1m）
長さ	12m
最小回転半径	**車両の最外側のわだちについて12m**

したがって，**3.** が誤りである。

No.37 ［答え1］ 河川法

1. は河川法第9条（一級河川の管理）により正しい。**2.** は同法第1条（目的）に「この法律は，河川について，**洪水，津波，高潮等による災害の発生が防止**され，**河川が適正に利用**され，流水の正常な機能が維持され，及び**河川環境の整備と保全**がされるようにこれを総合的に管理することにより，国土の保全と開発に寄与し，もって公共の安全を保持し，かつ，公共の福祉を増進することを目的とする」と規定されている。**3.** は同法第100条に「**準用河川の管理は，市町村長が行う**」と規定されている。なお，同法第10条（二級河川の管理）第1項より，都道府県知事は二級河川の管理を行う。**4.** は同法第3条（河川及び河川管理施設）第2項に「この法律において「**河川管理施設**」とは，**ダム**，堰，水門，堤防，護岸，床止め，樹林帯，その他河川の流水によって生ずる公利を増進し，又は公害を除却し，若しくは軽減する効用を有する施設をいう（後略）」と規定されている。したがって，**1.** が正しい。

No.38 [答え2] 建築基準法

1. は建築基準法第2条（用語の定義）第1号により正しい。**2.** は同条第4号に**居室は，「居住，執務，作業，集会，娯楽その他これらに類する目的のために継続的に使用する室をいう」**と規定されている。**3.** は同条第3号により正しい。**4.** は同条第35号により正しい。したがって，**2.** が誤りである。

No.39 [答え3] 火薬類取締法

1. は火薬類取締法第12条（火薬庫）第1項に「火薬庫を設置し，移転し又はその構造若しくは設備を変更しようとする者は，経済産業省令で定めるところにより，**都道府県知事の許可を受けなければならない**」と規定されている。**2.** は同施行規則第21条（貯蔵上の取扱い）第2号に「**火薬庫の境界内には，爆発し，発火し，又は燃焼しやすい物をたい積しないこと**」と規定されている。**3.** は同条第3号により正しい。**4.** は同条第7号に「**火薬庫内では，換気に注意し，できるだけ温度の変化を少なくし，特に無煙火薬又はダイナマイトを貯蔵する場合には，最高最低寒暖計を備え，夏期又は冬期における温度の影響を少なくするような措置を講ずること**」と規定されている。したがって，**3.** が正しい。

No.40 [答え1] 騒音規制法

騒音規制法上，指定地域内における特定建設作業の規制基準は，「特定建設作業に伴って発生する騒音の規制に関する基準」（厚生省・建設省告示1号：昭和43年11月27日）により次表の通り示されている。

表　指定地域と騒音の大きさ・作業時間

規制の種類／区域	第1号区域	第2号区域
騒音の大きさ	敷地境界において85デシベルを超えないこと	
作業時間帯	午後7時～午前7時に行われないこと	午後10時～午前6時に行われないこと
作業期間	1日あたり10時間以内	1日あたり14時間以内
	連続6日以内	
作業日	日曜日，その他の休日でないこと	

したがって，**1.** が正しい。

No.41 [答え4] 振動規制法

振動規制法第14条第1項に「指定地域内において特定建設作業を伴う建設工事を施工しようとする者は，当該特定建設作業の開始の日の7日前までに，（中略）**市町村長に届け出なけれ**ばならない。ただし，災害その他非常の事態の発生により特定建設作業を緊急に行う必要がある場合は，この限りでない」と規定されている。したがって**4.** が正しい。

No.42 [答え1] 港則法

1. は港則法第13条（航法）第3項に「船舶は，航路内において，他の船舶と行き会うときは，

右側を航行しなければならない」と規定されている。**2.**は同法第12条により正しい。**3.**は同法第17条により正しい。**4.**は同法第13条第4項により正しい。したがって，**1.**が誤りである。

No.43 ［答え4］ 水準測量

水準測量で測定した結果を，昇降式で野帳に記入し整理すると，次表の通りになる。

測点No.	距離 (m)	後視 (m)	前視 (m)	高低差（m） ＋	高低差（m） －	備考
1		0.9				測点No.1…地盤高　9.0m
2	20	1.7	2.3		1.4	
3	30	1.6	1.9		0.2	
4	20	1.3	1.1	0.5		
5	30		1.5		0.2	測点No.5…地盤高　7.7 m

それぞれ測点の地盤高は次の通りとなる。

No.2：9.0m（No.1の地盤高）＋（0.9m（No.1の後視）－2.3m（No.2の前視））＝7.6m

No.3：7.6m（No.2の地盤高）＋（1.7m（No.2の後視）－1.9m（No.3の前視））＝7.4m

No.4：7.4m（No.3の地盤高）＋（1.6m（No.3の後視）－1.1m（No.4の前視））＝7.9m

No.5：7.9m（No.4の地盤高）＋（1.3m（No.4の後視）－1.5m（No.5の前視））＝7.7m

【別解】表の高低差の総和を測点No.1の地盤高9.0mに足してもよい。

9.0m＋（0.5m＋（－1.4m－0.2m－0.2m））＝7.7m

したがって，**4.**が適当である。

No.44 ［答え3］ 公共工事標準請負契約約款

1.は公共工事標準請負契約約款第17条（設計図書不適合の場合の改造義務及び破壊検査等）第2項に「監督員は，**受注者が**（中略）**規定に違反した場合において，必要があると認められるときは，工事の施工部分を破壊して検査することができる**」と規定されている。**2.**は同条第1項に「**受注者は，工事の施工部分が設計図書に適合しない場合において，監督員が**その改造を請求したときは，当該請求に従わなければならない。（後略）」と規定されている。**3.**は同約款第1条（総則）第1項により正しい。**4.**は同約款第13条（工事材料の品質及び検査等）第4項に「受注者は工事現場内に搬入した工事材料を**監督員の承認を受けないで工事現場外に搬出してはならない**」と規定されている。したがって，**3.**が正しい。

No.45 ［答え2］ 逆T型擁壁

設問の逆T型擁壁各部の寸法記号と名称は，H1：擁壁の高さ，H2：地上高，B：底版幅，B1：つま先版幅，B2：かかと版幅，T1：たて壁厚，T2：底版厚である。したがって，**2.**が適当である。

No.46 ［答え3］建設機械の用途

1. は記述の通りである。**2.** のブルドーザは，掘削，運搬（押土），敷均し，整地，締固め等の作業に用いられる。**3.** の**タンピングローラ**は，**踏み跡をデコボコ状にするもの**であり，**アースダム，築堤，道路，飛行場などの厚層の土等の転圧に適している。**盛土材やアスファルト混合物の締固め等にはロードローラやタイヤローラ，振動ローラ等を用いる。**4.** のドラグラインは，ロープで保持されたバケットを旋回による遠心力で放り投げて，地面に沿って引き寄せながら掘削する機械で，ブームのリーチより遠い所まで掘ることができるため，水中掘削，砂利の採取，しゅんせつ等に適している。したがって，**3.** が適当でない。

No.47 ［答え1］仮設工事

1. の仮設工事の材料は，一般の市販品を使用し，可能な限り規格を統一し，**他工事にも転用できるような計画にする。2.** の間接仮設工事には工事遂行に必要な現場事務所，労務宿舎，倉庫等があり，直接仮設工事には，本工事に必要な工事用道路，支保工足場，電力設備や土留め等がある。**3.** は記述の通りである。**4.** の任意仮設は，構造等の条件は明示されず計画や施工方法は施工業者に委ねられ，経費は契約上一式計上され，契約変更の対象にならないことが多い。指定仮設は，特に大規模で重要なものとして発注者が設計仕様，数量，設計図面，施工方法，配置等を指定するもので，設計変更の対象となる。したがって，**1.** が適当でない。

No.48 ［答え3］労働安全衛生規則（地山の掘削作業）

1. は労働安全衛生規則第358条（点検）第1号により正しい。**2.** は同規則第360条（地山の掘削作業主任者の職務）第1号により正しい。**3.** は同規則第364条（運搬機械等の運行の経路等）に「事業者は，明り掘削の作業を行うときは，あらかじめ，運搬機械，掘削機械及び積込機械の運行の経路並びにこれらの機械の土石の積卸し場所への出入の方法を定めて，これを**関係労働者に周知させなければならない**」と規定されている。**4.** は同規則第367条（照度の保持）により正しい。したがって，**3.** が誤りである。

No.49 ［答え4］労働安全衛生規則（コンクリート造の工作物の解体作業にともなう危険防止）

1. は労働安全衛生規則517条の14（調査及び作業計画）第1項により正しい。**2.** は同条第2項により正しい。**3.** は同規則第517条の15（コンクリート造の工作物の解体等の作業）第2号により正しい。**4.** は同規則第171条の6（立入禁止等）第1号に「物体の飛来等により労働者に危険が生ずるおそれのある箇所に**運転者以外の労働者を立ち入らせないこと**」と規定されている。したがって，**4.** が誤りである。

No.50 ［答え4］品質管理活動

品質管理は，組織の構築したシステムでPDCAを繰り返し実行することで，スパイラルアップが期待できる。その具体的対応は，**計画（Plan）→実施（Do）→検討（Check）→改善（Action）**で行われる。(イ)の「異常原因を追究し，除去する処置をとる」は**改善**の段階であ

る。(ロ)の「作業標準に基づき，作業を実施する」は**実施**の段階である。(ハ)の「統計的手法により，解析・検討を行う」は**検討**の段階である。(ニ)の「品質特性の選定と，品質規格を決定する」は**計画**の段階である。したがって，(ニ) → (ロ) → (ハ) → (イ)の**4.**が適当である。

No.51 [答え**1**] レディーミクストコンクリートの品質管理

1. は JIS A 5308 5品質5.1品質項目に「レディーミクストコンクリートの品質項目は，強度，スランプ又はスランプフロー，空気量，及び塩化物含有量とし，**荷卸し地点**において，条件を満足しなければならない」と規定されている。**2.** は同5.2 強度により正しい。**3.** は同5.1により正しい。**4.** は同5.3スランプに，8〜18cmのときの許容値は ±2.5cm と規定されており，スランプ12cmのときの下限値は9.5cmとなる。したがって，**1.** が適当でない。

(参考：P.50 2022（令和4）年度後期第一次検定No.51解説)

No.52 [答え**4**] 建設工事における環境保全対策

1. の土工機械は，長時間使用していると結合部の緩みや潤滑材の不足などが生じ，騒音や振動が増加することがあるので，常に良好な状態に整備しておく。**2.** の空気圧縮機や発動発電機の設置位置は，できる限り人家等から隔離する。**3.** の運搬車両の走行速度は，道路及び付近の状況によって必要に応じ制限を加えるように計画，実施する。また，運搬車両の運転は，不必要な急発進，急停止，空ぶかしなどを避けて，ていねいに行う。なお，路面状況や車両の状態などにより異なるが，車両の総質量が大きいほど，走行速度の速いものほど振動は大きくなる傾向にある。**4.** のアスファルトフィニッシャの**騒音レベルは，バイブレータ式がタンパ式に比べて5〜6dB(A)** と小さいことから，夜間工事等，静かさが要求される場合にはバイブレータ式を採用する。したがって，**4.** が適当でない。

No.53 [答え**2**] 建設工事に係る資材の再資源化等に関する法律（建設リサイクル法）

建設工事に係る資材の再資源化等に関する法律第2条（定義）第5項及び同法施行令第1条（特定建設資材）に「建設工事に係る資材の再資源化等に関する法律第2条第5項のコンクリート，木材その他建設資材のうち政令で定めるものは，次に掲げる建設資材とする。①**コンクリート**，②**コンクリート及び鉄から成る建設資材**，③**木材**，④**アスファルト・コンクリート**」と規定されている。したがって，**2.** の建設発生土は該当しない。

No.54 [答え**2**] 施工計画作成のための事前調査

施工計画作成のための事前調査には，契約条件と現場条件に関する事前調査確認があり，契約条件には，契約内容の確認，設計図書の確認，その他の確認があり，現場条件には，**自然条件**の把握のための，地域特性，地質，地下水，気象等の調査，**近隣環境**の把握のための，現場周辺の状況，近隣構造物，地下埋設物等の調査，**資機材**の把握のための，調達の可能性，適合性，調達先等の調査や，**輸送**の把握のための，道路の状況，運賃及び手数料，現場搬入路等の調査等がある。したがって，**2.** が適当である。

No.55 [答え1] 建設機械の作業能力・作業効率

単独，又は組み合わされた一群の機械の作業能力は，**時間当たり**の平均作業量で表され，建設機械の**整備**を十分行っておくと向上する。また，建設機械の作業効率は，気象条件，地形や作業場の広さ，土質の種類や状態，工事の規模，**運転員の技量**等の各種条件により変化し，ブルドーザの作業効率は，砂の方が岩塊・玉石より**大きい**。したがって，**1.** が適当である。

No.56 [答え3] 工程表の種類と特徴

バーチャートは，縦軸に工事を構成する作業名，横軸にその作業に必要な**日数（工期）を棒線で示した図表**である。**ガントチャート**は，縦軸に工事を構成する作業名，横軸に各作業の**出来高比率を棒線で表した図表**である。**グラフ式工程表**は，縦軸に出来高又は工事作業量比率をとり，横軸に日数をとり**各作業の工程を斜線で表した図表**である。**出来高累計曲線**は，縦軸に出来高比率，横軸に工期をとって作業全体の**出来高比率の累計を曲線で表した図表**である。したがって，**3.** が適当である。

No.57 [答え2] ネットワーク式工程表

クリティカルパスとは，最も日数を要する最長経路のことであり，工期を決定する。各経路の所要日数は次の通りとなる。⓪→①→②→⑤→⑥＝3＋5＋3＋5＝16日，⓪→①→②→③→⑤→⑥＝3＋5＋0＋7＋5＝20日，⓪→①→②→③→④→⑤→⑥＝3＋5＋0＋4＋0＋5＝17日，⓪→①→③→⑤→⑥＝3＋4＋7＋5＝19日，⓪→①→③→④→⑤→⑥＝3＋4＋4＋0＋5＝16日である。したがって，⓪→①→②→③→⑤→⑥がクリティカルパスであり，**作業B**及び**作業E**はクリティカルパス上の作業である。また工期は**20日間**である。なお，作業Fの最早開始時刻は8日，最遅完了時刻は15日であり，トータルフロートは3日のため，3日遅延しても全体の工期に影響はない。したがって，**2.** が正しい。

No.58 [答え4] 複数の事業者が混在している事業場の安全衛生管理体制

事業者のうち，一つの場所で行う事業で，その一部を請負人に請け負わせている者を**元方事業者**といい，**元方事業者**のうち，建設業等の事業を行う者を**特定元方事業者**という。**特定元方事業者**は，労働災害を防止するため，**協議組織**の運営や作業場所の巡視は**毎作業日**に行う。したがって，**4.** が正しい。(参考：P.394　2018（平成30）年度前期学科試験No.52解説)

No.59 [答え2] 移動式クレーンを用いた作業において事業者が行うべき事項

移動式クレーンを用いた作業において，事業者が行うべき事項は，クレーン等安全規則に示されている。第23条（過負荷の制限）第1項に「クレーンにその**定格荷重**をこえる荷重をかけて使用してはならない」，第31条の2（強風時の作業中止）に「強風のため，クレーンに係る作業の実施について危険が予想されるときは，当該作業を**中止**しなければならない」，第32条（運転位置からの離脱の禁止）第1項に「クレーンの運転者を，荷をつったままで，**運転位置**から離れさせてはならない」，第25条（運転の合図）第1項に「クレーンを用いて作業を行なうときは，クレーンの運転について一定の合図を定め，**合図を行なう者**を指名して，

その者に合図を行なわせなければならない」と規定されている。したがって，**2.** が正しい。

No.60 [答え3] ヒストグラム

ヒストグラムは，横軸をいくつかのデータ範囲に分け，それぞれの範囲に入るデータの数を度数として縦軸に高さで表した棒グラフであり，測定値の**ばらつき**の状態を知ることができる統計的手法である。工程が安定している場合，一般的に平均値付近に度数が集中し，平均値から離れるほど低く，左右対称のつり鐘型の正規分布となる。図のA工区における測定値の総数（n）は100で，B工区における測定値の最大値は，36であり，より良好な結果を示しているのは**A工区**の方である。したがって**3.** が適当である。

No.61 [答え2] 盛土の締固めにおける品質管理

盛土の締固めの品質管理の方式のうち工法規定方式は，使用する締固め機械の機種や締固め**回数**等を規定するもので，品質規定方式は，盛土の**締固め度**等を規定する方法である。盛土の締固めの効果や性質は，土の種類や含水比，施工方法によって**変化する**。盛土が最もよく締まる含水比は，最大乾燥密度が得られる含水比で**最適**含水比である。したがって**2.** が適当である。(参考：P.221 2020（令和2）年度後期学科試験No.58解説)

2級土木施工管理技術検定試験

2020

令和2 | 年度後期

学科試験

実地試験

解答・解説

※**問題番号No.1～No.11までの11問題のうちから9問題を選択し解答してください。**

No.1 土工の作業に使用する建設機械に関する次の記述のうち，**適当なもの**はどれか。

1. クラムシェルは，シールドの立坑など深い掘削に用いられる。
2. バックホゥは，主に機械の位置より高い場所の掘削に用いられる。
3. ブルドーザは，掘削・押土及び長距離の運搬作業に用いられる。
4. スクレーパは，掘削・積込み，中距離運搬，敷均し，締固めの作業に用いられる。

No.2 土質試験における「試験名」とその「試験結果の利用」に関する次の組合せのうち，**適当でないもの**はどれか。

[試験名] [試験結果の利用]
1. 土の一軸圧縮試験 ……………………… 支持力の推定
2. 土の液性限界・塑性限界試験 ……… 盛土材料の適否の判断
3. 土の圧密試験 ……………………… 粘性土地盤の沈下量の推定
4. CBR試験 ……………………… 岩の分類の判断

No.3 盛土の施工に関する次の記述のうち，**適当でないもの**はどれか。

1. 盛土の施工で重要な点は，盛土材料を均等に敷き均すことと，均等に締め固めることである。
2. 盛土の締固め特性は，土の種類，含水状態及び施工方法にかかわらず一定である。
3. 盛土材料の自然含水比が施工含水比の範囲内にないときには，含水量の調節を行うことが望ましい。
4. 盛土材料の敷均し厚さは，締固め機械及び要求される締固め度などの条件によって左右される。

No.4 軟弱地盤における次の改良工法のうち，締固め工法に**該当するもの**はどれか。

1. プレローディング工法
2. ウェルポイント工法
3. 深層混合処理工法
4. サンドコンパクションパイル工法

No.5 コンクリートに用いられる次の混和材料のうち，収縮にともなうひび割れの発生を抑制する目的で使用する混和材料に**該当するもの**はどれか。

1. 膨張材
2. AE剤
3. 高炉スラグ微粉末
4. 流動化剤

No.6 コンクリートのスランプ試験に関する次の記述のうち，**適当でないもの**はどれか。

1. スランプ試験は，コンクリートのコンシステンシーを測定する試験方法である。
2. スランプ試験は，高さ30cmのスランプコーンを使用する。
3. スランプは，1cm単位で測定する。
4. スランプは，コンクリートの中央部で下がりを測定する。

No.7 コンクリートの施工に関する次の記述のうち，**適当でないもの**はどれか。

1. コンクリートを打ち重ねる場合には，上層と下層が一体となるように，棒状バイブレータ（内部振動機）を下層のコンクリートの中に10cm程度挿入する。
2. コンクリートを打ち込む際は，打上がり面が水平になるように打ち込み，1層当たりの打込み高さを40～50cm以下とする。
3. コンクリートの練混ぜから打ち終わるまでの時間は，外気温が25℃を超えるときは1.5時間以内とする。
4. コンクリートを2層以上に分けて打ち込む場合は，外気温が25℃を超えるときの許容打重ね時間間隔は3時間以内とする。

No.8 鉄筋の組立と継手に関する次の記述のうち，**適当なもの**はどれか。

1. 継手箇所は，同一の断面に集めないようにする。

2. 鉄筋どうしの交点の要所は，溶接で固定する。

3. 鉄筋は，さびを発生させて付着性を向上させるため，なるべく長期間大気にさらす。

4. 型枠に接するスペーサは，原則としてプラスチック製のものを使用する。

No.9 既製杭の施工に関する次の記述のうち，**適当なもの**はどれか。

1. 打撃工法による群杭の打込みでは，杭群の周辺から中央部に向かって打ち進むのがよい。

2. 中掘り杭工法では，地盤の緩みを最小限に抑えるために過大な先掘りを行ってはならない。

3. 中掘り杭工法は，あらかじめ杭径より大きな孔を掘削しておき，杭を沈設する。

4. 打撃工法では，施工時に動的支持力が確認できない。

No.10 場所打ち杭工に関する次の記述のうち，**適当でないもの**はどれか。

1. オールケーシング工法では，ハンマグラブで掘削・排土する。

2. オールケーシング工法の孔壁保護は，一般にケーシングチューブと孔内水により行う。

3. リバースサーキュレーション工法の孔壁保護は，孔内水位を地下水位より低く保持して行う。

4. リバースサーキュレーション工法は，ビットで掘削した土砂を泥水とともに吸上げ排土する。

No.11 下図に示す土留め工法の(イ)，(ロ)の部材名称に関する次の組合せのうち，**適当なもの**はどれか。

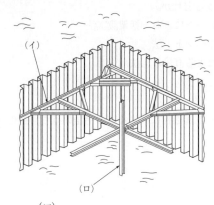

	(イ)	(ロ)
1.	腹起し	中間杭
2.	腹起し	火打ちばり
3.	切ばり	中間杭
4.	切ばり	火打ちばり

※**問題番号No.12～No.31までの20問題のうちから6問題を選択し解答してください。**

No.12 下図は，鋼材の引張試験における応力度とひずみの関係を示したものであるが，点Eを表している用語として，**適当なもの**は次のうちどれか。

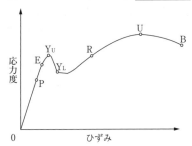

1. 比例限度

2. 弾性限度

3. 上降伏点

4. 引張強さ

No. 13 鋼道路橋における架設工法のうち，市街地や平坦地で桁下空間やアンカー設備が使用できない現場において一般に用いられる工法として，**適当なもの**は次のうちどれか。

1. フローティングクレーンによる一括架設工法
2. 自走クレーンによるベント工法
3. ケーブルクレーンによる直吊り工法
4. 手延機による送出し工法

No. 14 コンクリート構造物に関する次の用語のうち，劣化機構に**該当しないもの**はどれか。

1. 中性化
2. 疲労
3. 豆板
4. 凍害

No. 15 河川に関する次の記述のうち，**適当でないもの**はどれか。

1. 河川の流水がある側を堤内地，堤防で守られている側を堤外地という。
2. 堤防の法面は，河川の流水がある側を表法面，その反対側を裏法面という。
3. 河川の横断面図は，上流から下流を見た断面で表し，右側を右岸という。
4. 堤防の天端と表法面の交点を表法肩という。

No. 16 河川護岸に関する次の記述のうち，**適当でないもの**はどれか。

1. 低水護岸は，低水路を維持し，高水敷の洗掘などを防止するものである。
2. 低水護岸の天端保護工は，流水によって護岸の裏側から破壊しないように保護するものである。
3. 法覆工は，堤防及び河岸の法面を被覆して保護するものである。
4. 縦帯工は，河川の横断方向に設けて，護岸の破壊が他に波及しないよう絶縁するものである。

No. 17 砂防えん堤に関する次の記述のうち，**適当でないもの**はどれか。

1. 水通しは，えん堤上流からの流水の越流部として設置され，その断面は一般に逆台形である。

2. 袖は，その天端を洪水が越流することを前提とした構造物であり，土石などの流下による衝撃に対し強固な構造とする。

3. 水たたきは，本えん堤からの落下水による洗掘の防止を目的に，前庭部に設けられるコンクリート構造物である。

4. 水抜きは，施工中の流水の切替えや堆砂後の浸透水を抜いて水圧を軽減するために，必要に応じて設ける。

No. 18 地すべり防止工に関する次の記述のうち，**適当なもの**はどれか。

1. 排水トンネル工は，地すべり規模が小さい場合に用いられる工法である。

2. 横ボーリング工は，地下水の排除を目的とした工法で，抑止工に区分される工法である。

3. シャフト工は，大口径の井筒を山留めとして掘り下げ，鉄筋コンクリートを充てんして，シャフト（杭）とする工法である。

4. 排土工は，土塊の滑動力を減少させることを目的に，地すべり脚部の不安定土塊を排除する工法である。

No. 19 道路のアスファルト舗装における構築路床の安定処理に関する次の記述のうち，**適当でないもの**はどれか。

1. 安定材の混合終了後，モータグレーダで仮転圧を行い，ブルドーザで整形する。

2. 安定材の散布に先立って現状路床の不陸整正や，必要に応じて仮排水溝を設置する。

3. 所定量の安定材を散布機械又は人力により均等に散布する。

4. 軟弱な路床土では，安定処理としてセメントや石灰などを混合し，支持力を改善する。

No. 20 道路のアスファルト舗装におけるアスファルト混合物の締固めに関する次の記述のうち，**適当でないもの**はどれか。

1. 締固め作業は，継目転圧，初転圧，二次転圧及び仕上げ転圧の順序で行う。

2. 初転圧は，一般にタンピングローラで行う。

3. 二次転圧は，一般にタイヤローラで行う。

4. 仕上げ転圧は，不陸の修正やローラマーク消去のために行う。

No.21 道路のアスファルト舗装の補修工法に関する次の記述のうち，**適当でないもの**はどれか。

1. 打換え工法は，不良な舗装の一部分，または全部を取り除き，新しい舗装を行う工法である。

2. 切削工法は，路面の凸部を切削して不陸や段差を解消する工法である。

3. オーバーレイ工法は，ポットホール，段差などを応急的に舗装材料で充てんする工法である。

4. 表面処理工法は，既設舗装の表面に薄い封かん層を設ける工法である。

No.22 道路のコンクリート舗装に関する次の記述のうち，**適当でないもの**はどれか。

1. 普通コンクリート版の横目地には，収縮に対するダミー目地と膨張目地がある。

2. 地盤がよくない場合には，普通コンクリート版の中に鉄網を入れる。

3. 舗装用コンクリートは，一般的にはスプレッダによって，均一に隅々まで敷き広げる。

4. 舗装用コンクリートは，養生中の収縮が十分大きいものを使用する。

No.23 コンクリートダムにおけるRCD工法に関する次の記述のうち，**適当でないもの**はどれか。

1. RCD工法では，コンクリートの運搬は一般にダンプトラックを使用し，ブルドーザで敷き均し，振動ローラなどで締め固める。

2. RCD用コンクリートは，硬練りで単位セメント量が多いため，水和熱が小さく，ひび割れを防止するコンクリートである。

3. RCD工法でのコンクリート打設後の養生は，スプリンクラーやホースなどによる散水養生を実施する。

4. RCD工法での水平打継ぎ目は，各リフトの表面が構造的な弱点とならないように，一般的にモータースイーパーなどでレイタンスを取り除く。

No.24 トンネルの山岳工法の観察・計測に関する次の記述のうち，**適当でないもの**はどれか。

1. 観察・計測の頻度は，掘削直前から直後は疎に，切羽が離れるに従って密に設定する。

2. 観察・計測は，掘削にともなう地山の変形などを把握できるように計画する。

3. 観察・計測の結果は，施工に反映するために，計測データを速やかに整理する。

4. 観察・計測の結果は，支保工の妥当性を確認するために活用できる。

No.25 下図は傾斜型海岸堤防の構造を示したものである。図の(イ)〜(ハ)の構造名称に関する次の組合せのうち，**適当なもの**はどれか。

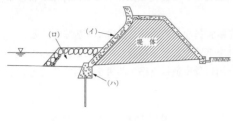

	(イ)	(ロ)	(ハ)
1.	裏法被覆工 ··········	根固工 ·················	基礎工
2.	表法被覆工 ··········	基礎工 ·················	根固工
3.	表法被覆工 ··········	根固工 ·················	基礎工
4.	裏法被覆工 ··········	基礎工 ·················	根固工

No.26 ケーソン式混成堤の施工に関する次の記述のうち，**適当でないもの**はどれか。

1. ケーソンの構造は，水位を調整しやすいように，それぞれの隔壁に通水孔を設ける。

2. ケーソンは，注水開始後，着底するまで中断することなく注水を連続して行い据え付ける。

3. ケーソンは，据え付けたらすぐに，内部に中詰めを行い，安定性を高めなければならない。

4. ケーソンの中詰め材は，土砂，割り石，コンクリート，プレパックドコンクリートなどを使用する。

No.27 鉄道の「軌道の用語」と「説明」に関する次の組合せのうち，**適当でないもの**はどれか。

[軌道の用語] ［説　明］

1. カント量 ················ 車両が曲線を通過するときに，遠心力により外方に転倒するのを防止するために外側のレールを高くする量

2. 緩和曲線 ················ 鉄道車両の走行を円滑にするために直線と円曲線，又は二つの曲線の間に設けられる特殊な線形のこと

3. バラスト ················ まくらぎと路盤の間に用いられる砂利，砕石などの粒状体のこと

4. スラック ················ 曲線上の車輪の通過をスムーズにするために，レール頭部を切削する量

No.28 鉄道（在来線）の営業線路内及び営業線近接工事の保安対策に関する次の記述のうち，**適当でないもの**はどれか。

1. 列車接近合図を受けた場合は，列車見張員による監視を強化し安全に作業を行うこと。
2. 重機械の使用を変更する場合は，必ず監督員などの承諾を受けて実施すること。
3. ダンプ荷台やクレーンブームは，これを下げたことを確認してから走行すること。
4. 工事用自動車を使用する場合は，工事用自動車運転資格証明書を携行すること。

No.29 シールド工法に関する次の記述のうち，**適当でないもの**はどれか。

1. シールド工法は，開削工法が困難な都市の下水道工事や地下鉄工事などで用いられる。
2. 切羽とシールド内部が隔壁で仕切られたシールドは，密閉型シールドと呼ばれる。
3. 土圧式シールド工法は，スクリューコンベヤで排土を行う工法である。
4. 泥水式シールド工法は，大きい径の礫を排出するのに適している工法である。

No.30 上水道管きょの据付けに関する次の記述のうち，**適当でないもの**はどれか。

1. 管を掘削溝内につり下ろす場合は，溝内のつり下ろし場所に作業員を立ち入らせない。
2. 管のつり下ろし時に土留め用切ばりを一時取り外す必要がある場合は，必ず適切な補強を施す。
3. 鋼管の据付けは，管体保護のため基礎に砕石を敷き均して行う。
4. 管の据付けに先立ち，十分管体検査を行い，亀裂その他の欠陥がないことを確認する。

No.31 下水道の剛性管きょを施工する際の下記の「基礎地盤の土質区分」と「基礎の種類」の組合せとして，**適当なもの**は次のうちどれか。

［基礎地盤の土質区分］
（イ）硬質粘土，礫混じり土及び礫混じり砂などの硬質土
（ロ）非常にゆるいシルト及び有機質土などの極軟弱土

［基礎の種類］

砂基礎

コンクリート基礎

鉄筋コンクリート基礎

　　　（イ）　　　　　　　　　　　　（ロ）
1. 砂基礎 ································ 鉄筋コンクリート基礎
2. 鉄筋コンクリート基礎 ············ 砂基礎
3. 鉄筋コンクリート基礎 ············ コンクリート基礎
4. 砂基礎 ································ コンクリート基礎

※**問題番号No.32～No.42までの11問題のうちから6問題を選択し解答してください。**

No.32 労働基準法に定められている労働時間，休憩，年次有給休暇に関する次の記述のうち，**正しいもの**はどれか。
1. 使用者は，原則として労働時間の途中において，休憩時間を労働者ごとに開始時刻を変えて与えることができる。
2. 使用者は，災害その他避けることのできない事由によって，臨時の必要がある場合においては，制限なく労働時間を延長させることができる。
3. 使用者は，1週間の各日については，原則として労働者に，休憩時間を除き1日について8時間を超えて，労働させてはならない。
4. 使用者は，雇入れの日から起算して3箇月間継続勤務し全労働日の8割以上出勤した労働者に対して，有給休暇を与えなければならない。

No.33 満18歳に満たない者の就業に関する次の記述のうち，労働基準法上，**誤っているもの**はどれか。

1. 使用者は，年齢を証明する親権者の証明書を事業場に備え付けなければならない。

2. 使用者は，クレーン，デリック又は揚貨装置の運転の業務に就かせてはならない。

3. 使用者は，動力により駆動される土木建築用機械の運転の業務に就かせてはならない。

4. 使用者は，足場の組立，解体又は変更の業務（地上又は床上における補助作業の業務を除く。）に就かせてはならない。

No.34 労働安全衛生法上，**作業主任者の選任を必要としない作業**は，次のうちどれか。

1. 高さが5m以上のコンクリート造の工作物の解体又は破壊の作業

2. 既製コンクリート杭の杭打ちの作業

3. 土止め支保工の切りばり又は腹起こしの取付け又は取り外しの作業

4. 高さが5m以上の構造の足場の組立て，解体又は変更の作業

No.35 建設業法に関する次の記述のうち，**誤っているもの**はどれか。

1. 建設業者は，建設工事の担い手の育成及び確保その他の施工技術の確保に努めなければならない。

2. 建設業の許可は，5年ごとにその更新を受けなければ，その期間の経過によって，その効力を失う。

3. 元請負人は，下請負人から建設工事が完成した旨の通知を受けたときは，30日以内で，かつ，できる限り短い期間内に検査を完了しなければならない。

4. 発注者から直接建設工事を請け負った建設業者は，必ずその工事現場における建設工事の施工の技術上の管理をつかさどる主任技術者又は監理技術者を置かなければならない。

No.36 道路に工作物又は施設を設け，継続して道路を使用する行為に関する次の記述のうち，道路法令上，占用の許可を**必要としないもの**はどれか。

1. 工事用板囲，足場，詰所その他工事用施設を設置する場合。

2. 津波からの一時的な避難場所としての機能を有する堅固な施設を設置する場合。

3. 看板，標識，旗ざお，パーキング・メータ，幕及びアーチを設置する場合。

4. 車両の運転者の視線を誘導するための施設を設置する場合。

No.37 河川法に関する次の記述のうち，**正しいもの**はどれか。

1. 河川法上の河川には，ダム，堰，水門，堤防，護岸，床止め等の河川管理施設は含まれない。

2. 河川保全区域とは，河川管理施設を保全するために河川管理者が指定した一定の区域である。

3. 二級河川の管理は，原則として，当該河川の存する市町村長が行う。

4. 河川区域には，堤防に挟まれた区域と堤内地側の河川保全区域が含まれる。

No.38 建築基準法に定められている建築物の敷地と道路に関する下記の文章の ◯◯◯ の（イ），（ロ）に当てはまる次の数値の組合せのうち，**正しいもの**はどれか。

都市計画区域内の道路は，原則として幅員 (イ) m以上のものをいい，建築物の敷地は，原則として道路に (ロ) m以上接しなければならない。

　　（イ）　　（ロ）

1. 3 ………… 2

2. 3 ………… 3

3. 4 ………… 2

4. 4 ………… 3

No.39 火薬類取締法上，火薬類の取扱いに関する次の記述のうち，**誤っているもの**はどれか。

1. 火薬類を運搬するときは，火薬と火工品とは，いかなる場合も同一の容器に収納すること。

2. 火薬類を収納する容器は，内面には鉄類を表さないこと。

3. 固化したダイナマイト等は，もみほぐすこと。

4. 火薬類の取扱いには，盗難予防に留意すること。

No.40 騒音規制法上，建設機械の規格などにかかわらず特定建設作業の**対象とならない作業**は，次のうちどれか。

ただし，当該作業がその作業を開始した日に終わるものを除く。

1. バックホゥを使用する作業
2. トラクターショベルを使用する作業
3. クラムシェルを使用する作業
4. ブルドーザを使用する作業

No.41 振動規制法上，特定建設作業の規制基準に関する測定位置と振動の大きさに関する次の記述のうち，**正しいもの**はどれか。

1. 特定建設作業の場所の中心部で75dBを超えないこと。
2. 特定建設作業の場所の敷地の境界線で75dBを超えないこと。
3. 特定建設作業の場所の中心部で85dBを超えないこと。
4. 特定建設作業の場所の敷地の境界線で85dBを超えないこと。

No.42 港則法に関する次の記述のうち，**誤っているもの**はどれか。

1. 船舶は，航路内においては，他の船舶を追い越してはならない。
2. 船舶は，航路内においては，原則として投びょうし，又はえい航している船舶を放してはならない。
3. 船舶は，航路内において，他の船舶と行き会うときは右側航行しなければならない。
4. 汽艇等を含めた船舶は，特定港を通過するときは，国土交通省令で定める航路を通らなければならない。

※問題番号No.43～No.61までの19問題は必須問題ですから全問題を解答してください。

No.43 測点No.5の地盤高を求めるため，測点No.1を出発点として水準測量を行い下表の結果を得た。**測点No.5の地盤高**は，次のうちどれか。

測点No.	距離 (m)	後視 (m)	前視 (m)	高低差（m）		備考
				+	−	
1		0.8				測点No.1…地盤高　8.0m
	20					
2		1.6	2.2			
	30					
3		1.5	1.8			
	20					
4		1.2	1.0			
	30					
5			1.3			測点No.5…地盤高□m

1. 6.4m
2. 6.8m
3. 7.2m
4. 7.6m

No.44 公共工事標準請負契約約款に関する次の記述のうち，**誤っているもの**はどれか。

1. 発注者は，必要があると認められるときは，設計図書の変更内容を受注者に通知して設計図書を変更することができる。
2. 発注者は，特別の理由により工期を短縮する必要があるときは，工期の短縮変更を受注者に請求することができる。
3. 現場代理人と主任技術者及び専門技術者は，これを兼ねても工事の施工上支障はないので，これらを兼任できる。
4. 請負代金額の変更については，原則として発注者と受注者の協議は行わず，発注者が決定し受注者に通知できる。

No.45 下図は道路橋の断面図を示したものであるが，(イ)～(二)の構造名称に関する次の組合せのうち，**適当なもの**はどれか。

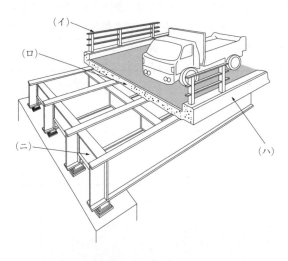

	(イ)	(ロ)	(ハ)	(二)
1.	高欄	地覆	床版	横桁
2.	横桁	床版	高欄	地覆
3.	高欄	床版	地覆	横桁
4.	地覆	横桁	高欄	床版

No.46 建設機械の用途に関する次の記述のうち，**適当でないもの**はどれか。

1. バックホゥは，かたい地盤の掘削ができ，掘削位置も正確に把握できるので，基礎の掘削や溝掘りなどに広く使用される。

2. タンデムローラは，破砕作業を行う必要がある場合に最適であり砕石や砂利道などの一次転圧や仕上げ転圧に使用される。

3. ドラグラインは，機械の位置より低い場所の掘削に適し，水路の掘削，砂利の採取などに使用される。

4. 不整地運搬車は，車輪式（ホイール式）と履帯式（クローラ式）があり，トラックなどが入れない軟弱地や整地されていない場所に使用される。

No.47
仮設工事に関する次の記述のうち，**適当でないもの**はどれか。

1. 仮設工事には，任意仮設と指定仮設があり，施工業者独自の技術と工夫や改善の余地が多いので，より合理的な計画を立てられるのは任意仮設である。

2. 仮設工事は，使用目的や期間に応じて構造計算を行い，労働安全衛生規則の基準に合致するかそれ以上の計画としなければならない。

3. 仮設工事の材料は，一般の市販品を使用し，可能な限り規格を統一し，他工事にも転用できるような計画にする。

4. 仮設工事には直接仮設工事と間接仮設工事があり，現場事務所や労務宿舎などの設備は，直接仮設工事である。

No.48
施工計画作成の留意事項に関する次の記述のうち，**適当でないもの**はどれか。

1. 施工計画は，企業内の組織を活用して，全社的な技術水準で検討する。

2. 施工計画は，過去の同種工事を参考にして，新しい工法や新技術は考慮せずに検討する。

3. 施工計画は，経済性，安全性，品質の確保を考慮して検討する。

4. 施工計画は，一つのみでなく，複数の案を立て，代替案を考えて比較検討する。

No.49
ダンプトラックを用いて土砂を運搬する場合，時間当たり作業量（地山土量）Qとして，次のうち**正しいもの**はどれか。

ただし，土質は普通土（土量変化率 L＝1.2 C＝0.9とする）

$$Q = \frac{q \times f \times E \times 60}{Cm} \ (m^3/h)$$

ここに　q：1回の積載土量　5.0m³　　f：土量換算係数

　　　　E：作業効率　0.9　　　　Cm：サイクルタイム（25min）

1. 　9m³/h

2. 10m³/h

3. 11m³/h

4. 12m³/h

No.50 工程管理に関する次の記述のうち，**適当でないもの**はどれか。

1. 工程表は，常に工事の進捗状況を把握でき，予定と実績の比較ができるようにする。
2. 工程管理では，作業能率を高めるため，常に工程の進捗状況を全作業員に周知徹底する。
3. 計画工程と実施工程に差が生じた場合は，その原因を追及して改善する。
4. 工程管理では，実施工程が計画工程よりも，下回るように管理する。

No.51 下図のネットワーク式工程表に示す工事の**クリティカルパスとなる日数**は，次のうちどれか。
ただし，図中のイベント間のA～Gは作業内容，数字は作業日数を表す。

1. 20日
2. 21日
3. 22日
4. 23日

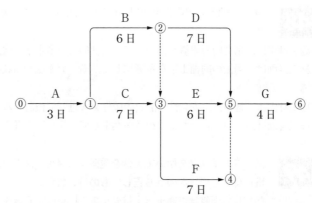

No.52 型枠支保工に関する次の記述のうち，労働安全衛生法上，**誤っているもの**はどれか。

1. 型枠支保工を組み立てるときは，組立図を作成し，かつ，この組立図により組み立てなければならない。
2. 型枠支保工は，型枠の形状，コンクリートの打設の方法等に応じた堅固な構造のものでなければならない。
3. 型枠支保工の組立て等の作業で，悪天候により作業の実施について危険が予想されるときは，監視員を配置しなければならない。
4. 型枠支保工の組立て等作業主任者は，作業の方法を決定し，作業を直接指揮しなければならない。

No.53 地山の掘削作業の安全確保に関する次の記述のうち，労働安全衛生法上，事業者が行うべき事項として**誤っているもの**はどれか。

1. 地山の崩壊又は土石の落下による労働者の危険を防止するため，点検者を指名し，作業箇所等について，その日の作業を開始する前に点検させる。

2. 明り掘削の作業を行う場所は，当該作業を安全に行うため必要な照度を保持しなければならない。

3. 明り掘削の作業では，あらかじめ運搬機械等の運行の経路や土石の積卸し場所への出入りの方法を定めて，関係労働者に周知させなければならない。

4. 掘削面の高さが規定の高さ以上の場合は，ずい道等の掘削等作業主任者に地山の作業方法を決定させ，作業を直接指揮させる。

No.54 車両系建設機械の作業に関する次の記述のうち，労働安全衛生法上，事業者が行うべき事項として**正しいもの**はどれか。

1. 運転者が運転位置を離れるときは，バケット等の作業装置を地上から上げた状態とし，建設機械の逸走を防止しなければならない。

2. 転倒や転落により運転者に危険が生ずるおそれのある場所では，転倒時保護構造を有するか，又は，シートベルトを備えた機種以外を使用しないように努めなければならない。

3. 運転について誘導者を置くときは，一定の合図を定めて合図させ，運転者はその合図に従わなければならない。

4. アタッチメントの装着や取り外しを行う場合には，作業指揮者を定め，その者に安全支柱，安全ブロック等を使用して作業を行わせなければならない。

No.55 高さ5m以上のコンクリート造の工作物の解体作業にともなう危険を防止するために事業者が行うべき事項に関する次の記述のうち，労働安全衛生法上，**誤っているもの**はどれか。

1. 強風，大雨，大雪等の悪天候のため，作業の実施について危険が予想されるときは，当該作業を注意しながら行う。

2. 器具，工具等を上げ，又は下ろすときは，つり綱，つり袋等を労働者に使用させる。

3. 解体作業を行う区域内には，関係労働者以外の労働者の立ち入りを禁止する。

4. 作業主任者を選任するときは，コンクリート造の工作物の解体等作業主任者技能講習を修了した者のうちから選任する。

No.56 土木工事の品質管理における「工種・品質特性」と「確認方法」に関する組合せとして，**適当でないもの**は次のうちどれか。

　　　[工種・品質特性]　　　　　　　　　[確認方法]

1. 土工・締固め度 ································ RI計器による乾燥密度測定

2. 土工・支持力値 ································ 平板載荷試験

3. コンクリート工・スランプ ··············· マーシャル安定度試験

4. コンクリート工・骨材の粒度 ·········· ふるい分け試験

No.57 品質管理に用いる$\bar{x}-R$管理図の作成にあたり，下表の測定結果から求められるA組の$\bar{x}$とRの数値の組合せとして，**適当なもの**は次のうちどれか。

組番号	$x1$	$x2$	$x3$	$\bar{x}$	R
A組	23	28	24		
B組	23	25	24		
C組	27	27	30		

　　$\bar{x}$　　　　　R　　　　　　$\bar{x}$　　　　R

1. 25 ··············· 5　　**3.** 25 ··············· 3

2. 28 ··············· 4　　**4.** 23 ··············· 1

No.58 盛土の締固めの品質に関する次の記述のうち，**適当なもの**はどれか。

1. 締固めの品質規定方式は，盛土の敷均し厚などを規定する方法である。

2. 締固めの工法規定方式は，使用する締固め機械の機種や締固め回数などを規定する方法である。

3. 締固めの目的は，土の空気間げきを多くし透水性を低下させるなどして土を安定した状態にすることである。

4. 最もよく締まる含水比は，最大乾燥密度が得られる含水比で施工含水比である。

No.**59** レディーミクストコンクリート（JIS A 5308，普通コンクリート，呼び強度 24）を購入し，各工区の圧縮強度の試験結果が下表のように得られたとき，受入れ検査結果の合否判定の組合せとして，**適当なもの**は次のうちどれか。

単位（N/mm^2）

試験回数 ＼ 工区	A工区	B工区	C工区
1回目	21	33	24
2回目	26	20	23
3回目	28	20	25
平均値	25	24.3	24

※毎回の圧縮強度値は3個の供試体の平均値

　　［A工区］　　　［B工区］　　　［C工区］
1. 不合格 ………… 合格 …………… 合格
2. 不合格 ………… 合格 …………… 不合格
3. 合格 …………… 不合格 ………… 不合格
4. 合格 …………… 不合格 ………… 合格

No.**60** 建設工事における環境保全対策に関する次の記述のうち，**適当でないもの**はどれか。

1. 建設公害の要因別分類では，掘削工，運搬・交通，杭打ち・杭抜き工，排水工の苦情が多い。
2. 土壌汚染対策法では，一定の要件に該当する土地所有者に，土壌の汚染状況の調査と市町村長への報告を義務付けている。
3. 造成工事などの土工事にともなう土ぼこりの防止には，防止対策として容易な散水養生が採用される。
4. 騒音の防止方法には，発生源での対策，伝搬経路での対策，受音点での対策がある。

No.**61** 「建設工事に係る資材の再資源化等に関する法律」（建設リサイクル法）に定められている特定建設資材に**該当しないもの**は，次のうちどれか。

1. 建設発生土
2. コンクリート及び鉄から成る建設資材
3. アスファルト・コンクリート
4. 木材

2020
令和2 年度

実地試験

※問題1〜問題5は必須問題です。必ず解答してください。

問題1で

①設問1の解答が無記載又は記述漏れがある場合,

②設問2の解答が無記載又は設問で求められている内容以外の記述の場合,

どちらの場合にも問題2以降は採点の対象となりません。

必須問題 問題1

あなたが経験した土木工事の現場において,工夫した安全管理又は工夫した工程管理のうちから1つ選び,次の〔設問1〕,〔設問2〕に答えなさい。

〔注意〕あなたが経験した工事でないことが判明した場合は失格となります。

→経験記述については,P.472を参照してください。

必須問題 問題2

切土法面の施工における留意事項に関する次の文章の___の(イ)〜(ホ)に当てはまる適切な語句を,次の語句から選び解答欄に記入しなさい。

(1) 切土法面の施工中は,雨水などによる法面浸食や崩壊,落石などが発生しないように,一時的な法面の(イ),法面保護,落石防止を行うのがよい。

(2) 切土法面の施工中は,掘削終了を待たずに切土の施工段階に応じて順次(ロ)から保護工を施工するのがよい。

(3) 露出することにより(ハ)の早く進む岩は,できるだけ早くコンクリートや(二)吹付けなどの工法による処置を行う。

(4) 切土法面の施工に当たっては,丁張にしたがって仕上げ面から(ホ)をもたせて本体を掘削し,その後法面を仕上げるのがよい。

[語句] 風化,中間部,余裕,飛散,水平,
下方,モルタル,上方,排水,骨材,
中性化,支持,転倒,固結,鉄筋

解答欄

(イ)	(ロ)	(ハ)	(二)	(ホ)

必須問題 問題 3 軟弱地盤対策工法に関する次の工法から**2つ選び，工法名とその工法の特徴について**それぞれ解答欄に記述しなさい。

・サンドドレーン工法
・サンドマット工法
・深層混合処理工法（機械かくはん方式）
・表層混合処理工法
・押え盛土工法

解答欄

	工法名	工法の特徴
(1)		
(2)		

必須問題 問題 4 コンクリートの打込み，締固め，養生に関する次の文章の　　　の（イ）～（ホ）にあてはまる**適切な語句を，**次の語句から選び解答欄に記入しなさい。

(1) コンクリートの打込み中，表面に集まった (イ) 水は，適当な方法で取り除いてからコンクリートを打ち込まなければならない。

(2) コンクリート締固め時に使用する棒状バイブレータは，材料分離の原因となる (ロ) 移動を目的に使用してはならない。

(3) 打込み後のコンクリートは，その部位に応じた適切な養生方法により一定期間は十分な (ハ) 状態に保たなければならない。

(4) (二) セメントを使用するコンクリートの (ハ) 養生期間は，日平均気温15℃以上の場合，5日を標準とする。

(5) コンクリートは，十分に (ホ) が進むまで，(ホ) に必要な温度条件に保ち，低

温，高温，急激な温度変化などによる有害な影響を受けないように管理しなければならない。

［語句］硬化，ブリーディング，水中，混合，レイタンス，
　　　　乾燥，普通ポルトランド，落下，中和化，垂直，
　　　　軟化，コールドジョイント，湿潤，横，早強ポルトランド

解答欄

（イ）	（ロ）	（ハ）	（ニ）	（ホ）

必須問題
問題 5
コンクリートに関する次の用語から2つ選び，用語とその用語の説明についてそれぞれ解答欄に記述しなさい。

・コールドジョイント
・ワーカビリティー
・レイタンス
・かぶり

解答欄

	用語	用語の説明
(1)		
(2)		

204

問題6〜問題9までは選択問題（1），（2）です。

※問題6，問題7の選択問題（1）の2問題のうちから1問題を選択し解答してください。なお，選択した問題は，解答用紙の選択欄に○印を必ず記入してください。

問題 6 選択問題｜1

土の原位置試験に関する次の文章の□□□の（イ）〜（ホ）に当てはまる適切な語句を，次の語句から選び解答欄に記入しなさい。

(1) 標準貫入試験は，原位置における地盤の□(イ)□，締まり具合または土層の構成を判定するための□(ロ)□を求めるために行うものである。

(2) 平板載荷試験は，原地盤に剛な載荷板を設置して□(ハ)□荷重を与え，この荷重の大きさと載荷板の沈下量との関係から□(ニ)□係数や極限支持力などの地盤の変形及び支持力特性を調べるための試験である。

(3) RI計器による土の密度試験とは，放射性同位元素（RI）を利用して，土の湿潤密度及び□(ホ)□を現場において直接測定するものである。

［語句］ バラツキ，硬軟，N値，圧密，水平，
地盤反力，膨張，調整，含水比，P値，
沈下量，大小，T値，垂直，透水

解答欄

（イ）	（ロ）	（ハ）	（ニ）	（ホ）

問題 7 選択問題｜1

建設工事における高所作業を行う場合の安全管理に関して，労働安全衛生法上，次の文章の□□□の（イ）〜（ホ）に当てはまる適切な語句又は数値を，次の語句又は数値から選び解答欄に記入しなさい。

(1) 高さが□(イ)□m以上の箇所で作業を行なう場合で，墜落により労働者に危険を及ぼすおそれのあるときは，足場を組立てる等の方法により□(ロ)□を設けなければならない。

(2) 高さが□(イ)□m以上の□(ロ)□の端や開口部等で，墜落により労働者に危険を及ぼすおそれのある箇所には，□(ハ)□，手すり，覆い等を設けなければならない。

(3) 架設通路で墜落の危険のある箇所には，高さ□(ニ)□cm以上の手すり又はこれと同等

以上の機能を有する設備を設けなくてはならない。

(4) つり足場又は高さが5m以上の構造の足場等の組立て等の作業については、足場の組立て等作業主任者 (ホ) を修了した者のうちから、足場の組立て等作業主任者を選任しなければならない。

［語句又は数値］

     特別教育，囲い，85，作業床，3，
     待避所，幅木，2，技能講習，95，
     1，アンカー，技術研修，休憩所，75

解答欄

(イ)	(ロ)	(ハ)	(ニ)	(ホ)

※問題8，問題9の選択問題（2）の2問題のうちから1問題を選択し解答してください。なお，選択した問題は，解答用紙の選択欄に○印を必ず記入してください。

選択問題 | 2

問題 8 次の各種コンクリートの中から2つ選び、それぞれについて打込み時又は養生時に留意する事項を解答欄に記述しなさい。

・寒中コンクリート
・暑中コンクリート
・マスコンクリート

解答欄

	コンクリート名	打込み時又は養生時に留意する事項
(1)		
(2)		

選択問題 2	
問題 **9**	下図のようなプレキャストボックスカルバートを築造する場合, 施工手順に基づき**工種名を記述し, 横線式工程表(バーチャート)を作成し, 全所要日数を求め**解答欄に記述しなさい。 各工種の作業日数は次のとおりとする。

・床掘工5日　・養生工7日　・残土処理工1日　・埋戻し工3日　・据付け工3日
・基礎砕石工3日　・均しコンクリート工3日

ただし, 床掘工と次の工種及び据付け工と次の工種はそれぞれ1日間の重複作業で行うものとする。
また, 解答用紙に記載されている工種は施工手順として決められたものとする。

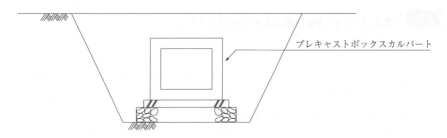

プレキャストボックスカルバート

解答欄

工種	作業工程(日)				
	5	10	15	20	25

全所要日数	日

207

No.1 **[答え1]** 土工作業に使用する建設機械

1. のクラムシェルは，バケットを自由落下させて掘削する機械であり，立坑掘削，狭い場所での深い掘削や河床・海底の浚渫等の水中掘削に用いられる。**2.** のバックホゥは，**機械の設置地盤よりも低い場所の掘削**に用いられる。**3.** のブルドーザは前面に取り付けた排土板により，掘削，押土，**60m以下の短距離の運搬**，整地，敷均し，締固めや伐開・除根が行える。**4.** のスクレーパは，土砂の掘削，積込み，中距離運搬，敷均しの作業を1台でこなせるが，**締固めはできない**。したがって，**1.** が適当である。

No.2 **[答え4]** 土質試験の試験名と試験結果の利用

1. の土の一軸圧縮試験は，自立する供試体を拘束圧が作用しない状態で圧縮し，圧縮応力の最大値である一軸圧縮強さ（qu）を求める試験である。**2.** の土の液性限界・塑性限界試験は，土が塑性状から液状や半固体状に移るときの境界の含水比であるコンシステンシー限界を求める試験である。**3.** の土の圧密試験は，粘性土地盤の圧密による沈下量や沈下速度，透水性を推定する試験である。**4.** の**CBR試験は舗装構造に関する試験**であり，路床・路盤の支持力を直接測定する現場CBR試験と，アスファルト舗装の厚さ決定に用いられる路床土の設計CBR等を求める室内CBR試験とがある。したがって，**4.** が適当でない。

No.3 **[答え2]** 盛土の施工

1. は記述の通りである。**2.** の盛土の締固め特性は，**土の種類，含水状態などにより大きく異なり，最も効率よく土を密にできる最適含水比における施工が望ましい**。**3.** の盛土材料の含水量の調節には，ばっ気と散水があり，一般に敷均しの際に行う。**4.** の盛土材料の敷均し厚さは，盛土材料の粒度，土質，締固め機械，施工法及び要求される締固め度などの条件に左右される。したがって，**2.** が適当でない。

No.4 **[答え4]** 軟弱地盤の改良工法

1. の**プレローディング工法**は，盛土や構造物の計画地盤に，盛土等によりあらかじめ荷重を載荷して圧密を促進させ，その後，構造物を施工することにより構造物の沈下を軽減する**載荷工法**である。サンドマットが併用される。**2.** の**ウェルポイント工法**は，地盤中の地下水を低下させ，それまで受けていた浮力に相当する荷重を下層の軟弱層に載荷して圧密を促進するとともに地盤の強度増加を図る**地下水位低下工法**である。**3.** の**深層混合処理工法**は，主としてセメント系の固化材を原位置の軟弱土と攪拌翼を用いて強制的に攪拌混合し，原位置で深層に至る強固な柱体状，ブロック状又は壁状の安定処理土を形成する**固結工法**である。**4.** の**サンドコンパクションパイル工法**は，地盤内に鋼管を貫入して管内に砂等を投入し，振

動により締め固めた砂杭を造成する**締固め工法**である。粘性土地盤では支持力増加，圧密の促進と圧密沈下量の低減及び水平抵抗の増大等の効果がある。したがって，**4.** が該当する。

No.5 [答え1] コンクリート用混和材料

1. の膨張材は，水和反応によってモルタルまたはコンクリートを膨張させる作用があり，適切に用いると，**乾燥収縮や硬化収縮などに起因するひび割れの発生を低減**したり，コンクリートに生ずる膨張力を鉄筋などで拘束し，ケミカルプレストレスを導入してひび割れ耐力を向上できる。**2.** の AE 剤は，フレッシュコンクリート中に微少な独立したエントレインドエアを均等に連行することにより，①**ワーカビリティーの改善**，②**耐凍害性の向上**，③**ブリーディング，レイタンスの減少**といった効果が期待できる。**3.** の**高炉スラグ微粉末**には，水和熱の発生速度を遅くしたり，**コンクリートの長期強度の増進，水密性の向上，化学抵抗性の改善，アルカリシリカ反応の抑制**などの効果がある。**4.** の**流動化剤**は，あらかじめ練り混ぜられたコンクリートに添加し，撹拌することによって**流動性を増大させる**効果がある。したがって，**1.** が適当である。

No.6 [答え3] コンクリートのスランプ試験

1. のコンシステンシーとは，フレッシュコンクリート等の変形又は流動に対する抵抗性のことである。**2.** は JIS A 1101：2005 コンクリートのスランプ試験方法 3. 試験器具により正しい。**3.** と **4.** は同 JIS 5. 試験 b）に「（前略）**コンクリートの中央部において下がりを0.5cm単位で測定し，これをスランプとする**」と規定されている。したがって，**3.** が適当でない。

No.7 [答え4] コンクリートの施工

1. と **2.** は記述の通りである。**3.** のコンクリートの練混ぜから打ち終わるまでの時間は，25℃を超えるときで1.5時間以内，外気温が25℃以下のときで2時間以内とする。**4.** のコンクリートを2層以上に分けて打ち込む場合は，**外気温が25℃を超えるときの許容打重ね時間間隔は2時間以内，25℃以下の場合2.5時間**とする。したがって，**4.** が適当でない。

No.8 [答え1] 鉄筋の組立と継手

1. は記述の通りである。**2.** の鉄筋どうしの交点は直径0.8mm以上の焼きなまし鉄線で結束するのが一般的である。溶接を行うと局部的な加熱によって鉄筋の材質を害するおそれがあり，特に疲労強度を著しく低下させることがある。**3.** の鉄筋を組み立ててからコンクリートの打込みまでに長時間が経過し，**汚れや浮き錆が認められる場合は，再度鉄筋を清掃し，鉄筋への付着物を除去**しなければならない。**4.** の型枠に接するスペーサーは，原則として**モルタル製あるいはコンクリート製を使用する**。したがって，**1.** が適当である。

No.9 [答え2] 既製杭の中掘り杭工法

1. の打撃工法による群杭の打込みでは，杭群の周辺から中央部に向かって打ち進むと地盤が締まり打ち込み困難となるので，**中央部の杭から周辺に向かって打ち進む**。**2.** は記述の通り

である。**3.**の選択肢の記述は**プレボーリング杭工法**の内容である。**4.**の打撃工法は，油圧ハンマ，ドロップハンマなどにより既製杭の杭頭部を打撃して杭を所定の深さまで打ち込む工法で，**施工時に動的支持力が確認できる**。他工法に比べ大きな騒音，振動を伴う。したがって，**2.**が適当である。

No.10 [答え3] 場所打ち杭

1.と**2.**のオールケーシング工法は，チュービング装置によりケーシングチューブを回転（又は揺動）圧入し，ハンマグラブなどで土砂の掘削・排土を行う。孔壁や孔底の保護は原則として掘削孔全長にわたるケーシングチューブと孔内水で行う。**3.**と**4.**のリバースサーキュレーション工法は，表層部にスタンドパイプを設置し，**外水位＋2m以上の孔内水位によって孔壁を保護**しながら，回転ビットを回転させて土砂を切削する。切削した土砂は孔内水（泥水）ともに逆循環方式で吸上げ排土する。したがって，**3.**が適当でない。

No.11 [答え1] 土留め工法の部材名称

図の**（イ）は腹起し，（ロ）は中間杭**である。腹起しは，連続的な土留め壁を押さえるはりであり，切ばりは，腹起しを介して土留め壁を相互に支えるはりである。中間杭は切ばりの座屈防止のために設けられるが，覆工からの荷重を受ける中間杭を兼ねてもよい。火打ちばりは，腹起しと切ばりの接続部や隅角部に斜めに入れるはりで，構造計算では土圧が作用する腹起しのスパンや切ばりの座屈長を短くすることができる。したがって，**1.**が適当である。

No.12 [答え2] 鋼材の応力度とひずみの関係

鋼材の応力度とひずみ図の各点の名称は，Pは応力度とひずみが比例する最大限度（比例限度），**Eは弾性変形をする最大限度（弾性限度）**，Y_Uは応力度が増えないのにひずみが急増しはじめる点（上降伏点），Y_Lは応力が急減少し，ひずみが増加する点（下降伏点），Uは応力度が最大となる引張強さ（最大応力度又は引張り強さ），Bは，鋼材が破断する点（破断点）である。なお，Rは塑性域にある任意の点で呼称はない。したがって，**2.**が適当である。

No.13 [答え4] 鋼道路橋の架設工法

1.のフローティングクレーンによる一括架設式工法は，組み立てられた部材を台船で現場までえい航し，フローティングクレーンでつり込み一括して架設する工法である。**2.**の自走クレーンによるベント工法は，橋桁をベントで仮受けしながら部材を組み立てて架設する工法で，自走クレーン車が進入できる場所での施工に適している。**3.**のケーブルクレーンによる直吊り工法は，鉄塔で支えられたケーブルクレーンで桁をつり込んで受ばり上で組み立てて架設する工法で，桁下が利用できない山間部等で用いる場合が多く，市街地では採用されない。**4.**の手延機による送出し工法は，架設地点に隣接する場所であらかじめ橋桁の組み立てを行って，**手延機を使用して橋桁を所定の位置に送り出し，据え付ける工法**である。**架設地点が道路，鉄道，河川などを横断する箇所でベント工法を用いることができない場合に採用される**ことが多い。したがって，**4.**が適当である。

No.14 [答え3] コンクリートの劣化機構

1.の中性化は，コンクリート中の水酸化カルシウムが空気中のCO_2の侵入などにより炭酸カルシウムに変化し，アルカリ性が失われていく現象である。**2.**の疲労は，繰返し荷重により微細なひび割れが発生し，これが大きなひび割れに発展する現象である。**3.**の豆板とは，硬化したコンクリートの一部に粗骨材だけが集まってできた空隙の多い不均質な部分をいい，コンクリート打込み時の材料分離や，型枠からのセメントペーストの漏れ等で生じる。ジャンカ，あばたともいう。**4.**の凍害は，コンクリート中の水分が凍結融解作用により膨張と収縮を繰り返し，組織に緩み又は破壊を生じる現象である。したがって，**3.**が該当しない。

No.15 [答え1] 河川の用語

1.の堤外地とは，堤防で挟まれて河川が流れている側をいい，堤内地とは，堤防で洪水氾濫から守られている住居や農地のある側をいう。**2.**の堤防の法面は，河川の流水がある側（堤外地）を表法面，その反対側（堤内地）を裏法面という。**3.**と**4.**は記述の通りである。したがって，**1.**が適当でない。

No.16 [答え4] 河川護岸

1.と**2.**と**3.**は記述の通りである。**4.**の縦帯工は，護岸の法肩部に設置し，法肩部の施工を容易にするとともに護岸の法肩部の破損を防ぐ構造物である。選択肢の記述内容は横帯工である。したがって，**4.**が適当でない。

No.17 [答え2] 砂防えん堤の構造

1.の本えん堤の水通しは，原則として逆台形とし，幅は，流水による堰堤下流部の洗掘に対処するため，側面侵食等の著しい支障を及ぼさない範囲でできるだけ広くし，高さは，対象流量を流し得る水位に，余裕高以上の値を加えて定める。**2.**の本えん堤の袖は，**洪水を越流させないことを原則**とし，想定される外力に対して安全な構造とする。両岸に向かって上り勾配をとり，袖の嵌入深さは本体と同程度の安定性を有する地盤までとする。**3.**と**4.**は記述の通りである。したがって，**2.**が適当でない。

No.18 [答え3] 地すべり防止工

1.の排水トンネルは，地すべりの規模が大きく，地下水が深部にあるため横ボーリング，集水井の施工が困難な場合に用いられる。排水トンネル内からの集水ボーリングによって滑り面付近の深層地下水を排除する。**2.**の横ボーリング工は，地表から5m以深のすべり面付近に分布する深層地下水や断層，破砕帯に沿った地下水を排除するために設置される抑制工である。**3.**は記述の通りである。**4.**の排土工とは，地すべり頭部に存在する不安定な土塊を排除し，土塊の滑動力を減少させるものである。したがって，**3.**が適当である。

No.19 [答え1] 道路のアスファルト舗装における構築路床

1.の安定材の混合終了後，タイヤローラ等による仮転圧を行い，次にブルドーザやモータグ

レーダ等により所定の形状に整形して，タイヤローラ等により締め固める。**2.**と**3.**は記述の通りである。**4.**の安定処理では，対象が砂質系材料の場合には瀝青材料及びセメント，粘性土の場合は石灰が一般に有効である。したがって，**1.**が適当でない。

No.20 [答え2] アスファルト舗装の施工

1.は記述の通りである。**2.**の初転圧は，10〜12t程度のロードローラを用い，駆動輪をアスファルトフィニッシャ側に向けて2回（1往復）程度行う。タンピングローラは踏み跡をデコボコ状にするものであり，ロックフィルダムやアースダムの土質材料を締固める目的で用いられる。**3.**の二次転圧は，一般に8〜20tのタイヤローラ又は6〜10tの振動ローラを用いて行う。**4.**の仕上げ転圧は，タイヤローラあるいはロードローラで，不陸の修正やローラマークを消すために2回（1往復）程度行う。したがって，**2.**が適当でない。

No.21 [答え3] 道路のアスファルト舗装の補修工法

1.の打換え工法は，既設舗装の路盤もしくは路盤の一部までを打ち換える工法であり，状況により路床の入換え，路床又は路盤の安定処理を行うこともある。**2.**は記述の通りである。**3.**の**オーバーレイ工法**は，**既存舗装の上に厚さ3cm以上の加熱アスファルト混合物を舗設する工法**であり，わだち掘れが浅い場合，ひび割れが少ない場合に適している。選択肢の記述内容はパッチング工法である。**4.**の表面処理工法は，路面の性能を回復させることを目的とした予防的維持工法であり，既設舗装上に加熱アスファルト混合物以外の材料を使用し，3cm未満の封かん層を設ける工法である。したがって，**3.**が適当でない。

No.22 [答え4] コンクリート舗装

1.の横目地にはコンクリート版の収縮・膨張を妨げないダウエルバー（丸鋼）が用いられる。**2.**は記述の通りである。**3.**のコンクリートの敷均しは，スプレッダを用い，全体ができるだけ均等な密度になるように適切な余盛りをつけて行う。**4.**の舗装用コンクリートは，施工中にひび割れが発生しないよう乾燥収縮量や水和発熱量が許容値を超えないようにし，**養生中の収縮が十分小さいものを使用する**。したがって，**4.**が適当でない。

No.23 [答え2] コンクリートダムのRCD工法

1.は記述の通りである。**2.**のRCD用コンクリートは，硬練りで**単位セメント量と単位水量が少ない**ため，水和発熱が小さくひび割れを防止する。**3.**のRCD工法では，施工機械の運転などにより湛水養生ができない場合が多いため，スプリンクラーによる散水養生が一般的に行われている。**4.**のレイタンス除去作業のことをグリーンカットという。したがって，**2.**が適当でない。

No.24 [答え1] 山岳工法の観察・計測

1.の観察・計測の頻度は，掘削に伴うトンネル周辺地山の挙動は，一般に掘削直前から直後にかけて変化が大きく，切羽が離れるに従って変化が小さくなり収束に至るため，**掘削前後**

は密に，切羽が離れるに従って疎になるように設定する。**2.** は記述の通りである。**3.** の観察・計測結果は，トンネルの現状を把握し，今後の予測や設計，施工に反映しやすいように速やかに整理する。 **4.** の観察・計測の結果は，トンネル周辺地山の安定性，支保工の妥当性及び周辺環境への影響等の確認，評価に活用できる。したがって，**1.** が適当でない。

No.25 [答え3] 傾斜型海岸堤防の構造

傾斜型海岸堤防の構造名称は図のとおりである。したがって，**3.** が適当である。

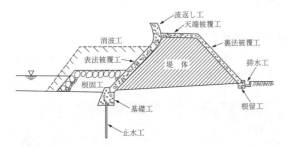

No.26 [答え2] ケーソン式混成堤の施工

1. と **3.** と **4.** は記述の通りである。**2.** のケーソンの据付けは，**函体が基礎マウンド上に達する直前でいったん注水を中止し，最終的なケーソン引寄せを行い，据付け位置を確認，修正を行ったうえで一気に注水着底させる。**したがって，**2.** が適当でない。

No.27 [答え4] 鉄道の軌道の用語

1. と **3.** は記述の通りである。**2.** の緩和曲線は一般的に，道路ではクロソイド曲線，鉄道では三次放物線が用いられる。**4.** の**スラックは，曲線部において列車通過を円滑にするための軌間の拡大**をいい，車両の固定軸距と曲線半径等から決定される。したがって，**4.** が適当でない。

No.28 [答え1] 鉄道の営業線近接工事における保守対策

1. の列車接近合図を受けた場合は，**作業員等は支障物の有無を確認し退避する。**この場合列車の先頭部が通過するまで片手を上げ列車を注視し，その後は列車が通過し終わるまで列車注視を継続する。**2.** と **3.** と **4.** は記述の通りである。したがって，**1.** が適当でない。

No.29 [答え4] シールド工法

1. のシールド工法は，泥土あるいは泥水で切羽の土圧と水圧に対抗して，切羽の安定を図りながらシールド機を掘進させ，セグメントを組み立てて地山を保持し，トンネルを構築する工法であり，開削工法が困難な都市部で多く用いられる。**2.** の密閉型シールドは，掘削土を泥土化し，所定の圧力を与え，切羽の安定をはかる土圧式シールド工法と，切羽に作用する土水圧より多少高い泥水圧をかけ，切羽の安定を保つ泥水式シールド工法に分けられる。

3.は記述の通りである。**4.**の泥水式シールド工法は，砂礫，砂，シルト，粘土層又は互層で地盤の固結が緩く軟らかい層や含水比が高く安定しない層等，広範囲の土質に適するが，カッタースリットから取り込まれた**巨礫は配管やポンプ閉塞を生ずるおそれがあるため，礫除去装置で除去するかクラッシャーで破砕する必要がある**。したがって，**4.**が適当でない。

No.30 [答え3] 上水道管きょの据付け

1.と**2.**と**4.**は記述の通りである。**3.**の鋼管の据付けは，管体保護のため基礎に**良質の砂**を敷き均す。したがって，**3.**が適当でない。

No.31 [答え1] 下水道の剛性管きょの基礎工

剛性管きょにおける基礎工の選択は，土質，地耐力，施工方法，荷重条件，埋設条件等によって選択するが，基礎地盤の土質区分と基礎の種類の関係は次の表の通りである。

表 管の種類と基礎

管 種 ＼ 地 盤		硬質土（礫質粘土，礫混じり土及び礫混じり砂）及び普通土（砂，ローム及び砂質粘土）	軟弱土（シルト及び有機質土）	極軟弱土（非常にゆるいシルト及び有機質土）
剛性管	鉄筋コンクリート	**砂基礎** 砕石基礎 コンクリート基礎	砂基礎 砕石基礎 はしご胴木基礎 コンクリート基礎	はしご胴木基礎 鳥居基礎 **鉄筋コンクリート基礎**
	陶管	**砂基礎** 砕石基礎	砕石基礎 コンクリート基礎	
可とう性管	硬質塩化ビニル管 ポリエチレン管	砂基礎	砂基礎 ベットシート基礎 ソイルセメント基礎	ベットシート基礎 ソイルセメント基礎 はしご胴木基礎 布基礎
	強化プラスチック複合管	砂基礎 砕石基礎		
	ダクタイル鋳鉄管 鋼管	砂基礎	砂基礎	砂基礎 はしご胴木基礎 布基礎

したがって，**1.**が適当である。

No.32 [答え3] 労働時間，休憩，及び休日

1.は労働基準法第34条（休憩）第2項に「前項の**休憩時間は，一斉に与えなければならない**（後略）」と規定されている。**2.**は同法第33条（災害等による臨時の必要がある場合の時間外労働等）第1項に「災害その他避けることのできない事由によって，臨時の必要がある場合においては，使用者は，行政官庁の許可を受けて，その**必要の限度において労働時間を延長**

し，又は休日に労働させることができる。（後略）」と規定されている。**3.**は同法第32条（労働時間）第2項により正しい。**4.**は同法第39条（年次有給休暇）第1項に「使用者は，その雇入れの日から起算して**6箇月間継続勤務**し全労働日の8割以上出勤した労働者に対して，継続し，又は分割した10労働日の有給休暇を与えなければならない」と規定されている。したがって，**3.**が正しい。

No.33 [答え1] 年少者の就業

1.は労働基準法第57条（年少者の証明書）第1項に「使用者は，満18才に満たない者について，その**年齢を証明する戸籍証明書**を事業場に備え付けなければならない」と規定されている。**2.**は同法第62条（危険有害業務の就業制限）第1項及び年少者労働基準規則第8条（年少者の就業制限の業務の範囲）第3号により正しい。**3.**は年少者労働基準規則第8条第12号により正しい。**4.**は同条第25号により正しい。したがって，**1.**が誤っている。

No.34 [答え2] 労働安全衛生法

作業主任者を選任すべき作業は，労働安全衛生法第14条（作業主任者）及び同法施行令第6条（作業主任者を選任すべき作業）に規定されている。**1.**は第15の5号に規定されている。**2.**の**既製コンクリート杭の杭打ち作業は規定されていない**。**3.**は第10号に規定されている。**4.**は第15号に規定されている。したがって，**2.**が選任を必要としない。

No.35 [答え3] 建設業法

1.は建設業法第25条の27（建設工事の担い手の育成及び確保その他の施工技術の確保）第1項により正しい。**2.**は同法第3条（建設業の許可）第1項及び第3項により正しい。**3.**は同法第24条の4（検査及び引渡し）第1項に「元請負人は，下請負人からその請け負った建設工事が完成した旨の通知を受けたときは，当該通知を受けた日から**20日以内**で，かつ，できる限り短い期間内に，その完成を確認するための検査を完了しなければならない」と規定されている。**4.**は同法第26条（主任技術者及び監理技術者の設置等）第1項により正しい。したがって，**3.**が誤っている。

No.36 [答え4] 道路の占有許可

1.は道路法第32条（道路の占用の許可）第1項第7号及び同法施行令第7条（道路の構造又は交通に支障を及ぼすおそれのある工作物等）第4号より，許可が必要である。**2.**は道路法施行令第7条第3号より，許可が必要である。**3.**は同条第1号より，許可が必要である。**4.**の**車両の運転者の視線を誘導するための施設**は，同施行令第34条の3（道路の附属物）第3号より**道路の付属物**であり，**許可を必要としない**。したがって，**4.**が占用の許可を必要としない。

No.37 [答え2] 河川法

1.は河川法第3条（河川及び河川管理施設）第2項に「この法律において**「河川管理施設」**

とは，ダム，堰せき，水門，堤防，護岸，床止め，樹林帯その他河川の流水によって生ずる公利を増進し，又は公害を除却し，若しくは軽減する効用を有する施設をいう。(後略)」と規定されている。**2.** は同法第54条（河川保全区域）第1項により正しい。**3.** は同法第10条（二級河川の管理）第1項に「**二級河川の管理は，当該河川の存する都道府県を統轄する都道府県知事が行なう**」と規定されている。**4.** の河川区域とは同法第6条（河川区域）第1項第1号に「河川の流水が継続して存する土地及び地形，草木の生茂の状況その他その状況が河川の流水が継続して存する土地に類する状況を呈している土地の区域」（1号地），第2号に「河川管理施設の敷地である土地の区域」（2号地），第3号に「堤外の土地の区域のうち，第1号に掲げる区域と一体として管理を行う必要があるものとして河川管理者が指定した区域」（3号地）と規定されている。また同法第54条（河川保全区域）第3項に「河川保全区域の指定は，当該河岸又は河川管理施設を保全するため必要な最小限度の区域に限ってするものとし，かつ，河川区域の境界から50mをこえてしてはならない。ただし，地形，地質等の状況により必要やむを得ないと認められる場合においては，50mをこえて指定することができる」と規定されている。これを模式化したものが図であり**河川区域に，堤内地側の河川保全区域は含まれない**。したがって，**2.** が正しい。

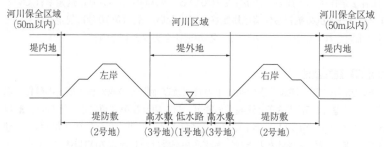

図　河川区域の模式図（上流から見た図）

No.38 ［答え**3**］建築基準法

建築基準法第41条の2（適用区域）に「この章の規定は，都市計画区域及び準都市計画区域内に限り，適用する」及び第42条（道路の定義）第1項に「「道路」とは，（中略）**幅員4m以上のものをいう**」と規定されている。また第43条（敷地等と道路との関係）第1項に「建築物の敷地は，**道路に2m以上接しなければならない**」と規定されている。したがって，**3.** が正しい。

No.39 ［答え**1**］火薬類取締法

1. は火薬類取締法施行規則第51条（火薬類の取扱い）第2号に「**火薬類を存置し，又は運搬するときは，火薬，爆薬，導爆線又は制御発破用コードと火工品**（導爆線及び制御発破用コードを除く。）**とは，それぞれ異った容器に収納すること。**ただし，火工所において薬包に工業雷管，電気雷管又は導火管付き雷管を取り付けたものを当該火工所に存置し，又は当該火

216

工所から発破場所に若しくは発破場所から当該火工所に運搬する場合には，この限りでない」と規定されている。**2.** は同条第1号により正しい。**3.** は同条第7号により正しい。**4.** は同条第18号により正しい。したがって，**1.** が誤っている。

No.40 [答え3] 騒音規制法

「特定建設作業」とは，騒音規制法第2条第3項及び同法施行令第2条に規定されている次の表に掲げる作業である。ただし，当該作業がその作業を開始した日に終わるものは除く。

表　別表第二（騒音規制法施行令第2条関係）

1	くい打機（もんけんを除く。），くい抜機又はくい打くい抜機（圧入式くい打くい抜機を除く。）を使用する作業（くい打機をアースオーガーと併用する作業を除く。）
2	びょう打機を使用する作業
3	さく岩機を使用する作業（作業地点が連続的に移動する作業にあっては，1日における当該作業に係る2地点間の最大距離が50mを超えない作業に限る。）
4	空気圧縮機（電動機以外の原動機を用いるものであって，その原動機の定格出力が15kW以上のものに限る。）を使用する作業（さく岩機の動力として使用する作業を除く。）
5	コンクリートプラント（混練機の混練容量が0.45m³以上のものに限る。）又はアスファルトプラント（混練機の混練重量が200kg以上のものに限る。）を設けて行う作業（モルタルを製造するためにコンクリートプラントを設けて行う作業を除く。）
6	**バックホゥ**（一定の限度を超える大きさの騒音を発生しないものとして環境大臣が指定するものを除き，原動機の定格出力が80kW以上のものに限る。）**を使用する作業**
7	**トラクターショベル**（一定の限度を超える大きさの騒音を発生しないものとして環境大臣が指定するものを除き，原動機の定格出力が70kW以上のものに限る。）**を使用する作業**
8	**ブルドーザ**（一定の限度を超える大きさの騒音を発生しないものとして環境大臣が指定するものを除き，原動機の定格出力が40kW以上のものに限る。）**を使用する作業**

表より，**3.** の**クラムシェルを使用する作業は対象とならない**。したがって，**3.** が正しい。

No.41 [答え2] 振動規制法

振動規制法施行規則第11条（特定建設作業の規制に関する基準）及び別表第1第1号に「特定建設作業の振動が，**特定建設作業の場所の敷地の境界線において，75dBを超える大きさのものでないこと**」と規定されている。したがって，**2.** が正しい。

No.42 [答え4] 港則法

1. は港則法第13条（航法）第4項により正しい。**2.** は同法第12条により正しい。**3.** は同法第13条第3項により正しい。**4.** は同法第11条（航路）に「**汽艇等以外の船舶は，特定港に出入し，又は特定港を通過するには，国土交通省令で定める航路によらなければならない。た**だし，海難を避けようとする場合その他やむを得ない事由のある場合は，この限りでない」と規定されている。したがって，**4.** が誤っている。

No.43 [答え 2] 水準測量

水準測量で測定した結果を，昇降式で野帳に記入し整理すると，次表の通りになる。

測点 No.	距離 (m)	後視 (m)	前視 (m)	高低差 (m) +	高低差 (m) −	備考
1		0.8				測点 No.1…地盤高　8.0m
2	20	1.6	2.2		1.4	
3	30	1.5	1.8		0.2	
4	20	1.2	1.0	0.5		
5	30		1.3		0.1	測点 No.5…地盤高　6.8 m

それぞれ測点の地盤高は次の通りとなる。

No.2の地盤高：8.0m（No.1の地盤高）＋（0.8m（No.1の後視）－2.2m（No.2の前視））＝6.6m

No.3の地盤高：6.6m（No.2の地盤高）＋（1.6m（No.2の後視）－1.8m（No.3の前視））＝6.4m

No.4の地盤高：6.4m（No.3の地盤高）＋（1.5m（No.3の後視）－1.0m（No.4の前視））＝6.9m

No.5の地盤高：6.9m（No.4の地盤高）＋（1.2m（No.4の後視）－1.3m（No.5の前視））＝6.8m

【別解】表の高低差の総和を測点No.1の地盤高8.0mに足しても良い。

8.0m ＋（0.5m ＋（－1.4m －0.2m －0.1m））＝6.8m

したがって，**2.** が適当である。

No.44 [答え 4] 公共工事標準請負契約約款

1. は公共工事標準請負契約約款第19条（設計図書の変更）により正しい。**2.** は同約款第23条（発注者の請求による工期の短縮等）第1項により正しい。**3.** は同約款第10条（現場代理人及び主任技術者等）第5項により正しい。**4.** は同約款第25条（A）又は（B）（請負代金額の変更方法等）に「**請負代金額の変更については，発注者と受注者とが協議して定める。**ただし，協議開始の日から発注者が指定する期日以内に協議が整わない場合には，発注者が定め，受注者に通知する」と規定されている。したがって，**4.** が誤っている。

No.45 [答え 3] 道路橋の断面図

図の道路橋の断面図において，（イ）は高欄，（ロ）は床版，（ハ）は地覆，（ニ）は横桁である。したがって，**3.** が適当である。

No.46 [答え 2] 建設機械の用途

1. のバックホウは，バケットを車体側に引き寄せて掘削する機械で，機械の設置地盤より低所を掘るのに適し，掘削位置も正確に把握でき，仕上がり面が比較的きれいで，垂直掘り，底ざらいが正確にできるので，基礎の掘削や溝掘り等幅広く使用される。**2.** のタンデムローラーは，締固め機械で破砕作業はできない。締固め力ではマカダムローラーに劣るが仕上げ面の平坦性に優れ，すじを残すことが少ないので，アスファルト舗装の仕上げに用いられる。

3.のドラグラインは，ロープで保持されたバケットを旋回による遠心力で放り投げて，地面に沿って引き寄せながら掘削する機械で，機械の設置位置より低所の掘削に適している。掘削半径が大きく，ブームのリーチより遠い所まで掘ることができるため，水中掘削，砂利の採取，大型溝掘削などに適している。**4.**は記述の通りである。したがって，**2.**が適当でない。

No.47 [答え4] 仮設工事

1.の任意仮設は，構造等の条件は明示されず経費は契約上一式計上され，計画や施工方法は施工業者に委ねられ，契約変更の対象にならないことが多い。指定仮設は，特に大規模で重要なものとして発注者が設計仕様，数量，設計図面，施工方法，配置等を指定するもので，設計変更の対象となる。**2.**と**3.**は記述の通りである。**4.**の**直接仮設工事**は，本工事に必要な**工事用道路，支保工足場，電力設備や土留め，仮締切等**の仮設であり，工事の遂行に必要な**現場事務所，労務宿舎，倉庫等は間接仮設工事**である。したがって，**4.**が適当でない。

No.48 [答え2] 施工計画作成の留意点

1.の施工計画は，関係する現場技術者に限定せず，できるだけ会社内の他組織も活用して，全社的な高度の技術水準を活用して検討する。**2.**の施工計画は，過去の実績や経験のみで満足せず，**常に改良を試み，新しい工法，新技術を積極的に取り入れ**，総合的に検討し，現場に最も合致した施工方法を採用する。**3.**と**4.**の施工計画は，複数の代替案を考え，経済性，安全性，品質，工程を比較検討し，最良の計画を採用する。したがって，**2.**が適当でない。

No.49 [答え1] 土砂運搬の時間あたり作業量

ダンプトラックの時間あたり作業量（Q）の計算式は設問文中に示されている。土量換算係数（f）は，$1／L（＝1／1.2）$で与えられるから，複数の必要数値を式に代入すると，$Q＝(5.0×1／1.2×0.9×60)／25＝9\,m^3/h$となる。したがって，**1.**が正しい。

No.50 [答え4] 工程管理

1.の工程表は，常に工事の進捗状況を把握して予定と実施を比較できるようにし，ずれを早期に発見し，必要な是正措置が適切に講じられるようにしておく。**2.**は記述の通りである。**3.**の計画工程と実施工程に差が生じた場合は，労務・機械・資材及び作業日数など，あらゆる面から調査・原因究明を行い，工期内に効率的に工事を完成させる対策を講ずる。**4.**の工程管理では，予期せぬ事態に適切に対処できるよう，**実施工程が計画工程をやや上回るように管理**する。したがって，**4.**が適当でない。

No.51 [答え2] ネットワーク式工程表

クリティカルパスとは，各作業ルートのうち，**最も日数を要する最長経路**のことであり，**工期を決定する**。各経路の所要日数は次の通りとなる。⓪→①→②→⑤→⑥＝3＋6＋7＋4＝20日，⓪→①→②→③→⑤→⑥＝3＋6＋0＋6＋4＝19日，⓪→①→②→③→④→⑤→⑥＝3＋6＋0＋7＋0＋4＝20日，⓪→①→③→⑤→⑥＝3＋7＋6＋4＝20日，⓪

→①→③→④→⑤→⑥＝3＋7＋7＋0＋4＝21日である。したがって，**2.** が適当である。

No.52 [答え3] 労働安全衛生規則（型枠支保工）

1. は労働安全衛生規則第240条（組立図）第1項により正しい。**2.** は同規則第239条（型わく支保工の構造）により正しい。**3.** は同規則245条（型わく支保工の組立て等の作業）第2号に「強風，大雨，大雪等の**悪天候のため，作業の実施について危険が予想されるときは，当該作業に労働者を従事させないこと**」と規定されている。**4.** は同規則第247条（型枠支保工の組立て等作業主任者の職務）第1号により正しい。したがって，**3.** が誤りである。

No.53 [答え4] 労働安全衛生規則（地山の掘削作業）

1. は労働安全衛生規則第358条（点検）第1号により正しい。**2.** は同規則第367条（照度の保持）により正しい。**3.** は同規則第364条（運搬機械等の運行の経路等）により正しい。**4.** は同規則第360条（地山の掘削作業主任者の職務）に「事業者は，**地山の掘削作業主任者**に，次の事項を行なわせなければならない」，第1号「作業の方法を決定し，作業を直接指揮すること」と規定されている。したがって，**4.** が誤りである。

No.54 [答え3] 労働安全衛生規則（車両系建設機械の安全確保）

1. は労働安全衛生規則第160条（運転位置から離れる場合の措置）第1項に「事業者は，車両系建設機械の運転者が運転位置から離れるときは，当該運転者に次の措置を講じさせなければならない」，第1号「**バケット，ジッパー等の作業装置を地上に下ろすこと**」と規定されている。**2.** は同規則第157条の2に「事業者は，路肩，傾斜地等であって，車両系建設機械の転倒又は転落により運転者に危険が生ずるおそれのある場所においては，**転倒時保護構造を有し，かつ，シートベルトを備えたもの**以外の車両系建設機械を使用しないように努めるとともに，運転者にシートベルトを使用させるように努めなければならない」と規定されている。**3.** は同規則第159条（合図）により正しい。**4.** は同規則第165条（修理等）に「事業者は，車両系建設機械の修理又はアタッチメントの装着若しくは取り外しの作業を行うときは，**当該作業を指揮する者を定め**，その者に次の措置を講じさせなければならない」，第1号「作業手順を決定し，**作業を指揮すること**」，第2号「**安全支柱，安全ブロック等及び架台の使用状況を監視すること**」と規定されている。したがって，**3.** が正しい。

No.55 [答え1] 労働安全衛生規則（コンクリート造の工作物の解体等作業主任者の職務）

1. は労働安全衛生規則第517条の15（コンクリート造の工作物の解体等の作業）第2号に「強風，大雨，大雪等の悪天候のため，作業の実施について危険が予想されるときは，**当該作業を中止すること**」と規定されている。**2.** は同条第3号により正しい。**3.** は同条第1号により正しい。**4.** は同規則第517条の17（コンクリート造の工作物の解体等作業主任者の選任）により正しい。したがって，**1.** が誤っている。

No.56 [答え3] 品質管理における品質特性と確認方法

1. の土工・締固め度は，現場で迅速に測定ができる RI 計器による乾燥密度測定の他に，砂置換法がある。**2.** は組合せの通りである。**3.** の**コンクリート工・スランプはスランプ試験**で行う。**マーシャル安定度試験は，舗装用アスファルト混合物の配合設計，特に最適アスファルト量の決定に用いられる。4.** のふるい分け試験により，粒度分布，細骨材の粗粒率，最大寸法が求められる。したがって，**3.** が適当でない。

No.57 [答え1] $\bar{x}$-R 管理図

$\bar{x}$ は各組の測定値の平均値であり，R は各組の測定値の最大値と最小値の差（範囲）である。設問の表の計算結果は次の通りとなる。

組番号	$x1$	$x2$	$x3$	$\bar{x}$	R
A組	23	28	24	**25**	**5**
B組	23	25	24	24	2
C組	27	27	30	28	3

したがって，**1.** が適当である。

No.58 [答え2] 盛土締固めの品質管理

1. の締固めの**品質規定方式**は，盛土に必要な品質を仕様書に明示し，締固め方法については施工者に委ねる方式で，現場における締固め後の乾燥密度を室内締固め試験における最大乾燥密度で除した**締固め度や，空気間げき率，飽和度などで規定する方式**である。**2.** の締固めの工法規定方式は，使用する締固め機械の機種や締固め回数，敷均し厚さなどを規定する方式である。盛土材料の土質，含水比があまり変化しない場合や，岩塊や玉石など品質規定方式が適用困難なとき，また経験の浅い施工業者に適している。**3.** の**締固めの目的は，土の空気間げきを少なくし透水性を低下させ**，水の浸入による軟化，膨張を小さくし，土を最も安定した状態にし，盛土完成後の圧密沈下などの変形を少なくすることである。**4.** の**最もよく締まる含水比**のことを**最適含水比**といい，ある一定のエネルギーにおいて最も効率よく土を密にすることができる。このときの乾燥密度を最大乾燥密度という。したがって，**2.** が適当である。

No.59 [答え4] レディーミクストコンクリート（JIS A 5308）

レディーミクストコンクリートの受入れ時の圧縮強度に要求されている品質は，JIS A 5308 に「圧縮強度試験を行ったとき，強度は次の規定を満足しなければならない。なお強度試験における供試体の材齢は，呼び強度を保証する材齢の指定がない場合は 28 日，指定がある場合は購入者が指定した材齢とする。1) 1回の試験結果は，購入者が指定した呼び強度の強度値の 85％以上でなければならない。2) 3回の試験結果の平均値は，購入者が指定した呼び強度の強度値以上でなければならない」と規定されている。設問の場合，3回の試験結果の**平均値は 24.0N/mm² 以上，1回の試験結果は 24×0.85 ＝ 20.4N/mm² 以上**となる。よって A工区は合格，B工区は不合格，C工区は合格となる。したがって，**4.** が適当である。

No.60 [答え2] 環境保全対策

1.の建設公害の要因別の分類では苦情の多い順に並べると掘削工，運搬・交通，杭打ち・抜き工，排水工となり，これらが全体の約70%以上を占めている。**2.**は土壌汚染対策法第3条（使用が廃止された有害物質使用特定施設に係る工場又は事業場の敷地であった土地の調査）第1項に「使用が廃止された有害物質使用特定施設に係る工場又は事業場の敷地であった土地の所有者，管理者又は占有者であって，当該有害物質使用特定施設を設置していたもの又は都道府県知事から通知を受けたものは，環境省令で定めるところにより，当該土地の土壌の特定有害物質による汚染の状況について，環境大臣又は都道府県知事が指定する者に環境省令で定める方法により調査させて，その**結果を都道府県知事に報告**しなければならない。（後略）」と規定されている。**3.**と**4.**は記述の通りである。したがって**2.**が適当でない。

No.61 [答え1] **建設工事に係る資材の再資源化等に関する法律（建設リサイクル法）**

建設工事に係る資材の再資源化等に関する法律第2条（定義）第5項及び同法施行令第1条（特定建設資材）に「建設工事に係る資材の再資源化等に関する法律第2条第5項のコンクリート，木材その他建設資材のうち政令で定めるものは，次に掲げる建設資材とする。①**コンクリート**，②**コンクリート及び鉄から成る建設資材**，③**木材**，④**アスファルト・コンクリート**」と規定されている。したがって，**1.**の**建設発生土は該当しない**。

2020 令和2|年度 実地試験 解答・解説

問題 1 必須問題

問題1は受検者自身の経験を記述する問題です。経験記述の攻略法や解答例は，P.472で紹介しています。

問題 2 必須問題

切土法面の施工

(1) 切土法面の施工中は，雨水などによる法面浸食や崩壊，落石などが発生しないように，一時的な法面の**排水**，法面保護，落石防止を行うのがよい。

(2) 切土法面の施工中は，掘削終了を待たずに切土の施工段階に応じて順次**上方**から保護工を施工するのがよい。

(3) 露出することにより**風化**の早く進む岩は，できるだけ早くコンクリートや**モルタル**吹付けなどの工法による処置を行う。

(4) 切土法面の施工に当たっては，丁張にしたがって仕上げ面から**余裕**を持たせて本体を掘削し，その後法面を仕上げるのがよい。

これらを参考に，（イ）〜（ホ）に適語を記入する。

（イ）	（ロ）	（ハ）	（ニ）	（ホ）
排水	上方	風化	モルタル	余裕

問題 3 必須問題

軟弱地盤対策工法

軟弱地盤とは，土工構造物の基礎地盤として充分な支持力を有しない地盤で，その上に盛土などの土工構造物を構築すると，すべり破壊，土工構造物の沈下，周辺地盤の変形，あるいは地震時に液状化が生じる可能性があるため，軟弱地盤の支持力増加，有害な沈下・変形の抑制及び液状化の防止等を目的に軟弱地盤対策工を行う。

設問にある対策工法の特徴は次の通りであり，この中から2つずつ選び記述すればよい。

工法名	工作の特徴
サンドドレーン工法	透水性の高い砂を用いた砂柱（サンドドレーン）を地盤中に鉛直に打設することにより，間隙水の水平排水距離を短くし，粘性土層中の圧密沈下の促進や地盤の強度増加を図る工法である。
サンドマット工法	地盤表層に厚さ0.5〜1.2m程度の砂を敷き均すことにより，軟弱層の圧密のための上部排水の促進と，施工機械のトラフィカビリティーの確保を図る工法である。プレローディング工法やバーチカルドレーン工法と併用することが多い
深層混合処理工法（機械撹拌方式）	セメント系添加剤と原位置の軟弱土とを撹拌翼で強制的に混合することにより，軟弱地盤を柱体状などに固結させ，地盤の安定性増大，変形抑止，沈下量の低減又は液状化による被害の防止を図る工法である。
表層混合処理工法	軟弱地盤の表層部分の土とセメント系や石灰系などの添加剤を撹拌混合することにより，地盤のせん断強度増加し，安定性増大，変形抑制及びトラフィカビリティーの確保を図る工法である。
押え盛土工法	盛土本体の側方部（盛土のり先）を本体より小規模な盛土で押さえて盛土の安定性の確保を図る工法である。

問題 4 必須問題

コンクリートの打込み，締固め，養生

(1) コンクリートの打込み中，表面に集まった**ブリーディング**水は，適当な方法で取り除いてからコンクリートを打ち込まなければならない。

(2) コンクリート締固め時に使用する棒状バイブレータは，材料分離の原因となる**横**移動を目的に使用してはならない。

(3) 打込み後のコンクリートは，その部位に応じた適切な養生方法により一定期間は十分な**湿潤**状態に保たなければならない。

(4) **普通ポルトランド**セメントを使用するコンクリートの**湿潤**養生期間は，日平均気温15℃以上の場合，5日を標準とする。なお，湿潤養生期間の標準は次表の通りである。

表 湿潤養生期間の標準表 湿潤養生期間の標準

日平均気温	早強ポルトランドセメント	普通ポルトランドセメント	混合セメントB種
15℃以上	3日	5日	7日
10℃以上	4日	7日	9日
5℃以上	5日	9日	12日

(5) コンクリートは，十分に**硬化**が進むまで，**硬化**に必要な温度条件に保ち，低温，高温，急激な温度変化による有害な影響を受けないように管理しなければならない。

これらを参考に，（イ）～（ホ）に適語を記入する。

（イ）	（ロ）	（ハ）	（ニ）	（ホ）
ブリーディング	横	湿潤	普通ポルトランド	硬化

問題 5 選択問題 1

コンクリートに関する用語

次の中から2つを選び，記述すればよい。

用語	用語の説明
コールドジョイント	コンクリートを層状に打ち込む場合に，先に打ち込んだコンクリートと後から打ち込んだコンクリートとの間が，完全に一体化していない不連続面のこと。コンクリートを断続的に重ねて打ち込む際，適切な時間間隔より遅れて打ち込む場合や，不当な打ち継ぎ処理の場合に生ずる。
ワーカビリティ	材料分離を生じさせることなく，運搬，打込み，締固め，仕上げ等の作業のしやすさをいう。
レイタンス	コンクリートの打込み後，ブリーディングに伴い，内部の微細な粒子が浮上し，コンクリート表面に形成するぜい弱な物質の層のこと。レイタンスは上下コンクリートの一体化を阻害し，打継面の弱点となる。
かぶり	鋼材あるいはシースの表面からコンクリート表面までの最短距離で計測したコンクリートの厚さのこと。かぶりの大きさはコンクリート構造物の耐久性に関係し，環境条件に応じて必要最小厚さを定める。

問題6～問題9までは選択問題（1），（2）です。

※問題6，問題7の選択問題（1）の2問題のうちから1問題を選択し解答してください。

なお，選択した問題は，解答用紙の選択欄に○印を必ず記入してください。

問題 6 選択問題

土の原位置試験

(1) 標準貫入試験は，原位置における地盤の**硬軟**，締まり具合または土層の構成を判定するための**N値**を求めるために行うものである。なお，N値は，ボーリングロッド頭部に取付けたノッキングブロックに63.5kg±0.5kgの錘を76cm±1cmの高さから落下させ，サンプラーを土中に30cm貫入させた時の打撃回数であり，この値から地盤の支持力を判定する。

(2) 平板載荷試験は，原地盤に剛な載荷板を設置して**垂直**荷重を与え，この荷重の大きさと

載荷板の沈下量との関係から**地盤反力**係数や極限支持力などの地盤の変形及び支持力特性を調べるための試験である。

(3) RI計器による土の密度試験とは，放射性同位元素（RI）を利用して，土の湿潤密度及び**含水比**を現場において直接測定するものである。

これらを参考に，（イ）〜（ホ）に適語を記入する。

（イ）	（ロ）	（ハ）	（ニ）	（ホ）
硬軟	N値	垂直	地盤反力	含水比

問題 7 選択問題 | 1

高所作業を行う場合の安全管理

建設工事における高所作業を行う場合の安全管理の詳細は，労働安全衛生規則に規定されている。

(1) 高さが**2**m以上の箇所で作業を行う場合で，墜落により労働者に危険を及ぼすおそれのあるときは，足場を組み立てる等の方法により**作業床**を設けなければならない。（労働安全衛生規則第518条（作業床の設置等）第1項）

(2) 高さが**2**m以上の**作業床**の端や開口部等で，墜落により労働者に危険を及ぼすおそれのある箇所には，**囲い**，手すり，覆い等を設けなければならない。（同規則第519条第1項）

(3) 仮設通路で墜落の危険のある箇所には，高さ**85**cm以上の手すり又はこれと同等以上の機能を有する設備を設けなくてはならない。（同規則第552条（架設通路）第1項第4号イ）

(4) つり足場又は高さが5m以上の構造の足場等の組立て等の作業については，足場の組立て等作業主任者**技能講習**を終了した者のうちから，足場の組立て等作業主任者を選任しなければならない。（同規則第565条（足場の組立て等作業主任者の選任）。

これらを参考に，（イ）〜（ホ）に適語を記入する。

（イ）	（ロ）	（ハ）	（ニ）	（ホ）
2	作業床	囲い	85	技能講習

※問題8，問題9の選択問題（2）の2問題のうちから1問題を選択し解答してください。
なお，選択した問題は，解答用紙の選択欄に○印を必ず記入してください。

問題8 選択問題 | 2

各種コンクリートの打込み，養生の留意事項

	打込み時に留意する事項	養生時に留意する事項
寒中コンクリート	・コンクリートの練混ぜ開始から打ち込むまでの時間をできるだけ短くし，コンクリートの温度の低下を防ぐ。 ・打込み時のコンクリート温度は，5〜20℃の範囲に保つ。 ・打込み時に，鉄筋，型枠等に氷雪が付着していないこと。 ・打継目のコンクリートが凍結している場合には，適当な方法で溶かした後に打ち継ぐ。 ・打ち込まれたコンクリートは，露出面を外気に長時間さらさないようにする。	・打込み後の初期に凍結しないように充分に保護し，特に風を防ぐ。 ・養生温度は，必要な圧縮強度が得られるまで5℃以上に保つ。 ・コンクリートに給熱する場合，コンクリートの急激な乾燥や局部的な加熱がないようにする。 ・施工中に予想される荷重に対して十分な強度が得られるまで養生する。 ・保温養生また給熱養生を終了する際には，コンクリートの温度を急激に低下させない。
暑中コンクリート	・打ち込みにあたり，コンクリートから給水するおそれのある部分を湿潤状態に保つ。 ・直射日光を受けて高温になるおそれのある部分は散水，覆いなどの適切な処置を施す。 ・練混ぜ開始から打ち終わるまでの時間は1.5時間以内とする。 ・打込み時のコンクリート温度の上限は35℃以下とする。	・打ち込み終了後，速やかに養生を開始し，コンクリートの表面を乾燥から保護する。 ・特に気温が高く湿度が低い場合には，打ち込み直後の急激な乾燥によってひび割れが生じることがあるので，直射日光や風などを防ぐための処置を施す。
マスコンクリート	・打ち込み区画の大きさ，リフト高さ，継目の位置及び構造，打継ぎ時間間隔は，実際の施工条件に基づく温度ひび割れの照査時に想定したものを用いる。 ・打ち込み温度は，ワーカビリティや強度発現に悪影響を及ぼさない範囲で，できるだけ低くなるように対策を講ずる。	・コンクリート部材内外の温度差が大きくならないように，また部材全体の温度の降下速度が大きくならないように，コンクリート温度をできるだけ緩やかに外気温に近づける。 ・必要に応じてコンクリート表面を断熱性の高い材料で覆うなど保温，保護の処置をとる。

施工手順に基づく工種名の記述・横線式工程表作成と所要日数

バーチャートは縦軸に全体を構成する全ての部分作業（工種）を列記し，横軸に工期（日数）をとるので，進捗状況が直視的に分かる。しかし，作業間の関連及び工期に影響する作業が不明確である。

バーチャートの作成方法には以下の3方法がある。

①順行法‥‥‥施工手順に従って，着手日から決めていく。

②逆算法‥‥‥竣工期日からたどって，着手日を決める。

③重点法‥‥‥季節や工事条件，契約条件等に基づき，重点的に着手日や終了日を取り上げ，これを全工期の中のある時点に固定し，その前後を順行法又は逆算法で固めていく。

設問における各工種の手順は，①床掘工5日→②基礎砕石工3日→③均しコンクリート3日→④養生工7日→⑤据付け工3日→⑥埋戻し工3日→⑦残土処理工1日となるが，①床掘工と次の工種及び⑤据付け工と次の工種はそれぞれ1日間の重複作業であるから，順行法により作業日数を記入していくと解答の通り，**全所要日数は23日**となる。

表　横線式工程表（バーチャート）

工種	日数	作業工程（日）
床掘工	5	
基礎砕石工	3	
均しコンクリート工	3	
養生工	7	
据付け工	3	
埋戻し工	3	
残土処理工	1	

全所要日数	23日

2級土木施工管理技術検定試験

2019

令和元 | 年度後期

学科試験

実地試験

解答・解説

※問題番号No.1〜No.11までの11問題のうちから9問題を選択し解答してください。

No.1 土工に用いられる「試験の名称」と「試験結果から求められるもの」に関する次の組合せのうち，**適当でないもの**はどれか。

[試験の名称]　　　　　　　　　　　　　　[試験結果から求められるもの]

1. スウェーデン式サウンディング試験 ………… 土粒子の粒径の分布
2. 土の液性限界・塑性限界試験 ……………… コンシステンシー限界
3. 土の含水比試験 ……………………………… 土の間げき中に含まれる水の量
4. RI計器による土の密度試験 ……………… 土の湿潤密度

No.2 「土工作業の種類」と「使用機械」に関する次の組合せのうち，**適当でないもの**はどれか。

[土工作業の種類]　　　　　　　[使用機械]

1. 伐開除根 …………………………… バックホウ
2. 溝掘り ……………………………… トレンチャ
3. 掘削と積込み ……………………… トラクタショベル
4. 敷均しと整地 ……………………… ロードローラ

No.3 盛土の施工に関する次の記述のうち，**適当でないもの**はどれか。

1. 盛土の施工に先立ち，その基礎地盤が盛土の完成後に不同沈下や破壊を生ずるおそれがないか検討する。
2. 盛土の施工において，トラフィカビリティーが得られない地盤では，一般に施工機械は変えずに，速度を速くして施工する。
3. 盛土の施工は，薄層でていねいに敷き均して，盛土全体を均等に締め固めることが重要である。
4. 盛土工における構造物縁部の締固めは，ランマなど小型の締固め機械により入念に締め固める。

No.4 軟弱地盤における次の改良工法のうち，地下水位低下工法に**該当するもの**はどれか。

1. 押え盛土工法
2. サンドコンパクションパイル工法
3. ウェルポイント工法
4. 深層混合処理工法

No.5 コンクリート用セメントに関する次の記述のうち，**適当でないもの**はどれか。

1. セメントは，風化すると密度が大きくなる。
2. 粉末度は，セメント粒子の細かさをいう。
3. 中庸熱ポルトランドセメントは，ダムなどのマスコンクリートに適している。
4. セメントは，水と接すると水和熱を発しながら徐々に硬化していく。

No.6 コンクリートの施工に関する次の記述のうち，**適当なもの**はどれか。

1. 打ち込んだコンクリートは，水平になるよう型枠内で横移動させる。
2. コンクリートの締固めには，主に型枠振動機を用いる。
3. 養生では，コンクリートを乾燥状態に保つことが重要である。
4. 打継目は，漏水やひび割れの原因になりやすい。

No.7 コンクリートの施工に関する次の記述のうち，**適当でないもの**はどれか。

1. コンクリートを打ち重ねる場合には，上層と下層が一体となるように，棒状バイブレータを下層のコンクリート中に10cm程度挿入する。
2. コンクリートを打ち込む際は，打ち上がり面が水平になるように打ち込み，1層当たりの打込み高さを40〜50cm以下とする。
3. コンクリートの練り混ぜから打ち終わるまでの時間は，外気温が25℃を超えるときは2.5時間以内とする。
4. コンクリートを2層以上に分けて打ち込む場合は，外気温が25℃を超えるときの許容打重ね時間間隔は2時間以内とする。

No. 8 型枠・支保工の施工に関する次の記述のうち，**適当でないもの**はどれか。

1. 型枠内面には，はく離剤を塗布する。

2. 型枠の取外しは，荷重を受ける重要な部分を優先する。

3. 支保工は，組立及び取外しが容易な構造とする。

4. 支保工は，施工時及び完成後の沈下や変形を想定して，適切な上げ越しを行う。

No. 9 既製杭の打込み杭工法に関する次の記述のうち，**適当でないもの**はどれか。

1. 杭は打込み途中で一時休止すると，時間の経過とともに地盤が緩み，打込みが容易になる。

2. 一群の杭を打つときは，中心部の杭から周辺部の杭へと順に打ち込む。

3. 打込み杭工法は，中掘り杭工法に比べて一般に施工時の騒音・振動が大きい。

4. 打込み杭工法は，プレボーリング杭工法に比べて杭の支持力が大きい。

No. 10 場所打ち杭の特徴に関する次の記述のうち，**適当なもの**はどれか。

1. 施工時の騒音・振動が打込み杭に比べて大きい。

2. 掘削土による中間層や支持層の確認が困難である。

3. 杭材料の運搬などの取扱いや長さの調節が難しい。

4. 大口径の杭を施工することにより大きな支持力が得られる。

No. 11 下図に示す土留め工の（イ），（ロ）の部材名称に関する次の組合せのうち，**適当なもの**はどれか。

	（イ）		（ロ）
1.	火打ちばり	………………	腹起し
2.	切ばり	……………………	腹起し
3.	切ばり	……………………	火打ちばり
4.	腹起し	……………………	切ばり

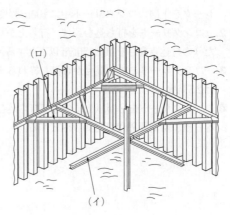

※問題番号No.12〜No.31までの20問題のうちから6問題を選択し解答してください。

No.12 鋼橋の溶接継手に関する次の記述のうち，**適当でないもの**はどれか。

1. 溶接を行う部分には，溶接に有害な黒皮，さび，塗料，油などがあってはならない。
2. 応力を伝える溶接継手には，開先溶接又は連続すみ肉溶接を用いなければならない。
3. 溶接継手の形式には，突合せ継手，十字継手などがある。
4. 溶接を行う場合には，溶接線近傍を十分に湿らせてから行う。

No.13 橋梁の「架設工法」と「工法の概要」に関する次の組合せのうち，**適当でないもの**はどれか。

[架設工法] [工法の概要]
1. ベント式架設工法 ……………… 橋桁を自走クレーンでつり上げ，ベントで仮受けしながら組み立てて架設する。
2. 一括架設工法 …………………… 組み立てられた部材を台船で現場までえい航し，フローティングクレーンでつり込み一括して架設する。
3. ケーブルクレーン架設工法 …… 橋脚や架設した桁を利用したケーブルクレーンで，部材をつりながら組み立てて架設する。
4. 送出し式架設工法 ……………… 架設地点に隣接する場所であらかじめ橋桁の組み立てを行って，順次送り出して架設する。

No.14 コンクリート構造物の耐久性を向上させる対策に関する次の記述のうち，**適当でないもの**はどれか。

1. 塩害対策として，速硬エコセメントを使用する。
2. 塩害対策として，水セメント比をできるだけ小さくする。
3. 凍害対策として，吸水率の小さい骨材を使用する。
4. 凍害対策として，AE剤を使用する。

No.15 河川堤防の施工に関する次の記述のうち，**適当でないもの**はどれか。

1. 堤防の法面は，可能な限り機械を使用して十分締め固める。
2. 引堤工事を行った場合の旧堤防は，新堤防の完成後，ただちに撤去する。
3. 堤防の施工中は，堤体への雨水の滞水や浸透が生じないよう堤体横断面方向に勾配を設ける。
4. 堤防の腹付け工事では，旧堤防との接合を高めるため階段状に段切りを行う。

No. 16 河川護岸に関する次の記述のうち，**適当なもの**はどれか。

1. 高水護岸は，複断面の河川において高水時に堤防の表法面を保護するものである。

2. 護岸基礎工の天端高さは，一般に洗掘に対する保護のため平均河床高と同じ高さで施工する。

3. 根固工は，法覆工の上下流の端部に施工して護岸を保護するものである。

4. 法覆工は，堤防の法勾配が緩く流速が小さな場所では間知ブロックで施工する。

No. 17 砂防えん堤に関する次の記述のうち，**適当でないもの**はどれか。

1. 本えん堤の袖は，土石などの流下による衝撃に対して強固な構造とする。

2. 水通しは，施工中の流水の切換えや本えん堤にかかる水圧を軽減させる構造とする。

3. 副えん堤は，本えん堤の基礎地盤の洗掘及び下流河床低下の防止のために設ける。

4. 水たたきは，本えん堤を落下した流水による洗掘を防止するために設ける。

No. 18 地すべり防止工に関する次の記述のうち，**適当でないもの**はどれか。

1. 地すべり防止工では，抑制工，抑止工の順に実施し，抑止工だけの施工を避けるのが一般的である。

2. 抑制工としては，水路工，横ボーリング工，集水井工などがあり，抑止工としては，杭工やシャフト工などがある。

3. 横ボーリング工とは，帯水層に向けてボーリングを行い，地下水を排除する工法である。

4. 水路工とは，地表面の水を速やかに水路に集め，地すべり地内に浸透させる工法である。

No. 19 道路のアスファルト舗装における構築路床の安定処理に関する次の記述のうち，**適当でないもの**はどれか。

1. 粒状の生石灰を用いる場合は，混合させたのち仮転圧し，ただちに再混合をする。

2. 安定材の散布に先立って，不陸整正を行い必要に応じて雨水対策の仮排水溝を設置する。

3. セメント又は石灰などの安定材は，所定量を散布機械又は人力により均等に散布をする。

4. 混合終了後は，仮転圧を行い所定の形状に整形したのちに締固めをする。

No.20 道路のアスファルト舗装の施工に関する次の記述のうち，**適当でないもの**はどれか。

1. アスファルト混合物の現場到着温度は，一般に140〜150℃程度とする。

2. 初転圧の転圧温度は，一般に110〜140℃とする。

3. 二次転圧の終了温度は，一般に70〜90℃とする。

4. 交通開放の舗装表面温度は，一般に60℃以下とする。

No.21 道路のアスファルト舗装の破損に関する次の記述のうち，**適当でないもの**はどれか。

1. 線状ひび割れは，長く生じるひび割れで路盤の支持力が不均一な場合や舗装の継目に生じる。

2. ヘアクラックは，規則的に生じる比較的長いひび割れで主に表層に生じる。

3. 縦断方向の凹凸は，道路の延長方向に比較的長い波長の凹凸でどこにでも生じる。

4. わだち掘れは，道路横断方向の凹凸で車両の通過位置が同じところに生じる。

No.22 道路の普通コンクリート舗装に関する次の記述のうち，**適当でないもの**はどれか。

1. コンクリート舗装版の厚さは，路盤の支持力や交通荷重などにより決定する。

2. コンクリート舗装の横収縮目地は，版厚に応じて8〜10m間隔に設ける。

3. コンクリート舗装版の中の鉄網は，底面から版の厚さの1/3の位置に配置する。

4. コンクリート舗装の養生には，初期養生と後期養生がある。

No.23 コンクリートダムのRCD工法に関する次の記述のうち，**適当でないもの**はどれか。

1. コンクリートの運搬は，一般にダンプトラックを使用し，地形条件によってはインクライン方式などを併用する方法がある。

2. 運搬したコンクリートは，ブルドーザなどを用いて水平に敷き均し，作業性のよい振動ローラなどで締め固める。

3. 横継目は，ダム軸に対して直角方向に設け，コンクリートの敷き均し後，振動目地機械などを使って設置する。

4. コンクリート打込み後の養生は，水和発熱が大きいため，パイプクーリングにより実施するのが一般的である。

No.24 トンネルの山岳工法における支保工に関する次の記述のうち，**適当でないもの**はどれか。

1. 吹付けコンクリートの作業においては，はね返りを少なくするために，吹付けノズルを吹付け面に斜めに保つ。

2. ロックボルトは，掘削によって緩んだ岩盤を緩んでいない地山に固定し，落下を防止するなどの効果がある。

3. 鋼アーチ式（鋼製）支保工は，H型鋼材などをアーチ状に組み立て，所定の位置に正確に建て込む。

4. 支保工は，掘削後の断面維持，岩石や土砂の崩壊防止，作業の安全確保のために設ける。

No.25 海岸における異形コンクリートブロックによる消波工に関する次の記述のうち，**適当でないもの**はどれか。

1. 消波工は，波の打上げ高さを小さくすることや，波による圧力を減らすために堤防の前面に設けられる。

2. 異形コンクリートブロックは，ブロックとブロックの間を波が通過することにより，波のエネルギーを減少させる。

3. 乱積みは，荒天時の高波を受けるたびに沈下し，徐々にブロックどうしのかみ合わせが悪くなり不安定になってくる。

4. 層積みは，規則正しく配列する積み方で整然と並び外観が美しく，設計どおりの据付けができ安定性がよい。

No.26 ケーソン式混成堤の施工に関する次の記述のうち，**適当でないもの**はどれか。

1. ケーソンは，注水により据付ける場合には注水開始後，中断することなく注水を連続して行い速やかに据付ける。

2. ケーソンは，海面がつねにおだやかで，大型起重機船が使用できるなら，進水したケーソンを据付け場所までえい航して据付けることができる。

3. ケーソンは，据付け後すぐにケーソン内部に中詰めを行って質量を増し，安定を高めなければならない。

4. ケーソンは，波の静かなときを選び，一般にケーソンにワイヤをかけて，引き船でえい航する。

No.27 鉄道の路盤の役割に関する次の記述のうち，**適当でないもの**はどれか。

1. 軌道を十分強固に支持する。

2. まくら木を緊密にむらなく保持する。

3. 路床への荷重の分散伝達をする。

4. 排水勾配を設け道床内の水を速やかに排除する。

No.28 鉄道（在来線）の営業線内及びこれに近接した工事に関する次の記述のうち，**適当でないもの**はどれか。

1. 工事管理者は，「工事管理者資格認定証」を有する者でなければならない。

2. 営業線に近接した重機械による作業は，列車の近接から通過の完了まで作業を一時中止する。

3. 工事場所が信号区間では，バール・スパナ・スチールテープなどの金属による短絡（ショート）を防止する。

4. 複線以上の路線での積おろしの場合は，列車見張員を配置し車両限界をおかさないように材料を置く。

No.29 シールド工法に関する次の記述のうち，**適当でないもの**はどれか。

1. 泥水式シールド工法は，巨礫の排出に適している工法である。

2. 土圧式シールド工法は，切羽の土圧と掘削土砂が平衡を保ちながら掘進する工法である。

3. 土圧シールドと泥土圧シールドの違いは，添加材注入装置の有無である。

4. 泥水式シールド工法は，切削された土砂を泥水とともに坑外まで流体輸送する工法である。

No.30 上水道の管布設工に関する次の記述のうち，**適当でないもの**はどれか。

1. 管の布設にあたっては，受口のある管は受口を高所に向けて配管する。

2. 鋳鉄管の切断は，直管及び異形管ともに切断機で行うことを標準とする。

3. ダクタイル鋳鉄管の据付けにあたっては，管体の表示記号を確認するとともに，管径，年号の記号を上に向けて据え付ける。

4. 管周辺の埋戻しは，片埋めにならないように敷き均して現地盤と同程度以上の密度となるように締め固める。

No.31 下水道管路の耐震性能を確保するための対策に関する次の記述のうち，**適当でないもの**はどれか。

1. マンホールと管きょとの接続部における可とう継手の設置。

2. 応力変化に抵抗できる管材などの選定。

3. マンホールの沈下のみの抑制。

4. 埋戻し土の液状化対策。

※**問題番号No.32～No.42までの11問題のうちから6問題を選択し解答してください。**

No.32 労働者に対する賃金の支払いに関する次の記述のうち，労働基準法上，**正しいもの**はどれか。

1. 賃金とは，賃金，給料，手当など使用者が労働者に支払うものをいい，賞与はこれに含まれない。

2. 使用者は，労働者が災害を受けた場合に限り，支払期日前であっても，労働者が請求した既往の労働に対する賃金を支払わなければならない。

3. 使用者の責に帰すべき事由による休業の場合には，使用者は，休業期間中当該労働者に，その平均賃金の40％以上の手当を支払わなければならない。

4. 使用者が労働時間を延長し，又は休日に労働させた場合には，原則として賃金の計算額の2割5分以上5割以下の範囲内で，割増賃金を支払わなければならない。

No.33 年少者・女性の就業に関する次の記述のうち，労働基準法上，**誤っているもの**はどれか。

1. 使用者は，満18歳に満たない者に，運転中の機械の危険な部分の掃除，注油，検査若しくは修繕をさせてはならない。

2. 使用者は，交替制によって使用する満16歳以上の男性を除き，原則として満18歳に満たない者を午後10時から午前5時までの間において使用してはならない。

3. 使用者は，満18歳以上の女性を，地上又は床上における補助作業を除き，足場の組立て，解体又は変更の業務に就かせてはならない。

4. 使用者は，満16歳未満の女性を，継続して8kg以上の重量物を取り扱う業務に就かせてはならない。

No.34 労働安全衛生法上，作業主任者を選任すべき作業に**該当しないもの**は，次のうちどれか。

1. つり上げ荷重5t以上の移動式クレーンの運転作業（道路上を走行させる運転を除く）
2. 高さが5m以上のコンクリート造の工作物の解体又は破壊の作業
3. 潜函工法その他の圧気工法で行われる高圧室内作業
4. 土止め支保工の切りばり又は腹起こしの取付け又は取り外しの作業

No.35 建設業法に関する次の記述のうち，**誤っているもの**はどれか。

1. 発注者から直接建設工事を請け負った特定建設業者は，主任技術者又は監理技術者を置かなければならない。
2. 主任技術者及び監理技術者は，当該建設工事の施工計画の作成などの他，当該建設工事に関する下請契約の締結を行わなければならない。
3. 発注者から直接建設工事を請け負った特定建設業者は，下請契約の請負代金額が政令で定める金額以上になる場合，監理技術者を置かなければならない。
4. 工事現場における建設工事の施工に従事する者は，主任技術者又は監理技術者がその職務として行う指導に従わなければならない。

No.36 道路法に関する次の記述のうち，**誤っているもの**はどれか。

1. 道路上の規制標識は，規制の内容に応じて道路管理者又は都道府県公安委員会が設置する。
2. 道路管理者は，道路台帳を作成しこれを保管しなければならない。
3. 道路案内標識などの道路情報管理施設は，道路附属物に該当しない。
4. 道路の構造に関する技術的基準は，道路構造令で定められている。

No.37 河川区域内における河川管理者の許可に関する次の記述のうち，河川法上，**正しいもの**はどれか。

1. 河川の上空に送電線を架設する場合は，河川管理者の許可を受ける必要はない。
2. 取水施設の機能を維持するために取水口付近に堆積した土砂等を排除する場合は，河川管理者の許可を受ける必要はない。
3. 河川の地下を横断して下水道管を設置する場合は，河川管理者の許可を受ける必要はない。
4. 道路橋の橋脚工事を行うための工事資材置場を河川区域内に新たに設置する場合は，河川管理者の許可を受ける必要はない。

No.38 建築基準法に関する次の記述のうち，**誤っているもの**はどれか。

1. 容積率は，敷地面積の建築物の延べ面積に対する割合をいう。

2. 建築物の主要構造部は，壁，柱，床，はり，屋根又は階段をいう。

3. 建築設備は，建築物に設ける電気，ガス，給水，冷暖房などの設備をいう。

4. 建ぺい率は，建築物の建築面積の敷地面積に対する割合をいう。

No.39 火薬類の取扱いに関する次の記述のうち，火薬類取締法上，**誤っているものの**はどれか。

1. 火薬庫内には，火薬類以外の物を貯蔵しない。

2. 火薬庫の境界内には，爆発，発火，又は燃焼しやすい物を堆積しない。

3. 火薬類を収納する容器は，木その他電気不良導体で作った丈夫な構造のものとし，内面には鉄類を表さない。

4. 固化したダイナマイト等は，もみほぐしてはならない。

No.40 騒音規制法上，指定地域内における特定建設作業を伴う建設工事を施工しようとする者が行う，特定建設作業の実施に関する届出先として，**正しいもの**は次のうちどれか。

1. 環境大臣

2. 都道府県知事

3. 市町村長

4. 労働基準監督署長

No.41 振動規制法上，指定地域内において特定建設作業の**対象とならない作業**は，次のうちどれか。

ただし，当該作業がその作業を開始した日に終わるものを除く。

1. 油圧式くい抜機を除くくい抜機を使用する作業

2. 1日の2地点間の最大移動距離が50mを超えない手持式ブレーカによる取り壊し作業

3. 1日の2地点間の最大移動距離が50mを超えない舗装版破砕機を使用する作業

4. 鋼球を使用して工作物を破壊する作業

No.42 港則法上，特定港で行う場合に**港長の許可を受ける必要のないもの**は，次のうちどれか。

1. 特定港内又は特定港の境界附近で工事又は作業をしようとする者

2. 船舶が，特定港において危険物の積込，積替又は荷卸をするとき

3. 特定港内において使用すべき私設信号を定めようとする者

4. 船舶が，特定港を出港しようとするとき

※問題番号No.43〜No.61までの19問題は必須問題ですから全問題を解答してください。

No.43 測点No.1から測点No.5までの水準測量を行い，下表の結果を得た。**測点No.5の地盤高**は，次のうちどれか。

測点No.	距離 (m)	後視 (m)	前視 (m)	高低差 (m) +	高低差 (m) −	備考
1		0.8				測点No.1…地盤高　　10.0m
	20					
2		1.2	2.0			
	30					
3		1.6	1.7			
	20					
4		1.6	1.4			
	30					
5			1.7			測点No.5…地盤高 [　　　]m

1. 7.6m　　**2.** 8.0m　　**3.** 8.4m　　**4.** 9.0m

No.44 公共工事標準請負契約約款に関する次の記述のうち，**誤っているもの**はどれか。

1. 設計図書において監督員の検査を受けて使用すべきものと指定された工事材料の検査に直接要する費用は，受注者が負担しなければならない。

2. 受注者は工事の施工に当たり，設計図書の表示が明確でないことを発見したときは，ただちにその旨を監督員に通知し，その確認を請求しなければならない。

3. 発注者は，設計図書において定められた工事の施工上必要な用地を受注者が工事の施工上必要とする日までに確保しなければならない。

4. 工事材料の品質については，設計図書にその品質が明示されていない場合は，上等の品質を有するものでなければならない。

No.45 下図は道路橋の断面図を示したものであるが，（イ）～（ニ）の構造名称に関する次の組合せのうち，**適当なもの**はどれか。

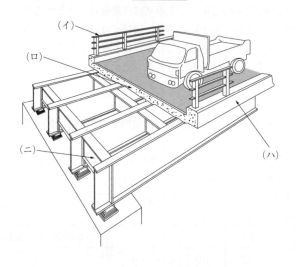

	（イ）	（ロ）	（ハ）	（ニ）
1.	地覆 ……………	横桁 ……………	床版 ……………	高欄
2.	高欄 ……………	床版 ……………	地覆 ……………	横桁
3.	横桁 ……………	床版 ……………	地覆 ……………	高欄
4.	高欄 ……………	地覆 ……………	床版 ……………	横桁

No.46 建設機械に関する次の記述のうち，**適当でないもの**はどれか。

1. 振動ローラは，鉄輪を振動させながら砂や砂利などの転圧を行う機械で，ハンドガイド型が最も多く使用されている。

2. スクレーパは，土砂の掘削・積込み，運搬，敷均しを一連の作業として行うことができる。

3. ブルドーザは，土砂の掘削・押土及び短距離の運搬に適しているほか，除雪にも用いられる。

4. スクレープドーザは，ブルドーザとスクレーパの両方の機能を備え，狭い場所や軟弱地盤での施工に使用される。

No.47 施工計画に関する次の記述のうち，**適当でないもの**はどれか。

1. 環境保全計画は，法規に基づく規制基準に適合するように計画することが主な内容である。

2. 事前調査は，契約条件・設計図書を検討し，現地調査が主な内容である。

3. 調達計画は，労務計画，資材計画，安全衛生計画が主な内容である。

4. 品質管理計画は，設計図書に基づく規格値内に収まるよう計画することが主な内容である。

No.48 公共工事において建設業者が作成する施工体制台帳及び施工体系図に関する次の記述のうち，**適当でないもの**はどれか。

1. 施工体制台帳は，下請負人の商号又は名称などを記載し，作成しなければならない。

2. 施工体系図は，変更があった場合には，工事完成検査までに変更を行わなければならない。

3. 施工体系図は，工事関係者及び公衆が見やすい場所に掲げなければならない。

4. 施工体制台帳は，その写しを発注者に提出しなければならない。

No.49 建設機械の作業に関する次の記述のうち，**適当でないもの**はどれか。

1. トラフィカビリティーとは，建設機械の走行性をいい，一般にN値で判断される。

2. 建設機械の作業効率は，現場の地形，土質，工事規模などの現場条件により変化する。

3. リッパビリティーとは，ブルドーザに装着されたリッパによって作業できる程度をいう。

4. 建設機械の作業能力は，単独の機械又は組み合された機械の時間当たりの平均作業量で表される。

No.50 工程管理に関する次の記述のうち，**適当でないもの**はどれか。

1. 工程表は，工事の施工順序と所要の日数などを図表化したものである。

2. 工程計画と実施工程の間に差が生じた場合は，あらゆる方面から検討し，また原因がわかったときは，速やかにその原因を除去する。

3. 工程管理にあたっては，実施工程が工程計画より，やや上まわるように管理する。

4. 工程表は，施工途中において常に工事の進捗状況が把握できれば，予定と実績の比較ができなくてもよい。

No.51

下図のネットワーク式工程表に示す工事の**クリティカルパスとなる日数**は，次のうちどれか。

ただし，図中のイベント間のA〜Gは作業内容，数字は作業日数を表す。

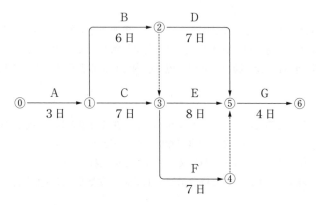

1. 21日
2. 22日
3. 23日
4. 24日

No.52

保護帽の使用に関する次の記述のうち，**適当でないもの**はどれか。

1. 保護帽は，頭によくあったものを使用し，あごひもは必ず正しく締める。
2. 保護帽は，見やすい箇所に製造者名，製造年月日等が表示されているものを使用する。
3. 保護帽は，大きな衝撃を受けた場合でも，外観に損傷がなければ使用できる。
4. 保護帽は，改造あるいは加工したり，部品を取り除いてはならない。

No.53

高さ2m以上の足場（つり足場を除く）に関する次の記述のうち，労働安全衛生法上，**誤っているもの**はどれか。

1. 作業床の手すりの高さは，85cm以上とする。
2. 足場の床材が転位し脱落しないように取り付ける支持物の数は，2つ以上とする。
3. 作業床より物体の落下のおそれがあるときに設ける幅木の高さは，10cm以上とする。
4. 足場の作業床は，幅20cm以上とする。

No.54 移動式クレーンを用いた作業において，事業者が行うべき事項に関する次の記述のうち，クレーン等安全規則上，**誤っているもの**はどれか。

1. 運転者や玉掛け者が，つり荷の重心を常時知ることができるよう，表示しなければならない。

2. 強風のため，作業の実施について危険が予想されるときは，作業を中止しなければならない。

3. アウトリガー又は拡幅式のクローラは，原則として最大限に張り出さなければならない。

4. 運転者を，荷をつったままの状態で運転位置から離れさせてはならない。

No.55 高さ5m以上のコンクリート造の工作物の解体作業にともなう危険を防止するために事業者が行うべき事項に関する次の記述のうち，労働安全衛生法上，**誤っているもの**はどれか。

1. 作業計画には，作業の方法及び順序，使用する機械等の種類及び能力等が記載されていなければならない。

2. 強風，大雨，大雪等の悪天候のため，作業の実施について危険が予想されるときは，コンクリート造の工作物の解体等作業主任者の指揮に基づき作業を行わせなければならない。

3. 物体の飛来等により労働者に危険が生ずるおそれのある箇所に，解体用機械の運転者以外の労働者を立ち入らせない。

4. 外壁，柱等の引倒し等の作業を行うときは，引倒し等について一定の合図を定め，関係労働者に周知させなければならない。

No.56 $\bar{x}$-R管理図に関する次の記述のうち，**適当なもの**はどれか。

1. $\bar{x}$管理図は，ロットの最大値と最小値との差により作成し，R管理図はロットの平均値により作成する。

2. 管理図は通常連続した柱状図で示される。

3. 管理図上に記入した点が管理限界線の外に出た場合は，原則としてその工程に異常があると判断しなければならない。

4. $\bar{x}$-R管理図では，連続量として測定される計数値を扱うことが多い。

No.57 測定データ（整数）を整理した下図のヒストグラムから読み取れる内容に関する次の記述のうち，**適当でないもの**はどれか。

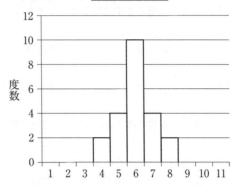

1. 測定されたデータの最大値は，8である。
2. 測定されたデータの平均値は，6である。
3. 測定されたデータの範囲は，4である。
4. 測定されたデータの総数は，18である。

No.58 盛土の締固めの品質に関する次の記述のうち，**適当でないもの**はどれか。

1. 最もよく締まる含水比は，最大乾燥密度が得られる含水比で施工含水比である。
2. 締固めの品質規定方式は，盛土の締固め度などを規定する方法である。
3. 締固めの工法規定方式は，使用する締固め機械の機種や締固め回数などを規定する方法である。
4. 締固めの目的は，土の空気間げきを少なくし吸水による膨張を小さくし，土を安定した状態にすることである。

No.59 呼び強度24，スランプ12cm，空気量4.5％と指定したレディーミクストコンクリート（JIS A 5308）の受入れ時の判定基準を**満足しないもの**は，次のうちどれか。

1. 3回の圧縮強度試験結果の平均値は，25N/mm^{2}である。
2. 1回の圧縮強度試験結果は，19N/mm^{2}である。
3. スランプ試験の結果は，10.0cmである。
4. 空気量試験の結果は，3.0％である。

建設工事における地域住民の生活環境の保全対策に関する次の記述のうち，**適当なもの**はどれか。

1. 振動規制法上の特定建設作業においては，規制基準を満足しないことにより周辺住民の生活環境に著しい影響を与えている場合には，都道府県知事より改善勧告，改善命令が出される。

2. 振動規制法上の特定建設作業においては，住民の生活環境を保全する必要があると認められる地域の指定は，市町村長が行う。

3. 施工にあたっては，あらかじめ付近の居住者に工事概要を周知し，協力を求めるとともに，付近の居住者の意向を十分に考慮する必要がある。

4. 騒音・振動の防止策として，騒音・振動の絶対値を下げること及び発生期間の延伸を検討する。

No.**61** 「建設工事に係る資材の再資源化等に関する法律」（建設リサイクル法）に定められている特定建設資材に**該当しないもの**は，次のうちどれか。

1. アスファルト・コンクリート

2. 木材

3. コンクリート

4. 建設発生土

※問題1〜問題5は必須問題です。必ず解答してください。

問題1で

①設問1の解答が無記載又は記述漏れがある場合,

②設問2の解答が無記載又は設問で求められている内容以外の記述の場合,

どちらの場合にも問題2以降は採点の対象となりません。

必須問題

問題 1

あなたが経験した土木工事の現場において,工夫した品質管理又は工夫した工程管理のうちから1つ選び,次の〔設問1〕,〔設問2〕に答えなさい。

→経験記述については,P.472を参照してください。

必須問題

問題 2

盛土の施工に関する次の文章の [   ] の (イ)〜(ホ) に当てはまる適切な語句を,次の語句から選び解答欄に記入しなさい。

(1) 盛土材料としては,可能な限り現地 [(イ)] を有効利用することを原則としている。

(2) 盛土 の [(ロ)] に草木や切株がある場合は,伐開除根など施工に先立って適切な処理を行うものとする。

(3) 盛土 材料の含水量調節にはばっ気と [(ハ)] があるが,これらは一般に敷均しの際に行われる。

(4) 盛土の施工にあたっては,雨水の浸入による盛土の [(ニ)] や豪雨時などの盛土自体の崩壊を防ぐため,盛土施工時の [(ホ)] を適切に行うものとする。

[語句] 購入土,固化材,サンドマット,腐植土,軟弱化,
　　　　発生土,基礎地盤,日照,粉じん,粒度調整,
　　　　散水,補強材,排水,不透水層,越水

解答欄

(イ)	(ロ)	(ハ)	(ニ)	(ホ)

問題 3 植生による法面保護工と構造物による法面保護工について，**それぞれ 1つずつ工法名とその目的又は特徴について**解答欄に記述しなさい。 ただし，解答欄の（例）と同一内容は不可とする。

(1) 植生による法面保護工
(2) 構造物による法面保護工

解答欄

	工法名	目的又は特徴
(1)		
(2)		

問題 4 コンクリートの打込みにおける型枠の施工に関する次の文章の の (イ) ～ (ホ) に当てはまる**適切な語句を，次の語句から選び**解答欄に 記入しなさい。

(1) 型枠は，フレッシュコンクリートの (イ) に対して安全性を確保できるものでなけ ればならない。また，せき板の継目はモルタルが (ロ) しない構造としなければなら ない。
(2) 型枠の施工にあたっては，所定の (ハ) 内におさまるよう，加工及び組立てを行わ なければならない。型枠が所定の間隔以上に開かないように， (ニ) やフォームタイ などの締付け金物を使用する。
(3) コンクリート標準示方書に示された，橋・建物などのスラブ及び梁の下面の型枠を 取り外してもよい時期のコンクリートの (ホ) 強度の参考値は14.0N/mm²である。

[語句] スペーサ，鉄筋，圧縮，引張り，曲げ，
　　　　変色，精度，面積，季節，セパレータ，
　　　　側圧，温度，水分，漏出，硬化

解答欄

(イ)	(ロ)	(ハ)	(ニ)	(ホ)

必須問題

問題 5

コンクリートの施工に関する次の①～④の記述のいずれにも語句又は数値の誤りが文中に含まれている。①～④のうちから2つ選び，その番号をあげ，誤っている語句又は数値と正しい語句又は数値をそれぞれ解答欄に記述しなさい。

① コンクリートを打込む際のシュートや輸送管，バケットなどの吐出口と打込み面までの高さは2.0m以下が標準である。

② コンクリートを棒状バイブレータで締固める際の挿入間隔は，平均的な流動性及び粘性を有するコンクリートに対しては，一般に100cm以下にするとよい。

③ 打込んだコンクリートの仕上げ後，コンクリートが固まり始めるまでの間に発生したひび割れは，棒状バイブレータと再仕上げによって修復しなければならない。

④ 打込み後のコンクリートは，その部位に応じた適切な養生方法により一定期間は十分な乾燥状態に保たなければならない。

解答欄

番号	誤っている語句又は数値	正しい語句又は数値

問題6～問題9までは選択問題（1），（2）です。
※問題6，問題7の選択問題（1）の2問題のうちから1問題を選択し解答してください。なお，選択した問題は，解答用紙の選択欄に○印を必ず記入してください。

選択問題｜1
問題6 盛土の締固め管理に関する次の文章の＿＿の（イ）～（ホ）に当てはまる適切な語句を，次の語句から選び解答欄に記入しなさい。

(1) 盛土工事の締固めの管理方法には，￣(イ)￣規定方式と￣(ロ)￣規定方式があり，どちらの方法を適用するかは，工事の性格・規模・土質条件などをよく考えたうえで判断することが大切である。

(2) ￣(イ)￣規定のうち，最も一般的な管理方法は，締固め度で規定する方法である。

(3) 締固め度 $= \dfrac{\boxed{(ハ)}\text{で測定された土の}\boxed{(ニ)}}{\text{室内試験から得られる土の最大}\boxed{(ニ)}} \times 100$（%）

(4) ￣(ロ)￣規定方式は，使用する締固め機械の種類や締固め回数，盛土材料の￣(ホ)￣厚さなどを，仕様書に規定する方法である。

［語句］積算，安全，品質，工場，土かぶり，
敷均し，余盛，現場，総合，環境基準，
現場配合，工法，コスト，設計，乾燥密度

解答欄

（イ）	（ロ）	（ハ）	（ニ）	（ホ）

選択問題｜1
問題7 レディーミクストコンクリート（JIS A 5308）の受入れ検査に関する次の文章の＿＿の（イ）～（ホ）に当てはまる適切な語句又は数値を，次の語句又は数値から選び解答欄に記入しなさい。

(1) ￣(イ)￣が8cmの場合，試験結果が±2.5cmの範囲に収まればよい。

(2) 空気量は，試験結果が±￣(ロ)￣%の範囲に収まればよい。

(3) 塩化物イオン濃度試験による塩化物イオン量は，￣(ハ)￣kg/m³以下の判定基準がある。

(4) 圧縮強度は，1回の試験結果が指定した￣(ニ)￣の強度値の85%以上で，かつ3回の試験結果の平均値が指定した￣(ニ)￣の強度値以上でなければならない。

(5) アルカリシリカ反応は，その対策が講じられていることを，［（ホ）］計画書を用いて確認する。

[語句又は数値]

　　　フロー，仮設備，スランプ，1.0，1.5，
　　　作業，0.4，0.3，配合，2.0，
　　　ひずみ，せん断強度，0.5，引張強度，呼び強度

解答欄

（イ）	（ロ）	（ハ）	（ニ）	（ホ）

※問題8，問題9の選択問題（2）の2問題のうちから1問題を選択し解答してください。なお，選択した問題は，解答用紙の選択欄に○印を必ず記入してください。

選択問題｜2
問題 8　下図に示す土止め支保工の組立て作業にあたり，**安全管理上必要な労働災害防止対策に関して労働安全衛生規則に定められている内容について2つ**解答欄に記述しなさい。
　　　ただし，解答欄の（例）と同一内容は不可とする。

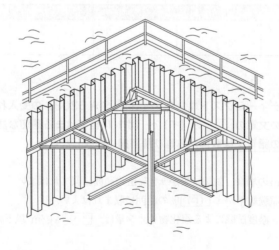

解答欄

安全管理上必要な労働災害防止対策

選択問題 2

問題 9 建設工事において用いる次の工程表の特徴について，それぞれ1つずつ解答欄に記述しなさい。

　　　ただし，解答欄の（例）と同一内容は不可とする。

(1) 横線式工程表
(2) ネットワーク式工程表

解答欄

	工程表の特徴
(1) 横線式工程表	
(2) ネットワーク式工程表	

No.1 ［答え1］「試験の名称」と「試験結果から求められるもの」

1. のスウェーデン式サウンディング試験は，スクリューポイントを先端に付けたロッドに錘を載せて回転し，地盤に貫入して**土の硬軟や締まり具合を判定する試験**である。**土粒子の粒径の分布**は，**粒度試験**（JIS A 1204）によって求める。**2.** の土の液性限界・塑性限界試験（JIS A 1205）は，土が塑性状から液状や半固体状に移るときの境界の含水比であるコンシステンシー限界を求める試験である。**3.** の土の含水比試験（JIS A 1203）は，土を110±5℃で炉乾燥し，土の間げき中に含まれる水の量を求める試験である。**4.** のRI計器による土の密度試験（JGS 1614-1995）は，RI（放射性同位元素）を用いて土の湿潤密度を求める試験である。したがって，**1.** が適当でない。

No.2 ［答え4］「土工作業の種類」と「使用機械」

1. の伐開除根は，ブルドーザやブルドーザの排土板（土工板）をレーキに取り替えたレーキドーザや，バックホゥなどを用いて行う。**2.** の溝掘りは，小型の掘削用バケットをチェーンソーのように環状につなぎ，回転させて溝を掘るトレンチャやバックホゥなどを用いて行う。**3.** の掘削と積込みは，バケットを装着したトラクタショベルや，バックホゥなどを用いて行う。**4.** の敷均しと整地は，**ブルドーザやモーターグレーダ**で行う。**ロードローラは地盤の締固め**に用いる。したがって，**4.** が適当でない。

No.3 ［答え2］盛土の施工

1. の基礎地盤は，盛土の完成後に不同沈下や破壊を生ずるおそれがないか検討を行い，必要に応じて適切な処理を行う。**2.** のトラフィカビリティーとは，建設機械の走行性のことをいい，トラフィカビリティーが得られない地盤では，**適切な重量の施工機械の選定や，サンドマット工法または表層混合処理工法**などの対策を行う。**3.** の盛土の施工は，一般的に路体では1層の締固め後の仕上り厚さを30cm以下（敷均し厚さは35～45cm以下）とし，路床では1層の締固め後の仕上り厚さを20cm以下（敷均し厚さは25～30cm以下）とする。**4.** の構造物縁部は，底部がくさび形になり，面積が狭く，締固め作業が困難となる。そのため，仕上がり厚さを20～30cmとし，小型の機械で入念に締め固める。したがって，**2.** が適当でない。

No.4 ［答え3］軟弱地盤の改良工法

1. の押え盛土工法は，本体盛土に先行して側方に押え盛土を施工し，基礎地盤のすべり破壊に抵抗するモーメントを増加させて**本体盛土のすべり破壊を防止する工法**である。**2.** のサンドコンパクションパイル工法は，軟弱地盤中に振動あるいは衝撃により砂を打ち込み，**締め固めた砂杭を造成するとともに，軟弱層を締め固める工法**である。砂杭の支持力により軟弱

層に加わる荷重が軽減され，圧密沈下量が減少する。**3.のウェルポイント工法**は，ウェルポイント（吸水管）を取り付けたパイプを地盤中に打ち込み，**地下水を真空ポンプにより強制的に排水する地下水位低下工法**である。**4.の深層混合処理工法**は，回転翼を有した撹拌機を地中に挿入し，引き上げながら固化材を噴射し，軟弱土と強制的に混合・撹拌して**円柱状の改良体をつくり，沈下及び安定性をはかる工法**である。したがって，**3.**が適当である。

No.5 ［答え 1］ コンクリート用セメント

1.のセメントは，空気中の水分やCO_2により**風化すると密度が小さく**なって強熱減量が増し，凝結の異常や，強度低下をもたらす。**2.の粉末度**は，セメントや混和材などの紛体の細かさをいう。粉末度が高いほどセメント粒子の比表面積は大きくなり，水和作用も早くなり，強度発現も早くなる。**3.の中庸熱ポルトランドセメント**は，水和熱が普通ポルトランドセメントより小さくなるように調整されたポルトランドセメントで，ダムなどのマスコンクリートに適している。**4.の水和熱**とは，セメントの水和反応に伴って発生する熱をいい，セメントは水と接すると水和熱を発しながら徐々に硬化していく。したがって，**1.**が適当でない。

No.6 ［答え 4］ コンクリートの施工

1.の打ち込んだコンクリートは，**移動させるごとに材料分離を生じる可能性が高くなる**ことから，**型枠内で横移動させてはならない**。**2.のコンクリートの締固め**には，**棒状バイブレータを用いる**ことを原則とする。**3.の養生**は，コンクリートは打込み後の一定期間，硬化に必要な**湿潤状態及び温度に保ち**，有害な作用の影響を受けない方法を定め，コンクリートが所要の品質を確保できるように養生しなければならない。**4.の打継目**は，構造物の強度，耐久性及び外観などに大きな影響を及ぼすため，構造物の構造形式，環境条件及び施工条件を考慮して計画する。したがって，**4.**が適当である。

No.7 ［答え 3］ コンクリートの施工

1.と2.は記述の通りである。**3.のコンクリートの練り混ぜから打ち終わるまでの時間**は，外気温が25℃以下のときは2時間以内，**25℃を超えるときは1.5時間以内**を標準とする。**4.のコンクリートを2層以上に分けて打ち込む場合の許容打重ね時間間隔**は，外気温が25℃以下のときは2.5時間以内，25℃を超えるときは2.0時間以内を標準とする。したがって，**3.**が適当でない。

No.8 ［答え 2］ 型枠・支保工の施工

1.のはく離剤は，コンクリートがせき板に付着するのを防ぐとともに，せき板の取外しを容易にするのに効果的である。**2.の型枠の取外しの順序**は，**比較的荷重を受けない部分をまず取り外し，その後に残りの重要な部分を取り外す**のが一般的である。**3.の支保工**は，組立及び取外しに便利な構造で，その継手や接続部は荷重を確実に伝えるものでなければならない。**4.の支保工の設計**においては，施工時及び完成後のコンクリートの自重による沈下，変形を考慮して適切な上げ越しを行うものとする。上げ越し量は，一般に設計図書に示しておく必

要がある。したがって，**2.** が適当でない。

No.9　[答え1]　既製杭の打込み杭工法

1. の，杭は打込み途中で一時休止すると，**時間の経過とともに杭周面の摩擦が増加し，打込みが困難となる**ので，連続して打ち込む。**2.** の一群の杭を打つときは，周辺部から中心部へ順に打ち込むと，地盤が締まり，打込み困難となるので，中心部の杭から周辺部の杭へと順に打ち込む。**3.** の打込み杭工法は，ドロップハンマーやバイブロハンマーを用い，打撃により杭を地盤に貫入させるため，施工時の騒音・振動が大きい。中掘り杭工法は，中空の既製杭の内部にスパイラルオーガなどを通して地盤を掘削し，土砂を排出しながら杭を沈設するため，一般に打込み杭工法に比べて騒音・振動が小さく，隣接構造物に対する影響が小さい。**4.** の打込み杭工法は，杭先端部の緩みがないので杭の支持力が大きいが，プレボーリング杭工法は，オーガにより杭穴を掘削後，根固め液を掘削先端部へ注入し，オーガを引き抜きながら杭周固定液を注入して，掘削孔に既製杭を沈設する。そのため，打込み杭工法に比べ，杭の支持力が小さく，支持力増加のため，圧入または打込みを併用することがある。したがって，**1.** が適当でない。

No.10　[答え4]　場所打ち杭の特徴

場所打ち杭工法には次の特徴がある。**1.** 施工時の打撃や振動が少ないので，**騒音・振動は**ドロップハンマーやバイブロハンマーを用いる**打込み杭に比べて小さい。2.** 中間層や支持層の**土質が掘削時に目視で確認できる。3.** 現場打ちの杭のため，**杭材料の運搬等の取扱いや長さの調節が容易**である。**4.** 機械掘削のため，大口径の杭の施工が可能であり，大きな支持力が得られる。したがって，**4.** が適当である。

No.11　[答え3]　土留め工の部材名称

図の（イ）は切ばり，（ロ）は火打ちばりである。切ばりは，腹起しを介して土留め壁を相互に支えるはりであり，腹起しは，連続的な土留め壁を押さえるはりである。火打ちばりは，腹起しと切ばりの接続部や隅角部に斜めに入れるはりで，構造計算では土圧が作用する腹起しのスパンや切ばりの座屈長を短くすることができる。したがって，**3.** が適当である。

No.12　[答え4]　鋼橋の溶接継手

1. の溶接を行う部分（開先面及びその周辺）の黒皮，さび，塗料，油などはブローホールや割れの発生原因となるため，グラインダーやワイヤブラシなどで清掃を行う。**2.** の応力を伝える溶接継手には，完全溶込み開先溶接，部分溶込み開先溶接または連続すみ肉溶接を用いなければならない。完全溶込み開先溶接では，原則として健全な溶接層まで裏はつりを行う。**3.** の溶接継手の形式には，突合せ継手，十字継手，T継手，角継手，重ね継手などがある。**4.** の溶接を行う場合には，**溶接線近傍を十分に乾燥させなければならない。**水分が付着していると，溶接に悪影響を与える。したがって、**4.** が適当でない。

No.13 [答え3] 橋梁の「架設工法」と「工法の概要」

1. のベント式架設工法は，橋桁を自走クレーン車などでつり上げ，下から組み上げたベントで仮受けしながら組み立てて架設する工法で，桁下空間が使用できる現場に適している。**2.** の一括架設工法は，組み立てられた部材を台船で現場までえい航し，船にクレーンを組み込んだフローティングクレーンで一括架設する工法である。流れの弱い河川や海洋での架設に用いられる。**3.** のケーブルクレーン工法は，**両岸にケーブル鉄塔を建設し**，ケーブルクレーンで部材をつりながら組み立てて架設する工法である。**4.** の送出し式架設工法は，架設地点に隣接する場所（たとえば既設桁上など）であらかじめ橋桁の組立てを行い，手延機を使用して橋桁を所定の位置に押し出し，架設する工法である。したがって，**3.** が適当でない。

No.14 [答え1] コンクリート構造物の耐久性の向上

コンクリートの塩害とは，コンクリート中の鋼材が塩化物イオンと反応して腐食・膨張を生じ，コンクリートにひび割れ，はく離などの損傷を与える現象をいう。また凍害とは，コンクリート中の水分の凍結融解作用により，膨張と収縮を繰り返し，組織に緩みまたは破壊をもたらす現象をいう。**1.** の塩害対策として，**高炉セメントやフライアッシュセメントなどの混合セメントを使用する**。**2.** の塩害対策として，水セメント比を小さくするなどして，密実なコンクリートとすることが重要である。**3.** の吸水率の大きい骨材は多孔質であり，内部の自由水の凍結により膨脹圧が発生し，耐凍害性を損なう原因となるため，吸水率の小さい骨材を使用する。**4.** の AE 剤は，コンクリート中に微小な独立した空気の泡（エントレインドエア）を均等に連行し，エントレインドエアがコンクリートの凍結時における水の膨脹圧を緩和する働きをするため，凍結・融解に対する抵抗性が向上する。したがって，**1.** が適当でない。

No.15 [答え2] 河川堤防の施工

1. の堤防の法面表層部が，盛土全体の締固めに比べて不十分であると，豪雨などで法面崩壊を招くことが多い。この種の崩壊を防ぐため，法面は可能な限り機械を使用して十分締め固める。**2.** の引堤とは，川幅を拡幅するために堤防を堤内地（堤防で洪水氾濫から守られている住居や農地のある側）のほうに移動させてつくりかえることをいう。引堤工事を行った場合，新堤防は圧密沈下や法面の安定に時間を要するので，堤防法面の植生の生育状況，堤防本体の締固めの状況（自然転圧）などを考慮し，**原則，新堤防完成後3年間は旧堤防除去を行ってはならない**。**3.** の堤防の施工中は，降雨による法面浸食や雨水浸透による含水比の変化を防ぐため，堤体横断方向に3～5％程度の勾配を設けて施工する。**4.** の既設堤防で，1：4より急な法面に腹付け工事を行う場合は，既設堤防との十分な接合とすべり面が生じないよう，階段状に段切りを行う。したがって，**2.** が適当でない。

No.16 [答え1] 河川護岸

1. の高水護岸は，複断面河川で高水敷幅が十分あるような箇所で，表法面にコンクリートブロック張工，蛇篭，布団かごなどを設置し，高水時に堤防を保護するものである。**2.** の護岸

基礎工の天端高さは，洪水時に洗掘が生じても護岸基礎の浮上りが生じないよう，過去の実績や調査研究成果などを利用して**最深河床高を評価して設定**する。なお，**計画低水路河床高と現況河床高のうち低いほうから0.5〜1.5m程度深くすることが多い**。**3.** の根固工は，洪水時に河床の洗掘が著しい場所や，大きな流速の作用する場所などで，**護岸基礎工前面の河床の洗掘を防止するために設置する**。**4.** の法覆工は，堤防・河岸を被覆し，保護する主要な構造部分で，**法勾配が急で流速の大きな急流部では間知ブロック**（積ブロック）が用いられ，**法勾配が緩く流速が小さな場所では平板ブロック**が用いられる。したがって，**1.** が適当である。

No.17 [答え2] 砂防えん堤

1. の本えん堤の袖は，洪水流などの外力を受けるとともに，土石流が越流する場合もあるので，袖部の破壊防止のため強固な構造とする。**2.** の**水通しは，上流からの水を越流させるもの**で，形状は原則として台形とし，水通し側面の勾配は1：0.5とする。選択肢の記述内容は水抜きである。**3.** の副えん堤は，砂防えん堤の本体下流側に築造し，本えん堤との間の水褥池（すいじょくち：ウォータークッション）による減勢工により水の衝撃力を吸収・緩和して深掘りを防止する。**4.** の水たたきは，えん堤下流の河床の洗掘を防止し，えん堤基礎の安定及び両岸の崩壊防止のために設ける。したがって，**2.** が適当でない。

No.18 [答え4] 地すべり防止工

1. の地すべり防止工では，抑制工と抑止工の両方を組み合わせて施工を行うのが一般的であり，工法の主体は抑制工とし，地すべりが活発に継続している場合は抑制工を先行させ，活動を軽減してから抑止工を施工する。**2.** の抑制工は，地すべりの地形や地下水の状態などの自然条件を変化させることにより，地すべり運動を停止または緩和させる工法である。抑止工は，杭などの構造物を設けることにより，地すべり運動の一部または全部を停止させる工法である。**3.** の横ボーリング工は，地表から5m以深のすべり面付近に分布する深層地下水や断層，破砕帯に沿った地下水を排除する工法である。**4.** の水路工は，斜面における降雨や融雪などの**地表面の水を速やかに水路に集め，地すべり区域外に排除する工法**である。したがって，**4.** が適当でない。

No.19 [答え1] 道路のアスファルト舗装における構築路床の安定処理

1. の粒状の生石灰を用いる場合は，混合させたのち仮転圧して放置し，**生石灰の消化を待ってから再混合をする**。粉状の生石灰（0〜5mm）を使用する場合は，1回の混合で済ませてもよい。**2.** と**3.** は記述の通りである。**4.** の混合終了後は，タイヤローラなどで仮転圧を行い，ブルドーザやモーターグレーダなどで所定の形状に整形したのち，タイヤローラなどで締固める。したがって，**1.** が適当でない。

No.20 [答え4] 道路のアスファルト舗装の施工

加熱アスファルト混合物の現場到着温度は，一般に140〜150℃程度とし，敷均し後ただちに継目転圧，初転圧，二次転圧及び仕上げ転圧の順序で締め固める。敷均し時の混合物の温

度は110℃を下回らないようにし，初転圧は一般に110～140℃で，10～12t程度のロードローラを用い，駆動輪をアスファルトフィニッシャ側に向けて2回（1往復）程度行う。転圧は，混合物の側方移動を少なくするため，横断勾配の低いほうから高いほうへ，低速かつ一定の速度で行う。二次転圧は，一般に8～20tのタイヤローラまたは6～10tの振動ローラを用いて行い，転圧終了時の温度は70～90℃が望ましい。仕上げ転圧は，タイヤローラあるいはロードローラで，不陸の修正やローラマークを消すために2回（1往復）程度行う。なお，**転圧終了後の交通開放の舗装表面温度は，一般に50℃以下とする**。したがって，**4.** が適当でない。

No.21 [答え2] 道路のアスファルト舗装の破損

1. の線状ひび割れは，継目部の施工不良，切盛境の不等沈下，基層・路盤のひび割れ，路床・路盤の支持力の不均一，敷均し転圧不良が発生原因となる。**2.** のヘアクラックは，主にアスコン層舗設時に舗装表面に発生する**微細なクラック**であり，混合物の品質不良，転圧温度の不適による転圧初期のひび割れが発生原因である。**3.** の縦断方向の凹凸は，道路の延長方向に比較的長い波長で凹凸が生じ，混合物の品質不良，路床・路盤の支持力の不均一による不等沈下，ひび割れ，わだち掘れ，構造物と舗装の接合部における段差，補修箇所の路面凹凸などが発生原因となる。**4.** のわだち掘れは，道路横断方向の凹凸で車両の通過位置に生じ，過大な大型車交通，地下水の影響などによる路床・路盤の支持力の低下，混合物の品質不良，締固め不足などが原因となる。したがって，**2.** が適当でない。

No.22 [答え3] 道路の普通コンクリート舗装

1. は記述の通りである。**2.** の横収縮目地の間隔は，鉄網及び縁部補強鉄筋を使用した場合，版厚が25cm未満は8 m，25cm以上は10mとする。**3.** の鉄網の位置は，**コンクリート舗装版の上面から1/3の位置に配置**する。**4.** の養生には，粗面仕上げ終了直後から，表面を荒さずに養生作業ができる程度にコンクリートが硬化するまで（12時間程度）行う初期養生と，初期養生に引き続き，水分の蒸発や急激な温度変化などを防ぎ，コンクリートを十分に硬化させるため，一定期間散水などを行い，湿潤状態に保つ後期養生がある。したがって，**3.** が適当でない。

No.23 [答え4] コンクリートダムのRCD工法

1. と**3.** は記述の通りである。**2.** の敷均しは，締固め後の1層の厚さが25cm程度となるように，27cm程度に敷き均す。**4.** のパイプクーリングは，パイプに冷水を流してコンクリートの水和熱を吸収することにより発熱を抑える工法である。RCD工法は，単位セメント量と単位水量が少ない超硬練りコンクリートを用いるため，**水和発熱は小さく，パイプクーリング工法は用いない**。したがって，**4.** が適当でない。

No.24 [答え1] トンネルの山岳工法における支保工

1. の吹付けコンクリートの作業においては，はね返りを少なくするために，**吹付けノズルを**

吹付け面に直角に保ち，ノズルと吹付面との距離及び衝突速度が適性となるように吹き付けたときに最も圧縮され，付着性がよい。**2.**のロックボルトは，吹付けコンクリートや鋼製支保工とは異なり，地山の内部から支保機能が発揮され，不安定な岩塊を深部の地山と一体化し，その剥落や抜落ちを抑止するつり下げ効果や縫付け効果が期待できる。**3.**の鋼アーチ式（鋼製）支保工は，一般に地山が悪い場合に用いられ，初期荷重を負担する割合が大きいので，一次吹付けコンクリート施工後，速やかに所定の位置に正確に建て込む。**4.**の支保工は，周辺地山の有する支保機能が早期に発揮されるよう速やかに施工するとともに，作業が安全かつ能率的に行えるように設ける。したがって，**1.**が適当でない。

No.25 [答え3] 異形コンクリートブロックによる消波工

1. と **2.**の消波工は，堤防の前面に設けられ，一般に異形コンクリートブロックが用いられる。消波工は波を砕波し，一部は反射するが，大部分の波の水塊は越波またはブロック中に進入して，ブロック中で水塊エネルギーは消耗，減少される。この作用を利用し，海岸の浸食対策として根固工，離岸堤，潜堤，突堤などにも多く用いられている。**3.**の乱積みは，施工時のブロック間のかみ合わせが悪い部分もあるが，**荒天時の高波を受けるたびに沈下し，徐々にブロックどうしのかみ合わせがよくなり，空げきや消波効果が改善される。4.**の層積みは，据付けに手間がかかり，直線部に比べ曲線部の施工は難しい。したがって，**3.**が適当でない。

No.26 [答え1] ケーソン式混成堤の施工

1.のケーソンの据付けは，**一次注水，据付け位置の微調整，二次注水**の順で徐々に沈設する。**2.** と **4.**は記述の通りである。**3.**のケーソンは，据付け後，その安定を保つため，設計上の単位体積重量を満足する材料をケーソン内部にただちに中詰め・蓋コンクリートの施工を行う。したがって，**1.**が適当でない。

No.27 [答え2] 鉄道の路盤の役割

鉄道の路盤には，列車の走行安定を確保するために軌道を十分強固に支持し，適当な弾性を与えるとともに，路床の軟弱化を防止し，路床へ荷重を分散伝達して，排水勾配を設けることにより，道床内の水を速やかに排除するなどの機能がある。よって，**1.** と **3.** と **4.**は適当である。**2.**のまくら木を緊密にむらなく保持するのは道床であり，まくら木から受ける圧力を均等に広く路盤に伝える役割をもつ。したがって，**2.**が適当でない。

No.28 [答え4] 鉄道の営業線近接工事の保守対策

1.は，鉄道安全管理規程第47条に基づき定められた施設関係工事等従事者資格等取扱準則により正しい。**2.**は記述の通りである。**3.**の信号区間では，2本のレールを車両（車輪と車軸）が短絡（ショート）することにより，列車の存在を検知するため，金属による短絡を防止する。**4.**の複線以上の路線での積おろしの場合は，列車見張員を配置し**建築限界をおかさないように材料を置かなければならない。**したがって，**4.**が適当でない。

No.29 [答え1] シールド工法

1.の泥水式シールド工法は，砂礫，砂，シルト，粘土層または互層で地盤の固結が緩く軟らかい層や含水比が高く安定しない層など，広範囲の土質に適するが，カッタースリットから取り込まれた**巨礫は配管やポンプ閉塞を生ずるおそれがあるため，礫除去装置で除去するかクラッシャーで破砕する必要がある。2.**の土圧式シールド工法は，掘削土を泥土化し，それに所定の圧力を与えて切羽の安定を保ちながら掘進する工法である。**3.**の土圧シールドと泥土圧シールドの違いは，掘削土を泥土化させるのに必要な添加材注入装置の有無である。**4.**の泥水式シールド工法は，泥水を循環させ，泥水によって切羽の安定をはかりながら掘削し，掘削土砂は泥水として坑外まで流体輸送する工法である。したがって，**1.**が適当でない。

No.30 [答え2] 上水道の管布設工

1.の管の布設は，原則として低所から高所に向けて行い，受口のある管は受口を高所に向けて配管する。**2.**の鋳鉄管の切断は，直管は切断機で行うことを標準とするが，曲管，T字管などの**異形管は切断しない。3.**は記述の通りである。**4.**の埋戻しは，片埋めにならないように注意しながら，厚さ30cm以下に敷き均し，現地盤と同程度以上の密度となるように締固めを行う。したがって，**2.**が適当でない。

No.31 [答え3] 下水道管路の耐震性能の確保

1.のマンホールと管きょとの接続部には曲げが生じ，また地盤の液状化による変位を受ける場合があるので，屈曲が可能な柔軟な構造の可とう継手を設置する。**2.**の管材は，現在から将来にわたり，当該地点で考えられる最大級の強さをもつ地震動であるレベル2地震動においても，断面崩壊などに至らない耐力のものとする。**3.**のマンホールは，地盤の液状化による浮上りも発生するので，**沈下対策のみでなく，浮上対策も行う。4.**の埋戻し土の液状化対策としては，締固め度を90％以上確保する，排水効果が確認された砕石を採用する，セメントやセメント系の固化剤の添加や生石灰や焼却灰などを添加して固化させる，良質土などの採用で液状化強度を向上するなどがある。したがって、**3.**が適当でない。

No.32 [答え4] 労働者に対する賃金の支払い

1.は，労働基準法第11条に「**賃金とは，賃金，給料，手当，賞与その他名称の如何を問わず，労働の対償として使用者が労働者に支払うすべてのものをいう**」と規定されている。**2.**は，同法第25条（非常時払）に「**使用者は，労働者が出産，疾病，災害その他厚生労働省令で定める非常の場合**の費用に充てるために請求する場合においては，支払期日前であっても，既往の労働に対する賃金を支払わなければならない」と規定されている。**3.**は，同法第26条（休業手当）に「使用者の責に帰すべき事由による休業の場合においては，使用者は，休業期間中当該労働者に，その**平均賃金の100分の60以上の手当**を支払わなければならない」と規定されている。**4.**は，同法第37条（時間外，休日及び深夜の割増賃金）第1項により正しい。したがって，**4.**が正しい。

No.33 **[答え3] 年少者・女性の就業**

1.は，労働基準法第62条（危険有害業務の就業制限）第1項により正しい。**2.**は，同法第61条（深夜業）第1項により正しい。**3.**は，同法第64条の3（危険有害業務の就業制限）に「使用者は，妊娠中の女性及び産後一年を経過しない女性（以下「妊産婦」という。）を，重量物を取り扱う業務，有害ガスを発散する場所における業務その他妊産婦の妊娠，出産，哺育等に有害な業務に就かせてはならない」及び女性労働基準規則第2条（危険有害業務の就業制限の範囲等）第1項第15号に「足場の組立て，解体又は変更の業務（地上又は床上における補助作業の業務を除く）」と規定されており，**就業制限の対象は妊産婦である**。**4.**は，同法第62条（危険有害業務の就業制限）第1項及び年少者労働基準規則第7条（重量物を取り扱う業務）により正しい（下表参照）。したがって，**3.**が誤りである。

年齢及び性		重量（単位kg）	
		断続作業の場合	継続作業の場合
満16歳未満	女	12	8
	男	15	10
満16歳以上満18歳未満	女	25	15
	男	30	20

No.34 **[答え1] 労働安全衛生法上，作業主任者を選任すべき作業**

作業主任者を選任すべき作業は，労働安全衛生法施行令第6条（作業主任者を選任すべき作業）に規定されている。**1.**のクレーンの運転作業は，労働安全衛生法第61条（就業制限），同法施行令第20条（就業制限に係る業務）第1項第7号，クレーン等安全規則第67条（特別の教育）及び第68条（就業制限）より，**5t以上は移動式クレーン運転士免許**取得者，**1t以上～5t未満は小型移動式クレーン運転技能講習**修了者，**1t未満は特別教育修了者でなければならない**。**2.**は，第15の5号に規定されている。**3.**は第1号に規定されている。**4.**は第10号に規定されている。したがって，**1.**が該当しない。

No.35 **[答え2] 建設業法**

1.は，建設業法第26条（定義）第1項及び第2項により正しい。**2.**は，同法第26条の4（主任技術者及び監理技術者の職務等）に「主任技術者及び監理技術者は，工事現場における建設工事を適正に実施するため，当該建設工事の**施工計画の作成，工程管理，品質管理その他の技術上の管理及び当該建設工事の施工に従事する者の技術上の指導監督**の職務を誠実に行わなければならない」と規定されており，**下請契約の締結は職務ではない**。**3.**は，同法第26条（主任技術者及び監理技術者の設置等）第2項及び同法施行令第2条に「発注者から直接建設工事を請け負った特定建設業者は，当該建設工事を施工するために締結した**下請契約の請負代金の総額が4000万円（建築工事業の場合は6000万円）以上**になる場合においては，**監理技術者を置かなければならない**」と規定されており，正しい。**4.**は，同法第26条の4第2項により正しい。したがって，**2.**が誤りである。

No.36 [答え3] 道路法

1. は, 道路標識, 区画線及び道路標示に関する命令第4条（設置者の区分）第1項及び第2項により正しい。**2.** は, 道路法第28条（道路台帳）第1項により正しい。**3.** は, 同法第2条（用語の定義）第2項第4号より, **道路情報管理施設は道路の附属物である**。**4.** は, 道路構造令第1条（この政令の趣旨）により正しい。したがって, **3.** が誤りである。

No.37 [答え2] 河川区域内における河川管理者の許可

1. と**3.** は, 河川法第24条（土地の占用の許可）に「河川区域内の土地（河川管理者以外の者がその権原に基づき管理する土地を除く。）を占用しようとする者は,（中略）河川管理者の許可を受けなければならない」と規定されており, この規定は**地表面だけではなく, 上空や地下にも適用される**。**2.** は, 同法第27条（土地の掘削等の許可）第1項に「河川区域内の土地において土地の掘削, 盛土若しくは切土その他土地の形状を変更する行為又は竹木の栽植若しくは伐採をしようとする者は,（中略）河川管理者の許可を受けなければならない。ただし, 政令で定める軽易な行為については, この限りでない」と規定されている。この政令で定める軽易な行為は, 同法施行令第15条の4第1項第2号に「工作物の新築等に関する河川管理者許可を受けて設置された**取水施設又は排水施設の機能を維持するために行う取水口又は排水口の付近に積もった土砂等の排除**」と規定されており, **取水施設の機能を維持するために取水口付近に堆積した土砂等を排除する場合は, 河川管理者から許可を必要としない**。**4.** は, 同法第26条（工作物の新築等の許可）第1項に「**河川区域内の土地において工作物を新築し, 改築し, 又は除却しようとする者**は,（中略）**河川管理者の許可を受けなければならない**。河川の河口附近の海面において河川の流水を貯留し, 又は停滞させるための工作物を新築し, 改築し, 又は除却しようとする者も, 同様とする」と規定されており, この規定は**一時的な仮設工作物にも適用される**。したがって, **2.** が正しい。

No.38 [答え1] 建築基準法

1. は, 建築基準法第52条（容積率）第1項に「**建築物の延べ面積の敷地面積に対する割合**（後略）」と規定されている。**2.** は, 同法第2条（用語の定義）第5号により正しい。**3.** は, 同条第3号により正しい。**4.** は, 同法第53条（建蔽率）第1項により正しい。したがって, **1.** が誤りである。

No.39 [答え4] 火薬類取締法

1. は, 火薬類取締法施行規則第21条（貯蔵上の取扱い）第1項第3号により正しい。**2.** は, 同項第2号により正しい。**3.** は, 同規則第51条（火薬類の取扱い）第1号により正しい。**4.** は, 同項第7号に「**固化したダイナマイト等は, もみほぐすこと**」と規定されている。したがって, **4.** が誤りである。

No.40 **[答え 3]** 騒音規制法上，特定建設作業の実施に関する届出先

騒音規制法第14条（特定建設作業の実施の届出）第1項に「**指定地域内において特定建設作業を伴う建設工事を施工しようとする者は**，当該特定建設作業の開始の日の7日前までに，環境省令で定めるところにより，次の事項を**市町村長に届け出**なければならない。ただし，災害その他非常の事態の発生により特定建設作業を緊急に行う必要がある場合は，この限りでない。①氏名又は名称及び住所並びに法人にあっては，その代表者の氏名，②建設工事の目的に係る施設又は工作物の種類，③特定建設作業の場所及び実施の期間，④騒音の防止の方法，⑤その他環境省令で定める事項」と規定されている。したがって，**3.** が正しい。

No.41 **[答え 2]** 振動規制法上，特定建設作業の対象とならない作業

振動規制法第2条第3項及び同法施工令第2条に規定されている「特定建設作業」は，次の表に掲げる作業である。ただし，当該作業がその作業を開始した日に終わるものは除かれる。

表　別表第2（振動規制法施行令第2条関係）

1	くい打機（もんけん及び圧入式くい打機を除く。），くい抜機（油圧式くい抜機を除く。）又はくい打くい抜機（圧入式くい打くい抜機を除く。）を使用する作業
2	鋼球を使用して建築物その他の工作物を破壊する作業
3	舗装版破砕機を使用する作業（作業地点が連続的に移動する作業にあっては，1日における当該作業に係る2地点間の最大距離が50mを超えない作業に限る。）
4	**ブレーカ（手持式のものを除く。）を使用する作業**（作業地点が連続的に移動する作業にあっては，1日における当該作業に係る2地点間の最大距離が50mを超えない作業に限る。）

表より，**2.** の手持式ブレーカによる取り壊し作業は，特定建設作業の対象とならない。

No.42 **[答え 4]** 港則法

1. は港則法第31条（工事等の許可及び進水等の届出）第1項により，港長の許可が必要である。**2.** は同法第22条第1項により，港長の許可が必要である。**3.** は同法第28条により，港長の許可が必要である。**4.** は同法第4条（入出港の届出）に，「船舶は，特定港に入港したとき又は特定港を出港しようとするときは，**港長に届け出**なければならない」と規定されている。したがって，**4.** が港長の許可の必要はない。

No.43 [答え3] 水準測量

水準測量で測定した結果を，昇降式で野帳に記入し整理すると，次表の通りになる。

測点No.	距離 (m)	後視 (m)	前視 (m)	高低差 (m)		備考
				+	−	
1		0.8				測点No.1…地盤高　10.0m
2	20	1.2	2.0		1.2	
3	30	1.6	1.7		0.5	
4	20	1.6	1.4	0.2		
5	30		1.7		0.1	測点No.5…地盤高　8.4 m

それぞれ測点の地盤高は次の通りとなる。

No.2：10.0m（No.1の地盤高）＋（0.8m（No.1の後視）−2.0m（No.2の前視））＝8.8m
No.3：8.8m（No.2の地盤高）＋（1.2m（No.2の後視）−1.7m（No.3の前視））＝8.3m
No.4：8.3m（No.3の地盤高）＋（1.6m（No.3の後視）−1.4m（No.4の前視））＝8.5m
No.5：8.5m（No.4の地盤高）＋（1.6m（No.4の後視）−1.7m（No.5の前視））＝8.4m
【別解】表の高低差の総和を，測点No.1の地盤高10.0mに足してもよい。

10.0m＋（0.2m＋（−1.2m−0.5m−0.1m））＝8.4m

したがって，**3.** が適当である。

No.44 [答え4] 公共工事標準請負契約約款

1. は公共工事標準請負契約約款第13条（工事材料の品質及び検査等）第2項により正しい。**2.** は同約款第18条（条件変更等）第1項第3号により正しい。**3.** は同約款第16条（工事用地の確保等）第1項により正しい。**4.** は同約款第13条（工事材料の品質及び検査等）第1項に「工事材料の品質については，設計図書に定めるところによる。設計図書にその品質が明示されていない場合にあっては，**中等の品質を有するもの**とする」と規定されている。したがって，**4.** が誤りである。

No.45 [答え2] 道路橋の断面図

図の道路橋の断面図において，（イ）は高欄，（ロ）は床版，（ハ）は地覆，（ニ）は横桁である。したがって，**2.** が適当である。

No.46 [答え1] 建設機械の用途

1. の振動ローラは，車輪内においた起振機により転圧輪を強制振動させ，土粒子を揺すぶって土粒子間の変形抵抗を小さくし，粒子自身の移動を容易にしながら自重によって締め固める機械である。**比較的小型でも高い締固め効果があり，適応性も広いことから最も多く使用されている。**ハンドガイド型は手押しの小型振動ローラで，狭い道路などで使用される。**2.** のスクレーパは，締固め以外の掘削，積込み，運搬，敷均しの一連の作業を1台で行うことができる建設機械で，スクレープドーザ，キャリオールスクレーパ，モータスクレーパがある。

3.のブルドーザは，トラクタに土工板（排土板）を取り付けた機械で，掘削，運搬（押土），敷均し，整地，締固めなどの作業に用いられる。**4.**のスクレープドーザは，スクレーパとクローラ式ブルドーザを合体したような外観で，土砂の掘削と運搬の機能を兼ね備えている。接地圧が低く，前・後進のシャトル運転で足場を乱さないことから，狭い場所や軟弱地盤での中距離施工に使用される。したがって，**1.**が適当でない。

No.47 [答え3] 施工計画

1.の環境保全計画は，工事現場地域の生活環境の保全と，円滑な工事施工を計ることを目的に，環境保全対策関係法令に準拠して，①騒音，振動対策，②水質汚濁，③ゴミ，ほこりの処理，④事業損失防止対策（家屋調査，地下水観測等），⑤産業廃棄物の対応等について計画する。**2.**の事前調査には，契約条件と現場条件に関する事前調査確認があり，契約条件には①契約内容の確認，②設計図書の確認，③その他の確認があり，現場条件には地形・地質・水文気象調査，施工方法・仮設・機械選定に関する事項，動力源・工事用水に関する事項，材料の供給源・価格及び運搬路に関する事項，労務の供給・賃金に関する事項，工事による支障の発生，用地取得状況，隣接工事の状況，騒音・振動等の環境保全基準，文化財・地下埋設物等の有無，建設副産物対策等の調査確認，近接施設への騒音・振動の影響等の調査がある。**3.**の調達計画は，外注計画（下請発注），労務計画，資材計画・機械計画ならびに輸送計画が主な内容である。**安全衛生計画は**，労働災害防止のため労働安全衛生法等に基づき，**安全管理計画として立案する**。**4.**は記述の通りである。したがって，**3.**が適当でない。

No.48 [答え2] 施工体制台帳及び施工体系図

1.は建設業法第24条の8（施工体制台帳及び施工体系図の作成等）第1項により正しい。**2.**は「施工体制台帳の作成等について（通知）」（平成7年6月20日付け建設省経建発第147号）一．作成建設業者の義務（8）施工体系図②に「（前略）工期の進行により表示すべき下請負人に**変更があったときには，速やかに施工体系図を変更して表示しておかなければならない**」と記されている。**3.**は建設業法第24条の8第4項，及び公共工事の入札及び契約の適正化の促進に関する法律第15条（施工体制台帳の作成及び提出等）第1項により正しい。**4.**は公共工事の入札及び契約の適正化の促進に関する法律第15条第2項により正しい。したがって，**2.**が適当でない。

No.49 [答え1] 建設機械の作業

1.のトラフィカビリティーとは，軟弱地盤上の建設機械の走行性の程度をいい，**コーン指数(qc)で表される**。普通ブルドーザ（15t級）のqcは$500kN/m^2$，21t級のqcは$700kN/m^2$であり，この値より小さいほど軟弱である。N値は，標準貫入試験により求められ，地盤の硬さや締まり具合，支持層の位置の判定に利用される。**2.**と**4.**は記述の通りである。**3.**のリッパビリティーとは，リッパによる軟岩や硬岩の掘削性をいう。リッパビリティーは岩盤の強度との関係が強く，岩盤の弾性波速度で表される。したがって，**1.**が適当でない。

No.50 [答え4] 工程管理

1.は記述の通りである。**2.**の工程計画と実施工程の間に差が生じた場合は，労務・機械・資材及び作業日数など，あらゆる方面から調査・原因究明を行い，工期内に効率的に工事を完成させる対策を講ずる。**3.**の工程管理では，予期せぬ事態に適切に対処できるよう，実施工程が工程計画をやや上回るように管理する。**4.**の工程表は，**常に工事の進捗状況を把握して予定と実績を比較できるように**し，ずれを早期に発見し，必要な是正措置が適切に講じられるようにしておく。したがって，**4.**が適当でない。

No.51 [答え2] ネットワーク式工程表

クリティカルパスとは，各作業ルートのうち，**最も日数を要する最長経路**のことであり，**工期を決定する**。各経路の所要日数は次の通りとなる。⓪→①→②→⑤→⑥＝3＋6＋7＋4＝20日，⓪→①→②→③→⑤→⑥＝3＋6＋0＋8＋4＝21日，⓪→①→②→③→④→⑤→⑥＝3＋6＋0＋7＋0＋4＝20日，**⓪→①→③→⑤→⑥＝3＋7＋8＋4＝22日**，⓪→①→③→④→⑤→⑥＝3＋7＋7＋0＋4＝21日である。したがって，**2.**が適当である。

No.52 [答え3] 保護帽の使用

1.は記述の通りである。**2.**の保護帽は，労働安全衛生法第42条の規定に基づく厚生労働省告示「保護帽の規格」第9条（表示）により正しい。**3.**の保護帽は，**一度でも大きな衝撃を受けたものは，外観に損傷がなくても使用しない**。**4.**の保護帽は，各部品の全体のバランスで性能を発揮できるように設計されているため，改造したり部品を取り除いたりしてはならない。したがって，**3.**が適当でない。

No.53 [答え4] 労働安全衛生規則（足場）

1.は労働安全衛生規則第552条（架設通路）第1項第4号イにより正しい。**2.**は同規則第563条（作業床）第1項5号により正しい。**3.**は同条同項第6号により正しい。**4.**は同条同項2号イに「**幅は，40cm以上とする**こと」と規定されている。したがって，**4.**が誤りである。

No.54 [答え1] クレーン等安全規則

1.はクレーン等安全規則第24条の2（定格荷重の表示等）に「事業者は，クレーンを用いて作業を行うときは，クレーンの運転者及び玉掛けをする者が当該クレーンの**定格荷重を常時知ることができるよう，表示**その他の措置を講じなければならない」と規定されている。**2.**は同規則第31条の2（強風時の作業中止）により正しい。**3.**は同規則第75条の5（アウトリガー等の張り出し）により正しい。**4.**は同規則第32条（運転位置からの離脱の禁止）第1項により正しい。したがって，**1.**が誤っている。

No.55 [答え2] 労働安全衛生規則（コンクリート造の工作物の解体作業にともなう危険防止）

1. は，労働安全衛生規則第517条の14（調査及び作業計画）第2項により正しい。**2.** は，同規則第517条の15（コンクリート造の工作物の解体等の作業）に「事業者は，コンクリート造の工作物（その高さが5m以上であるものに限る。）の解体又は破壊の作業を行うときは，次の措置を講じなければならない」及び第2号に「強風，大雨，大雪等の悪天候のため，作業の実施について危険が予想されるときは，**当該作業を中止すること**」と規定されている。**3.** は，同規則第171条の6（立入禁止等）第1号により正しい。**4.** は，同規則第517条の16（引倒し等の作業の合図）第1項により正しい。したがって，**2.** が誤っている。

No.56 [答え3] $\bar{x}$-R管理図

1. の$\bar{x}$管理図は，**ロットの平均値により作成し，R管理図はロットの最大値と最小値との差**により作成する。**2.** の管理図は，連続した観測値もしくは群（ロット）のある統計量の値を，通常は時間順またはサンプル順に**プロットしたもの**で，上方管理限界線及び下方管理限界線を持つ図である。**3.** は記述の通りである。**4.** の$\bar{x}$-R管理図では，**測定された計数値を群分け**し，群の平均値（$\bar{x}$）と群のばらつきの範囲（R）を管理する。したがって，**3.** が適当である。

No.57 [答え4] ヒストグラムから読み取れる内容

ヒストグラムは，横軸をいくつかのクラス（データ範囲）に分け，各クラスに入る**データの数を度数として縦軸に積み重ねて表した棒グラフ**である。図より，最大値は8，最小値は4，範囲（最大値－最小値）は4である。**データの総数**は，4のクラスに2個，5のクラスに4個，6のクラスに10個，7のクラスに4個，8のクラスに2個の合計**22個**で，平均値は（4×2＋5×4＋6×10＋7×4＋8×2）÷22＝6である。したがって，**4.** が適当でない。

No.58 [答え1] 盛土の締固めの品質管理

1. の最もよく締まる含水比は，最大乾燥密度が得られる含水比で**最適含水比**といい，ある一定のエネルギーにおいて最も効率よく土を密にすることができる。**2.** の締固めの品質規定方式は，盛土に必要な品質を仕様書に明示し，締固め方法については施工者に委ねる方法である。現場における締固め後の乾燥密度を，室内締固め試験における最大乾燥密度で除した，締固め度や，空気間げき率，飽和度などで規定する。**3.** の締固めの工法規定方式は，使用する締固め機械の機種や締固め回数，敷均し厚さなどを規定する方法である。盛土材料の土質，含水比があまり変化しない場合や，岩塊や玉石など品質規定方式が適用困難なとき，また経験の浅い施工業者に適している。**4.** の締固めの目的は，土の空気間げきを少なくして透水性を低下させ，水の浸入による軟化，膨張を小さくし，土を最も安定した状態にして，盛土完成後の圧密沈下などの変形を少なくすることである。したがって，**1.** が適当でない。

No.59 [答え2] レディーミクストコンクリート（JIS A 5308）

1. と**2.** の圧縮強度試験に関しては，JIS A 5308に「圧縮強度試験を行ったとき，強度は次

の規定を満足しなければならない。なお強度試験における供試体の材齢は，呼び強度を保証する材齢の指定がない場合は28日，指定がある場合は購入者が指定した材齢とする。1）**1回の試験結果は**，購入者が指定した呼び強度の**強度値の85％以上でなければならない。**2）**3回の試験結果の平均値は**，購入者が指定した**呼び強度の強度値以上でなければならない」**と定められている。よって，呼び強度24の場合，**1回の試験結果は20.4N/mm² 以上，**3回の試験結果の平均値は24N/mm²以上でなければならない。**3.** のスランプ試験は，フレッシュコンクリートの軟らかさの程度を測定するもので，スランプ値とその許容差は次表の通りであり，スランプ12cmの場合の許容値は9.5～14.5cmとなる。

表　スランプ値とその許容差（単位：cm）

スランプ値	許容差
2.5	±1
5及び6.5[※1]	±1.5
8以上18以下	**±2.5**
21	±1.5[※2]

※1　標準示方書では「5以上8未満」

※2　呼び強度27以上で高性能AE減水剤を使用する場合は±2とする

4. のコンクリートの種類による空気量及び許容差は次表の通りであり，空気量4.5の場合の許容値は3.0～6.0％となる。

表　空気量（単位：%）

コンクリートの種類	空気量	空気量の許容差
普通コンクリート	**4.5**	±1.5
軽量コンクリート	5.0	
舗装コンクリート	4.5	
高強度コンクリート	4.5	

したがって，**2.** が満足していない。

No.60 [答え 3] 地域住民の生活環境の保全対策

1. は，振動規制法第15条（改善勧告及び改善命令）第1項に「**市町村長**は，指定地域内において行われる特定建設作業に伴って発生する振動が環境省令で定める**基準に適合しないこと**によりその特定建設作業の場所の**周辺の生活環境が著しく損なわれると認めるとき**は，当該建設工事を施工する者に対し，期限を定めて，その事態を除去するために必要な限度において，**振動の防止の方法を改善し，又は特定建設作業の作業時間を変更すべきことを勧告することができる」**と規定されている。**2.** は，同法第3条（地域の指定）第1項に「**都道府県知事**は，住居が集合している地域，病院又は学校の周辺の地域その他の地域で振動を防止することにより**住民の生活環境を保全する必要があると認めるものを指定**しなければならない」と規定されている。**3.** は，建設工事公衆災害防止対策要綱土木工事編 第1章総則 第8付近

居住者への周知により正しい。**4.** は，建設工事に伴う騒音振動対策技術指針 1 総論 第 4 章 対策の基本事項 第 2 項に「騒音，振動対策については，騒音，振動の大きさを下げるほか，**発生期間を短縮する**など全体的に影響の小さくなるように検討しなければならない」と規定されている。したがって，**3.** が適当である。

No.61 [答え 4] 建設リサイクル法に定められている特定建設資材

建設工事に係る資材の再資源化等に関する法律（建設リサイクル法）第 2 条（定義）第 5 項及び同法施行令第 1 条（特定建設資材）より，特定建設資材は，①**コンクリート**，②**コンクリート及び鉄から成る建設資材**，③**木材**，④**アスファルト・コンクリート**」と規定されている。したがって，**4.** の**建設発生土は該当しない**。

2019
令和元 | 年度

実地試験　　解答・解説

問題 1 　必須問題

　問題1は受検者自身の経験を記述する問題です。経験記述の攻略法や解答例は，P.472で紹介しています。

問題 2 　必須問題

盛土の施工

(1) 盛土材料としては，可能な限り現地**発生土**を有効利用することを原則とし，盛土材料として良好でない材料についても適切な処置を施し，有効利用することが望ましい。

(2) 盛土の**基礎地盤**に草木や切株を残したまま盛土を構築すると，時間の経過とともに腐食し，盛土にゆるみや有害な沈下が生じるおそれがある。これを防ぐために伐開除根を行う。

(3) 盛土材料の含水量調節にはばっ気と**散水**があるが，これらは一般に敷均しの際に行われる。ただし，実施工において含水比調節を行うことは少なく，特にばっ気のケースにおいては含水量調節が難しいことから，薄層で念入りに転圧することが重要である。

(4) 盛土の施工にあたっては，雨水の浸入による盛土の**軟弱化**や豪雨時などの盛土自体の崩壊を防ぐとともに，濁水や土砂の工事区域外への流出防止のために，盛土施工時の**排水**を適切に行う。

　　これらを参考に，（イ）〜（ホ）に適語を記入する。

（イ）	（ロ）	（ハ）	（ニ）	（ホ）
発生土	基礎地盤	散水	軟弱化	排水

問題 3 　必須問題

法面保護工

(1) 植生による法面保護工

　法面に植物を繁茂させ，雨水や表流水による法面の浸食，表層すべりを防止する工法である。次の中から1つずつ選び記述すればよい。

工法名	目的又は特徴
種子散布工 植生基材吹付工 植生シート工 植生マット工	浸食防止，凍上崩落抑制，植生による全面被覆
植生筋工	浸食防止，植物の侵入・定着の促進，盛土法面で用いる
植生土のう工 植生基材注入工	植生基盤の設置による植物の早期生育，生育基盤の長期安定性確保
張芝工	浸食防止，凍上崩落抑制，植生による全面被覆
筋芝工	芝の筋状貼付けによる浸食防止，植生の侵入・定着の促進，盛土法面で用いる
植栽工	樹木の生育による良好な景観の形成

(2) 構造物による法面保護工

コンクリートあるいはモルタル吹付工，ブロック張工，法面アンカー工，擁壁工，杭工などがあり，崩壊・落石・凍上から法面を保護する。一般にこれらは土圧に対する抵抗力をもたないが，擁壁工，杭工，アンカー工などは土圧に対する抵抗力をもつ。

次の中からそれぞれ1つずつ選び記述すればよい。

工法名	目的又は特徴
編柵工	法面表層部の浸食やわき水による土砂流出の抑制
じゃかご工	法面表層部の浸食やわき水による土砂流出の抑制
プレキャスト枠工	中詰が土砂やぐり石の空詰めの場合は浸食防止
石張工 ブロック張工	風化，浸食，表面水の浸透防止
コンクリート張工 吹付枠工 現場打ちコンクリート枠工	法面表層部の崩落防止，多少の土圧を受けるおそれのある箇所の土留め，岩盤の剥落防止
石積，ブロック積擁壁工 ふとんかご工 コンクリート擁壁工	ある程度の土圧に抵抗
補強土工 グラウンドアンカー工 杭工	すべり土塊の滑動力に抵抗

問題 4 必須問題

型枠の施工

(1) 型枠は，フレッシュコンクリートの**側圧**に対して安全性を確保できるものでなければならない。また，せき板の継目はモルタルが**漏出**しない構造としなければならない。

(2) 型枠の施工にあたっては，所定の**精度**内におさまるよう，加工及び組立てを行わなければならない。型枠が所定の間隔以上に開かないように，**セパレータ**やフォームタイなどの締付け金物を使用する。

(3) コンクリート標準示方書に示された，橋・建物などのスラブ及び梁，45°より緩い傾きの下面の型枠を取り外してもよい時期のコンクリートの**圧縮**強度の参考値は14.0N/mm^{2}である。

これらを参考に，（イ）〜（ホ）に適語を記入する。

（イ）	（ロ）	（ハ）	（ニ）	（ホ）
側圧	漏出	精度	セパレータ	圧縮

問題 5 必須問題

コンクリートの施工

① 型枠の高さが大きい場合，コンクリートを打込む際のシュートや輸送管，バケット，ホッパなどの吐出口と打込み面までの自由落下高さは，**1.5m**以下を標準とする。

② コンクリートを棒状バイブレータで締固める際の挿入間隔は，平均的な流動性及び粘性を有するコンクリートに対しては，一般に**50cm**以下にするとよい。

③ 打込んだコンクリートの仕上げ後，コンクリートが固まり始めるまでの間に発生したひび割れは，**タンピング**と再仕上げによって修復しなければならない。なお，コンクリートの沈下が落ち着く時間は，コンクリートの配合，使用材料，温度などによって変わるが，一般に1〜2時間程度である。

④ 打込み後のコンクリートは，その部位に応じた適切な養生方法により一定期間は十分な**湿潤**状態に保たなければならない。コンクリートの打込み後は，セメントの水和反応が阻害されないように表面からの乾燥を防止する必要がある。

これらを参考に，次の4つから2つを選び，解答する。

番号	誤っている語句又は数値	正しい語句又は数値
①	2.0m	1.5m
②	100cm	50cm
③	棒状バイブレータ	タンピング
④	乾燥	湿潤

盛土の締固め管理

(1) 盛土工事の締固めの管理方法には，**品質**規定方式と**工法**規定方式があり，どちらの方法を適用するかは，工事の性格・規模・土質条件などをよく考えたうえで判断することが大切である。

(2) **品質**規定のうち，最も一般的な管理方法は，締固め度で規定する方法である。なお，締固め管理の方法には，空気間げき率または飽和度を規定する方法や，締め固めた土の強度，変形特性を規定する方法もある。

(3) 締固め度 $= \dfrac{\text{**現場**で測定された土の**乾燥密度**}}{\text{室内試験から得られる土の最大**乾燥密度**}} \times 100$（%）

(4) **工法**規定方式は，使用する締固め機械の種類や締固め回数，盛土材料の**敷均し**厚さなどを，仕様書に規定する方法である。なお，管理手法には，タスクメータ・タコメータを利用する方法や，トータルステーション・GNSSを利用する方法がある。

　これらを参考に，（イ）～（ホ）に適語を記入する。

（イ）	（ロ）	（ハ）	（ニ）	（ホ）
品質	**工法**	**現場**	**乾燥密度**	**敷均し**

レディーミクストコンクリートの受入れ検査

(1) スランプとはフレッシュコンクリートの軟らかさの程度を測定するもので，スランプ試験はコンクリートのコンシステンシー（硬さ，軟らかさ，脆さ，流動性などの程度）を評価するために最も広く用いられている。スランプ値はスランプコーンにコンクリートを3層に分けて詰め，各層ごとに突き棒で25回一様に突き，表面を均した後，スランプコーンを引き上げた直後に測った頂部からの下がり量（cm）で表され，許容差は表の通りである。

表　スランプ値とその許容差　（単位：cm）

スランプ値	許容差
2.5	±1
5及び6.5[※1]	±1.5
8以上18以下	**±2.5**
21	±1.5[※2]

※1　標準示方書では「5以上8未満」

※2　呼び強度27以上で高性能AE減水剤を使用する場合は±2とする

(2) コンクリートの種類による，空気量及び許容差は表の通りである。

表 空気量 （単位：%）

コンクリートの種類	空気量	空気量の許容差
普通コンクリート	4.5	±1.5
軽量コンクリート	5.0	
舗装コンクリート	4.5	
高強度コンクリート	4.5	

(3) コンクリート中の塩化物含有量は荷おろし地点で，**塩化物イオン量**として**0.30kg/m³以下**でなければならない。ただし，購入者の承認を受けた場合は0.60kg/m³以下とすることができる。なお，検査は工場出荷時でも荷おろし地点での所定の条件を満たすので，工場出荷時に行うことができる。

(4) JIS A 5308「レディーミクストコンクリート」には，圧縮強度試験を行ったとき，強度は次の規定を満足することと定められている。なお，供試体の材齢は，呼び強度を保証する材齢の指定がない場合は28日，指定がある場合は購入者が指定した材齢とする。

　　1）1回の試験結果は，購入者が指定した**呼び強度**の強度値の85%以上。

　　2）3回の試験結果の平均値は，購入者が指定した**呼び強度**の強度値以上。

(5) アルカリシリカ反応については，その対策が講じられていることを，**配合**計画書を用いて確認する。

　　これらを参考に，（イ）〜（ホ）に適語を記入する。

（イ）	（ロ）	（ハ）	（ニ）	（ホ）
スランプ	1.5	0.3	呼び強度	配合

問題 8 選択問題 2

土止め支保工の組立て作業に必要な労働災害防止対策

　土止め支保工の安全対策については，労働安全衛生規則第368〜375条に次の通り規定されている。次の中から2つを選び解答する。

(1) 土止め支保工の材料には，著しい損傷，変形又は腐食があるものを使用しない。第368条（材料）

(2) 土止め支保工の構造は，当該土止め支保工を設ける箇所の地山に係る形状，地質，地層，き裂，含水，湧水，凍結及び埋設物等の状態に応じた堅固なものとする。第369条（構造）

(3) 組立ては，あらかじめ，組立図を作成し，組立図により組立てる。第370条（組立図）

(4) 切りばり及び腹おこしは，脱落を防止するため，矢板，くい等に確実に取り付ける。

(5) 圧縮材（火打ちを除く）の継手は，突合せ継手とする。

(6) 切りばり又は火打ちの接続部及び切りばりと切りばりとの交さ部は，当て板をあててボルトにより緊結し，溶接により接合する等の方法により堅固なものとする。

(7) 中間支持柱を備えた土止め支保工では，切りばりを当該中間支持柱に確実に取り付ける。

(8) 切りばりを建築物の柱等部材以外の物により支持する場合は，当該支持物は，これにかかる荷重に耐えうるものとする。第371条（部材の取付け等）

(9) 土止め支保工の切りばり又は腹起こしの取付け又は取り外しを行なう作業箇所には，関係労働者以外の立ち入りを禁止する。

(10) 材料，器具又は工具を上げ，又はおろすときは，つり綱，つり袋等を使用する。第372条（切りばり等の作業）

(11) 土止め支保工を設けたときは，その後7日をこえない期間ごと，中震以上の地震の後及び大雨等により地山が急激に軟弱化するおそれのある事態が生じた後に，1. 部材の損傷，変形，腐食，変位及び脱落の有無及び状態，2. 切りばりの緊圧の度合，3. 部材の接続部，取付け部及び交さ部の状態について点検し，異常を認めたときは，直ちに，補強し，又は補修する。第373条（点検）

(12) 土止め支保工の切りばり又は腹起こしの取付け又は取り外しの作業は，地山の掘削及び土止め支保工作業主任者技能講習を修了した者のうちから，土止め支保工作業主任者を選任する。第374条（土止め支保工作業主任者の選任）

問題 9 選択問題 | 2

工程表の特徴

次の中からそれぞれ1つずつ選び解答する。

(1) 横線式工程表

・横線式工程表には，バーチャートとガントチャートがあり，いずれも縦軸に部分作業（工種）をとるが，横軸は，バーチャートは工期（日数），ガントチャートは各工種の作業の達成率をとり，棒グラフで表している。

・バーチャートは，縦軸に工事を構成するすべての部分作業を列記し，横軸に工期をとって作成する工程表である。作業の流れが左から右へ移行しているので進捗状況が直視的にわかり，作業間の関連も漠然とわかるが，工期に影響する作業は不明確である。

・ガントチャートは，縦軸に工事を構成する部分作業，横軸に各工種の作業の達成率を100％で示した工程表である。各作業の進捗率はひと目でわかるが，日数の把握は困難である。

(2) ネットワーク式工程表

・ネットワーク式工程表は，各作業の日数を明らかにし，各作業を施工順序に従って矢印でつないだ工程表であり，各作業の相互関連と工事全体が明確であり，1つの作業の遅れや変化が工事全体の工期に与える影響を把握しやすい。

・ネットワーク式工程表は，各作業の進捗状況及び他作業への影響や全体工期に対する影響を把握でき，どの作業を重点管理すべきか明確にできる。

・ネットワーク式工程表は，各作業の所要日数とほかの作業との順序関係を表した図表で，時間的に余裕のないクリティカルパスや，各作業の余裕日数などが明らかになる。精度の高い工程管理が可能であり，各工事間の調整が円滑にできる。

2級土木施工管理技術検定試験

2019

令和元 | 年度前期

学科試験

解答・解説

※問題番号No.1～No.11までの11問題のうちから9問題を選択し解答してください。

No.1 土工に用いられる「試験の名称」とその「試験結果の活用」に関する次の組合せのうち，**適当でないもの**はどれか。

[試験の名称]　　　　　　　　　　[試験結果の活用]

1. 突固めによる土の締固め試験 ………… 盛土の締固め管理
2. 土の圧密試験 ……………………………… 地盤の液状化の判定
3. 標準貫入試験 ……………………………… 地盤の支持力の判定
4. 砂置換による土の密度試験 ………… 土の締まり具合の判定

No.2 「土工作業の種類」と「使用機械」に関する次の組合せのうち，**適当でないもの**はどれか。

[土工作業の種類]　　　　　　　　[使用機械]

1. 溝掘り ……………………………………… タンパ
2. 伐開除根 ………………………………… ブルドーザ
3. 掘削 ……………………………………… バックホゥ
4. 締固め ……………………………………… ロードローラ

No.3 盛土の施工に関する次の記述のうち，**適当でないもの**はどれか。

1. 盛土の締固めの目的は，土の構造物として必要な強度特性が得られるようにすることである。
2. 盛土材料の含水比が施工含水比の範囲内にないときには，含水量の調節が必要となる。
3. 盛土材料の敷均し厚さは，材料，締固め機械と施工法などの条件によって左右される。
4. 盛土の締固めの効果や特性は，土の種類及び含水状態などにかかわらず一定である。

No.4 軟弱地盤における次の改良工法のうち，載荷工法に**該当するもの**はどれか。

1. サンドマット工法
2. ウェルポイント工法
3. プレローディング工法
4. 薬液注入工法

No.5 コンクリートに用いられる次の混和材料のうち，発熱特性を改善させる混和材料として**適当なもの**はどれか。

1. 流動化剤
2. 防せい剤
3. シリカフューム
4. フライアッシュ

No.6 コンクリートの打込みに関する次の記述のうち，**適当でないもの**はどれか。

1. コンクリートと接して吸水のおそれのある型枠は，あらかじめ湿らせておかなければならない。
2. 打込み前に型枠内にたまった水は，そのまま残しておかなければならない。
3. 打ち込んだコンクリートは，型枠内で横移動させてはならない。
4. 打込み作業にあたっては，鉄筋や型枠が所定の位置から動かないように注意しなければならない。

No.7 コンクリートの施工に関する次の記述のうち，**適当でないもの**はどれか。

1. コンクリートを打ち込む際は，打ち上がり面が水平になるように打ち込み，1層当たりの打込み高さを90～100cm以下とする。
2. コンクリートを打ち重ねる場合には，上層と下層が一体となるように，棒状バイブレータで締固めを行う際は，下層のコンクリート中に10cm程度挿入する。
3. コンクリートの練混ぜから打ち終わるまでの時間は，外気温が25℃を超えるときは1.5時間以内とする。
4. コンクリートを2層以上に分けて打ち込む場合は，外気温が25℃を超えるときの許容打重ね時間間隔は2時間以内とする。

No.8 各種コンクリートに関する次の記述のうち，**適当でないもの**はどれか。

1. 日平均気温が4℃以下となると想定されるときは，寒中コンクリートとして施工する。

2. 寒中コンクリートで保温養生を終了する場合は，コンクリート温度を急速に低下させる。

3. 日平均気温が25℃を超えると想定される場合は，暑中コンクリートとして施工する。

4. 暑中コンクリートの打込みを終了したときは，速やかに養生を開始する。

No.9 既製杭の中掘り杭工法に関する次の記述のうち，**適当でないもの**はどれか。

1. 中掘り杭工法の掘削，沈設中は，過大な先掘り及び拡大掘りを行ってはならない。

2. 中掘り杭工法の先端処理方法には，最終打撃方式とセメントミルク噴出攪拌方式がある。

3. 最終打撃方式では，打止め管理式により支持力を推定することが可能である。

4. セメントミルク噴出攪拌方式の杭先端根固部は，先掘り及び拡大掘りを行ってはならない。

No.10 場所打ち杭の「工法名」と「掘削方法」に関する次の組合せのうち，**適当なもの**はどれか。

[工法名]   [掘削方法]

1. オールケーシング工法 ・・・・・・・・・・・ 表層ケーシングを建込み，孔内に注入した安定液の水圧で孔壁を保護しながら，ドリリングバケットで掘削する。

2. アースドリル工法 ・・・・・・・・・・・・・・・・・ 掘削孔の全長にわたりライナープレートを用いて孔壁の崩壊を防止しながら，人力又は機械で掘削する。

3. リバース ・・・・・・・・・・・・・・・・・・・・・・・・・・・ スタンドパイプを建込み，掘削孔に満たした水の圧力
サーキュレーション工法   で孔壁を保護しながら，水を循環させて削孔機で掘削する。

4. 深礎工法 ・・・・・・・・・・・・・・・・・・・・・・・・・・ 杭の全長にわたりケーシングチューブを挿入して孔壁の崩壊を防止しながら，ハンマグラブで掘削する。

No.11 土留め壁の「種類」と「特徴」に関する次の組合せのうち，**適当なもの**はどれか。

　　　［種　類］　　　　　　　　　［特　徴］
1. 連続地中壁 ······················· 剛性が小さく，他に比べ経済的である。
2. 鋼矢板 ···························· 止水性が低く，地下水のある地盤に適する。
3. 柱列杭 ···························· 剛性が小さいため，深い掘削にも適する。
4. 親杭・横矢板 ···················· 地下水のない地盤に適用でき，施工は比較的容易である。

※問題番号No.12～No.31までの20問題のうちから6問題を選択し解答してください。

No.12 下図は，一般的な鋼材の応力度とひずみの関係を示したものであるが，次の記述のうち，**適当でないもの**はどれか。

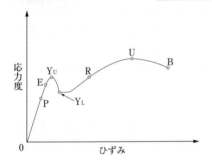

1. 点Pは，応力度とひずみが比例する最大限度である。
2. 点Eは，弾性変形をする最大限度である。
3. 点Y_Uは，応力度が増えないのにひずみが急激に増加しはじめる点である。
4. 点Uは，応力度が最大となる破壊点である。

No.13 鋼道路橋に用いる高力ボルトに関する次の記述のうち，**適当でないもの**はどれか。

1. 高力ボルト摩擦接合は，高力ボルトの締付けで生じる部材相互の摩擦抵抗で応力を伝達する。
2. 高力ボルトの締付けは，各材片間の密着を確保し，十分な応力の伝達がなされるように行う。
3. 高力ボルトの締付けは，継手の端部から順次中央のボルトに向かって行う。
4. 高力ボルト摩擦接合による継手は，重ね継手と突合せ継手がある。

No. 14 コンクリートの劣化機構に関する次の記述のうち，**適当でないもの**はどれか。

1. 疲労は，繰返し荷重により大きなひび割れが先に発生し，これが微細ひび割れに発展する現象である。

2. 凍害は，コンクリート中に含まれる水分が凍結し，氷の生成による膨張圧などでコンクリートが破壊される現象である。

3. 塩害は，コンクリート中に浸入した塩化物イオンが鉄筋の腐食を引き起こす現象である。

4. 化学的侵食は，硫酸や硫酸塩などによってコンクリートが溶解又は分解する現象である。

No. 15 河川堤防に関する次の記述のうち，**適当でないもの**はどれか。

1. 施工した河川堤防の法面は，一般に総芝や筋芝などの芝付けを行って保護する。

2. 堤防の拡築工事を行う場合の腹付けは，旧堤防の表法面に行うことが一般的である。

3. 河川堤防は，上流から下流に向かって右手側を右岸という。

4. 河川堤防の工事において基礎地盤が軟弱な場合は，緩速載荷工法や地盤改良などを行う。

No. 16 下図に示す河川の低水護岸の（イ）～（ハ）の構造名称に関する次の組合せのうち，**適当なもの**はどれか。

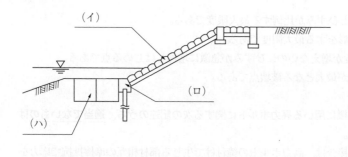

	（イ）	（ロ）	（ハ）
1.	法覆工	小口止め工	水制工
2.	天端保護工	基礎工	水制工
3.	天端保護工	小口止め工	根固工
4.	法覆工	基礎工	根固工

No.17 砂防えん堤の構造に関する次の記述のうち，**適当でないもの**はどれか。

1. 本えん堤の水通しは，矩形断面とし，本えん堤を越流する流量に対して十分な大きさとする。

2. 本えん堤の袖は，洪水を越流させないようにするため，両岸に向かって上り勾配とする。

3. 側壁護岸は，水通しからの落下水が左右の渓岸を侵食することを防ぐための構造物である。

4. 前庭保護工は，本えん堤を越流した落下水による洗掘を防止するための構造物である。

No.18 地すべり防止工の工法に関する次の記述のうち，**適当でないもの**はどれか。

1. 押え盛土工とは，地すべり土塊の下部に盛土を行うことにより，地すべりの滑動力に対する抵抗力を増加させる工法である。

2. 排水トンネル工とは，地すべり土塊内にトンネルを設け，ここから帯水層に向けてボーリングを行い，トンネルを使って排水する工法である。

3. 杭工における杭の建込み位置は，地すべり土塊下部のすべり面の勾配が緩やかな場所とする。

4. 集水井工の排水は，原則として，排水ボーリングによって自然排水を行う。

No.19 道路のアスファルト舗装における路床，路盤の施工に関する次の記述のうち，**適当でないもの**はどれか。

1. 盛土路床では，1層の敷均し厚さを仕上り厚さで40cm以下とする。

2. 切土路床では，土中の木根，転石などを取り除く範囲を表面から30cm程度以内とする。

3. 粒状路盤材料を使用した下層路盤では，1層の敷均し厚さを仕上り厚さで20cm以下とする。

4. 路上混合方式の安定処理工を使用した下層路盤では，1層の仕上り厚さを15〜30cmとする。

No.20
アスファルト舗装道路の施工に関する次の記述のうち，**適当でないもの**はどれか。

1. 現場に到着したアスファルト混合物は，ただちにアスファルトフィニッシャ又は人力により均一に敷き均す。

2. 敷均し作業中に雨が降りはじめたときは，作業を中止し敷き均したアスファルト混合物を速やかに締め固める。

3. 敷均し終了後は，所定の密度が得られるように初転圧，継目転圧，二次転圧及び仕上げ転圧の順に締め固める。

4. 舗装継目は，密度が小さくなりやすく段差やひび割れが生じやすいので十分締め固めて密着させる。

No.21
道路のアスファルト舗装の破損に関する次の記述のうち，**適当でないもの**はどれか。

1. 交差点部の道路縦断方向の凹凸は，走行車両の繰返しの制動，停止により発生する。

2. 亀甲状のひび割れは，路床・路盤の支持力低下により発生する。

3. ヘアクラックは，転圧温度の高過ぎ，過転圧などにより主に表層に発生する。

4. わだち掘れは，表層と基層の接着不良により走行軌跡部に発生する。

No.22
道路の普通コンクリート舗装に関する次の記述のうち，**適当でないもの**はどれか。

1. コンクリート舗装は，コンクリートの曲げ抵抗で交通荷重を支えるので剛性舗装ともよばれる。

2. コンクリート舗装は，施工後，設計強度の50％以上になるまで交通開放しない。

3. コンクリート舗装は，路盤の厚さが30cm以上の場合は，上層路盤と下層路盤に分けて施工する。

4. コンクリート舗装は，車線方向に設ける縦目地，車線に直交して設ける横目地がある。

No.23
フィルダムに関する次の記述のうち，**適当でないもの**はどれか。

1. フィルダムは，その材料に大量の岩石や土などを使用するダムであり，岩石を主体とするダムをロックフィルダムという。

2. フィルダムは，コンクリートダムに比べて大きな基礎岩盤の強度を必要とする。

3. 中央コア型ロックフィルダムでは，一般的に堤体の中央部に遮水用の土質材料を用いる。

4. フィルダムは，ダム近傍でも材料を得やすいため，運搬距離が短く経済的に材料調達を行うことができる。

No.24 トンネルの山岳工法における掘削に関する次の記述のうち，**適当でないもの**はどれか。

1. 機械掘削には，全断面掘削機と自由断面掘削機の2種類がある。

2. 発破掘削は，地質が硬岩質などの場合に用いられる。

3. ベンチカット工法は，トンネル断面を上半分と下半分に分けて掘削する方法である。

4. 導坑先進工法は，トンネル全断面を一度に掘削する方法である。

No.25 海岸における異形コンクリートブロックによる消波工に関する次の記述のうち，**適当でないもの**はどれか。

1. 異形コンクリートブロックを層積みで施工する場合は，据付けに手間がかかり，海岸線の曲線部などの施工が難しい。

2. 異形コンクリートブロックは，海岸堤防の消波工のほかに，海岸の侵食対策としても多く用いられる。

3. 異形コンクリートブロックを乱積みで施工する場合は，層積みに比べて据付け時の安定性がよい。

4. 異形コンクリートブロックの据付け方には，一長一短があるので異形コンクリートブロックの特性や現地の状況などを調査して決める。

No.26 グラブ浚渫船の施工に関する次の記述のうち，**適当なもの**はどれか。

1. グラブ浚渫船は，ポンプ浚渫船に比べ，底面を平たんに仕上げるのが難しい。

2. グラブ浚渫船は，岸壁などの構造物前面の浚渫や狭い場所での浚渫には使用できない。

3. 非航式グラブ浚渫船の標準的な船団は，グラブ浚渫船と土運船のみで構成される。

4. グラブ浚渫後の出来形確認測量には，原則として音響測探機は使用できない。

No.27 鉄道工事における道床，路盤及び路床の施工上の留意事項に関する次の記述のうち，**適当でないもの**はどれか。

1. バラスト道床は，強固で耐摩耗性に優れた砕石を選び，入念な締固めが必要である。

2. バラスト道床は，安価で施工・保守が容易であるが，定期的な軌道の修正・修復が必要である。

3. 路盤は，十分強固で適当な弾性を有し，排水を考慮する必要がある。

4. 路床は，路盤及び道床を確実に支えるため，水平に仕上げる必要がある。

No.28 鉄道（在来線）の営業線内又はこれに近接して工事を施工する場合の保安対策に関する次の記述のうち，**適当でないもの**はどれか。

1. 1名の列車見張員では見通し距離を確保できない場合は，見通し距離を確保できる位置に中継列車見張員を増員する。

2. 工事現場において事故発生により列車運行に支障するおそれが生じた場合は，直ちに列車防護の手配を取るとともに関係箇所へ連絡し，その指示を受ける。

3. 建設用大型機械を使用する作業では，営業する列車が通過する際に，安全に十分に注意を払いながら作業する。

4. 工事管理者は，工事現場ごとに専任の者を常時配置し，工事の内容及び施工方法などにより必要に応じて複数配置する。

No.29 シールド工法に関する次の記述のうち，**適当でないもの**はどれか。

1. シールド工法は，開削工法が困難な都市の下水道，地下鉄，道路工事などで多く用いられる。

2. 開放型シールドは，フード部とガーダー部が隔壁で仕切られている。

3. シールド工法に使用される機械は，フード部，ガーダー部，テール部からなる。

4. 発進立坑は，シールド機の掘削場所への搬入や掘削土の搬出などのために用いられる。

No.30 上水道に用いる配水管の種類と特徴に関する次の記述のうち，**適当でない**ものはどれか。

1. ステンレス鋼管は，ライニングや塗装を必要とする。

2. 鋼管は，溶接継手により一体化でき，地盤の変動には管体の強度及び変形能力で対応する。

3. ダクタイル鋳鉄管は，管体強度が大きく，じん性に富み，衝撃に強い。

4. 硬質ポリ塩化ビニル管は，耐食性に優れ，重量が軽く施工性に優れる。

下図の概略図に示す下水道の遠心力鉄筋コンクリート管（ヒューム管）の（イ）～（ハ）の継手の名称に関する次の組合せのうち，**適当なもの**はどれか。

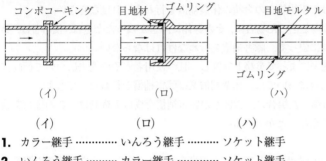

（イ）	（ロ）	（ハ）

	（イ）	（ロ）	（ハ）
1.	カラー継手 …………	いんろう継手 ………	ソケット継手
2.	いんろう継手 ………	カラー継手 …………	ソケット継手
3.	カラー継手 …………	ソケット継手 ………	いんろう継手
4.	ソケット継手 ………	カラー継手 …………	いんろう継手

※問題番号No.32～No.42までの11問題のうちから6問題を選択し解答してください。

No.32 労働時間，休憩，休日に関する次の記述のうち，労働基準法上，**誤っているもの**はどれか。

1. 使用者は，原則として労働時間が8時間を超える場合においては少くとも45分の休憩時間を労働時間の途中に与えなければならない。

2. 使用者は，原則として労働者に，休憩時間を除き1週間について40時間を超えて，労働させてはならない。

3. 使用者は，原則として1週間の各日については，労働者に，休憩時間を除き1日について8時間を超えて，労働させてはならない。

4. 使用者は，原則として労働者に対して，毎週少くとも1回の休日を与えなければならない。

No.33 災害補償に関する次の記述のうち，労働基準法上，**正しいもの**はどれか。

1. 労働者が業務上負傷し療養のため，労働することができないために賃金を受けない場合には，使用者は，平均賃金の全額の休業補償を行わなければならない。
2. 労働者が業務上負傷し治った場合に，その身体に障害が残ったときは，使用者は，その障害が重度な場合に限って，障害補償を行わなければならない。
3. 労働者が重大な過失によって業務上負傷し，且つ使用者がその過失について行政官庁の認定を受けた場合においては，休業補償又は障害補償を行わなくてもよい。
4. 労働者が業務上負傷した場合に，労働者が災害補償を受ける権利は，この権利を譲渡し，又は差し押さえることができる。

No.34 事業者が労働者に対して特別の教育を行わなければならない業務に関する次の記述のうち，労働安全衛生法上，**該当しないもの**はどれか。

1. アーク溶接機を用いて行う金属の溶接，溶断等の業務
2. ボーリングマシンの運転の業務
3. ゴンドラの操作の業務
4. 赤外線装置を用いて行う透過写真の撮影による点検の業務

No.35 建設業法に関する次の記述のうち，**誤っているもの**はどれか。

1. 建設業とは，元請，下請その他いかなる名義をもってするかを問わず，建設工事の完成を請け負う営業をいう。
2. 軽微な建設工事のみを請け負うことを営業とする者を除き，建設業を営もうとする者は，すべて国土交通大臣の許可を受けなければならない。
3. 建設業者は，その請け負った建設工事を，いかなる方法をもってするかを問わず，原則として一括して他人に請け負わせてはならない。
4. 施工体系図は，各下請負人の施工の分担関係を表示したものであり，作成後は当該工事現場の見やすい場所に掲示しなければならない。

No.36 道路の占用許可に関し，道路法上，道路管理者に提出すべき申請書に記載する事項に**該当しないもの**は，次のうちどれか。

1. 占用の目的
2. 占用の期間
3. 工事実施の方法
4. 建設業の許可番号

No.37 河川法に関する次の記述のうち，**誤っているもの**はどれか。

1. 河川の管理は，原則として，一級河川を国土交通大臣，二級河川を都道府県知事がそれぞれ行う。
2. 河川は，洪水，津波，高潮等による災害の発生が防止され，河川が適正に利用され，流水の正常な機能が維持され，及び河川環境の整備と保全がされるように総合的に管理される。
3. 河川区域には，堤防に挟まれた区域と堤内地側の河川保全区域が含まれる。
4. 河川法上の河川には，ダム，堰，水門，床止め，堤防，護岸等の河川管理施設も含まれる。

No.38 建築基準法に関する次の記述のうち，**誤っているもの**はどれか。

1. 建築物に附属する塀は，建築物ではない。
2. 学校や病院は，特殊建築物である。
3. 都市計画区域内の道路は，原則として幅員4m以上のものをいう。
4. 都市計画区域内の建築物の敷地は，原則として道路に2m以上接しなければならない。

No.39 火薬類の取扱いに関する次の記述のうち，火薬類取締法上，**誤っているもの**はどれか。

1. 火薬庫の境界内には，必要がある者のほかは立ち入らない。
2. 火薬類取扱所を設ける場合は，1つの消費場所に1箇所とする。
3. 火工所以外の場所において，薬包に雷管を取り付ける作業を行わない。
4. 火工所に火薬類を存置する場合には，必要に応じて見張人を配置する。

No.40 騒音規制法上，指定地域内において特定建設作業を施工しようとする者が，届け出なければならない事項として，**該当しないもの**は次のうちどれか。

1. 特定建設作業の場所
2. 特定建設作業の実施期間
3. 特定建設作業の概算工事費
4. 騒音の防止の方法

No.41 振動規制法上，指定地域内において特定建設作業を施工しようとする者が行う，特定建設作業の実施に関する届出先として，**正しいもの**は次のうちどれか。

1. 都道府県知事
2. 所轄警察署長
3. 労働基準監督署長
4. 市町村長

No.42 港内の船舶の航路及び航法に関する次の記述のうち，港則法上，**誤っているもの**はどれか。

1. 港内又は港の境界附近における船舶の交通の妨げとなるおそれのある強力な灯火をみだりに使用してはならない。
2. 船舶は，航路内において，他の船舶と行き会うときは，左側を航行しなければならない。
3. 汽艇等以外の船舶は，特定港に出入し，又は特定港を通過するときは，原則として規則で定める航路を通らなければならない。
4. 船舶は，航路内においては，他の船舶を追い越してはならない。

※問題番号No.43〜No.61までの19問題は必須問題ですから全問題を解答してください。

No.**43**　下図のようにNo.0からNo.3までの水準測量を行い，図中の結果を得た。**No.3の地盤高**は次のうちどれか。なお，No.0の地盤高は10.0mとする。

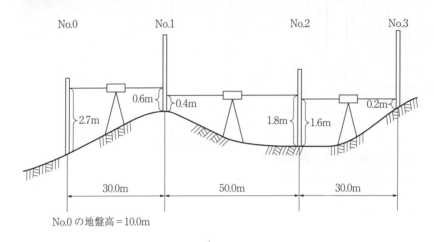

No.0 の地盤高 = 10.0m

1. 11.8m
2. 11.9m
3. 12.0m
4. 12.1m

No.**44**　公共工事標準請負契約約款に関する次の記述のうち，**正しいもの**はどれか。

1. 受注者は，一般に工事の全部若しくはその主たる部分を一括して第三者に請け負わせることができる。
2. 発注者は，工事の完成を確認するため，工事目的物を最小限度破壊して検査を行う場合，検査及び復旧に直接要する費用を負担する。
3. 発注者は，現場代理人の工事現場における運営などに支障がなく，発注者との連絡体制が確保される場合には，現場代理人について工事現場に常駐を要しないこととすることができる。
4. 受注者は，工事の完成，設計図書の変更等によって不用となった支給材料は，発注者に返還を要しない。

No.45 下図は逆T型擁壁の断面図であるが，逆T型擁壁各部の名称と寸法記号の表記として2つとも**適当なもの**は，次のうちどれか。

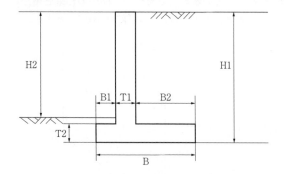

1. 擁壁の高さH1，つま先版幅B1
2. 擁壁の高さH1，底版幅B2
3. 擁壁の高さH2，たて壁厚B1
4. 擁壁の高さH2，かかと版幅B2

No.46 建設機械の用途に関する次の記述のうち，**適当でないもの**はどれか。

1. ドラグラインは，ワイヤロープによってつり下げたバケットを手前に引き寄せて掘削する機械で，しゅんせつや砂利の採取などに使用される。
2. ブルドーザは，作業装置として土工板を取り付けた機械で，土砂の掘削・運搬（押土），積込みなどに用いられる。
3. モータグレーダは，路面の精密な仕上げに適しており，砂利道の補修，土の敷均しなどに用いられる。
4. バックホゥは，機械が設置された地盤より低い場所の掘削に適し，基礎の掘削や溝掘りなどに使用される。

No.47 施工計画作成のための事前調査に関する次の記述のうち，**適当でないもの**はどれか。

1. 近隣環境の把握のため，現場周辺の状況，近隣施設などの調査を行う。
2. 工事内容の把握のため，設計図書及び仕様書の内容などの調査を行う。
3. 現場の自然条件の把握のため，地質調査，地下埋設物などの調査を行う。
4. 労務・資機材の把握のため，労務の供給，資機材などの調達先などの調査を行う。

No.48 工事の仮設に関する次の記述のうち，**適当でないもの**はどれか。

1. 仮設には，直接仮設と間接仮設があり，現場事務所や労務宿舎などの快適な職場環境をつくるための設備は，直接仮設である。

2. 仮設は，使用目的や期間に応じて構造計算を行い，労働安全衛生規則の基準に合致するかそれ以上の計画としなければならない。

3. 仮設は，目的とする構造物を建設するために必要な施設であり，原則として工事完成時に取り除かれるものである。

4. 仮設には，指定仮設と任意仮設があり，指定仮設は変更契約の対象となるが，任意仮設は一般に変更契約の対象にはならない。

No.49 施工計画の作成にあたり，建設機械の走行に必要なコーン指数が**最も大きい建設機械**は次のうちどれか。

1. 普通ブルドーザ（21t級）

2. ダンプトラック

3. 自走式スクレーパ（小型）

4. 湿地ブルドーザ

No.50 工程管理曲線（バナナ曲線）に関する次の記述のうち，**適当でないもの**はどれか。

1. 出来高累計曲線は，一般的にS字型となり，工程管理曲線によって管理する。

2. 工程管理曲線の縦軸は出来高比率で，横軸は時間経過比率である。

3. 実施工程曲線が上方限界を下回り，下方限界を超えていれば許容範囲内である。

4. 実施工程曲線が下方限界を下回るときは，工程が進み過ぎている。

No.51

下図のネットワーク式工程表に示す工事の**クリティカルパスとなる日数**は，次のうちどれか。

ただし，図中のイベント間のA～Gは作業内容，数字は作業日数を表す。

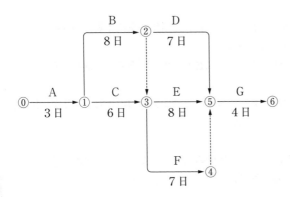

1. 23日

2. 22日

3. 21日

4. 20日

No.52

墜落による危険を防止する安全ネットに関する次の記述のうち，**適当でないもの**はどれか。

1. 安全ネットは，紫外線，油，有害ガスなどのない乾燥した場所に保管する。

2. 安全ネットは，人体又はこれと同等以上の重さを有する落下物による衝撃を受けたものを使用しない。

3. 安全ネットは，網目の大きさに規定はない。

4. 安全ネットの材料は，合成繊維とする。

No.53

高さ2m以上の足場（つり足場を除く）に関する次の記述のうち，労働安全衛生法上，**誤っているもの**はどれか。

1. 作業床の手すりの高さは，85cm以上とする。

2. 足場の床材間の隙間は，5cm以下とする。

3. 足場の床材が転位し脱落しないように取り付ける支持物の数は，2つ以上とする。

4. 足場の作業床は，幅40cm以上とする。

No.54 車両系建設機械の安全確保に関する次の記述のうち，労働安全衛生規則上，事業者が行うべき事項として**正しいもの**はどれか。

1. 運転者が運転位置から離れるときは，バケット等を地上に下ろし，原動機を止め，かつ，走行ブレーキをかけさせなければならない。

2. 運転の際に誘導者を配置するときは，その誘導者に合図方法を定めさせ，運転者に従わせる。

3. 傾斜地等で車両系建設機械の転倒等のおそれのある場所では，転倒時保護構造を有する機種，又は，シートベルトを備えた機種を使用する。

4. 運転速度は，誘導者を適正に配置すれば，地形や地質に応じた制限速度を多少超えてもよい。

No.55 コンクリート造の工作物の解体等作業主任者の職務内容に関する次の記述のうち，労働安全衛生規則上，**誤っているもの**はどれか。

1. 作業の方法及び労働者の配置を決定し，作業を直接指揮すること。

2. 工作物の倒壊等による労働者の危険を防止するため，作業計画を定めること。

3. 要求性能墜落制止用器具（安全帯）等及び保護帽の使用状況を監視すること。

4. 器具，工具，要求性能墜落制止用器具（安全帯）等及び保護帽の機能を点検，不良品を取り除くこと。

No.56 $\bar{x}$-R管理図の作成にあたり，下記のデータシートA～D組の$\bar{x}$とRの値について，両方とも**正しい組**は，次のうちどれか。

組	測定値			$\bar{x}$	R
	x_1	x_2	x_3		
A	40	37	37	38	5
B	38	41	44	43	6
C	38	40	39	40	4
D	42	42	45	43	3

1. A組　　**2.** B組　　**3.** C組　　**4.** D組

No.57 品質管理に用いられるヒストグラムに関する次の記述のうち，**適当でないもの**はどれか。

1. ヒストグラムから，測定値のばらつきの状態を知ることができる。

2. ヒストグラムは，データの範囲ごとに分類したデータの数をグラフ化したものである。

3. ヒストグラムは，折れ線グラフで表現される。

4. ヒストグラムでは，横軸に測定値，縦軸に度数を示している。

No.58 盛土の締固めの品質に関する次の記述のうち，**適当でないもの**はどれか。

1. 締固めの目的は，土の空気間げきを多くし，吸水による膨張を小さくし，土の安定した状態にすることである。
2. 締固めの品質規定方式は，盛土の締固め度などを規定する方法である。
3. 締固めの工法規定方式は，使用する締固め機械の機種や締固め回数，盛土材料の敷均し厚さなどを規定する方法である。
4. 最もよく締まる含水比は，最大乾燥密度が得られる含水比で最適含水比である。

No.59 レディーミクストコンクリート（JIS A 5308）の品質管理に関する次の記述のうち，**適当でないもの**はどれか。

1. 3回の圧縮強度試験結果の平均値は，購入者の指定した呼び強度の強度値以上である。
2. 品質管理の項目は，強度，スランプ又はスランプフロー，塩化物含有量の3つである。
3. 1回の圧縮強度試験結果は，購入者の指定した呼び強度の強度値の85％以上である。
4. 圧縮強度試験は，一般に材齢28日で行う。

No.60 建設工事における環境保全対策に関する次の記述のうち，**適当でないもの**はどれか。

1. 土工機械の選定では，足回りの構造で振動の発生量が異なるので，機械と地盤との相互作用により振動の発生量が低い機種を選定する。
2. トラクタショベルによる掘削作業では，バケットの落下や地盤との衝突での振動が大きくなる傾向にある。
3. ブルドーザによる掘削運搬作業では，騒音の発生状況は，後進の速度が遅くなるほど大きくなる。
4. 建設工事では，土砂，残土などを多量に運搬する場合，運搬経路が工事現場の内外を問わず騒音が問題となることがある。

No.61 「建設工事に係る資材の再資源化等に関する法律」（建設リサイクル法）に定められている特定建設資材に**該当しないもの**は，次のうちどれか。

1. 土砂
2. 木材
3. コンクリート及び鉄から成る建設資材
4. アスファルト・コンクリート

学科試験　解答・解説

No.1　[答え2]「試験の名称」と「試験結果の活用」

1. の突固めによる土の締固め試験は，試料土の含水比を変化させて突き固め，締固め土の乾燥密度と含水比の関係を求める試験で，盛土の締固め管理に活用される。**2.** の土の圧密試験は，粘性土地盤の載荷重による断続的な圧密で，**地盤沈下の解析に必要な沈下量と時間の関係を測定する。地盤の液状化の判定には用いない。3.** の標準貫入試験は，ボーリングロッド頭部に取り付けたノッキングブロックに，76cm±1cmの高さから63.5kg±0.5kgの錘を落下させ，土中にサンプラーを30cm貫入させる打撃回数（N値）から地盤の支持力を判定する。**4.** の砂置換による土の密度試験は，路盤などに穴を掘り，その穴に質量と体積がわかっている試験用砂を入れ，穴に入った試験用砂の体積と，掘り出した土の質量から，掘り出した土の密度を調べる試験で，土の締まり具合の判定に活用される。したがって，**2.** が適当でない。

No.2　[答え1]「土工作業の種類」と「使用機械」

1. の溝堀は，**トレンチャーやバックホゥなどにより行う。タンパは，土を締め固める小型機械である。2.** の伐開除根は，ブルドーザやレーキドーザなどにより行う。**3.** の掘削は，バックホゥやクラムシェル，ドラグラインにより行う。**4.** の締固めは，ロードローラやタイヤローラ，タンピングローラ，振動ローラなどにより行う。したがって，**1.** が適当でない。

No.3　[答え4] 盛土の施工

1. の盛土の締固めの目的は，①土の空気間げきを少なくして透水性を低下させ，水の浸入による軟化や膨張を小さくして，土を最も安定した状態にする，②盛土法面の安定や土の支持力の増加など，土の構造物として必要な強度特性が得られるようにする，③盛土完成後の圧密沈下などの変形を少なくすることである。**2.** の盛土材料の含水量の調節には，ばっ気と散水があり，一般に敷均しの際に行う。**3.** の盛土材料の敷均し厚さは，盛土材料の粒度，土質，締固め機械，施工法及び要求される締固め度などの条件に左右される。**4.** の盛土の締固めの効果や特性は，**土の種類及び含水状態などにより大きく異なり，最も効率よく土を密にできる最適含水比における施工が望ましい。**したがって，**4.** が適当でない。

No.4　[答え3] 軟弱地盤の改良工法

1. のサンドマット工法は，軟弱地盤表面に厚さ0.5〜1.2m程度の砂を敷設し，軟弱層の圧密のための上部排水の促進と，施工機械のトラフィカビリティの確保をはかる**表層処理工法**である。**2.** のウェルポイント工法は，吸水装置で掘削箇所の内側及び周辺を取り囲み，先端の吸水部から地下水をポンプで強制排水し，地下水位を低下させ，圧密の促進や地盤の強度増加をはかる**排水工法**である。**3.** のプレローディング工法は，盛土や構造物の計画地盤に，盛

土などによりあらかじめ荷重を載荷して圧密を促進させ，その後，構造物を施工することにより構造物の沈下を軽減する**載荷工法**である。サンドマットが併用される。**4.**の薬液注入工法は，水ガラスやセメントミルクを地盤に注入し，土粒子の間げきに浸透・固化させ，地盤強化や透水性の改良を行う**固結工法**である。したがって，**3.**が該当する。

No.5 [答え4] コンクリート用の混和材料

1.の流動化剤は，あらかじめ練り混ぜられたコンクリートに添加し，撹はんすることによって流動性を増大させる。**2.**の防せい剤は，塩化物イオンによる鉄筋の腐食を抑制させる。**3.**のシリカフュームでセメントの一部を置換したコンクリートは，材料分離が生じにくい，ブリーディングが小さい，強度増加が著しい，水密性や科学抵抗性が向上するなどの利点がある。**4.**のフライアッシュを適切に用いると，ワーカビリティーを改善して**単位水量を減らすことができ**，**水和熱による温度上昇の低減**，長期材齢における強度増進，乾燥収縮の減少，水密性や化学抵抗性の向上など，優れた効果が期待できる。したがって，**4.**が適当である。

No.6 [答え2] コンクリートの打込み

1.の型枠からの吸水は，コンクリートの品質低下や美観を損ねる場合があるので，吸水のおそれのある部分は，あらかじめ湿らせておく。ただし，過剰な水により帯水が生じないように注意する。**2.**の型枠内に帯水した状態でコンクリートを打ち込むと，コンクリートの品質や一体性を損ねる可能性があるため，**打込み前に除去する**。**3.**のコンクリートを型枠内で横移動させると，材料分離を生じる可能性が高くなる。**4.**の打込み作業にあたっては，鉄筋，型枠，打込み口などが設計図書及び施工計画書で定められた配置であり，打込み作業により動かないよう堅固に固定されていることを確認する。したがって，**2.**が適当でない。

No.7 [答え1] コンクリートの施工

コンクリート標準示方書（施工偏）2017年制定には，次のように示されている。**1.**のコンクリートを打ち込む際は，打ち上がり面がほぼ水平になるように打ち込み，**1層の高さは40～50cm以下**とする。**2.**は記述の通りである。**3.**のコンクリートの練混ぜから打ち終わるまでの時間は，25℃を超えるときで1.5時間以内，外気温が25℃以下のときで2時間以内とする。**4.**のコンクリートを2層以上に分けて打ち込む場合は，外気温が25℃を超えるときの許容打重ね時間間隔は2時間以内，25℃以下の場合2.5時間とする。したがって，**1.**が適当でない。

No.8 [答え2] 各種コンクリート

1.の日平均気温が4℃以下となるような気象条件のもとでは，凝結及び硬化反応が著しく遅延し，コンクリート凍結のおそれがあるので，寒中コンクリートとして施工する。**2.**の寒中コンクリートで保温養生または給熱養生の終了後，**温度の高いコンクリートを寒気に急にさらすと，コンクリートの表面にひび割れが生じるおそれがある**ので，適当な方法で保護し，表面の急冷を防止する。**3.**は記述の通りである。**4.**のコンクリートの打込みの終了後は，速やかに養生を開始し，コンクリートの表面を乾燥から保護する。したがって，**2.**が適当でない。

No.9 ［答え4］ 既製杭の中掘り杭工法

1. の中掘り杭工法の掘削，沈設中は，杭先端部の緩みを生じさせないために，過大な先掘り及び杭径以上の拡大掘りを行ってはならない。**2.** は記述の通りである。**3.** の最終打撃方式では，貫入量やリバウンド量から打止め管理式により支持力を推定可能である。**4.** のセメントミルク噴出攪拌方式の杭先端根固部の築造では，所定の形状となるよう工法ごとに決められた施工手順で**先掘り及び拡大掘りを行う**。拡大掘りを行う場合，所定の形状となることが確実に把握できる施工管理方法（拡翼確認方法）を用いる。したがって，**4.** が適当でない。

No.10 ［答え3］ 場所打ち杭の「工法名」と「掘削方法」

1. のオールケーシング工法は，**杭の全長にわたりケーシングチューブを回転（または揺動）圧入し，孔壁の崩壊を防止**しながら，**ハンマグラブで掘削・排土する**。ケーシングチューブはコンクリートの打込みに伴って引き抜く。選択肢の掘削方法はアースドリル工法である。**2.** のアースドリル工法は，**表層ケーシングを建込み，孔内に注入した安定液の水圧で孔壁を保護**しながら，**ドリリングバケットで掘削・排土**する。選択肢の掘削方法は深礎工法である。**3.** は組合せの通りである。**4.** の深礎工法は，掘削孔の全長にわたり**ライナープレートを用いて孔壁の崩壊を防止**しながら，**人力または機械で掘削**する。選択肢の掘削方法はオールケーシング工法である。したがって，**3.** が適当である。

No.11 ［答え4］ 土留め壁の「種類」と「特徴」

1. の連続地中壁は，止水性がよく，掘削底面以下の根入れ部分の連続性が保たれ，**剛性が大きいため**，大規模な開削工事や重要構造物の近接工事，軟弱地盤における工事などに用いられる。また，そのまま躯体として使用できるが，作業に時間を要することや支障物の移設など，他に比べて**経済的とはいえない**。**2.** の鋼矢板は，継ぎ手が強固で**止水性が高く**，掘削底面以下の根入れ部分の連続性が保たれるため，地下水位の高い地盤や軟弱な地盤に用いられる。**3.** の柱列杭は，モルタル柱など地中に連続して構築するため，止水性がよく**剛性が大きいが**工期・工費の面で不利である。**4.** の親杭・横矢板は，良質地盤における標準工法であるが，遮水性がよくなく，掘削底面以下の根入れ部分の連続性が保たれないため，地下水のある地盤や軟弱地盤などで用いる場合は地盤改良が必要となる。したがって，**4.** が適当である。

No.12 ［答え4］ 鋼材の応力度とひずみの関係

図の各点の名称は，点Pは応力度とひずみが比例する最大限度（比例限度），点Eは弾性変形をする最大限度（弾性限度），点Y_Uは応力度が増えないのにひずみが急増しはじめる点（上降伏点），点Y_Lは応力が急減少し，ひずみが増加する点（下降伏点），点Uは応力度が最大となる点（**最大応力度または引張り強さ**），点Bは，鋼材が破断する点（破断点）である。なお，点Rは塑性域にある任意の点で呼称はない。したがって，**4.** が適当でない。

No.13 [答え 3] 鋼道路橋に用いる高力ボルト

1. の高力ボルト摩擦接合は，高力ボルトで母材及び連結板を締め付け，部材相互の摩擦力によって応力を伝達させる。**2.** の高力ボルトの締付け方法は，締付けボルト軸力の管理方法により，トルク法，ナット回転法及び耐力点法に大別される。**3.** の高力ボルトの締付けは，継手の端部からボルトを締め付けると連結板が浮き上がり，密着性が悪くなる傾向があるため，**中央から外に向かって締め付ける**。**4.** は記述の通りである。したがって，**3.** が適当でない。

No.14 [答え 1] コンクリートの劣化機構

1. の疲労は，繰返し荷重により**微細なひび割れが発生し，これが大きなひび割れに発展する現象**をいう。**2.** の凍害は，コンクリート中の水分が凍結融解作用により膨張と収縮を繰り返し，組織に緩みまたは破壊を生じる現象である。**3.** の塩害は，コンクリート中の鋼材が塩化物イオンと反応して腐食・膨張が生じ，コンクリートにひび割れやはく離などの損傷を与える現象である。**4.** の化学的侵食は，工場排水，下水道，海水，温泉，侵食性ガスなどにより，遊離石灰の溶出，可溶性物質の生成による溶出，エトリンガイトの生成による膨張崩壊などを引き起こし，劣化する現象である。したがって，**1.** が適当でない。

No.15 [答え 2] 河川堤防の施工

1. の河川堤防の法面は，降雨や流水などによる浸食を防止し，安定をはかるため，芝張り，種子吹付けなどによる法覆工を行う。**2.** の堤防の拡築工事を行う場合，表腹付けは河積の減少などの問題があるため，高水敷が広く川幅に余裕がある場合を除き，原則**旧堤防の裏法面に行う**。**3.** は記述の通りである。**4.** の基礎地盤が軟弱な場合は，沈下やすべり破壊などを防止するため，緩速載荷工法や地盤改良を行う。したがって，**2.** が適当でない。

No.16 [答え 4] 河川の低水護岸の構造

低水護岸の各部の名称は，図に示す通りである。設問の（イ）（ロ）（ハ）に該当する名称は，それぞれ法覆工、基礎工、根固工である。したがって，**4.** の組合せが適当である。

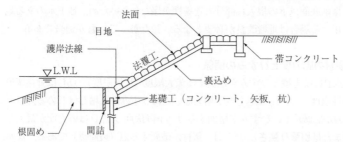

図　護岸各部の名称

No.17 [答え1] 砂防えん堤の構造

1. の本えん堤の水通しは，**原則として台形**とし，幅は，流水によるえん堤下流部の洗掘に対処するため，側面侵食等の著しい支障を及ぼさない範囲で広くする。高さは，対象流量を流し得る水位に，余裕高以上の値を加えて定める。**2.** の本えん堤の袖は，洪水を越流させないことを原則とし，想定される外力に対して安全な構造とする。両岸に向かって上り勾配をとり，袖の嵌入深さは本体と同程度の安定性を有する地盤までとする。**3.** の側壁護岸は，えん堤天端から落下する流水によるえん堤下流部の側方浸食を防止するもので，必要に応じて設ける。**4.** の前庭保護工は，本えん堤を越流した落下水，落下砂礫による基礎地盤の洗掘及び下流の河床低下を防止するための構造物であり，副えん堤及び水褥池（ウォータークッション）による減勢工，水叩き，側壁護岸，護床工などからなる。したがって，**1.** が適当でない。

No.18 [答え2] 地すべり防止工の工法

1. は記述の通りである。**2.** の排水トンネルは，**地すべり土塊の下にある安定した基盤中**に設け，ここから帯水層に向けてボーリングを行い，トンネルを使って排水する工法である。**3.** の杭工における杭の建込み位置は，移動土塊に対して十分対抗できるよう，地すべり土塊下部の基盤が強固ですべり面の勾配が緩やかな場所とする。**4.** の集水井工の排水は，原則として排水ボーリング孔（長さ100m程度）または排水トンネルにより自然排水を行う。したがって，**2.** が適当でない。

No.19 [答え1] 道路のアスファルト舗装における路床・路盤の施工

1. の盛土路床の層の敷均し厚さは，盛土材料の粒度，土質，締固め機械，施工法及び要求される締固め度などの条件に左右されるが，1層の敷均し厚さを25～30cm以下とし，締固め後の仕上り厚さを**20cm以下**とする。**2.** の切土路床の場合は，表面から30cm程度以内にある木根は，時間の経過とともに腐敗して空洞の原因になり，また転石は路床の均一性を損なうため，取り除いて仕上げる。**3.** と**4.** は記述の通りである。したがって，**1.** が適当でない。

No.20 [答え3] アスファルト舗装道路の施工

1. は記述の通りである。**2.** の敷均し作業中に雨が降りはじめたときは，混合物温度の低下により所定の締固め度が得られなくなるため，作業を中止し敷き均したアスファルト混合物を速やかに締め固める。**3.** の敷均し終了後は，所定の密度が得られるように**継目転圧，初転圧，二次転圧及び仕上げ転圧**の順に締め固める。**4.** の舗装継目は，所定の締固め度が得られない場合，不連続となり弱点となりやすいので，十分締め固めて密着させる。また，下層の継目の上に上層の継目を重ねないようにする。したがって，**3.** が適当でない。

No.21 [答え4] 道路のアスファルト舗装の破損

1. と**3.** は記述の通りである。**2.** の亀甲状のひび割れは，融解期の路床・路盤の支持力低下，路床・路盤の沈下（不等沈下），アスファルトの劣化・老化，基層の剥離によっても発生する。**4.** のわだち掘れは，**交通荷重などや夏期の高温，路床・路盤の圧縮変形やアスファルト混合**

物の塑性変形，摩耗などによって発生する。したがって，**4.** が適当でない。

No.22 [答え2] 道路の普通コンクリート舗装

1. のコンクリート舗装は，コンクリート版が交通荷重などによる曲げ応力に抵抗するので，剛性舗装と呼ばれる。アスファルト舗装は，せん断力に対する抵抗力は高いが，曲げ応力に対する抵抗力は低く，たわみ性舗装と呼ばれる。**2.** のコンクリート舗装は，**現場養生を行った供試体の曲げ強度が配合強度の70%以上になるまでは交通開放しない**。**3.** は記述の通りである。**4.** の縦目地には，コンクリート版の反りによるひび割れを防止するタイバー（異形棒鋼）が用いられ，横目地には，コンクリート版の収縮・膨張を妨げないダウエルバー（丸鋼）が用いられる。したがって，**2.** が適当でない。

No.23 [答え2] フィルダムの施工

1. は記述の通りである。**2.** のフィルダムは，断面形状が大きく，底幅が広く，基礎地盤への伝達応力が小さいため，**遮水性の改良が可能ならば未固結岩・風化岩や砂礫基礎上にも築造可能である**。**3.** の中央コア型ロックフィルダムは，ゾーン型フィルダムであり，堤体の中央部に不透水性材料による遮水壁（コア），その上下流に砂や砂利を積んでコアを支えるフィルター，さらにその外側にコアとフィルターを支えるロック（岩）を積んで築造するダムである。**4.** のフィルダムは，ダムサイト近傍で得られる材料の特性と賦存量に応じたゾーニング（設計）が基本となる。したがって，**2.** が適当でない。

No.24 [答え4] トンネルの山岳工法における掘削

1. の機械掘削には，TBMなどの全断面掘削機と，ブーム掘削機，バックホゥ，大型ブレーカー及び削岩機などの自由断面掘削機がある。**2.** の発破掘削は，主に硬岩から中硬岩などの場合に用いられる。**3.** のベンチカット工法は，切羽の安定性が悪い場合などに用いられ，ロングベンチ，ショートベンチ，ミニベンチ工法がある。**4.** の導坑先進工法は，**全断面掘削が困難な場合に掘削断面内に先に中小の導坑を掘削する工法**であり，導坑の掘削位置により，頂設導坑，底設導坑，側壁導坑，中央導坑などがある。トンネル全断面を一度に掘削する方法は，**全断面掘削工法**である。したがって，**4.** が適当でない。

No.25 [答え3] 異形コンクリートブロックによる消波工

1. の層積みは，異形コンクリートブロックを規則正しく配列するため，据付けに手間がかかり，直線部に比べ曲線部の施工は難しい。**2.** の消波工は，消波工で波を砕波し，波の水塊エネルギーはブロック内で消耗・減少される。この作用を利用し，ほかに海岸の浸食対策として根固工，離岸堤，潜堤，突堤などにも多く用いられる。**3.** の異形コンクリートブロックの乱積みは，据付けが容易であるが，据付け時にブロック間や基礎地盤とのかみ合わせが不十分な箇所が生じるため，**層積みに比べ据付け時の安定性は劣る**。**4.** の据付け方は，異形コンクリートブロックの特性と海底変動の程度，施工の難易度，施工時間などを考慮して決める。したがって，**3.** が適当でない。

No.26 [答え1] グラブ浚渫船の施工

1. のポンプ浚渫船は，吸水管の先端に取り付けられたカッターヘッドが海底の土砂を切り崩し，ポンプで土砂を吸引し，排砂管により埋立地などへ運搬する。グラブ浚渫船は，グラブバケットで海底の土砂をつかんで浚渫する工法で，浚渫断面の余掘り厚，法面余掘り幅を大きくする必要があるため，ポンプ浚渫船に比べ底面を平たんに仕上げるのが難しい。**2.** のグラブ浚渫船は，中小規模の浚渫に適し，浚渫深度や土質の制限が少なく，適用範囲は極めて広く，**岸壁などの構造物前面の浚渫や狭い場所での浚渫にも使用できる**。**3.** の非航式グラブ浚渫船の標準的な船団は，一般的に**グラブ浚渫船のほか，引船，非航土運船，自航揚錨船が一組となって構成される**。**4.** のグラブ浚渫後の出来形確認測量の測深は，**原則として音響測深機によるものとする**が，岸壁の真下，測量船が入れない浅い場所，ヘドロの堆積する場所などは錘とロープを用いたレッド測深を用いる場合もある。したがって，**1.** が適当である。

No.27 [答え4] 鉄道工事における施工上の留意事項

1. は記述の通りである。**2.** のバラスト道床は，列車の繰返し荷重により道床部分に各種のひずみと変形を生じ，軌道狂いの原因となるため，定期的な軌道の修正・修復が必要である。**3.** の路盤は，列車の走行安定を確保するために軌道を十分強固に支持し，適切な弾性を与えるとともに，路床の軟弱化防止，路床への荷重の分散伝達及び排水勾配を設けることにより道床内の水を速やかに排除するよう考慮する。**4.** の路床は，地下水及び路盤からの浸透水の排水のため，**排水工設置位置に向かって3%の勾配を設ける**。したがって，**4.** が適当でない。

No.28 [答え3] 鉄道の営業線近接工事における保守対策

1. の1名の列車見張員では見通し距離を確保できない場合は，見通し距離を確保できる位置に中継列車見張員を増員し，列車見張員との間の連絡合図用具は携帯無線機を使用する。**2.** の工事現場において，事故の発生またはそのおそれが生じた場合は，直ちに列車防護の手配を取り，併発事故または事故を未然に防止するとともに，速やかに関係箇所に連絡し，その指示を受ける。**3.** の建設用大型機械を使用する作業では，**列車の接近から通過まで作業を一時中断する**。**4.** は記述の通りである。したがって，**3.** が適当でない。

No.29 [答え2] シールド工法

1. のシールド工法は，泥土あるいは泥水で切羽の土圧と水圧に対抗し，切羽の安定をはかりながらシールド機を掘進させ，セグメントを組み立てて地山を保持し，トンネルを構築する工法である。開削工法が困難な都市部で多く用いられる。**2.** の開放型シールドは，切羽面の全部または大部分が解放されており，フード部とガーダー部は**隔壁で仕切られていない**。掘削方法により，手掘り式，半機械掘り式，機械掘り式の3つに分類される。**3.** のシールド工法に使用される機械は，泥圧や泥水加圧により切羽を安定させ，切削機構で掘削作業を行うフード部，カッターヘッド駆動装置，排土装置やジャッキなどの機械装置を格納するガーダー部，セグメントの組立て覆工作業を行うエレクターや裏込め注入を行う注入管，テールシールなどを備えたテール部からなる。**4.** は記述の通りである。したがって，**2.** が適当でない。

No.30 [答え1] 上水道に使用する配水管の種類と特徴

1. のステンレス鋼管は，耐食性に優れ，**ライニングや塗装を必要としない**。ただし，異種金属と接続する場合は，イオン化傾向の違いにより異種金属接触腐食を生ずるので，絶縁処理が必要である。**2.** の鋼管は，溶接継手により一体化でき，地盤の変動に対し長大なラインとして追従できるが，電食に対する配慮が必要である。**3.** は記述の通りである。**4.** の硬質ポリ塩化ビニル管は，耐食性に優れ，重量が軽く，施工性・加工性がよいが，低温時には耐衝撃性が低下するので取扱いに注意が必要である。したがって，**1.** が適当でない。

No.31 [答え3] 下水道の遠心力鉄筋コンクリート管（ヒューム管）の継手

下水道のヒューム管の継手方法について，（イ）はカラーを用いたカラー継手，（ロ）は差し口を受け口にはめ込むソケット継手，（ハ）は片方の接続面に出張りを設け，他方に受口（いんろう型）をつくり接続するいんろう継手である。したがって，**3.** の組合せが正しい。

No.32 [答え1] 労働時間，休憩，休日

1. は労働基準法第34条（休憩）第1項に「使用者は，**労働時間が6時間を超える場合においては少くとも45分，8時間を超える場合においては少くとも1時間の休憩時間を労働時間の途中に与えなければならない**」と規定されている。**2.** は同法第32条（労働時間）第1項により正しい。**3.** は同法第32条第2項により正しい。**4.** は同法第35条（休日）第1項により正しい。したがって，**1.** が誤りである。

No.33 [答え3] 災害補償

1. は労働基準法第76条（休業補償）第1項に「労働者が業務上負傷し療養のため，労働することができないために賃金を受けない場合においては，使用者は，労働者の療養中**平均賃金の100分の60の休業補償**を行わなければならない」と規定されている。**2.** は同法第77条（障害補償）に「労働者が業務上負傷し，又は疾病にかかり，治った場合において，その身体に障害が存するときは，使用者は，その**障害の程度に応じて**，（中略）障害補償を行わなければならない」と規定されている。**3.** は同法第78条（休業補償及び障害補償の例外）により正しい。**4.** は同法第83条（補償を受ける権利）第2項に「**補償を受ける権利は，これを譲渡し，又は差し押えてはならない**」と規定されている。したがって，**3.** が正しい。

No.34 [答え4] 労働安全衛生法

労働安全衛生法第59条（安全衛生教育）第3項により規定された，労働者に対して特別の教育を行わなければならない業務は，労働安全衛生規則第36条（特別教育を必要とする業務）に示されている。**1.** は第3号に規定されている。**2.** は第10の3号に規定されている。**3.** は第20号に規定されている。**4.** の赤外線装置を用いて行う透過写真の撮影による点検の業務は規定されていない。したがって，**4.** が該当しない。

No.35 [答え2] 建設業法

1.は建設業法第2条（定義）第2項により正しい。**2.**は同法第3条（建設業の許可）第1項に「建設業を営もうとする者は，（中略）2以上の都道府県の区域内に営業所を設けて営業をしようとする場合にあっては国土交通大臣の，1の都道府県の区域内にのみ営業所を設けて営業をしようとする場合にあっては当該営業所の所在地を管轄する都道府県知事の許可を受けなければならない。ただし，政令で定める軽微な建設工事のみを請け負うことを営業とする者は，この限りでない」と規定されている。**3.**は同法第22条（一括下請負の禁止）第1項により正しい。**4.**は同法第24条の8（施工体制台帳及び施工体系図の作成等）第4項により正しい。したがって，**2.**が誤りである。

No.36 [答え4] 道路の占用許可

道路法第32条（道路の占用の許可）第2項に「道路管理者の許可を受けようとする者は，各号に掲げる事項を記載した申請書を道路管理者に提出しなければならない。第1号 **道路の占用の目的**，第2号 **道路の占用の期間**，第3号 道路の占用の場所，第4号 工作物，物件又は施設の構造，第5号 **工事実施の方法**，第6号 工事の時期，第7号 道路の復旧方法」と定められている。したがって，**4.**が該当しない。

No.37 [答え3] 河川法

1.は河川法第9条（一級河川の管理）第1項及び同法第10条（二級河川の管理）第1項により正しい。なお，準用河川の管理は，同法第100条により市町村長が行う。**2.**は同法第1条（目的）により正しい。**3.**の河川区域とは，同法第6条（河川区域）第1項第1号に「河川の流水が継続して存する土地及び地形，草木の生茂の状況その他その状況が河川の流水が継続して存する土地に類する状況を呈している土地の区域」（1号地），第2号に「河川管理施設の敷地である土地の区域」（2号地），第3号に「堤外の土地の区域のうち，第1号に掲げる区域と一体として管理を行う必要があるものとして河川管理者が指定した区域」（3号地）と規定されている。また，同法第54条（河川保全区域）第3項に「河川保全区域の指定は，当該河岸又は河川管理施設を保全するため必要な最小限度の区域に限ってするものとし，かつ，河川区域の境界から50mをこえてしてはならない。ただし，地形，地質等の状況により必要やむを得ないと認められる場合においては，50mをこえて指定することができる」と規定されている。これを模式化したものが図であり，**河川区域に河川保全区域は含まれない。****4.**は同法第3条（河川及び河川管理施設）第2項により正しい。したがって，**3.**が誤りである。

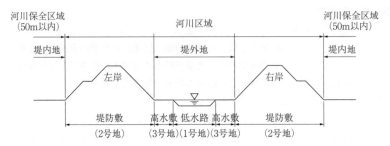

図　河川区域の模式図（上流から見た図）

No.38 [答え1] 建築基準法

1. は建築基準法第2条（用語の定義）第1項第1号に「**建築物 土地に定着する工作物のうち，屋根及び柱若しくは壁を有するもの，これに附属する門若しくは塀**，観覧のための工作物又は地下若しくは高架の工作物内に設ける事務所，店舗，興行場，倉庫その他これらに類する施設をいい，建築設備を含むものとする」と規定されている。**2.** は同法第2条第2号により正しい。**3.** は同法第42条（道路の定義）第1項により正しい。**4.** は同法第43条（敷地等と道路との関係）第1項により正しい。したがって，**1.** が誤りである。

No.39 [答え4] 火薬類取締法

1. は火薬類取締法施行規則第21条（貯蔵上の取扱い）第1項第1号により正しい。**2.** は同規則第52条（火薬類取扱所）第2項により正しい。**3.** は同規則第52条の2（火工所）第3項第6号により正しい。**4.** は同規則第52条の2第3項第3号に「**火工所に火薬類を存置する場合には，見張人を常時配置すること**」と規定されている。したがって，**4.** が誤りである。

No.40 [答え3] 騒音規制法

騒音規制法第14条（特定建設作業の実施の届出）第1項に「**指定地域内において特定建設作業を伴う建設工事を施工しようとする者は，当該特定建設作業の開始の日の7日前までに**，環境省令で定めるところにより，**次の事項を市町村長に届け出**なければならない。ただし，災害その他非常の事態の発生により特定建設作業を緊急に行う必要がある場合は，この限りでない。1氏名又は名称及び住所並びに法人にあっては，その代表者の氏名，2建設工事の目的に係る施設又は工作物の種類，3**特定建設作業の場所及び実施の期間**，4**騒音の防止の方法**，5その他環境省令で定める事項」と規定されている。したがって，**3.** が該当しない。

No.41 [答え4] 振動規制法

振動規制法第14条第1項に「指定地域内において特定建設作業を伴う建設工事を施工しようとする者は，当該特定建設作業の開始の日の7日前までに，（中略）**市町村長に届け出**なければならない。ただし，災害その他非常の事態の発生により特定建設作業を緊急に行う必要がある場合は，この限りでない」と規定されている。したがって**4.** が正しい。

No.42 [答え2] 港則法

1. は港則法第36条（灯火の制限）第1項により正しい。**2.** は同法第13条（航法）第3項に「船舶は，航路内において，他の船舶と行き会うときは，**右側を航行しなければならない**」と規定されている。**3.** は同法第11条（航路）により正しい。**4.** は同法第13条第4項により正しい。したがって，**2.** が誤りである。

No.43 [答え4] 水準測量

水準測量で測定したデータを，昇降式で野帳に記入すると，以下の通りになる。

測点 No.	距離 (m)	後視 (B.S) (m)	前視 (F.S) (m)	高低差 (m)		地盤高 (G.H) (m)
				昇 (+)	降 (−)	
No.0		2.7				10.0
No.1	30.0	0.4	0.6	2.1		12.1
No.2	50.0	1.6	1.8		1.4	10.7
No.3	30.0		0.2	1.4		**12.1**

それぞれの地盤高は以下の通り計算する。

No.1の地盤高：10.0m（No.0のG.H）＋（2.7m（No.0のB.S）−0.6m（No.1のF.S））＝12.1m

No.2の地盤高：12.1m（No.1のG.H）＋（0.4m（No.1のB.S）−1.8m（No.2のF.S））＝10.7m

No.3の地盤高：10.7m（No.2のG.H）＋（1.6m（No.2のB.S）−0.2m（No.3のF.S））＝**12.1m**

【別解】表の高低差の総和をNo.0の地盤高10.0mに足してもよい。

10.0m＋（2.1m＋1.4m＋（−1.4m））＝12.1m

したがって，**4.** が適当である。

No.44 [答え3] 公共工事標準請負契約約款

1. は公共工事標準請負契約約款第6条（一括委任又は一括下請負の禁止）に「受注者は，工事の全部若しくはその主たる部分又は他の部分から独立してその機能を発揮する工作物の工事を**一括して第三者に委任し，又は請け負わせてはならない**」と規定されている。**2.** は同約款第32条（検査及び引渡し）第2項に「（前略）発注者は，必要があると認められるときは，その理由を受注者に通知して，工事目的物を最小限度破壊して検査することができる」，及び第3項に「前項の場合において，**検査又は復旧に直接要する費用は，受注者の負担とする**」と規定されている。**3.** は同約款第10条（現場代理人及び主任技術者等）第3項により正しい。**4.** は同約款第15条（支給材料及び貸与品）第9項に「受注者は，設計図書に定めるところにより，工事の完成，設計図書の変更等によって不用となった支給材料又は貸与品を**発注者に返還しなければならない**」と規定されている。したがって，**3.** が正しい。

No.45 ［答え1］逆T型擁壁

設問の逆T型擁壁の各部の名称と寸法記号の表記は次の通りである。H1（擁壁高），H2（地上高），B（底板幅），B1（つま先版幅），B2（かかと版幅），T1（たて壁厚），T2（底板厚）。したがって，**1.** が適当である。

No.46 ［答え2］建設機械の用途

1. のドラグラインは，ロープで保持されたバケットを，旋回による遠心力を利用して放り投げ，地面に沿って引き寄せながら掘削する機械である。機械の設置位置より低所の掘削に適している。掘削半径が大きく，ブームのリーチより遠いところまで掘ることができるため，水中掘削，砂利の採取，大型溝掘削などに適している。**2.** のブルドーザは，トラクタに土砂を押す土工板（排土板）を取り付けた機械である。掘削，運搬（押土），敷均し，整地，締固めなどの作業に用いられるが，**積込み作業はできない**。**3.** のモータグレーダは，平面均し作業を主とした整地機械である。地面の凹凸を高い精度で均すことができるため，平滑度の要求される道路建設やグラウンド建設などに用いられる。**4.** のバックホウは，バケットを車体側に引き寄せて掘削する機械である。機械の設置地盤より低所を掘るのに適し，仕上がり面が比較的きれいで，垂直掘り，底ざらいが正確にできるので，基礎の掘削や溝掘りに使用される。したがって，**2.** が適当でない。

No.47 ［答え3］施工計画作成のための事前調査

1. と **2.** と **4.** は記述の通りである。**3.** の現場の自然条件の把握の調査には，地形・地質，水文気象調査などがある。**地下埋設物は支障物件の調査**である。したがって，**3.** が適当でない。

No.48 ［答え1］工事の仮設

1. の直接仮設は，本工事のために必要な工事用道路，支保工足場，電力設備や土留め，仮締切などの仮設であり，工事の遂行に必要な**現場事務所，倉庫，宿舎は間接仮設**である。**2.** と **3.** は記述の通りである。**4.** の指定仮設は，特に大規模で重要なものとして発注者が設計仕様，数量，設計図面，施工方法，配置などを指定するもので，設計変更の対象となる。任意仮設は，構造などの条件は明示されず，計画や施工方法は施工業者にゆだねられている。経費は契約上一式計上され，契約変更の対象にならないことが多い。したがって，**1.** が適当でない。

No.49 ［答え2］建設機械の走行に必要なコーン指数

建設機械が軟弱な土の上を走行するとき，土の種類や含水比によって作業能率が大きく異なり，高含水比の粘性土や粘土では走行不能になることもある。トラフィカビリティとは，建設機械の走行性をいい，コーン指数で示される。道路土工要綱（日本道路協会：平成21年版）によると，建設機械のコーン指数は次の通りである。

	建設機械の種類	コーン指数qc（kN/m²）
1	普通ブルドーザ（21t級）	700以上
2	**ダンプトラック**	**1200以上**
3	自走式スクレーパ（小型）	1000以上
4	湿地ブルドーザ	300以上

したがって，コーン指数の最も大きい作業機械は，**2.**のダンプトラックである。

No.50 **［答え4］工程管理曲線（バナナ曲線）**

工程管理曲線（バナナ曲線）は，縦軸に工事の出来高累計または施工量の累積（出来高比率）をとり，横軸に日数などの工期の時間的経過（時間的経過比率）をとり，出来高累計をプロットしたものである。出来高累計は工事の初期から中期に向かって徐々に増加し，中期から終期に向かって徐々に減少するため，出来高累計曲線は工期の中期あたりに変曲点を持つS字型となる。上方許容限界と下方許容限界の管理曲線を設け，それぞれの許容限界内（バナナ曲線の許容限界内）に入るように工程管理を行う。出来高累計曲線がバナナ曲線の上方許容限界を超えたときは，工程が必要以上に進み過ぎている可能性があり，必要以上に大型の機械を入れるなど不経済になっていないか検討する必要がある。また，**下方許容限界を下回ったときは工程が遅延し，突貫工事が不可避となる**ことから，突貫工事に対して最も経済的な実施策を検討する必要がある。出来高の進捗状況を曲線で示すため，予定と実績との差が比較確認しやすく，またどの作業が未着手で，どの作業が完了したかなどが明確であるが，各作業の相互関連と重要作業がどれであるかは不明確である。したがって，**4.**が適当でない。

No.51 **［答え1］ネットワーク式工程表**

クリティカルパスとは，各作業ルートのうち，**最も日数を要する最長経路**のことであり，**工期を決定する。**各経路の所要日数は次のとおりとなる。⓪→①→②→⑤→⑥＝3＋8＋7＋4＝22日，**⓪→①→②→③→⑤→⑥＝3＋8＋0＋8＋4＝23日**，⓪→①→②→③→④→⑤→⑥＝3＋8＋0＋7＋0＋4＝22日，⓪→①→③→⑤→⑥＝3＋6＋8＋4＝21日，⓪→①→③→④→⑤→⑥＝3＋6＋7＋0＋4＝20日である。したがって，**1.**が適当である。

No.52 **［答え3］安全ネット**

1.は，労働安全衛生法第28条に基づく「墜落による危険を防止するためのネットの構造等の安全基準に関する技術上の指針」4-5（保管）4-5-2により正しい。**2.**は，同指針4-6（使用制限）(2) により正しい。**3.**は，同指針2-3（網目）に**「網目は，その辺の長さが10cm以下とすること」**と規定されている。**4.**は，同指針2-2（材料）により正しい。したがって，**3.**が適当でない。

No.53 **［答え2］労働安全衛生規則（足場）**

1.は，労働安全衛生規則第552条（架設通路）第1項第4号イにより正しい。**2.**は，同規則

第563条（作業床）第1項第2号ロに「床材間の隙間は，**3cm以下とすること**」と規定されている。**3.**は，同項第5号により正しい。**4.**は，同項第2号イにより正しい。したがって，**2.**が誤りである。

No.54 ［答え1］車両系建設機械の安全確保

1.は，労働安全衛生規則第160条（運転位置から離れる場合の措置）により正しい。**2.**は，同規則第159条（合図）に「**事業者は，車両系建設機械の運転について誘導者を置くときは，一定の合図を定め，誘導者に当該合図を行なわせなければならない**」と規定されている。**3.**は，同規則第157条の2に「事業者は，路肩，傾斜地等であって，車両系建設機械の転倒又は転落により運転者に危険が生ずるおそれのある場所においては，**転倒時保護構造を有し，かつ，シートベルトを備えたもの**以外の車両系建設機械を使用しないように努めるとともに，運転者にシートベルトを使用させるように努めなければならない」と規定されている。**4.**は，同規則第156条（制限速度）第1項に「事業者は，車両系建設機械（最高速度が毎時10km以下のものを除く。）を用いて作業を行なうときは，あらかじめ，**当該作業に係る場所の地形，地質の状態等に応じた車両系建設機械の適正な制限速度を定め，それにより作業を行なわなければならない**」，及び第2項に「前項の車両系建設機械の運転者は，同項の**制限時間をこえて車両系建設機械を運転してはならない**」と規定されている。したがって，**1.**が正しい。

No.55 ［答え2］コンクリート造の工作物の解体等作業主任者の職務

1.は，労働安全衛生規則第517条の18（コンクリート造の工作物の解体等作業主任者の職務）第1号により正しい。**2.**は，同規則第517条の14（調査及び作業計画）に「**事業者は，コンクリート造の工作物（その高さが5m以上であるものに限る。）の解体又は破壊の作業を行うときは，工作物の倒壊，物体の飛来又は落下等による労働者の危険を防止するため，**あらかじめ，当該工作物の形状，き裂の有無，周囲の状況等を調査し，当該調査により知り得たところに適応する**作業計画を定め**，かつ，当該作業計画により作業を行わなければならない」と規定されている。**3.**は，同規則第517条の18第3号により正しい。**4.**は，同条第2号により正しい。したがって，**2.**が誤っている。

No.56 ［答え4］$\bar{x}$-R管理図の作成

$\bar{x}$とは，各組の測定値の平均値であり，Rとは，測定値の最大値と最小値の差（範囲）である。設問のデータシートの計算結果は次の通りとなる。

組	測定値			$\bar{x}$	R
	x_1	x_2	x_3		
A	40	37	37	38	**3**
B	38	41	44	**41**	6
C	38	40	39	**39**	2
D	42	42	45	43	3

したがって，**4.**のD組が正しい。

No.57 [答え3] ヒストグラム

ヒストグラムは，横軸をいくつかのデータ範囲に分け，それぞれの範囲に入る**データの数を度数として縦軸に高さで表した棒グラフ**であり，測定値のばらつきの状態を知ることができる。工程が安定している場合，一般的に平均値付近に度数が集中し，平均値から離れるほど低く，左右対称のつり鐘型の正規分布となる。したがって，**3.**が適当でない。

No.58 [答え1] 盛土の締固めの品質管理

1.の締固めの目的は，**土の空気間げきを少なくし**，透水性を低下させ，水の浸入による軟化や膨張を小さくし，土を最も安定した状態にして，盛土完成後の圧密沈下などの変形を少なくすることである。**2.**の締固めの品質規定方式は，盛土に必要な品質を仕様書に明示し，締固め方法については施工者に委ねる方式で，現場における締固め後の乾燥密度を室内締固め試験における最大乾燥密度で除した締固め度や，空気間げき率，飽和度などで規定する方法である。**3.**の締固めの工法規定方式は，使用する締固め機械の機種や締固め回数，敷均し厚さなどを規定する方法である。盛土材料の土質，含水比があまり変化しない場合や，岩塊や玉石など品質規定方式が適用困難なとき，また経験の浅い施工業者に適している。**4.**の最もよく締まる含水比のことを最適含水比といい，ある一定のエネルギーで最も効率よく土を密にできる。このときの乾燥密度を最大乾燥密度という。したがって，**1.**が適当でない。

No.59 [答え2] レディーミクストコンクリートの品質管理

1.と**3.**と**4.**は，JIS A 5308 5品質5.2強度により正しい。**2.**は，JIS A 5308 5品質5.1に，品質管理の項目は**強度**，**スランプまたはスランプフロー**，**空気量**，**塩化物含有量**の4つが規定されている。したがって，**2.**が適当でない。

（参考：P.50 2022（令和4）年度後期第一次検定No.51解説）

No.60 [答え3] 環境保全対策

1.の土工機械の選定では，履帯式や車輪式のように足回りの構造によって振動の発生量が10dB程度も異なるので，機械と地盤との相互作用により振動の発生量が低い機種を選定する。**2.**のトラクタショベルは，クローラ式は走行時に振動を発生させるが，頻度が少なく問題とならない。ホイール式は，車輪がゴムホイールのため走行時の振動は小さい。したがって掘削作業における，バケットの落下や地盤との衝突での振動が大きくなる傾向にある。**3.**のブルドーザの騒音はエンジン騒音と履帯の足回り音が主であり，ブルドーザは前進押土と後退を繰り返して土の掘削運搬を行うが，騒音の発生状況は，**後進の車速が速くなるほど大きくなる**傾向にある。**4.**の運搬において，住宅地の狭い道路などを使用せざるを得ない場合には，過大な運搬車両の使用による路面等の損壊ならびに騒音が問題となることがあるので，運搬車両の大きさの選定には注意が必要である。したがって**3.**が適当でない。

No.**61** [答え1] 建設リサイクル法

建設工事に係る資材の再資源化等に関する法律（建設リサイクル法）第2条（定義）第5項及び同法施行令第1条（特定建設資材）に「建設工事に係る資材の再資源化等に関する法律第2条第5項のコンクリート，木材その他建設資材のうち政令で定めるものは，次に掲げる建設資材とする。①**コンクリート**，②**コンクリート及び鉄から成る建設資材**，③**木材**，④**アスファルト・コンクリート**」と規定されている。したがって，**1.の土砂は該当しない**。

2018

平成 30 | 年度後期

学科試験

実地試験

解答・解説

2018
平成30 | 年度
後期

学科試験

⏱ 試験時間 | 130分

※問題番号No.1～No.11までの11問題のうちから9問題を選択し解答してください。

No.1 土質調査に関する次の試験方法のうち，**原位置試験**はどれか。

1. 突き固めによる土の締固め試験

2. 土の含水比試験

3. スウェーデン式サウンディング試験

4. 土粒子の密度試験

No.2 「土工作業の種類」と「使用機械」に関する次の組合せのうち，**適当でないもの**はどれか。

[土工作業の種類]　　　　　　　[使用機械]

1. 掘削・積込み ………………… トラクターショベル

2. 掘削・運搬 …………………… スクレーパ

3. 敷均し・整地 ………………… モータグレーダ

4. 伐開・除根 …………………… タンパ

No.3 一般にトラフィカビリティーはコーン指数qc（kN/m²）で示されるが，普通ブルドーザ（15t級程度）が走行するのに**必要なコーン指数**は，次のうちどれか。

1. 50（kN/m²）以上　　**3.** 300（kN/m²）以上

2. 100（kN/m²）以上　　**4.** 500（kN/m²）以上

No.4 軟弱地盤における次の改良工法のうち，表層処理工法に**該当するもの**はどれか。

1. 薬液注入工法

2. サンドコンパクションパイル工法

3. サンドマット工法

4. プレローディング工法

No.5 コンクリートで使用される骨材の性質に関する次の記述のうち，**適当なもの**はどれか。

1. すりへり減量が大きい骨材を用いたコンクリートは，コンクリートのすりへり抵抗性が低下する。

2. 吸水率が大きい骨材を用いたコンクリートは，耐凍害性が向上する。

3. 骨材の粒形は，球形よりも偏平や細長がよい。

4. 骨材の粗粒率が大きいと，粒度が細かい。

No.6 フレッシュコンクリートの「性質を表す用語」と「用語の説明」に関する次の組合せのうち，**適当でないもの**はどれか。

［性質を表す用語］　　　　　［用語の説明］

1. ワーカビリティー ……………… コンクリートの打込み，締固めなどの作業のしやすさ

2. コンシステンシー ……………… コンクリートのブリーディングの発生のしやすさ

3. ポンパビリティー ……………… コンクリートの圧送のしやすさ

4. フィニッシャビリティー ……… コンクリートの仕上げのしやすさ

No.7 コンクリートの施工に関する次の記述のうち，**適当でないもの**はどれか。

1. 内部振動機で締固めを行う際の挿入時間の標準は，5〜15秒程度である。

2. コンクリートを2層以上に分けて打ち込む場合は，気温が25℃を超えるときの許容打重ね時間間隔は2時間以内とする。

3. 内部振動機で締固めを行う際は，下層のコンクリート中に10cm程度挿入する。

4. コンクリートを打ち込む際は，1層当たりの打込み高さを80cm以下とする。

No.8 下図は木製型枠の固定器具であるが，次の（イ）〜（ニ）に示す名称として**適当でないもの**はどれか。

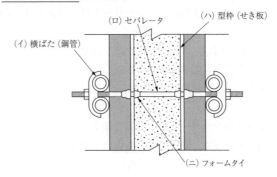

1. （イ）
2. （ロ）
3. （ハ）
4. （ニ）

No.9 既製杭工法の杭打ち機の特徴に関する次の記述のうち，**適当なもの**はどれか。

1. バイブロハンマは，振動と振動機・杭の重量によって杭を地盤に貫入させる。
2. ディーゼルハンマは，蒸気の圧力によって打ち込むもので，騒音・振動が小さい。
3. 油圧ハンマは，低騒音で油の飛散はないが，打込み時の打撃力を調整できない。
4. ドロップハンマは，ハンマを落下させて打ち込むが，ハンマの重量は杭の重量以下が望ましい。

No.10 場所打ち杭をオールケーシング工法で施工する場合，**使用しない機材**は次のうちどれか。

1. 掘削機
2. スタンドパイプ
3. ハンマグラブ
4. ケーシングチューブ

下図に示す土留め工法の（イ），（ロ）の部材名称に関する次の組合せのうち，**適当なもの**はどれか。

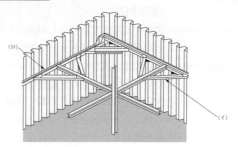

（イ） （ロ）
1. 切ばり …………………… 火打ちばり
2. 切ばり …………………… 腹起し
3. 火打ちばり …………… 腹起し
4. 腹起し …………………… 切ばり

※**問題番号No.12〜No.31までの20問題のうちから6問題を選択し解答してください。**

No.12 「鋼材の種類」と「主な用途」に関する次の組合せのうち，**適当でないもの**はどれか。

　　［鋼材の種類］ 　　　　［主な用途］
1. 棒鋼 ………………… 異形棒鋼，丸鋼，PC 鋼棒
2. 鋳鉄 ………………… 橋梁の伸縮継手
3. 線材 ………………… ワイヤーケーブル，蛇かご
4. 管材 ………………… 基礎杭，支柱

No.13 鋼道路橋の「架設工法」と「架設方法」に関する次の組合せのうち、**適当でないもの**はどれか。

　　　　［架設工法］　　　　　　　　　　［架設方法］

1. 片持式工法 ·························· 隣接する場所であらかじめ組み立てた橋桁を手延べ機で所定の位置に押し出して架設する。

2. ケーブルクレーン工法 ··········· 鉄塔で支えられたケーブルクレーンで桁をつり込んで受ばり上で組み立てて架設する。

3. 一括架設工法 ······················ 組み立てられた橋梁を台船で現場までえい航し、フローティングクレーンでつり込み架設する。

4. ベント式工法 ······················ 橋桁部材を自走クレーン車などでつり上げ、ベントで仮受けしながら組み立てて架設する。

No.14 コンクリートの「劣化機構」と「劣化要因」に関する次の組合せのうち、**適当でないもの**はどれか。

　　　　［劣化機構］　　　　　　　　　　［劣化要因］

1. 凍害 ······························· 凍結融解作用

2. 塩害 ······························· 塩化物イオン

3. 中性化 ···························· 反応性骨材

4. はりの疲労 ······················ 繰返し荷重

No.15 河川に関する次の記述のうち、**適当でないもの**はどれか。

1. 河川の流水がある側を堤外地、堤防で守られる側を堤内地という。

2. 河川において、下流から上流を見て右側を右岸、左側を左岸という。

3. 堤防の法面は、河川の流水がある側を表法面、その反対側を裏法面という。

4. 河川堤防の断面で一番高い平らな部分を天端という。

No.16 河川護岸に関する次の記述のうち、**適当でないもの**はどれか。

1. 高水護岸は、複断面河川において高水時に堤防の表法面を保護するために施工する。

2. 基礎工は、洗掘に対する保護や裏込め土砂の流出を防ぐために施工する。

3. 法覆工は、堤防や河岸の法面を被覆し保護するために施工する。

4. 根固工は、水流の方向を変えて河川の流路を安定させるために施工する。

No. 17 下図に示す砂防えん堤を砂礫の堆積層上に施工する場合の一般的な順序として，次のうち**適当なもの**はどれか。

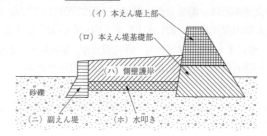

（イ）本えん堤上部
（ロ）本えん堤基礎部
（ハ）側壁護岸
砂礫
（ニ）副えん堤　　（ホ）水叩き

1. （ロ） → （イ） → （ハ）・（ホ） → （ニ）
2. （ニ） → （ロ） → （イ） → （ハ）・（ホ）
3. （ロ） → （ニ） → （ハ）・（ホ） → （イ）
4. （ニ） → （ロ） → （ハ）・（ホ） → （イ）

No. 18 地すべり防止工に関する次の記述のうち，**適当でないもの**はどれか。

1. 杭工とは，鋼管などの杭を地すべり斜面に建込み，斜面の安定性を高めるものである。

2. シャフト工とは，大口径の井筒を地すべり斜面に設置し，鉄筋コンクリートを充てんして，シャフト（杭）とするものである。

3. 排土工とは，地すべり頭部に存在する不安定な土塊を排除し，土塊の滑動力を減少させるものである。

4. 集水井工とは，地下水が集水できる堅固な地盤に，井筒を設けて集水孔などで地下水を集水し，原則としてポンプにより排水を行うものである。

No. 19 道路のアスファルト舗装における上層路盤の施工に関する次の記述のうち，**適当でないもの**はどれか。

1. 加熱アスファルト安定処理は，1層の仕上り厚を10cm以下で行う工法とそれを超えた厚さで仕上げる工法とがある。

2. 粒度調整路盤は，材料の分離に留意しながら路盤材料を均一に敷き均し締め固め，1層の仕上り厚は，30cm以下を標準とする。

3. 石灰安定処理路盤材料の締固めは，所要の締固め度が確保できるように最適含水比よりやや湿潤状態で行うとよい。

4. セメント安定処理路盤材料の締固めは，敷き均した路盤材料の硬化が始まる前までに締固めを完了することが重要である。

No.20 道路のアスファルト舗装の施工に関する次の記述のうち，**適当でないもの**はどれか。

1. 転圧終了後の交通開放は，舗装表面の温度が一般に70℃以下になってから行う。

2. 敷均し時の混合物の温度は，一般に110℃を下回らないようにする。

3. 二次転圧は，一般に8～20tのタイヤローラで行うが，振動ローラを用いることもある。

4. タックコートの散布量は，一般に0.3～0.6ℓ/m²が標準である。

No.21 道路のアスファルト舗装における破損の種類に関する次の記述のうち，**適当でないもの**はどれか。

1. 線状ひび割れは，縦，横に長く生じるひび割れで，路盤の支持力が不均一な場合に生じる。

2. わだち掘れは，道路の横断方向の凹凸で，車両の通過位置に生じる。

3. ヘアクラックは，路面が沈下し面状・亀甲状に生じる。

4. 縦断方向の凹凸は，道路の延長方向に，比較的長い波長で凹凸が生じる。

No.22 道路の普通コンクリート舗装の施工で，コンクリート敷均し，締固め後の表面仕上げの手順として，次のうち**適当なもの**はどれか。

1. 粗面仕上げ → 荒仕上げ → 平たん仕上げ

2. 平たん仕上げ → 荒仕上げ → 粗面仕上げ

3. 荒仕上げ → 粗面仕上げ → 平たん仕上げ

4. 荒仕上げ → 平たん仕上げ → 粗面仕上げ

No.23 ダムに関する次の記述のうち，**適当なもの**はどれか。

1. 重力式ダムは，ダム自身の重力により水圧などの外力に抵抗する形式のダムである。

2. ダム堤体には一般に大量のコンクリートが必要となるが，ダム堤体の各部に使用されるコンクリートは，同じ配合区分のコンクリートが使用される。

3. ダムの転流工は，比較的川幅が狭く，流量が少ない日本の河川では，半川締切り方式が採用される。

4. コンクリートダムのRCD工法における縦継目は，ダム軸に対して直角方向に設ける。

No.24 トンネルの施工に関する次の記述のうち，**適当でないもの**はどれか。

1. ずり運搬は，レール方式よりも，タイヤ方式の方が大きな勾配に対応できる。

2. 吹付けコンクリートは，地山の凹凸を残すように吹付ける。

3. ロックボルトは，特別な場合を除き，トンネル掘削面に対して直角に設ける。

4. 鋼製支保工（鋼アーチ式支保工）は，切羽の早期安定などの目的で行う。

No.25 下図は傾斜型海岸堤防の構造を示したものである。図の(イ)〜(ニ)の構造名称に関する次の組合せのうち，**適当なもの**はどれか。

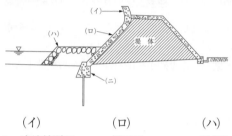

	(イ)	(ロ)	(ハ)	(ニ)
1.	表法被覆工	根固工	波返し工	基礎工
2.	波返し工	表法被覆工	基礎工	根固工
3.	表法被覆工	基礎工	波返し工	根固工
4.	波返し工	表法被覆工	根固工	基礎工

No.26 グラブ浚渫の施工に関する次の記述のうち，**適当なもの**はどれか。

1. 出来形確認測量は，原則として音響測深機により，工事現場にグラブ浚渫船がいる間に行う。

2. グラブ浚渫船は，岸壁など構造物前面の浚渫や狭い場所での浚渫には使用できない。

3. 非航式グラブ浚渫船の標準的な船団は，グラブ浚渫船と土運船で構成される。

4. グラブ浚渫船は，ポンプ浚渫船に比べ，底面を平たんに仕上げるのが容易である。

No.27 鉄道の道床バラストに関する次の記述のうち，道床バラストに砕石が使われる理由として**適当でないもの**はどれか。

1. 荷重の分布効果に優れている。

2. 列車荷重や振動に対して崩れにくい。

3. 保守の省力化に優れている。

4. マクラギの移動を抑える抵抗力が大きい。

No.28 営業線内工事における工事保安体制に関する次の記述のうち，工事従事者の配置について**適当でないもの**はどれか。

1. 工事管理者は，工事現場ごとに専任の者を常時配置しなければならない。

2. 線閉責任者は，工事現場ごとに専任の者を常時配置しなければならない。

3. 軌道工事管理者は，工事現場ごとに専任の者を常時配置しなければならない。

4. 列車見張員及び特殊列車見張員は，工事現場ごとに専任の者を配置しなければならない。

No.29 シールド工法に関する次の記述のうち，**適当でないもの**はどれか。

1. シールド工法は，シールドをジャッキで推進し，掘削しながらコンクリート製や鋼製のセグメントで覆工を行う工法である。

2. 土圧式シールド工法は，切羽の土圧と掘削した土砂が平衡を保ちながら掘進する工法である。

3. 泥土圧式シールド工法は，掘削した土砂に添加剤を注入して泥土状とし，その泥土圧を切羽全体に作用させて平衡を保つ工法である。

4. 泥水式シールド工法は，泥水を循環させ切羽の安定を保つと同時に，切削した土砂をベルトコンベアにより坑外に輸送する工法である。

No.30 上水道管の布設工事に関する次の記述のうち，**適当でないもの**はどれか。

1. ダクタイル鋳鉄管の据付けにあたっては，表示記号のうち，管径，年号の記号を上に向けて据え付ける。

2. 一日の布設作業完了後は，管内に土砂，汚水などが流入しないよう木蓋などで管端部をふさぐ。

3. 管の切断は，管軸に対して直角に行う。

4. 管の布設作業は，原則として高所から低所に向けて行い，受口のある管は受口を低所に向けて配管する。

No.31 下水道管きょの接合方式に関する次の記述のうち，**適当でないもの**はどれか。

1. 水面接合は，管きょの中心を一致させ接合する方式である。

2. 管頂接合は，管きょの内面の管頂部の高さを一致させ接合する方式である。

3. 段差接合は，特に急な地形などでマンホールの間隔などを考慮しながら，階段状に接合する方式である。

4. 管底接合は，管きょの内面の管底部の高さを一致させ接合する方式である。

※ **問題番号No.32〜No.42 までの11問題のうちから6問題を選択し解答してください。**

No.32 労働時間及び休日に関する次の記述のうち，労働基準法上，**正しいもの**はどれか。

1. 使用者は，労働者に対して4週間を通じ3日以上の休日を与える場合を除き，毎週少なくとも1回の休日を与えなければならない。

2. 使用者は，原則として，労働時間の途中において，休憩時間の開始時刻を労働者ごとに決定することができる。

3. 使用者は，災害その他避けることのできない事由によって，臨時の必要がある場合においては，制限なく労働時間を延長させることができる。

4. 使用者は，原則として，労働者に休憩時間を除き週間について40時間を超えて，労働させてはならない。

No.33 年少者の就業に関する次の記述のうち，労働基準法上，**誤っているもの**はどれか。

1. 使用者は，原則として，児童が満15歳に達した日以後の最初の3月31日が終了してから，これを使用することができる。

2. 使用者は，原則として，満18歳に満たない者を，午後10時から午前5時までの間において使用してはならない。

3. 使用者は，満16歳に達した者を，著しくじんあい若しくは粉末を飛散する場所における業務に就かせることができる。

4. 使用者は，満18歳に満たない者を坑内で労働させてはならない。

No.34 労働安全衛生法上，労働基準監督署長に工事開始の14日前までに**計画の届出を必要としない仕事**は，次のうちどれか。

1. 掘削の深さが7mである地山の掘削の作業を行う仕事

2. 圧気工法による作業を行う仕事

3. 最大支間50mの橋梁の建設等の仕事

4. ずい道等の内部に労働者が立ち入るずい道等の建設等の仕事

No.35 建設業法に関する次の記述のうち，**誤っているもの**はどれか。

1. 建設業者は，その請け負った建設工事を施工するときは，当該工事現場における建設工事の施工の技術上の管理をつかさどる主任技術者等を置かなければならない。

2. 建設業者は，施工技術の確保に努めなければならない。

3. 公共性のある施設に関する重要な工事である場合は，請負代金額にかかわらず，工事現場ごとに専任の主任技術者を置かなければならない。

4. 元請負人は，請け負った建設工事を施工するために必要な工程の細目，作業方法を定めようとするときは，あらかじめ下請負人の意見を聞かなければならない。

No.36 車両の総重量等の最高限度に関する次の記述のうち，車両制限令上，**正しいもの**はどれか。
ただし，高速自動車国道又は道路管理者が道路の構造の保全及び交通の危険防止上支障がないと認めて指定した道路を通行する車両，及び高速自動車国道を通行するセミトレーラ連結車又はフルトレーラ連結車を除く車両とする。

1. 車両の総重量は，10t　　**3.** 車両の高さは，4.7m

2. 車両の長さは，20m　　**4.** 車両の幅は，2.5m

No.37 河川法に関する次の記述のうち，**河川管理者の許可を必要としないもの**はどれか。

1. 河川区域内の上空に設けられる送電線の架設

2. 河川区域内に設置されている下水処理場の排水口付近に積もった土砂の排除

3. 新たな道路橋の橋脚工事に伴う河川区域内の工事資材置き場の設置

4. 河川区域内の地下を横断する下水道トンネルの設置

No.38 建築基準法に関する次の記述のうち，**誤っているもの**はどれか。

1. 建ぺい率は，建築物の建築面積の敷地面積に対する割合である。

2. 特殊建築物は，学校，病院，劇場などをいう。

3. 容積率は，建築物の延べ面積の敷地面積に対する割合である。

4. 建築物の主要構造部は，壁を含まず，柱，床，はり，屋根をいう。

No.39 火薬類取締法上，火薬類の取扱いに関する次の記述のうち，**誤っているもの**はどれか。

1. 火薬類を収納する容器は，木その他電気不良導体で作った丈夫な構造のものとし，内面には鉄類を表さないこと。

2. 火薬類を存置し，又は運搬するときは，火薬，爆薬，導火線と火工品とを同一の容器に収納すること。

3. 固化したダイナマイト等は，もみほぐすこと。

4. 18歳未満の者は，火薬類の取扱いをしてはならない。

No.40 騒音規制法上，指定地域内において特定建設作業を伴う建設工事を施工しようとする者が，作業開始前に市町村長に届け出なければならない事項として，**該当しないもの**は次のうちどれか。

1. 建設工事の概算工事費

2. 工事工程表

3. 作業場所の見取り図

4. 騒音防止の対策方法

No.41 振動規制法上，特定建設作業の**対象とならない建設機械の作業**は，次のうちどれか。

ただし，当該作業がその作業を開始した日に終わるものを除くとともに，1日における当該作業に係る2地点間の最大移動距離が50mを超えない作業とする。

1. ディーゼルハンマ

2. 舗装版破砕機

3. ソイルコンパクタ

4. ジャイアントブレーカ

No.42

港則法上，港内の航行に関する次の記述のうち，**誤っているもの**はどれか。

1. 船舶は，防波堤，埠頭，又は停泊船などを左げん（左側）に見て航行するときは，できるだけこれに近寄り航行しなければならない。

2. 汽艇等以外の船舶は，特定港に出入し，又は特定港を通過するときは，国土交通省令で定める航路を通らなければならない。

3. 航路から航路外へ出ようとする船舶は，航路に入ろうとする船舶より優先し，航路内においては，他の船舶と行き会うときは右側航行する。

4. 船舶は，航路内においては，原則として投びょうし，又はえい航している船舶を放してはならない。

※**問題番号No.43〜No.61までの19問題は必須問題ですから全問題を解答してください。**

No.43

測点No.5の地盤高を求めるため，測点No.1を出発点として水準測量を行い下表の結果を得た。**測点No.5の地盤高**は次のうちどれか。

測点No.	距離 (m)	後視 (m)	前視 (m)	高低差 (m) +	高低差 (m) −	備考
1		1.2				測点No.1…地盤高　5.0m
2	20	1.5	2.3			
3	20	2.1	1.6			
4	20	1.4	1.3			
5	20		1.5			測点No.5…地盤高 [　　] m

1. 4.0　**2.** 4.5　**3.** 5.0　**4.** 5.5

No.44

公共工事標準請負契約約款に関する次の記述うち，**誤っているもの**はどれか。

1. 受注者は，設計図書と工事現場の不一致の事実が発見された場合は，監督員に書面により通知して，発注者による確認を求めなければならない。

2. 発注者は，必要があるときは，設計図書の変更内容を受注者に通知して，設計図書を変更することができる。

3. 受注者は，工事現場内に搬入した工事材料を監督員の承諾を受けないで工事現場外に搬出することができる。

4. 発注者は，天災等の受注者の責任でない理由により工事を施工できない場合は，受注者に工事の一時中止を命じなければならない。

No.45 下図は道路橋の断面図を示したものであるが，次の（イ）～（ニ）の各構造名に関する次の組合せのうち，**適当なもの**はどれか。

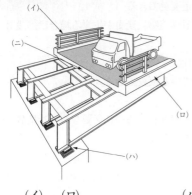

	（イ）	（ロ）	（ハ）	（ニ）
1.	高欄	鉄筋コンクリート床版	地覆	支承
2.	地覆	支承	鉄筋コンクリート床版	高欄
3.	支承	鉄筋コンクリート床版	高欄	地覆
4.	高欄	地覆	支承	鉄筋コンクリート床版

No.46 建設機械に関する次の記述のうち，**適当でないもの**はどれか。

1. ランマは，振動や打撃を与えて，路肩や狭い場所などの締固めに使用される。

2. クラムシェルは，水中掘削など広い場所での浅い掘削に使用される。

3. トラクターショベルは，土の積込み，運搬に使用される。

4. タイヤローラは，接地圧の調節や自重を加減することができ，路盤などの締固めに使用される。

No.47 施工計画に関する次の記述のうち，**適当でないもの**はどれか。

1. 調達計画には，機械の種別，台数などの機械計画，資材計画がある。

2. 現場条件の事前調査には，近接施設への騒音振動の影響などの調査がある。

3. 契約条件の事前調査には，設計図書の内容，地質などの調査がある。

4. 仮設備計画には，材料置き場，占用地下埋設物，土留め工などの仮設備の設計計画がある。

指定仮設と任意仮設に関する次の記述のうち，**適当でないもの**はどれか。

1. 指定仮設は，発注者の承諾を受けなくても構造変更できる。

2. 任意仮設は，工事目的物の変更にともない仮設構造物に変更が生ずる場合は，設計変更の対象とすることができる。

3. 指定仮設は，発注者が設計図書でその構造や仕様を指定する。

4. 任意仮設は，規模や構造などを受注者に任せている仮設である。

施工計画書の作成にあたり，建設機械が走行するのに必要なコーン指数の値が**最も大きな建設機械**は，次のうちどれか。

1. 超湿地ブルドーザ

2. ダンプトラック

3. スクレープドーザ

4. 湿地ブルドーザ

工程管理曲線（バナナ曲線）に関する次の記述のうち，**適当でないもの**はどれか。

1. 上方許容限界と下方許容限界を設け，工程を管理する。

2. 下方許容限界を下回ったときは，工程が遅れている。

3. 出来高累計曲線は，一般にS字型となる。

4. 縦軸に時間経過比率をとり，横軸に出来高比率をとる。

下図のネットワーク式工程表に示す工事の**クリティカルパスとなる日数**は，次のうちどれか。

ただし，図中のイベント間のA〜Gは作業内容，数字は作業日数を表す。

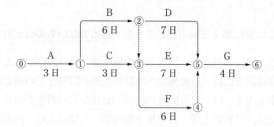

1. 17日

2. 19日

3. 20日

4. 21日

No.52 型わく支保工に関する次の記述のうち，労働安全衛生法上，**誤っているもの**はどれか。

1. コンクリートの打設を行うときは，作業の前日までに型わく支保工について点検しなければならない。

2. 型わく支保工に使用する材料は，著しい損傷，変形又は腐食があるものを使用してはならない。

3. 型わく支保工を組み立てるときは，組立図を作成し，かつ，当該組立図により組み立てなければならない。

4. 型わく支保工の支柱の継手は，突合せ継手又は差込み継手としなければならない。

No.53 高さ2m以上の足場（つり足場を除く）に関する次の記述のうち，労働安全衛生法上，**誤っているもの**はどれか。

1. 足場の作業床に設置する手すりの高さは，85cm以上のものを設ける。

2. 足場の作業床より物体の落下をふせぐ幅木の高さは，5cm以上のものを設ける。

3. 足場の作業床の幅は，40cm以上のものを設ける。

4. 足場の床材が転位し脱落しないよう支持物に取り付ける数は，2つ以上とする。

No.54 地山の掘削作業の安全確保に関する次の記述のうち，労働安全衛生法上，**誤っているもの**はどれか。

1. 地山の掘削及び土止め支保工作業主任者技能講習を修了した者のうちから，地山の掘削作業主任者を選任する。

2. 掘削により露出したガス導管のつり防護や受け防護の作業については，当該作業を指揮する者を指名して，その者の指揮のもとに当該作業を行なう。

3. 発破等により崩壊しやすい状態になっている地山の掘削の作業を行なうときは，掘削面のこう配を45度以下とし，又は掘削面の高さを2m未満とする。

4. 手掘りにより砂からなる地山の掘削の作業を行なうときは，掘削面のこう配を60度以下とし，又は掘削面の高さを5m未満とする。

No.55 事業者が，高さ5m以上のコンクリート造の工作物の解体作業にともなう危険を防止するために実施しなければならない事項に関する次の記述のうち，労働安全衛生法上，**誤っているもの**はどれか。

1. 解体作業を行う区域内には，関係労働者以外の労働者の立入りを禁止する。

2. 作業の方法及び労働者の配置を決定し，作業を直接指揮する。

3. 器具，工具等を上げ，又は下ろすときは，つり綱，つり袋等を労働者に使用させる。

4. 強風，大雨，大雪等の悪天候のため，作業の実施について危険が予想されるときは，当該作業を中止する。

No.56 品質管理における「品質特性」と「試験方法」に関する次の組合せのうち，**適当でないもの**はどれか。

　　［品質特性］　　　　　　　　　　　　　　　　　　［試験方法］
1. フレッシュコンクリートの空気量 ………… プルーフローリング試験
2. 加熱アスファルト混合物の安定度 ………… マーシャル安定度試験
3. 盛土の締固め度 …………………………………… 砂置換法による土の密度試験
4. コンクリート用骨材の粒度 …………………… ふるい分け試験

No.57 $\bar{x}$-R 管理図に関する次の記述のうち，**適当でないもの**はどれか。

1. $\bar{x}$-R 管理図は，統計的事実に基づき，ばらつきの範囲の目安となる限界の線を決めてつくった図表である。
2. $\bar{x}$-R 管理図上に記入したデータが管理限界線の外に出た場合は，その工程に異常があることが疑われる。
3. $\bar{x}$-R 管理図は，縦軸に管理の対象となるデータ，横軸にロット番号や製造時間などをとり，棒グラフで作成する。
4. $\bar{x}$-R 管理図には，管理線として中心線及び上方管理限界（UCL）・下方管理限界（LCL）を記入する。

No.58 盛土の品質に関する次の記述のうち，**適当でないもの**はどれか。

1. 現場での土の湿潤密度の測定方法には，その場ですぐに結果が得られる RI 計器による方法がある。

2. 締固めの目的は，土の空気間げきを少なくし透水性を低下させるなどして土を安定した状態にすることである。
3. 締固めの工法規定方式は，使用する締固め機械の機種，敷均し厚さなどを規定する方法である。
4. 締固めの品質規定方式は，盛土の締固め回数などを規定する方法である。

No.59 レディーミクストコンクリート（JIS A 5308，普通コンクリート，呼び強度21）を購入し，各工区ごとの圧縮強度の試験結果が下表のように得られたとき，受入検査が**合格している工区**は，次のうちどれか。

単位（N/mm²）

工区	1回目	2回目	3回目	平均値
A工区	19	20	21	20
B工区	25	19	16	20
C工区	20	22	21	21
D工区	23	27	16	22

1. A工区　　3. C工区
2. B工区　　4. D工区

No.60 土工における建設機械の騒音・振動に関する次の記述のうち，**適当でないもの**はどれか。

1. 掘削土をバックホゥなどでトラックなどに積み込む場合，落下高を高くしてスムースに行う。
2. 掘削積込機から直接トラックなどに積み込む場合，不必要な騒音・振動の発生を避けなければならない。
3. ブルドーザを用いて掘削押土を行う場合，無理な負荷をかけないようにし，後進時の高速走行を避けなければならない。
4. 掘削，積込み作業にあたっては，低騒音型建設機械の使用を原則とする。

No.61 「建設工事に係る資材の再資源化等に関する法律」（建設リサイクル法）に定められている特定建設資材に**該当しないもの**は，次のうちどれか。

1. コンクリート及び鉄から成る建設資材
2. 木材
3. 土砂
4. アスファルト・コンクリート

2018
平成30 年度

実地試験

※問題1～問題5は必須問題です。必ず解答してください。

問題1で

①設問1の解答が無記載又は記入漏れがある場合，

②設問2の解答が無記載又は設問で求められている内容以外の記述の場合，

どちらの場合にも問題2以降は採点の対象となりません。

必須問題
問題1
あなたが経験した土木工事の現場において，工夫した品質管理又は工夫した安全管理のうちから1つ選び，次の〔設問1〕，〔設問2〕に答えなさい。

→経験記述については，P.472を参照してください。

必須問題
問題2
次図のような構造物の裏込め及び埋戻しに関する次の文章の　　　の（イ）～（ホ）に当てはまる適切な語句又は数値を，次の語句又は数値から選び解答欄に記入しなさい。

(1) 裏込め材料は，　(イ)　で透水性があり，締固めが容易で，かつ水の浸入による強度の低下が　(ロ)　安定した材料を用いる。

(2) 裏込め，埋戻しの施工においては，小型ブルドーザ，人力などにより平坦に敷均し，仕上り厚は　(ハ)　cm以下とする。

(3) 締固めにおいては，できるだけ大型の締固め機械を使用し，構造物縁部などについてはソイルコンパクタや　(ニ)　などの小型締固め機械により入念に締め固めなければならない。

(4) 裏込め部においては，雨水が流入したり，たまりやすいので，工事中は雨水の流入をできるだけ防止するとともに，浸透水に対しては，　(ホ)　を設けて処理をすることが望ましい。

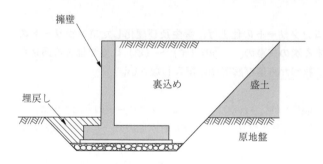

［語句又は数値］

　　弾性体, 40, 振動ローラ, 少ない, 地表面排水溝,
　　乾燥施設, 可撓性, 高い, ランマ, 20,
　　大きい, 地下排水溝, 非圧縮性, 60, タイヤローラ

解答欄

(イ)	(ロ)	(ハ)	(ニ)	(ホ)

必須問題
問題 3

軟弱地盤対策工法に関する次の工法から2つ選び, 工法名とその工法の特徴についてそれぞれ解答欄に記述しなさい。

・盛土載荷重工法
・サンドドレーン工法
・発泡スチロールブロック工法
・深層混合処理工法（機械かくはん方式）
・押え盛土工法

解答欄

工法名	工法の特徴

2018 平成30年度 後期 問題

問題 4 フレッシュコンクリートの仕上げ，養生及び硬化したコンクリートの打継目に関する次の文章の____の（イ）～（ホ）に当てはまる適切な語句を，次の語句から選び解答欄に記入しなさい。

(1) 仕上げとは，打込み，締固めがなされたフレッシュコンクリートの表面を平滑に整える作業のことである。仕上げ後，ブリーディングなどが原因の（イ）ひび割れが発生することがある。

(2) 仕上げ後，コンクリートが固まり始めるまでに，ひび割れが発生した場合は，（ロ）や再仕上げを行う。

(3) 養生とは，打込み後一定期間，硬化に必要な適当な温度と湿度を与え，有害な外力などから保護する作業である。湿潤養生期間は，日平均気温が15℃以上では（ハ）で7日と，使用するセメントの種類や養生期間中の温度に応じた標準日数が定められている。

(4) 新コンクリートを打ち継ぐ際には，打継面の（ニ）や緩んだ骨材粒を完全に取り除き，十分に（ホ）させなければならない。

[語句] 水分，普通ポルトランドセメント，吸水，乾燥収縮，
パイピング，プラスチック収縮，タンピング，保温，
レイタンス，混合セメント（B種），ポンピング，乾燥，
沈下，早強ポルトランドセメント，エアー

解答欄

（イ）	（ロ）	（ハ）	（ニ）	（ホ）

問題 5 コンクリートに関する次の用語から2つ選び，用語名とその用語の説明についてそれぞれ解答欄に記述しなさい。

・ブリーディング
・コールドジョイント
・AE剤
・流動化剤

334

解答欄

用語	用語の説明

問題6～問題9までは選択問題（1），（2）です。

※問題6，問題7の選択問題（1）の2問題のうちから1問題を選択し解答してください。なお，選択した問題は，解答用紙の選択欄に○印を必ず記入してください。

選択問題 | 1

問題 6　盛土に関する次の文章の____の（イ）～（ホ）に当てはまる適切な語句を，次の語句から選び解答欄に記入しなさい。

(1) 盛土の施工で重要な点は，盛土材料を水平に敷くことと____(イ)____に締め固めることである。

(2) 締固めの目的として，盛土法面の安定や土の支持力の増加など，土の構造物として必要な____(ロ)____が得られるようにすることが挙げられる。

(3) 締固め作業にあたっては，適切な締固め機械を選定し，試験施工などによって求めた施工仕様に従って，所定の____(ハ)____の盛土を確保できるよう施工しなければならない。

(4) 盛土材料の含水量の調節は，材料の____(ニ)____含水比が締固め時に規定される施工含水比の範囲内にない場合にその範囲に入るよう調節するもので，____(ホ)____，トレンチ掘削による含水比の低下，散水などの方法がとられる。比の低下，散水などの方法がとられる。

［語句］押え盛土，膨張性，自然，軟弱，流動性，
　　　　収縮性，最大，ばっ気乾燥，強度特性，均等，
　　　　多め，スランプ，品質，最小，軽量盛土

解答欄

（イ）	（ロ）	（ハ）	（ニ）	（ホ）

問題 7 レディーミクストコンクリート（JIS A 5308）の普通コンクリートの荷おろし地点における受入検査の各種判定基準に関する次の文章の____の（イ）〜（ホ）に当てはまる適切な語句又は数値を，次の語句又は数値から選び解答欄に記入しなさい。

(1) スランプが12cmの場合，スランプの許容差は ± ⎣(イ)⎦ cmであり，⎣(ロ)⎦は4.5%で，許容差は ±1.5%である。

(2) コンクリート中の⎣(ハ)⎦は0.3kg/m^3以下である。

(3) 圧縮強度の1回の試験結果は，購入者が指定した呼び強度の⎣(ニ)⎦の⎣(ホ)⎦%以上である。また，3回の試験結果の平均値は，購入者が指定した呼び強度の⎣(ニ)⎦以上である。

［語句又は数値］

骨材の表面水率，補正値，90，塩化物含有量，2.5，
アルカリ総量，70，空気量，1.0，標準値，
強度値，ブリーディング量，2.0，水セメント比，85

解答欄

（イ）	（ロ）	（ハ）	（ニ）	（ホ）

※問題8，問題9の選択問題（2）の2問題のうちから1問題を選択し解答してください。なお，選択した問題は，解答用紙の選択欄に○印を必ず記入してください。

選択問題｜2
問題 **8**

下図のような道路上で架空線と地下埋設物に近接して水道管補修工事を行う場合において，工事用掘削機械を使用する際に次の項目の事故を防止するため<u>配慮すべき具体的な安全対策</u>について，それぞれ1つ解答欄に記述しなさい。

(1) 架空線損傷事故
(2) 地下埋設物損傷事故

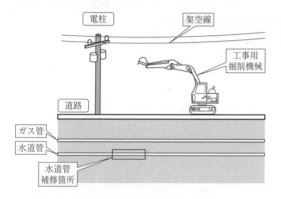

解答欄

(1) 架空線損傷事故	
(2) 地下埋設物損傷事故	

2018 平成30 年度 後期 問題

選択問題｜2
問題9 下図のような現場打ちコンクリート側溝を築造する場合，施工手順に基づき**工種名を記述し横線式工程表（バーチャート）を作成し，全所要日数**を求め解答欄に記入しなさい。
各工種の作業日数は次のとおりとする。

・側壁型枠工5日　・底版コンクリート打設工1日　・側壁コンクリート打設工2日
・底版コンクリート養生工3日　・側壁コンクリート養生工4日　・基礎工3日
・床掘工5日　・埋戻し工3日　・側壁型枠脱型工2日

　ただし，床掘工と基礎工については1日の重複作業で，また側壁型枠工と側壁コンクリート打設工についても1日の重複作業で行うものとする。
　また，解答欄に記載されている工種は施工手順として決められたものとする。

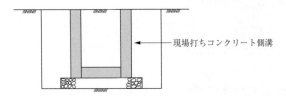

　　　　　　　　　　　　　　　　　←現場打ちコンクリート側溝

解答欄

工種	作業工程（日）					
	5	10	15	20	25	30

全所要日数	日

338

学科試験

解答・解説

No.1 ［答え3］ 土質調査

1. の突固めによる**土の締固め試験**は，試料土の含水比を変化させて突き固め，締固め土の乾燥密度と含水比の関係を調べる**室内試験**である。**2.** の**土の含水比試験**は，自然状態の土を110℃で炉乾燥させ，乾燥前後の質量差から含水比を求める**室内試験**である。**3.** の**スウェーデン式サウンディング試験**は，専用ロッドの先端にスクリューポイントを取り付け，錘を載せて回転させながら地中に差し込み，一定量が貫入する半回転数から土の硬軟や，締まり具合を判定する**原位置試験**である。**4.** 土は土粒子（固体），水（液体），空気（気体）の3相で構成されており，土粒子の密度は，土粒子部分のみの密度のことをいう。**土粒子の密度試験**は，土粒子の質量を炉乾燥して求め，その体積を，比重ビン（ピクノメータ）を用いて同体積の水の質量の測定により求める**室内試験**である。したがって，**3.** が適当である。

No.2 ［答え4］ 土工作業の種類と使用機械

1. の掘削・積込みは，ショベル系掘削機やトラクターショベルが適している。トラクターショベルは，前方に取り付けたバケットで掘削，積込み，運搬を行う機械である。**2.** の掘削・運搬は，ブルドーザ，スクレープドーザ，スクレーパが適している。スクレーパは，掘削（エプロン，カッティングエッジ）・土溜め（ボウル）・排土（エジェクタ）の機構を備え，掘削，積込み，運搬，まき出しの一連の作業を1台でこなせる機械である。**3.** の敷均し・整地は，ブルドーザ，モータグレーダが適している。モータグレーダは，前後の車軸の間にブレード（土工板）を備え，ブレードによって地表等の軽切削や材料の混合，敷均し，整形等を行う機械である。**4.** の**伐開・除根は，ブルドーザ，レーキドーザ，バックホゥが適している。** ブルドーザは前面に取り付けた排土板により，掘削，運搬，整地，敷均し，締固めや伐開・除根を行う機械である。**タンパは，小型の地盤締固め機械である。** したがって，**4.** が適当でない。

No.3 ［答え4］ 普通ブルドーザの走行に必要なコーン指数

道路土工要綱（日本道路協会：平成21年版）によると，ブルドーザの走行に必要なコーン指数は次表の通りである。

建設機械の種類	建設機械の接地圧（kN/m²）	コーン指数qc（kN/m²）
超湿地ブルドーザ	15〜23	200以上
湿地ブルドーザ	22〜43	300以上
普通ブルドーザ（15t級度）	**50〜60**	**500以上**
普通ブルドーザ（21t級度）	60〜100	700以上

したがって，**4.** が適当である。

No.4 [答え3] 軟弱地盤における改良工法

1.の薬液注入工法は，セメントミルクや水ガラス等の薬液を地盤に注入し，土粒子の間隙に浸透・固化させ，地盤強化や透水性の改良を行う工法である。**2.**のサンドコンパクションパイル工法は，軟弱地盤中に振動あるいは衝撃により砂を打ち込み，締め固めた砂杭を造成するとともに，軟弱層を締め固める工法である。砂杭の支持力により軟弱層に加わる荷重が軽減され，圧密沈下量が減少する。**3.**の**サンドマット工法は，軟弱地盤表面に厚さ0.5～1.2m程度の砂を敷設し，軟弱層の圧密のための上部排水の促進と，施工機械のトラフィカビリティーの確保をはかる表層処理工法である**。ドレーン工法用排水路として採用されることが多い。**4.**のプレローディング工法は，盛土や構造物の計画地盤に，盛土等によりあらかじめ荷重を載荷して圧密を促進させ，その後，構造物を施工することにより構造物の沈下を軽減する工法である。サンドマットが併用される。したがって，**3.**が該当する。

No.5 [答え1] コンクリートで使用される骨材の性質

1.のすりへり減量は，骨材の耐摩耗性（すりへり抵抗性）を判定するすりへり試験によって測定され，舗装やダムコンクリートの骨材は，すりへり減量が小さい（すりへり抵抗性が高い）ものが要求される。**2.**の吸水率が大きい骨材は，一般的に多孔質で強度が小さく，多孔質な粒子はコンクリートの耐凍害性を損なう原因となる。**3.**の骨材の粒形は，球形に近いほど流動抵抗が少なく，ワーカビリティーが向上する。骨材の粒形判定には実積率が用いられ，実積率が大きいほど球形に近い。**4.**の粒度とは，骨材の大小粒の混合の程度をいい，JIS A 1102によるふるい分け試験結果から，粗粒率や粒度曲線によって表される。粗粒率（F.M.）とは，80，40，20，10，5，2.5，1.2，0.6，0.3，0.15mmの各ふるいにとどまる質量分率（％）の和を100で除した値であり，**粗粒率が大きいほど粒度が大きい**。したがって，**1.**が適当である。

No.6 [答え2] フレッシュコンクリートの性質を表す用語

JIS A 0203（コンクリート用語）には次のように定義されている。**1.**のワーカビリティーは，材料分離を生じさせることなく，運搬・打込み・締固め・仕上げ等の作業が容易にできる程度を表す。**2.**の**コンシステンシーは，フレッシュコンクリート，フレッシュモルタル及びフレッシュペーストの変形又は流動に対する抵抗性**を表す。**3.**のポンパビリティーは，ポンプ圧送性のことであり，フレッシュコンクリート又はフレッシュモルタルを圧送するときの圧送の難易性を示す。**4.**のフィニッシャビリティーは，コンクリートの打上り面を要求された平滑さに仕上げようとする場合，その作業性の難易を示す。したがって，**2.**が適当でない。

No.7 [答え4] コンクリートの施工

コンクリート標準示方書（施工偏）2017年制定には次のように示されている。**1.**の内部振動機で締固めを行う際の挿入時間の標準は5～15秒程度とし，振動機の引抜きは徐々に行い，後に穴が残らないようにする。**2.**のコンクリートを2層以上に分けて打ち込む場合は，気温が25℃を超えるときの許容打重ね時間間隔は2時間以内，25℃以下の場合2.5時間を標準とする。**3.**のコンクリートを打ち重ねる場合，上層と下層が一体になるように，内部振動機を

下層のコンクリート中に10cm程度挿入する。**4.**のコンクリートの1層あたりの打込み高さは，内部振動機の性能等を考慮し，40〜50cm以下とする。したがって，**4.**が適当でない。

No.8 **[答え4]** 木製型枠の固定器具

木製型枠の固定器具の名称は，（イ）は，縦ばたを押さえる横ばた（鋼管）である。（ロ）は，型枠の幅を固定するためのセパレータである。（ハ）は，コンクリートを直接押さえる型枠（せき板）である。（ニ）は，セパレータとフォームタイをつなぐ**プラスチックコーン（Pコン）**であり，フォームタイは，横ばたを押さえる金具である。したがって，**4.**が適当でない。

No.9 **[答え1]** 既製杭工法の杭打ち機の特徴

1.のバイブロハンマは，振動機の上下方向の振動力により，杭と地盤の周面摩擦力及び先端抵抗力を一時的に低減させ，振動機と杭の重量によって杭を地盤に打ち込む方法で，地盤との摩擦振動と騒音を生じる。**2.**の**ディーゼルハンマは，2サイクルのディーゼル機関**であり，シリンダー内でラムの落下，空気の圧縮，燃料の噴射，爆発により杭を打ち込むため，**騒音・振動が大きい**。蒸気の圧力は利用しない。**3.**の油圧ハンマは，防音構造であり，ラムの落下高を任意に調整できるため，**打込み時の打撃力の調整が容易**であり，また騒音を低くできる。**4.**のドロップハンマは，モンケンと呼ばれるハンマをウインチで引き上げ，落下させて杭を打ち込む方法であり，**ハンマの重量は杭の重量以上あるいは杭1mあたりの重量の10倍以上**が望ましく，ハンマ落下高さは2m以下がよい。したがって，**1.**が適当である。

No.10 **[答え2]** オールケーシング工法での施工

オールケーシング工法はベノト工法とも呼ばれ，**掘削機で杭全長にわたりケーシングチューブ**を揺動圧入又は回転圧入し，孔壁を保護しながら**ハンマグラブで掘削・排土を行う。掘削完了後に鉄筋かごを建て込み，コンクリートを打設しながらケーシングチューブを引き抜き，杭を築造する工法である。**2.**のスタンドパイプは，リバース工法で用いられ，主に地表部の孔壁保護を目的としている。したがって，**2.**が使用しない。

No.11 **[答え3]** 土留め工法

図の**（イ）は火打ちばり，（ロ）は腹起し**である。腹起しは，連続的な土留め壁を押さえるはりで，腹起しを介して土留め壁を相互に支える部材が切ばりである。火打ちばりは，隅角部や腹起しと切ばりの接続部に斜めに入れるはりで，構造計算では土圧が作用する腹起しのスパンを短くしたり，切ばりの座屈長を短くしたりできる。したがって，**3.**が適当である。

No.12 **[答え2※]** 鋼材の種類と主な用途

1.の棒鋼は，棒状に圧延又は鍛造された鋼材であり，異形棒鋼，丸鋼，PC鋼棒等に用いられる。**2.**の鋳鉄は，鋼を鋳型に鋳込んで所定の形状としたもので，多くの炭素を含んでいる。鋳鉄の中でも組織中のグラファイト（黒鉛）が球状化しているダクタイル鋳鉄は，強靭性に富み，衝撃に強く，耐久性があるため水道管に多用されている。**3.**の線材は，棒状に熱間圧

延された鋼で，コイル状に巻かれた鋼材である。鋼線を撚り合わせて柔軟性を持たせ，ワイヤーケーブルや線材を編んで袋状にし，石を詰める蛇かご等に用いられる。**4.の管材は，円筒形に成形加工した鋼材で，継目なし鋼管と溶接鋼管があり，基礎杭や支柱等に用いられる。**

※公表された解答は2.であるが，橋梁の伸縮継手には鋳鉄も使用されており，「主な用途」という点で適当でない選択肢に含まれたと思われる。

No.13 [答え1] 鋼道路橋の架設工法と架設方法

1.の片持式工法は，既に架設された桁をカウンターウエイトとし，桁上にトラベラークレーンを設置し，続く部材を片持ち式に架設する工法である。桁下空間が使用できない場合に適している。選択肢の架設方法は送出し工法である。**2.のケーブルクレーン工法は**，両岸に建設した鉄塔間にメインケーブルを張り，ケーブルクレーンで桁をつり込んで組み立てていく架設工法である。桁下が利用できない山間部等で用いられる。**3.の一括架設工法は**，組み立てられた橋梁を台船で現場までえい航し，船にクレーンを組み込んだフローティングクレーンで一括架設する工法である。流れの弱い河川や海岸での架設に用いられる。**4.のベント式工法は**，橋桁を自走クレーン車等でつり上げ，下から組み上げたベントで仮受けしながら架設する工法である。桁下空間が使用できる現場に適している。したがって，**1.が適当でない。**

No.14 [答え3] コンクリートの劣化機構と劣化要因

1.の凍害は，コンクリート中の水分が凍結融解作用により膨張と収縮を繰り返し，組織に緩み又は破壊を生じる現象である。**2.の塩害は**，コンクリート中の鋼材が塩化物イオンと反応して鋼材に腐食・膨張が生じ，コンクリートにひび割れやはく離等の損傷を与える現象である。**3.の中性化は，空気中の二酸化炭素（CO_2）がコンクリート内に侵入し，水酸化カルシウムを炭酸カルシウムに変化させ，本来高アルカリ性であるコンクリートのpHを低下させる現象である。反応性骨材によって生じるのはアルカリシリカ反応である。4.のはりの疲労とは**，繰返し荷重によりコンクリートに微細なひび割れが発生し，その後，ひび割れが拡大し，一部の鉄筋が疲労破断し始め，耐荷力が低下する現象である。したがって，**3.が適当でない。**

No.15 [答え2] 河川

1.の堤外地とは，堤防で挟まれて河川が流れている側をいい，堤内地とは，堤防で洪水氾濫から守られている住居や農地のある側をいう。**2.の河川において，上流から下流に向かって見たとき，右側を右岸，左側を左岸という。3.の堤防の法面は**，堤外地側を表法面，堤内地側を裏法面という。**4.の天端は**，河川堤防断面の最頂部をいい，浸透水に対して必要な堤防断面確保のための幅や，河川の巡視又は洪水時の水防活動等のための幅が必要とされ，計画高水流量に応じて段階的に最低幅が定められている。したがって，**2.が適当でない。**

No.16 [答え4] 河川護岸

1.の高水護岸は，複断面河川で高水敷幅が十分あるような箇所で，表法面にコンクリートブロック張工，蛇篭，布団かご等を設置し，高水時に堤防を保護するものである。**2.の基礎工**

は，法覆工の法先を直接受け止める法覆工の基礎の役割と，洪水による洗掘に対して法覆工の基礎部分を保護して裏込め土砂の流出を防ぐものである。**3.** の法覆工は，護岸構造の主要部分で工種は多種多様あるが，選定にあたっては当該地区の河川特性，周辺の自然景観，環境及び河川の生態系に配慮して選定する。**4.** の根固工は，洪水時に河床の洗掘が著しい場所や，大きな流速の作用する場所等で，**護岸基礎工前面の河床の洗掘を防止するために設置する施設**である。選択肢の記述内容は水制工のことである。したがって，**4.** が適当でない。

No.17 [答え3] 砂防えん堤

砂礫層上に施工する砂防えん堤の施工順序は，一般的には①**本えん堤基礎部**，②副えん堤，③側壁護岸，④水叩き，⑤**本えん堤上部**の順に施工する。したがって，**3.** が適当である。

No.18 [答え4] 地すべり防止工

1. の杭工は，鋼管杭，鉄筋コンクリート杭，H形鋼杭等をすべり面以深の所定の深度に設置し，杭の曲げ強さとせん断抵抗によりすべり面上部の土塊の移動を抑止し，斜面の安定性を高める工法である。**2.** のシャフト工は，地すべりが大規模である等，一般の杭工では対応が困難な場合に，径2.5～6.5mのライナープレート，鋼製及びRCセグメントを用いて井戸を人力又は機械で不動土層まで掘削し，鉄筋コンクリートの柱体を構築する工法である。**3.** の排土工は，斜面の地すべり頭部に存在する不安定な土塊を排除し，荷重を減ずることで，地すべりの滑動力を減少させる工法である。**4.** の集水井工は，直径3.5～4.0mの集水井を地盤の比較的良好な地点に設置し，集水ボーリングにより集めた地下水を，**排水ボーリング孔又は排水トンネルにより自然排水する**工法である。したがって，**4.** が適当でない。

No.19 [答え2] 道路のアスファルト舗装における上層路盤の施工

1. の加熱アスファルト安定処理は，現地材料又はこれに補足材料を加えたものに，瀝青材料を添加・加熱混合し，締め固めたものであり，1層の仕上り厚さを10cm以下とする一般工法と，10cm以上とするシックリフト工法がある。**2.** の粒度調整路盤は，**1層の仕上り厚さは15cm以下を標準**とするが，振動ローラを用いる場合は上限を20cmとしてよい。なお，1層の仕上り厚さが20cmを超える場合，所要の締固め度が保証される施工方法が確認されていれば，その仕上り厚さを用いてもよい。**3.** と **4.** は記述のとおりである。したがって，**2.** が適当でない。

No.20 [答え1] 道路のアスファルト舗装の施工

加熱アスファルト混合物は，敷均し後ただちに継目転圧，初転圧，二次転圧及び仕上げ転圧の順序で締め固める。敷均し時の混合物の温度は110℃を下回らないようにし，初転圧は一般に110～140℃で，10～12t程度のロードローラを用い，駆動輪をアスファルトフィニッシャ側に向けて2回（1往復）程度行う。転圧は，混合物の側方移動を少なくするため，横断勾配の低い方から高い方へ，低速かつ一定の速度で行う。二次転圧は，一般に8～20tのタイヤローラ又は6～10tの振動ローラを用いて行い，転圧終了時の温度は70～90℃が望ましい。仕

上げ転圧は，タイヤローラあるいはロードローラで，不陸の修正やローラマークを消すために行う。なお，**転圧終了後の交通開放は，舗装表面の温度が一般に50℃以下になってから行う**。**4.** のタックコート（アスファルト乳剤PK-4）は，舗設する混合物と基層等との接着及び継目部や構造物との付着をよくするために散布するもので，散布量は一般に0.3〜0.6ℓ/m^2 が標準である。したがって，**1.** が適当でない

No.21 [答え3] 道路のアスファルト舗装における破損の種類

1. の線状ひび割れは，打継ぎ目部の施工不良，切盛境の不等沈下，基層・路盤のひび割れ，路床・路盤支持力の不均一，敷均し転圧不良が発生原因となる。**2.** のわだち掘れは，道路の横断方向の凹凸で車両の通過位置に生じ，過大な大型車交通，地下水の影響等による路床・路盤の支持力の低下，混合物の品質不良，締固め不足等が原因となる。**3.** のヘアクラックは，主にアスコン層舗設時に**舗装表面に発生する微細なクラック**であり，混合物の品質不良，転圧温度の不適による転圧初期のひび割れが発生原因である。**4.** の縦断方向の凹凸は，道路の延長方向に比較的長い波長で凹凸が生じ，混合物の品質不良，路床・路盤の支持力の不均一による不等沈下，ひび割れ，わだち掘れ，構造物と舗装の接合部における段差，補修箇所の路面凹凸等が発生原因となる。したがって，**3.** が適当でない。

No.22 [答え4] 道路の普通コンクリート舗装の施工

普通コンクリート舗装の施工は，①敷均し，②鉄網及び縁部補強鉄筋の設置，③締固めと荒**仕上げ**，④**平たん仕上げ**，⑤**粗面仕上げ**，⑥**目地の施工**，⑦**養生**の順に行う。なお，敷均しはスプレッダ，締固めと荒仕上げはコンクリートフィニッシャ（敷均しを行うロータリー式ファーストスクリード，締固めを行うバイブレータ，荒仕上げを行うフィニッシングスクリードの3つの装置から成る），平たん仕上げはレベラー（表面仕上げ機），粗面仕上げは粗面仕上げ機械又は人力により行う。したがって，**4.** が適当である。

No.23 [答え1] ダム

1. は記述のとおりである。**2.** のダム堤体のコンクリートの配合は場所によって異なり，内部コンクリート（RCDコンクリート等），外部コンクリート，岩着コンクリート，構造コンクリート（監査廊等）に分けられる。**3.** の転流工は，ダム本体工事区域をドライに保つために，河川を一時迂回させる構造物で，我が国では河川流量や地形等を考慮し，基礎岩盤内に仮排水路トンネルを掘削する方式が多く採用される。**4.** のRCD工法（Roller Compacted Dam concrete）は，貧配合の硬練りのRCDコンクリートをダンプトラック等で運搬，ブルドーザで敷均し，振動目地切り機等により**ダム軸に対して直角方向に横継目**を造成し，振動ローラで締め固める面状工法である。したがって，**1.** が適当である。

No.24 [答え2] トンネルの施工

1. のずり運搬は，タイヤ方式は通常15%程度までの勾配に対応できるが，レール方式は5%以下と規定されている（労働安全衛生規則第202条（軌道のこう配））。また勾配が2%以上で

は車両が逸走する危険度が高くなるので，十分な逸走防止対策が必要である。**2.** の吹付けコンクリートは，地山応力が円滑に伝達されるように，**地山の凹凸を埋めるように吹き付ける。3.** は記述のとおりである。**4.** の鋼製支保工（鋼製アーチ式支保工）は，トンネル壁面に沿って形鋼等をアーチ状に設置する支保部材であり，建込みと同時にその機能を発揮できるため，吹付けコンクリートの強度が発現するまでの早期に切羽の安定ができる。地山が強固な場合には，支保工を用いない場合もある。したがって，**2.** が適当でない。

No.25 ［答え4］傾斜型海岸堤防の構造

傾斜型海岸堤防の構造名称の図のとおりである。したがって，**4.** が適当である。

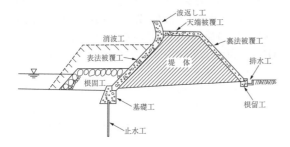

No.26 ［答え1］グラブ浚渫の施工

1. の出来形確認測量は，原則として音響測深機を用い，岸壁直下，測量船が入れない浅い場所，ヘドロの堆積場所等は，錘とロープを用いたレッド測深を用いることもある。なお浚渫済みの箇所に堆砂があった場合は再施工が必要なため，出来形確認測量は工事現場に浚渫船がいる間に行う。**2.** のグラブ浚渫船は，船の先端に設置されたグラブバケットで海底の土砂をつかんで浚渫する工法である。中小規模の浚渫に適し，適用範囲は極めて広く，浚渫深度や土質の制限も少なく，**岸壁等，構造物前面の浚渫や狭い場所での浚渫にも使用できる。3.** の非航式グラブ浚渫船の標準的な船団は，**グラブ浚渫船，引船，非自航土運船及び自航揚錨船が一組**となって構成される。**4.** ポンプ浚渫船は，船の先端に設置された吸水管の先端に取り付けられたカッターヘッドが海底の土砂を切り崩し，ポンプで土砂を吸引し，排砂管により埋立地等へ運搬する。**グラブ浚渫船**は，グラブバケットにより浚渫する方法であり，**ポンプ浚渫船に比べ，底面を平坦に仕上げるのは難しい。**したがって，**1.** が適当である。

No.27 ［答え3］鉄道の道床バラスト

道床バラストに砕石が用いられる理由は，①荷重の分布効果に優れ，②列車から伝わる振動加速度に対して崩れにくく，③マクラギの移動を抑える抵抗力が大きいためである。**3.** の保守の省力化に関しては，**道床バラスト**は列車通過のたびに緩み，レール面に狂いを生じて乗り心地を悪化させることから，**定常的な保守作業が必要**である。この軌道保守作業の省力化を目的に，スラブ軌道等の省力化軌道が開発された。したがって，**3.** が適当でない。

No.28 [答え 2] 営業線内工事における工事保安体制

1.の工事管理者，及び**3.**の軌道工事管理者は，工事現場ごとに専任の者を常時配置し，工事内容及び施工方法等により複数配置とする。**2.**の線閉責任者は，**線路閉鎖工事を施行する場合に配置する。4.**の列車見張員は，工事現場ごとに専任の者を配置し，必要により複数配置とする。なお見通し距離を確保できない場合は，中継見張員を配置する。したがって，**2.**が適当でない。

No.29 [答え 4] シールド工法

1.のシールド工法は，泥土あるいは泥水で切羽の土圧と水圧に対抗して切羽の安定を図りながら，シールドマシンとセグメントとの間に設置したジャッキで掘進させ，コンクリート製や鋼製のセグメントで覆工し，トンネルを構築する工法である。**2.**の土圧式シールド工法は，掘削土砂を切羽と隔壁間に充満させ，必要により添加剤を注入し，その土圧により切羽の安定をはかりながら掘進し，隔壁を貫通して設置されたスクリューコンベヤーにより排土する工法である。**3.**の泥土圧式シールド工法は，カッターで切削した土砂に添加材を注入し，カッターチャンバー内に充満した掘削土砂の塑性流動性を高め，その泥土圧を切羽全体に作用させて地山との平衡を保つ工法である。**4.**の泥水式シールド工法は，泥水を循環させ，泥水によって切羽の安定をはかりながらカッターヘッドにより掘削し，**掘削土砂は泥水として流体輸送方式で地上に搬出する**工法である。したがって，**4.**が適当でない。

No.30 [答え 4] 上水道管の布設工事

1.と**2.**と**3.**は記述のとおりである。**4.**の管の布設作業は，原則として**低所から高所に向けて行い**，受口のある管は受口を高所に向けて配管する。したがって，**4.**が適当でない。

No.31 [答え 1] 下水道管きょの接合方式

1.の水面接合は，**水理学的に概ね計画水位を一致させて接合する**合理的な方法である。設問の記述内容は管中心接合である。**2.**の管頂接合は，上流管と下流管の管頂を一致させる接合方法であり，流水は円滑となり水理学的に安全な方法であるが，管きょの埋設深さが増して建設費がかさみ，ポンプ排水の場合はポンプの揚程が増す。**3.**の段差接合は，地表勾配が急な場合，地表勾配に応じて適当な間隔にマンホールを設け，1箇所あたりの段差は1.5m以内とすることが望ましい。なお段差が0.6m以上の場合，合流管，汚水管には副管を使用することを原則とする。**4.**の管底接合は，上流管と下流管の管底を一致させる接合方法である。掘削深さを減じて工費を軽減でき，特にポンプ排水の場合は有利となる。しかし上流部において動水勾配線が管頂より上昇するおそれがある。したがって，**1.**が適当でない。

No.32 [答え 4] 労働時間及び休日

1.は労働基準法第35条（休日）第1項に「使用者は，労働者に対して，**毎週少くとも1回の休日を与えなければならない**」，及び第2項に「前項の規定は，**4週間を通じ4日以上の休日を与える使用者については適用しない**」と規定されている．**2.**は同法第34条（休憩）第2項

に「**休憩時間は，一斉に与えなければならない**。ただし，当該事業場に，労働者の過半数で組織する労働組合がある場合においてはその労働組合，労働者の過半数で組織する労働組合がない場合においては労働者の過半数を代表する者との書面による協定があるときは，この限りでない」と規定されている。**3.** は同法第33条（災害等による臨時の必要がある場合の時間外労働等）第1項に「災害その他避けることのできない事由によって，臨時の必要がある場合においては，使用者は，行政官庁の許可を受けて，その**必要の限度において労働時間を延長**し，又は休日に労働させることができる。ただし，事態急迫のために行政官庁の許可を受ける暇がない場合においては，事後に遅滞なく届け出なければならない」と規定されている。**4.** は同法第32条（労働時間）第1項により正しい。したがって，**4.** が正しい。

No.33 [答え3] 年少者の就業

1. は労働基準法第56条（最低年齢）第1項により正しい。**2.** は同法第61条（深夜業）第1項により正しい。**3.** は同法第62条（危険有害業務の就業制限）第2項に「使用者は，**満18才に満たない者**を，毒劇薬，毒劇物その他有害な原料若しくは材料又は爆発性，発火性若しくは引火性の原料若しくは材料を取り扱う業務，**著しくじんあい若しくは粉末を飛散**し，若しくは有害ガス若しくは有害放射線を発散する場所又は高温若しくは高圧の場所における業務その他安全，衛生又は福祉に**有害な場所における業務に就かせてはならない**」と規定されている。**4.** は同法第63条（坑内労働の禁止）により正しい。したがって，**3.** が誤りである。

No.34 [答え1] 工事の計画の届出

労働安全衛生法第88条（計画の届出等）第3項，及び同法規則第90条より，労働基準監督署長に工事開始の14日前までに計画の届出が必要な工事は以下のとおりである。

①高さ31mを超える建築物又は工作物（橋梁を除く。）の建設，改造，解体又は破壊（以下「建設等」という。）の仕事

②**最大支間50m以上の橋梁の建設等の仕事**

③最大支間30m以上50m未満の橋梁の上部構造の建設等の仕事（人口が集中している地域内における道路上若しくは道路に隣接した場所又は鉄道の軌道上若しくは軌道に隣接した場所において行われるものに限る。）

④**ずい道等の建設等の仕事**（ずい道等の内部に労働者が立ち入らないものを除く。）

⑤**掘削の高さ又は深さが10m以上である地山の掘削**（ずい道等の掘削及び岩石の採取のための掘削を除く。以下同じ。）の作業（掘削機械を用いる作業で，掘削面の下方に労働者が立ち入らないものを除く。）を行う仕事

⑥**圧気工法による作業を行う仕事**

⑦建築基準法に規定する耐火建築物又は準耐火建築物で，石綿等が吹き付けられているものにおける石綿等の除去の作業を行う仕事

⑧ダイオキシン類対策特別措置法施行令に掲げる廃棄物焼却炉を有する廃棄物の焼却施設に設置された廃棄物焼却炉，集じん機等の設備の解体等の仕事

⑨掘削の高さ又は深さが10m以上の土石の採取のための掘削の作業を行う仕事

⑩坑内掘りによる土石の採取のための掘削の作業を行う仕事

1. は7mであり，計画の届出は不要である。したがって，**1.** が計画の届出を必要としない。

No.35 [答え3] 建設業法

1. は建設業法第26条（主任技術者及び監理技術者の設置等）第1項により正しい。**2.** は同法第25条の27（施工技術の確保に関する建設業者等の責務）第1項により正しい。**3.** は同法第26条第3項，及び同法施行令第27条より，「公共性のある施設若しくは工作物又は多数の者が利用する施設若しくは工作物に関する重要な建設工事で，**工事1件の請負代金の額が3500万円（建築一式工事は7000万円）以上の場合，置かなければならない主任技術者又は監理技術者は，工事現場ごとに，専任の者でなければならない**」と規定されている。すなわちこの請負金額未満であれば専任を要しない。**4.** は同法第24条の2（下請負人の意見の聴取）により正しい。したがって，**3.** が誤りである。

No.36 [答え4] 車両の総重量等の最高限度

道路法第47条第1項，及び車両制限令第3条（車両の幅等の最高限度）より，車両の幅，重量，高さ，長さ及び最小回転半径の最高限度は以下のとおりである。

車両の幅	2.5m
総重量	20t（高速自動車国道又は道路管理者が道路の構造の保全及び交通の危険の防止上支障がないと認めて指定した道路を通行する車両にあっては25t以下）
軸重	10t
輪荷重	5t
高さ	3.8m（道路管理者が道路の構造の保全及び交通の危険の防止上支障がないと認めて指定した道路を通行する車両にあっては4.1m）
長さ	12m
最小回転半径	車両の最外側のわだちについて12m

したがって，**4.** が正しい。

No.37 [答え2] 河川法

1. と**4.** は河川法第24条（土地の占用の許可）に「河川区域内の土地（河川管理者以外の者がその権原に基づき管理する土地を除く。）を占用しようとする者は，（中略）河川管理者の許可を受けなければならない」と規定されており，**この規定は地表面だけではなく，上空や地下にも適用される**。**2.** は同法第27条第1項に「河川区域内の土地において土地の掘削，盛土若しくは切土その他土地の形状を変更する行為又は竹木の栽植若しくは伐採をしようとする者は，（中略）河川管理者の許可を受けなければならない。ただし，**政令で定める軽易な行為については，この限りでない**」と規定されている。この政令で定める軽易な行為は，同法施行令第15条の4第1項第2号に「工作物の新築等に関する河川管理者許可を受けて設置された**取水施設又は排水施設の機能を維持するために行う取水口又は排水口の付近に積もった**

土砂等の排除」と規定されており，**下水処理場の排水口付近に積もった土砂の排除について
は，河川管理者から許可を必要としない。3.** は同法第26条（工作物の新築等の許可）第1項
に「河川区域内の土地において工作物を新築し，改築し，又は除却しようとする者は，（中略）
河川管理者の許可を受けなければならない。河川の河口附近の海面において河川の流水を貯
留し，又は停滞させるための工作物を新築し，改築し，又は除却しようとする者も，同様と
する」と規定されており，この規定は**一時的な仮設工作物にも適用される。**したがって，**2.** が
河川管理者の許可を必要としない。

No.38 ［答え4］建築基準法

1. は建築基準法第53条（建蔽率）第1項により正しい。**2.** は同法第2条（用語の定義）第2
号に「**特殊建築物 学校**，体育館，**病院，劇場**，観覧場，集会場，展示場，百貨店，市場，ダ
ンスホール，遊技場，公衆浴場，旅館，共同住宅，寄宿舎，下宿，工場，倉庫，自動車車庫，
危険物の貯蔵場，と畜場，火葬場，汚物処理場その他これらに類する用途に供する建築物を
いう」と規定されており，正しい。**3.** は同法第52条（容積率）第1項により正しい。**4.** は
同法第2条第5号に「**主要構造部 壁，柱，床，はり，屋根又は階段**をいい，建築物の構造
上重要でない間仕切壁，間柱，付け柱，揚げ床，最下階の床，回り舞台の床，小ばり，ひさ
し，局部的な小階段，屋外階段その他これらに類する建築物の部分を除くものとする」と規
定されている。したがって，**4.** が誤りである。

No.39 ［答え2］火薬類取締法

1. は火薬類取締法施行規則第51条（火薬類の取扱い）第1号により正しい。**2.** は同条第2号
に「火薬類を存置し，又は運搬するときは，**火薬，爆薬，導爆線又は制御発破用コードと火
工品**（導爆線及び制御発破用コードを除く。）**とは，それぞれ異った容器に収納すること。**た
だし，火工所において薬包に工業雷管，電気雷管又は導火管付き雷管を取り付けたものを当
該火工所に存置し，又は当該火工所から発破場所に若しくは発破場所から当該火工所に運搬
する場合には，この限りでない」と規定されている。**3.** は同条第7号により正しい。**4.** は火
薬類取締法第23条第1項により正しい。したがって，**2.** が誤りである。

No.40 ［答え1］騒音規制法

騒音規制法第14条（特定建設作業の実施の届出）第1項に「**指定地域内において特定建設作
業を伴う建設工事を施工しようとする者は，当該特定建設作業の開始の日の7日前までに，**環
境省令で定めるところにより，**次の事項を市町村長に届け出**なければならない。ただし，災
害その他非常の事態の発生により特定建設作業を緊急に行う必要がある場合は，この限りで
ない。①氏名又は名称及び住所並びに法人にあっては，その代表者の氏名，②建設工事の目
的に係る施設又は工作物の種類，③特定建設作業の場所及び**実施の期間**，④騒音の防止の方
法，⑤その他環境省令で定める事項」，及び第3項に「届出には，**当該特定建設作業の場所の
附近の見取図**その他環境省令で定める書類を添附しなければならない」と規定されている。
したがって，**1.** が該当しない。

No.41 [答え 3] 振動規制法

振動規制法第2条第3項及び同法施行令第2条に規定されている「特定建設作業」は，次の表に掲げる作業である。ただし，当該作業を開始した日に終わるものは除かれる。

表　別表第二（振動規制法施行令第2条関係）

1	くい打機（もんけん及び圧入式くい打機を除く），くい抜機（油圧式くい抜機を除く）又はくい打くい抜機（圧入式くい打くい抜機を除く）を使用する作業
2	鋼球を使用して建築物その他の工作物を破壊する作業
3	舗装版破砕機を使用する作業（作業地点が連続的に移動する作業にあっては，1日における当該作業に係る2地点間の最大距離が50mを超えない作業に限る）
4	ブレーカ（手持式のものを除く）を使用する作業（作業地点が連続的に移動する作業にあっては，1日における当該作業に係る2地点間の最大距離が50mを超えない作業に限る）

表より，**3.** のソイルコンパクタは，特定建設作業の対象とならない。

No.42 [答え 1] 港則法

1. は港則法第17条に「船舶は，港内においては，防波堤，ふとうその他の工作物の突端又は停泊船舶を**右げんに見て航行するときは，できるだけこれに近寄り**，左げんに見て航行するときは，できるだけこれに遠ざかって航行しなければならない」と規定されている。**2.** は同法第11条（航路）により正しい。**3.** は同法第13条（航法）第1項及び第3項により正しい。**4.** は同法第12条により正しい。したがって，**1.** が誤りである。

No.43 [答え 2] 水準測量

水準測量で測定した結果を，昇降式で野帳に記入して整理すると，次表のとおりになる。

測点No.	距離 (m)	後視 (m)	前視 (m)	高低差（m） ＋	高低差（m） −	備考
1		1.2				測点No.1…地盤高　5.0m
2	20	1.5	2.3		1.1	
3	20	2.1	1.6		0.1	
4	20	1.4	1.3	0.8		
5	20		1.5		0.1	測点No.5…地盤高　4.5 m

それぞれ測点の地盤高は次のとおりとなる。

No.2：5.0m（No.1の地盤高）＋（1.2m（No.1の後視）−2.3m（No.2の前視））＝3.9m

No.3：3.9m（No.2の地盤高）＋（1.5m（No.2の後視）−1.6m（No.3の前視））＝3.8m

No.4：3.8m（No.3の地盤高）＋（2.1m（No.3の後視）−1.3m（No.4の前視））＝4.6m

No.5：4.6m（No.4の地盤高）＋（1.4m（No.4の後視）−1.5m（No.5の前視））＝4.5m

【別解】表の高低差の総和を，測点No.1の地盤高5.0mに足してもよい。

5.0m＋（0.8m＋（−1.1m−0.1m−0.1m））＝−4.5m

したがって，**2.** が適当である。

No.44 ［答え3］公共工事標準請負契約約款

1. は公共工事標準請負契約約款第18条（条件変更等）第1項第1号により正しい。なお同約款第1条（総則）に設計図書とは「別冊の図面，仕様書，現場説明書及び現場説明に対する質問回答書をいう」と規定されている。**2.** は同約款第19条（設計図書の変更）により正しい。**3.** は同約款第13条（工事材料の品質及び検査等）第4項に「受注者は工事現場内に搬入した**工事材料を監督員の承認を受けないで工事現場外に搬出してはならない**」と規定されている。**4.** は同約款第20条（工事の中止）第1項により正しい。したがって，**3.** が誤りである。

No.45 ［答え4］道路橋の断面図

図の道路橋の断面図において，**（イ）は高欄，（ロ）は地覆，（ハ）は支承，（ニ）は鉄筋コンクリート床版**である。したがって，**4.** が適当である。

No.46 ［答え2］建設機械

1. のランマは，エンジンの爆発による反力とランマ落下時の衝撃力で，土を締め固める小型締固め機械である。構造物縁部等の狭い場所における局所的な締固めに用いられる。**2.** の**クラムシェル**は，ロープにつり下げたバケットを自由落下させて土砂をつかみ取る建設機械である。一般土砂の孔掘り，シールド工事の立坑掘削，地下鉄工事の集積土さらい等，**狭い場所での深い掘削に適している**。**3.** のトラクターショベルは，機械前方に取り付けたバケットで掘削，積込み，運搬を行うが，地表面より下を掘削できない。車輪で走行するホイール式はホイールローダとも呼ばれ，機動性に富み，履帯で走行するクローラ式は軟弱地盤に適し，掘削力も強い。**4.** のタイヤローラは，矩形の断面の溝がないタイヤを使用し，バラスト積載による輪荷重の増加や，空気圧調整による接地圧の調整が行えることから，締め固め力を変えることができる。したがって，**2.** が適当でない。

No.47 ［答え4］施工計画

1. の調達計画には，外注計画（下請発注），労務計画，資材計画・機械計画ならびに輸送計画がある。資材計画では，材料や仮設材の使用予定に合わせ，適時現場に搬入し，手待ちやむだな保管がないことが大切である。機械計画でも，適時現場に搬入するとともに，むだな手待ちや保管がないように，機械台数を平準化することが大切である。**2.** と **3.** の事前調査には，契約条件と現場条件に関する事前調査確認があり，契約条件には①契約内容の確認，②

設計図書の確認，③その他の確認があり，現場条件には地形・地質・水文気象調査，施工方法・仮設・機械選定に関する事項，動力源・工事用水に関する事項，材料の供給源・価格及び運搬路に関する事項，労務の供給・賃金に関する事項，工事による支障の発生，用地取得状況，隣接工事の状況，騒音・振動等の環境保全基準，文化財・地下埋設物等の有無，建設副産物対策等の調査確認，近接施設への騒音・振動の影響等の調査がある。**4.** の仮設備計画は，工事の遂行に必要な材料置き場等の**共通仮設**と，本工事施工のために直接必要な土留め工等の**直接仮設**に分けられる。**占用地下埋設物は既設構造物**であり，事前調査により埋設状況等を把握し，工事による影響がないように防御する。したがって，**4.** が適当でない。

No.48 [答え1] 指定仮設と任意仮設

指定仮設は，特に大規模で重要なものとして発注者が設計図書でその構造，仕様，数量，施工方法，配置等を指定するものである。**構造の変更には発注者の承諾が必要**であり，**設計変更の対象**となる。**任意仮設**は，その規模や構造等の条件は明示されず，**計画や施工方法は受注者の自主性と企業努力にゆだねられている**。経費は契約上，一式計上され，**契約変更の対象にならないことが多い**が，工事目的物の変更にともない，仮設構造物に変更が生ずる場合は設計変更の対象となる。したがって，**1.** が適当でない。

No.49 [答え2] 建設機械が走行するのに必要なコーン指数

トラフィカビリティーとは，建設機械の走行性をいい，コーン指数で示される。道路土工要綱（日本道路協会：平成21年版）によると，各建設機械のコーン指数は次のとおりである。

	建設機械の種類	コーン指数qc（kN/m^2）
1	超湿地ブルドーザ	200kN/m^2
2	**ダンプトラック**	**1200kN/m^2**
3	スクレープドーザ	600kN/m^2（超湿地型は400以上）
4	湿地ブルドーザ	300kN/m^2

したがって，コーン指数の最も大きい作業機械は，**2.** のダンプトラックである。

No.50 [答え4] 工程管理曲線（バナナ曲線）

工程管理曲線（バナナ曲線）は，**縦軸に工事の出来高累計又は施工量の累積（出来高比率）**をとり，**横軸に日数等の工期の時間的経過（時間的経過比率）**をとって，出来高累計をプロットしたものである。出来高累計は工事の初期から中期に向かって徐々に増加し，中期から終期に向かって徐々に減少するため，**出来高累計曲線は工期の中期あたりに変曲点を持つS字型**となる。上方許容限界と下方許容限界の管理曲線を設け，それぞれの許容限界内（バナナ曲線の許容限界内）に入るように工程管理を行う。出来高累計曲線がバナナ曲線の上方許容限界を超えたときは，工程が必要以上に進み過ぎている可能性があり，必要以上に大型の機械を入れる等，不経済になっていないかを検討する必要がある。また下方許容限界を超えたときは，工程が遅延し，突貫工事が不可避となることから，突貫工事に対して最も経済的

な実施策を検討する必要がある。出来高の進捗状況を曲線で示すため，予定と実績との差が比較・確認しやすく，またどの作業が未着手で，どの作業が完了したか等が明確であるが，各作業の相互関連と重要作業がどれであるかは不明確である。したがって，**4.** が適当でない。

No.51 ［答え3］ネットワーク式工程表

クリティカルパスとは，各作業ルートのうち，最も日数を要する**最長経路**のことであり，工期を決定する。各経路の所要日数は次のとおりとなる。⓪→①→②→⑤→⑥＝3＋6＋7＋4＝20日，⓪→①→②→③→⑤→⑥＝3＋6＋0＋7＋4＝20日，⓪→①→②→③→④→⑤→⑥＝3＋6＋0＋6＋0＋4＝19日，⓪→①→③→⑤→⑥＝3＋3＋7＋4＝17日，⓪→①→③→④→⑤→⑥＝3＋3＋6＋0＋4＝16日である。したがって，**3.** が適当である。

No.52 ［答え1］労働安全衛生規則（型枠支保工）

1. は労働安全衛生規則第244条（コンクリートの打設の作業）第1項第1号に「**その日の作業を開始する前に，当該作業に係る型わく支保工について点検し**，異状を認めたときは，補修すること」と規定されている。**2.** は同規則第237条（材料）により正しい。**3.** は同規則第240条（組立図）第1項により正しい。**4.** は同規則第242条（型枠支保工についての措置）第3号により正しい。したがって，**1.** が誤りである。

No.53 ［答え2］労働安全衛生規則（足場）

1. は労働安全衛生規則第552条（架設通路）第1項第4号イにより正しい。**2.** は同規則第563条（作業床）第1項第6号に「作業のため物体が落下することにより，労働者に危険を及ぼすおそれがあるときは，**高さ10cm以上の幅木**，メッシュシート若しくは防網又はこれらと同等以上の機能を有する設備を設けること。（略）」と規定されている。**3.** は同条第1項第2号イにより正しい。**4.** は同条第1項第5号により正しい。したがって，**2.** が誤りである。

No.54 ［答え4］労働安全衛生規則（地山の掘削作業）

1. は労働安全衛生規則第359条（地山の掘削作業主任者の選任）により正しい。**2.** は同規則第362条（埋設物等による危険の防止）第2項及び第3項により正しい。**3.** は同規則第357条第1項第2号により正しい。**4.** は同規則第357条第1項に「事業者は，手掘りにより砂からなる地山又は発破等により崩壊しやすい状態になっている地山の掘削の作業を行なうときは，次に定めるところによらなければならない」，及び第1号に「**砂からなる地山にあっては，掘削面のこう配を35度以下とし，又は掘削面の高さを5m未満とすること**」と規定されている。したがって，**4.** が誤りである。

No.55 ［答え2］労働安全衛生規則（コンクリート造の工作物の解体作業にともなう危険防止）

1. は労働安全衛生規則第517条の15（コンクリート造の工作物の解体等の作業）第1号により正しい。**2.** は同規則第517条の18（コンクリート造の工作物の解体等作業主任者の職務）

に「事業者は，**コンクリート造の工作物の解体等作業主任者に，次の事項を行わせなければ**
ならない」，及び第1号に「**作業の方法及び労働者の配置を決定し，作業を直接指揮すること**」
と規定されており，**2.**は**コンクリート造の工作物の解体等作業主任者の職務**である。**3.**は同
規則第517条の15（コンクリート造の工作物の解体等の作業）第3号により正しい。**4.**は同
規則第517条の15第2号により正しい。したがって，**2.**が誤りである。

No.56 [答え1] 品質管理における品質特性と試験方法

1.のフレッシュコンクリートの空気量は，空気量試験で行う。プルーフローリング（proof
rolling）**試験**とは，路床や路盤の締固めが適切であるか，施工に用いた転圧機械と同等以上
の締固め力を有するローラやダンプトラック等を走行させ，輪荷重による表面の**たわみ量の**
観測や不良個所を発見する試験である。**2.**のマーシャル安定度試験の結果は，舗装用アスフ
ァルト混合物の配合設計，特に最適アスファルト量の決定に利用される。**3.**の盛土の締固め
度の測定には，砂置換法の他に現場で迅速な測定ができるRI（ラジオ・アイソトープ）法が
ある。**4.**のふるい分け試験の結果は，コンクリート用骨材としての適性を判定する粒度分布
や，コンクリートの配合設計に必要な細骨材の粗粒率や最大寸法を求めることに利用される。
したがって，**1.**が適当でない。

No.57 [答え3] $\bar{x}$-R管理図

$\bar{x}$-R管理図は，群分けしたデータの平均値$\bar{x}$の変動を管理する$\bar{x}$管理図と，そのバラツキの範
囲Rの変化を管理するR管理図から成る。管理線として，群全体の総平均を中心線とし，統
計学的に求めた上方管理限界（UCL），下方管理限界（LCL）を記入し，縦軸に管理の対象
となるデータ，横軸にロット番号や製造時間等をとり，**折れ線グラフで表した管理図**である。
$\bar{x}$管理図とR管理図を対にし，各群の平均値とバラツキの変化を同時に見ることで，工程の安
定状態がとらえられる管理図である。データが管理限界線に接近したり外に出たりした場合
や，データは管理限界内にあるが上昇又は下降の状態を示したり周期的に変化したりする等，
並び方にクセがある場合は工程の異常が疑われる。したがって，**3.**が適当でない。

No.58 [答え4] 盛土の品質

1.のRI（ラジオ・アイソトープ）計器による試験は，締め固めた土の湿潤密度，含水比，空
げき率，締固め度等を，現場で短時間に精度よく，非破壊で測定できる。**2.**の締固めの目的
は，土の空気間げきを少なくし，透水性を低下させ，水の浸入による軟化・膨張を小さくし，
土を最も安定した状態にして，盛土完成後の圧密沈下等の変形を少なくすることである。
3.の締固めの工法規定方式は，使用する締固め機械の機種，敷均し厚さ，締固め回数等の工
法そのものを仕様書に規定する方式である。盛土材料の土質や含水比があまり変化しない場
合や，岩塊や玉石等，品質規定方式が適用困難なとき，また経験の浅い施工業者に適してい
る。**4.**の締固めの**品質規定方式は，盛土に必要な品質を仕様書に明示し，締固め方法につい**
ては施工者に委ねる方式である。現場における締固め後の乾燥密度を室内締固め試験におけ
る最大乾燥密度で除した締固め度，空気間げき率，飽和度等で規定する方法である。締固め

回数等を規定するのは，工法規定方式である。したがって，**4.** が適当でない。

No.59 ［答え3］ レディーミクストコンクリート（**JIS A 5308**）

レディーミクストコンクリートの受入れ時の圧縮強度に要求されている品質は，JIS A 5308に「圧縮強度試験を行ったとき，強度は次の規定を満足しなければならない。なお強度試験における供試体の材齢は，呼び強度を保証する材齢の指定がない場合は28日，指定がある場合は購入者が指定した材齢とする。1) **1回の試験結果**は，購入者が指定した**呼び強度の強度値の85%以上**でなければならない。2) **3回の試験結果の平均値**は，購入者が指定した**呼び強度の強度値以上**でなければならない」と規定されている。設問の場合，3回の試験結果の平均値は21N/mm^{2}以上，1回の試験結果は21×0.85 = 17.85N/mm^{2}以上となる。したがって，**3.** のC工区が合格である。

No.60 ［答え1］ 土工における建設機械の騒音・振動

1. と **2.** と **4.** の掘削，積込み作業にあたっては，低騒音型建設機械の使用を原則とし，**積込み作業は落下高を低くして丁寧に行い**，建設工事関連自動車による警報音・合図音については，必要最小限に止めるよう運転手に対する指導を徹底する。また機械の動力となるディーゼルエンジンの騒音・振動の発生源となり，騒音はエンジン回転速度に比例するので，不必要な空ぶかしや高い負荷をかけた運転は避ける。**3.** のブルドーザの騒音は，エンジン騒音と履帯の足回り音が主であり，押土作業では無理な負荷をかけないようにする。また履帯式の建設機械の騒音・振動は走行速度に比例して大きくなるので，後進時や必要のない高速走行は避ける。また履帯の張りの調整に留意する。したがって，**1.** が適当でない。

No.61 ［答え3］ 建設工事に係る資材の再資源化等に関する法律（建設リサイクル法）

建設工事に係る資材の再資源化等に関する法律（建設リサイクル法）第2条（定義）第5項及び同法施行令第1条（特定建設資材）に「建設工事に係る資材の再資源化等に関する法律第2条第5項のコンクリート，木材その他建設資材のうち政令で定めるものは，次に掲げる建設資材とする。①コンクリート，②コンクリート及び鉄から成る建設資材，③木材，④アスファルト・コンクリート」と規定されている。したがって，**3.** の土砂は該当しない。

問題1は受検者自身の経験を記述する問題です。経験記述の攻略法や解答例は，P.472で紹介しています。

問題 2 必須問題

裏込め及び埋戻し

(1) 裏込め材料は，**非圧縮性**で透水性があり，締固めが容易で，かつ水の浸入による**強度の低下が少ない**安定した材料を用いる。

(2) 盛土の施工が先行する場合，底部がくさび形になり，面積が狭く，締固め作業が困難となるため，裏込めや埋戻しの施工は，小型ブルドーザや人力等により平坦に敷均し，仕上り厚は**20cm以下**とする。

(3) 締固めには，できるだけ大型の締固め機械を使用し，構造物縁部等にはソイルコンパクタや**ランマ**等の小型締固め機械で入念に締め固めなければならない。

(4) 構造物裏込め付近は，施工中や施工後に水が溜まりやすいので，施工中は雨水の流入をできるだけ防止し，浸透水に対しては，**地下排水溝**を設けて処理をすることが望ましい。

これらを参考に，（イ）～（ホ）に適語を記入する。

（イ）	（ロ）	（ハ）	（ニ）	（ホ）
非圧縮性	少ない	20	ランマ	地下排水溝

問題 3 必須問題

軟弱地盤対策工法

下記の5つから2つを選び解答する。

●盛土載荷重工法

軟弱地盤にあらかじめ荷重（計画された構造物と同等又はそれ以上）をかけて圧密沈下を促進させ，かつ地盤強度を増加させた後に荷重を除去し，構造物を築造する工法である。構造物の将来沈下を軽減させる。

●サンドドレーン工法

軟弱地盤中に適当な間隔で鉛直方向に砂柱を排水路として打設し，水平方向の排水距離を短くし，圧密時間を短縮する工法である。排水を促進させるためには，盛土等の載荷重の併用が必要である。

●発泡スチロールブロック工法

超軽量の発泡スチロールブロックを盛土材として積み重ねる工法である。盛土自体を軽量化し，地盤に加わる負荷や隣接する構造物に作用する土圧を軽減し，沈下量の低減，すべり安定性の向上，側方流動の抑制等をはかる。

●深層混合処理工法（機械撹拌方式）

石灰又はセメント系の固化材を軟弱地盤と強制的に混合・撹拌し，円柱状の改良体をつくり，沈下及び安定性をはかる工法である。

●押え盛土工法

本体盛土に先行し，側方に押え盛土を施工し，すべりに抵抗するモーメントの増加や本体盛土のせん断変形の抑制により，すべり破壊を防止する。

問題 4 必須問題

コンクリート

(1) 仕上げとは，打込みや締固めがなされたフレッシュコンクリートの表面を平滑に整える作業のことである。仕上げ後，ブリーディング等が原因の**沈下ひび割れ**が発生することがある。なお，コンクリート締固め後の適切な時期に再振動を行うと，コンクリートは再び流動性を帯び，コンクリート中の空げきや水げきが少なくなり，コンクリート強度や鉄筋との付着強度の増加，沈みひび割れの防止等に効果がある。

(2) コンクリートの表面からブリーディング水が消失する頃には，表面の急激な乾燥による収縮その他の外力等により，コンクリートにひび割れが発生しやすい。仕上げ後，コンクリートが固まり始めるまでに，ひび割れが発生した場合は，**タンピング**と再仕上げによって修復しなければならない。

(3) 養生とは，打込み後一定期間，硬化に必要な温度と湿度を与え，有害な外力等から保護する作業である。湿潤養生期間は，日平均気温が15℃以上では**混合セメント（B種）で7日**と，セメントの種類や養生期間中の温度に応じた標準日数が定められている（下表）。

表　湿潤養生期間の標準

日平均気温	早強ポルトランドセメント	普通ポルトランドセメント	混合セメントB種
15℃以上	3日	5日	7日
10℃以上	4日	7日	9日
5℃以上	5日	9日	12日

(4) 養生コンクリートの打ち込み後，ブリーディングにより**レイタンス**が発生し，打継面の弱点となることから，新コンクリートを打ち継ぐ際には，打継面の**レイタンス**や品質の悪いコンクリート，緩んだ骨材粒等を完全に除去し，コンクリート表面を粗にした後（グリ

ーンカット），十分に**吸水**させなければならない。

これらを参考に，（イ）〜（ホ）に適語を記入する。

（イ）	（ロ）	（ハ）	（ニ）	（ホ）
沈下	タンピング	混合セメント（B種）	レイタンス	吸水

問題 5 必須問題

コンクリートに関する用語

下記の5つから2つを選び解答する。

●ブリーディング

セメント及び骨材粒子の沈降に伴い，水やセメントの微粉末が表面に浮かび上がる現象をいう。このブリーディングにより表面に浮かび上がり，堆積した微細な物質をレイタンスといい，強度も水密性も小さく，打継面の弱点となるので，除去しなければならない。

●コールドジョイント

先に打ち込んだコンクリートとの間に生ずる完全に一体化していない継目のことであり，コンクリートを断続的に重ねて打ち込む際，適切な時間間隔より遅れて打ち込む場合や，不当な打ち継ぎ処理の場合に生ずる。

●AE剤

界面活性作用を利用し，フレッシュコンクリート中に微少な独立した空気の泡（エントレインドエア）を均等に連行することにより，①ワーカビリティーの改善，②耐凍害性の向上，③ブリーディングやレイタンスの減少といった効果が期待できる。

●流動化剤

あらかじめ練り混ぜられたコンクリートに添加し，かくはんすることによって流動性を増大させる混和剤である。標準型と遅延型があり，標準型は一般的なコンクリート工事に用いられるもので，遅延型は流動化効果と凝結遅延効果を併せ持つもので，主として暑中コンクリートや運搬時間が長い場合に，流動化後のスランプロスを低減させる目的で用いられる。

問題 6 選択問題 | 1

盛土の施工

(1) 盛土の施工で重要な点は，十分な締固め，ならびに均一な品質の盛土をつくることである。そのためには盛土材料を水平の層に薄く敷き均し，**均等**に締め固める必要がある。

(2) 締固めの目的として，土の空気間げきを少なくして透水性を低下させ，水の浸入による軟化・膨張を小さくして土を安定した状態にし，盛土法面の安定や土の支持力の増加等，土の構造物として必要な**強度特性**が得られるようにすることが挙げられる。

(3) 締固め作業にあたっては，適切な締固め機械を選定し，試験施工等によって求めた施工仕様（敷均し厚さ，締固め回数，施工含水比等）に従って，所定の**品質**の盛土を確保でき

るよう施工しなければならない。

(4) 盛土材料の含水量の調節は，締固め時に材料の**自然含水比**が規定の施工含水比の範囲内にない場合，その範囲に入るよう調節するもので，**ばっ気乾燥**やトレンチ掘削による含水比の低下・散水等の方法がとられる。ばっ気は，気乾して含水比の低下をはかり，締固めに先立つ敷均し，放置，かき起しをして乾燥させる。トレンチ掘削は，切土作業面より下にトレンチ（溝）を掘削して地下水位を下げ，含水比の低下をはかるものである。

これらを参考に，（イ）〜（ホ）に適語を記入する。

（イ）	（ロ）	（ハ）	（ニ）	（ホ）
均等	強度特性	品質	自然	ばっ気乾燥

問題 7 選択問題 | 1

レディーミクストコンクリート（JIS A 5308）

(1) スランプとは，フレッシュコンクリートの軟らかさを測定するもので，スランプ試験はコンクリートのコンシステンシー（硬さ，軟らかさ，脆さ，流動性等の程度）を評価するために広く用いられている。スランプコーンにコンクリートを3層に分けて詰め，各層ごとに突き棒で25回一様に突き，表面を均した後，スランプコーンを引き上げた直後に測った頂部からの下がり量（cm）で表される。またスランプ値の許容差は下表1，コンクリートの種類による空気量及び許容差は下表2のとおりである。

表1　スランプ値とその許容差　（単位：cm）

スランプ値	許容差
2.5	±1
5及び6.5[※1]	±1.5
8以上18以下	**±2.5**
21	±1.5[※2]

※1　標準示方書では「5以上8未満」
※2　呼び強度27以上で高性能AE減水剤を使用する場合は±2とする

表2　空気量　（単位：%）

コンクリートの種類	空気量	空気量の許容差
普通コンクリート	**4.5**	
軽量コンクリート	5.0	**±1.5**
舗装コンクリート	4.5	
高強度コンクリート	4.5	

(2) コンクリート中の**塩化物含有量**は，荷下し地点で塩化物イオン量が $0.30 kg/m^3$ 以下でなければならない。ただし，購入者の承認を受けた場合は $0.60 kg/m^3$ 以下にできる。なお検

査は工場出荷時でも荷下し地点での所定の条件を満たすので，工場出荷時に行える。

(3) JIS A 5308「レディーミクストコンクリート」には次のように定められている。圧縮強度試験を行ったとき，強度は次の規定を満足しなければならない。なお強度試験における供試体の材齢は，呼び強度を保証する材齢の指定がない場合は28日，指定がある場合は購入者が指定した材齢とする。

1) 1回の試験結果は，購入者が指定した**呼び強度の強度値の85%**以上でなければならない。

2) 3回の試験結果の平均値は，購入者が指定した**呼び強度の強度値以上**でなければならない。

これらを参考に，（イ）〜（ホ）に適語を記入する。

（イ）	（ロ）	（ハ）	（ニ）	（ホ）
2.5	空気量	塩化物含有量	強度値	85

問題 8 選択問題 | 2

架空線と地下埋設物に近接した水道管補修工事の安全対策

下記のような内容で，配慮すべき具体的な安全対策について記述する。

(1) 架空線損傷事故

土木工事安全施工技術指針第3章地下埋設物・架空線等上空施設一般を参考に，以下の項目が挙げられる。

・架空線について，施工に先立ち，現地調査を実施し，種類，位置（場所，高さ等）及び管理者を確認する。

・必要に応じて，管理者に施工方法の確認や立会いを求める。

・架空線への防護カバーを設置する。

・架空線の位置を明示する看板等を設置する。

・建設機械，ダンプトラック等のオペレータ・運転手に対し，工事現場区域及び工事用道路内の架空線の種類，位置（場所，高さ等）を連絡する。

・ダンプトラックのダンプアップ状態での移動・走行の禁止や，建設機械のブーム等の旋回・立ち入り禁止区域等について周知徹底する。

・架空線と機械，工具，材料等について安全な離隔を確保する。

・措置を講ずることが著しく困難なときは，監視人を置き，作業を監視させる。

(2) 地下埋設物損傷事故

配慮すべき具体的な安全対策は，建設工事公衆災害防止対策要綱第5章埋設物を参考に，以下の項目が挙げられる。

・ガス管，水道管の管理者に対して，埋設物の位置（平面・深さ）等の確認のための立ち会いを求める。

・施工に先立ち，ガス管，水道管の管理者等が保管する台帳に基づいて試掘を行い，埋設物の位置（平面・深さ），規格，構造等を原則として目視により確認する。

・埋設物付近では機械掘削は行わず，人力掘削とし，埋設物に損傷がないように注意する。

・ガス管，水道管に物件の名称，保安上の必要事項，管理者の連絡先等を記載した標示板を取り付ける等，工事関係者に対し注意喚起する。
・ガス管がすでに破損していた場合は直ちに起業者及びその埋設物の管理者に連絡し，修理等の措置を求める。
・周囲の地盤のゆるみ，沈下等に十分注意するとともに，必要に応じて埋設物の補強，移設等，保安に必要な措置を講じる。
・ガス管の付近において溶接機，切断機等火気を伴う機器を使用してはならない。
・管理者の不明な埋設物を発見した場合は，埋設物に関する調査を再度行い，当該管理者の立ち会いを求め，安全を確認した後に処置する。

問題 9 選択問題 | 2

施工手順の基づく工種名の記述・横線式工程表作成と所要日数

　バーチャートは縦軸に全体を構成する全ての部分作業（工種）を列記し，横軸に工期（日数）をとるので，進捗状況が直視的にわかる。しかし，作業間の関連及び工期に影響する作業が不明確である。

　バーチャートの作成方法には次の3つの方法がある。

①順行法……施工手順に従い，着手日から決めていく。

②逆算法……竣工期日からたどり，着手日を決める。

③重点法……季節や工事条件，契約条件等に基づき，重点的な着手日や終了日を取り上げ，これを全工期の中のある時点に固定し，その前後を順行法又は逆算法で固めていく。

　設問における各工種の手順は，①床掘工5日→②基礎工3日→③側壁型枠工5日→④側壁コンクリート打設工2日→⑤側壁コンクリート養生工4日→⑥側壁型枠脱型工2日→⑦底版コンクリート打設工1日→⑧底版コンクリート養生工3日→⑨埋戻し工3日となるが，①と②は1日の重複作業，また③と④も1日の重複作業があるから，順行法により作業を記入していくと解答のとおり，**全所要日数は26日**となる。

表 横線式工程表（バーチャート）

工種	日数	作業工程（日）
床掘工	5	1～5日
基礎工	3	6～8日
側壁型枠工	5	9～13日
側壁コンクリート打設工	2	14～15日
側壁コンクリート養生工	4	16～19日
側壁型枠脱型工	2	20～21日
底版コンクリート打設工	1	22日
底版コンクリート養生工	3	23～25日
埋戻し工	3	24～26日

全所要日数	26日

2級土木施工管理技術検定試験

2018

平成30 | 年度前期

学科試験

解答・解説

学科試験

⏱ 試験時間 | 130分

※問題番号No.1～No.11までの11問題のうちから9問題を選択し解答してください。

No.1 土質調査に関する次の試験方法のうち，**室内試験**はどれか。

1. 土の液性限界・塑性限界試験
2. ポータブルコーン貫入試験
3. 平板載荷試験
4. 標準貫入試験

No.2 「土工作業の種類」と「使用機械」に関する次の組合せのうち，**適当でないもの**はどれか。

　　　[土工作業の種類]　　　　　　　　[使用機械]
1. 溝掘り ………………………………… トレンチャ
2. 伐開除根 ……………………………… ブルドーザ
3. 運搬 …………………………………… トラクターショベル
4. 締固め ………………………………… ロードローラ

No.3 道路土工の盛土材料として望ましい条件に関する次の記述のうち，**適当でないもの**はどれか。

1. 盛土完成後のせん断強さが大きいこと。
2. 盛土完成後の圧縮性が大きいこと。
3. 敷均しや締固めがしやすいこと。
4. トラフィカビリティーが確保しやすいこと。

No.4 基礎地盤の改良工法に関する次の記述のうち，**適当でないもの**はどれか。

1. 深層混合処理工法は，固化材と軟弱土とを地中で混合させて安定処理土を形成する。

2. ウェルポイント工法は，地盤中の地下水位を低下させることにより，地盤の強度増加をはかる。

3. 押え盛土工法は，軟弱地盤上の盛土の計画高に余盛りし沈下を促進させ早期安定性をはかる。

4. 薬液注入工法は，土の間げきに薬液が浸透し，土粒子の結合で透水性の減少と強度が増加する。

No.5 コンクリートの性質を改善するために用いる混和材料に関する次の記述のうち，**適当でないもの**はどれか。

1. フライアッシュは，コンクリートの初期強度を増大させる。

2. 減水剤は，単位水量を変えずにコンクリートの流動性を高める。

3. 高炉スラグ微粉末は，水密性を高め塩化物イオンなどのコンクリート中への浸透を抑える。

4. AE剤は，コンクリートの耐凍害性を向上させる。

No.6 コンクリート標準示方書におけるコンクリートの配合に関する次の記述のうち，**適当でないもの**はどれか。

1. コンクリートの単位水量の上限は，175kg/m^{3}を標準とする。

2. コンクリートの空気量は，耐凍害性が得られるように4〜7%を標準とする。

3. 粗骨材の最大寸法は，鉄筋の最小あき及びかぶりの3/4を超えないことを標準とする。

4. コンクリートの単位セメント量の上限は，200kg/m^{3}を標準とする。

No.7 コンクリートの施工に関する次の記述のうち，**適当でないもの**はどれか。

1. 内部振動機で締固めを行う際の挿入時間の標準は，5〜15秒程度である。

2. 内部振動機で締固めを行う際は，下層のコンクリート中に5cm程度挿入する。

3. コンクリートを打ち込む際は，1層当たりの打込み高さを40〜50cm以下とする。

4. コンクリートを2層以上に分けて打ち込む場合は，気温が25℃を超えるときの許容打重ね時間間隔は2時間以内とする。

No.8 鉄筋の組立と継手に関する次の記述のうち，**適当でないもの**はどれか。

1. 型枠に接するスペーサは，モルタル製あるいはコンクリート製を原則とする。

2. 組立後に鉄筋を長期間大気にさらす場合は，鉄筋表面に防錆処理を施す。

3. 鉄筋の重ね継手は，焼なまし鉄線で数箇所緊結する。

4. 鉄筋の継手は，大きな荷重がかかる位置で同一断面に集めるようにする。

No.9 既製杭の施工に関する次の記述のうち，**適当でないもの**はどれか。

1. 中掘り杭工法は，一般に打込み杭工法に比べて隣接構造物に対する影響が大きい。

2. 打込み杭工法では，杭の貫入量とリバウンド量により支持力の確認が可能である。

3. 中掘り杭工法は，一般に打込み杭工法に比べて騒音・振動が小さい。

4. 打込み杭工法では，1本の杭を打ち込むときは連続して行うことを原則とする。

No.10 場所打ち杭の「工法名」と「孔壁保護の主な資機材」に関する次の組合せのうち，**適当でないもの**はどれか。

　　　　〔工法名〕　　　　　　　　　〔孔壁保護の主な資機材〕

1. オールケーシング工法 ･･････････････ ケーシングチューブ

2. アースドリル工法 ･･････････････････ 安定液（ベントナイト水）

3. リバースサーキュレーション工法 ････ セメントミルク

4. 深礎工法 ･･････････････････････････ 山留め材（ライナープレート）

No.11 土留め壁の「種類」と「特徴」に関する次の組合せのうち，**適当なもの**はどれか。

　　　　〔種　類〕　　　　〔特　徴〕

1. 連続地中壁 ････････････ あらゆる地盤に適用でき，他に比べ経済的である

2. 鋼矢板 ･････････････････ 止水性が高く，施工は比較的容易である

3. 柱列杭 ･････････････････ 剛性が小さいため，深い掘削にも適する

4. 親杭・横矢板 ･････････ 止水性が高く，地下水のある地盤に適する

※**問題番号No.12〜No.31までの20問題のうちから6問題を選択し解答してください。**

No.12 鋼材の特性，用途に関する次の記述のうち，**適当でないもの**はどれか。

1. 防食性の高い耐候性鋼材には，ニッケルなどが添加されている。

2. つり橋や斜張橋のワイヤーケーブルには，軟鋼線材が用いられる。

3. 表面硬さが必要なキー・ピン・工具には，高炭素鋼が用いられる。

4. 温度の変化などによって伸縮する橋梁の伸縮継手には，鋳鋼などが用いられる。

No.13 鋼道路橋における高力ボルトの締付けに関する次の記述のうち，**適当でないもの**はどれか。

1. ボルト軸力の導入は，ナットを回して行うのを原則とする。

2. ボルトの締付けは，各材片間の密着を確保し，応力が十分に伝達されるようにする。

3. トルシア形高力ボルトの締付けは，本締めにインパクトレンチを使用する。

4. ボルトの締付けは，設計ボルト軸力が得られるように締め付ける。

No.14 コンクリート構造物の劣化現象に関する次の記述のうち，**適当でないもの**はどれか。

1. アルカリシリカ反応は，コンクリートのアルカリ性が空気中の炭酸ガスの浸入などにより失われていく現象である。

2. 塩害は，コンクリート中に浸入した塩化物イオンが鉄筋の腐食を引き起こす現象である。

3. 凍害は，コンクリートに含まれる水分が凍結し，氷の生成による膨張圧などによりコンクリートが破壊される現象である。

4. 化学的侵食は，硫酸や硫酸塩などによりコンクリートが溶解する現象である。

No.15 河川堤防に用いる土質材料に関する次の記述のうち，**適当なもの**はどれか。

1. 有機物及び水に溶解する成分を含む材料がよい。

2. 締固めにおいて，単一な粒度の材料がよい。

3. できるだけ透水性が大きい材料がよい。

4. 施工性がよく，特に締固めが容易な材料がよい。

No.16 河川護岸の法覆工に関する次の記述のうち，**適当でないもの**はどれか。

1. コンクリートブロック張工は，工場製品のコンクリートブロックを法面に敷設する工法である。

2. コンクリート法枠工は，法勾配の急な場所では施工が難しい工法である。

3. コンクリートブロック張工は，一般に法勾配が急で流速の大きい場所では平板ブロックを用いる工法である。

4. コンクリート法枠工は，法面のコンクリート格子枠の中にコンクリートを打設する工法である。

No.17 砂防えん堤に関する次の記述のうち，**適当でないもの**はどれか。

1. 本えん堤の基礎の根入れは，岩盤では0.5m以上で行う。

2. 砂防えん堤は，強固な岩盤に施工することが望ましい。

3. 本えん堤下流の法勾配は，越流土砂による損傷を避けるため一般に1:0.2程度としている。

4. 砂防えん堤は，渓流から流出する砂礫の捕捉や調節などを目的とした構造物である。

No.18 地すべり防止工に関する次の記述のうち，**適当でないもの**はどれか。

1. 抑制工は，地すべりの地形や地下水の状態などの自然条件を変化させることにより，地すべり運動を停止又は緩和させる工法である。

2. 地すべり防止工では，抑止工，抑制工の順に施工するのが一般的である。

3. 抑止工は，杭などの構造物を設けることにより，地すべり運動の一部又は全部を停止させる工法である。

4. 地すべり防止工では，抑止工だけの施工は避けるのが一般的である。

No.19 道路のアスファルト舗装における路床に関する次の記述のうち，**適当でないもの**はどれか。

1. 盛土路床の1層の敷均し厚さは，仕上り厚で20cm以下を目安とする。

2. 切土路床の場合は，表面から30cm程度以内にある木根や転石などを取り除いて仕上げる。

3. 構築路床は，交通荷重を支持する層として適切な支持力と変形抵抗性が求められる。

4. 路床の安定処理は，原則として中央プラントで行う。

No.20 道路のアスファルト舗装の施工に関する次の記述のうち，**適当でないもの**はどれか。

1. 横継目部は，施工性をよくするため，下層の継目の上に上層の継目を重ねるようにする。

2. 混合物の締固め作業は，継目転圧，初転圧，二次転圧及び仕上げ転圧の順序で行う。

3. 初転圧における，ローラへの混合物の付着防止には，少量の水又は軽油などを薄く塗布する。

4. 仕上げ転圧は，不陸の修正，ローラマークの消去のために行う。

No.21 道路のアスファルト舗装の補修工法に関する下記の説明文に**該当するもの**は，次のうちどれか。

「不良な舗装の一部分又は全部を取り除き，新しい舗装を行う工法」

1. オーバレイ工法
2. 表面処理工法
3. 打換え工法
4. 切削工法

No.22 道路のコンクリート舗装の施工で用いる「主な施工機械・道具」と「作業」に関する次の組合せのうち，**適当でないもの**はどれか。

［主な施工機械・道具］　　　　［作　業］
1. アジテータトラック ……………… コンクリートの運搬
2. フロート ……………………………… コンクリートの粗面仕上げ
3. コンクリートフィニッシャ ………… コンクリートの締固め
4. スプレッダ …………………………… コンクリートの敷均し

No.23 コンクリートダムに関する次の記述のうち，**適当でないもの**はどれか。

1. ダム本体工事は，大量のコンクリートを打ち込むことから骨材製造設備やコンクリート製造設備をダム近傍に設置する。

2. カーテングラウチングを行うための監査廊は，ダムの堤体上部付近に設ける。

3. ダム本体の基礎の掘削は，大量掘削に対応できるベンチカット工法が一般的である。

4. ダムの堤体工には，ブロック割りしてコンクリートを打ち込むブロック工法と堤体全面に水平に連続して打ち込むRCD工法がある。

No.24 トンネルの施工に関する次の記述のうち，**適当でないもの**はどれか。

1. 鋼製支保工（鋼アーチ式支保工）は，一次吹付けコンクリート施工前に建て込む。

2. 吹付けコンクリートは，吹付けノズルを吹付け面に直角に向けて行う。

3. 発破掘削は，主に硬岩から中硬岩の地山に適用される。

4. ロックボルトは，ベアリングプレートが吹付けコンクリート面に密着するように，ナットなどで固定しなければならない。

No.25 海岸堤防の異形コンクリートブロックによる消波工の施工に関する次の記述のうち，**適当なもの**はどれか。

1. 乱積みは，荒天時の高波を受けるたびに沈下し，徐々にブロックのかみ合わせが悪くなり不安定になってくる。

2. 層積みは，規則正しく配列する積みかたで外観は美しいが，ブロックの安定性が劣る。

3. 乱積みは，層積みと比べて据付けが容易であり，据付け時のブロックの安定性がよい。

4. 層積みは，乱積みに比べて据付けに手間がかかり，海岸線の曲線部などの施工が難しい。

No.26 ケーソン式混成堤の施工に関する次の記述のうち，**適当でないもの**はどれか。

1. ケーソンの底面が据付け面に近づいたら，注水を一時止め，潜水士によって正確な位置を決めたのち，ふたたび注水して正しく据え付ける。

2. ケーソンの中詰め後は，波により中詰め材が洗い流されないように，ケーソンにふたとなるコンクリートを打設する。

3. ケーソン据付け直後は，ケーソンの内部が水張り状態で重量が大きく安定しているので，できるだけ遅く中詰めを行う。

4. ケーソンは，波浪や風などの影響でえい航直後の据付けが困難な場合には，波浪のない安定した時期まで沈設して仮置きする。

No.27 鉄道の軌道に関する「用語」と「説明」との次の組合せのうち，**適当なもの**はどれか。

　　　　[用　語]　　　　　　　　　[説　明]

1. ロングレール ·················· 長さ200m以上のレール

2. 定尺レール ···················· 長さ30mのレール

3. 軌間 ···························· 両側のレール頭部中心間の距離

4. レールレベル（RL）········· 路盤の高さを示す基準面

No.28 鉄道の営業線近接工事における工事従事者の任務に関する下記の説明文に**該当する工事従事者の名称**は，次のうちどれか。

「列車などが所定の位置に接近したときは，あらかじめ定められた方法により，作業員などに対し列車接近の合図をしなければならない。」
1. 工事管理者
2. 誘導員
3. 列車見張員
4. 主任技術者

No.29 シールドトンネル工事に関する下記の文章の_____の，（イ），（ロ）に当てはまる次の語句の組合せのうち，**適当なもの**はどれか。

「シールド工法は，シールド機前方で地山を掘削しながらセグメントをシールドジャッキで押すことにより推力を得るものであり，シールドジャッキの選定と　(イ)　は，シールドの操向性，セグメントの種類及びセグメント　(ロ)　の施工性などを考慮して決めなければならない。」

　　　（イ）　　　　　　　　（ロ）
1. ストローク ……………… 製作
2. 配置 ………………………… 組立て
3. 配置 ………………………… 製作
4. ストローク ……………… 組立て

No.30 上水道に用いる配水管と継手の特徴に関する次の記述のうち，**適当なもの**はどれか。
1. 鋼管に用いる溶接継手は，管と一体化して地盤の変動に対応できる。
2. 硬質塩化ビニル管は，質量が大きいため施工性が悪い。
3. ステンレス鋼管は，異種金属と接続させる場合は絶縁処理を必要としない。
4. ダクタイル鋳鉄管に用いるメカニカル継手は，伸縮性や可とう性がないため地盤の変動に対応できない。

No.31 下水道管きょの剛性管の施工における「地盤の土質区分」と「基礎工の種類」に関する次の組合せのうち，**適当でないもの**はどれか。

　　　　[地盤の土質区分]　　　　　　　　　　　[基礎工の種類]

1. 非常にゆるいシルト及び有機質土 ……………… はしご胴木基礎
2. シルト及び有機質土 …………………………… コンクリート基礎
3. 硬質粘土，礫混じり土及び礫混じり砂 ……… 鉄筋コンクリート基礎
4. 砂，ローム及び砂質粘土 ……………………… まくら木基礎

※**問題番号No.32～No.42までの11問題のうちから6問題を選択し解答してください。**

No.32 賃金の支払いに関する次の記述のうち，労働基準法上，**誤っているもの**はどれか。

1. 使用者は，未成年者が独立して賃金を請求することができないことから，未成年者の賃金を親権者又は後見人に支払わなければならない。
2. 使用者は，時間外又は休日に労働をさせた場合においては，その時間の労働賃金をそれぞれ政令で定める率以上の率で計算した割増賃金を支払わなければならない。
3. 使用者は，労働者が出産，疾病，災害など非常の場合の費用に充てるために請求する場合においては，支払い期日前であっても，既往の労働に対する賃金を支払わなければならない。
4. 賃金とは，賃金，給料，手当，賞与など労働の対償として使用者が労働者に支払うすべてのものをいう。

No.33 災害補償に関する次の記述のうち，労働基準法上，**誤っているもの**はどれか。

1. 労働者が業務上負傷し，又は疾病にかかった場合においては，使用者は，その費用で療養を行い，又は必要な療養の費用を負担しなければならない。
2. 労働者が業務上負傷し，治った場合において，その身体に障害が存するときは，使用者は，その障害の程度に応じて，障害補償を行わなければならない。
3. 労働者が重大な過失によって業務上負傷し，使用者がその過失について行政官庁の認定を受けた場合においては，休業補償又は障害補償を行わなくてもよい。
4. 労働者が業務上負傷した場合における使用者からの補償を受ける権利は，労働者が退職したときにその権利を失う。

No.34 労働安全衛生法上，**作業主任者の選任を必要としない作業**は，次のうちどれか。

1. 土止め支保工の切りばり又は腹起こしの取付け，取り外し作業
2. 掘削面の高さが2m以上となる地山の掘削作業
3. ブルドーザの掘削，押土作業
4. 高さ5m以上の足場の組立て，解体の作業

No.35 建設業法に関する次の記述のうち，**誤っているもの**はどれか。

1. 主任技術者は，現場代理人の職務を兼ねることができない。
2. 建設業法には，建設業の許可，請負契約の適正化，元請負人の義務，施工技術の確保などが定められている。
3. 主任技術者は，建設工事の施工計画の作成，工程管理，品質管理その他の技術上の管理などを誠実に行わなければならない。
4. 建設工事の施工に従事する者は，主任技術者がその職務として行う指導に従わなければならない。

No.36 車両の幅等の最高限度に関する記述のうち，車両制限令上，**誤っているもの**はどれか。
ただし，高速自動車国道又は道路管理者が道路の構造の保全及び交通の危険防止上支障がないと認めて指定した道路を通行する車両，及び高速自動車国道を通行するセミトレーラ連結車又はフルトレーラ連結車を除く車両とする。

1. 車両の輪荷重は，5t
2. 車両の高さは，3.8m
3. 車両の長さは，12m
4. 車両の幅は，4.5m

No.37 河川法に関する次の記述のうち，**正しいもの**はどれか。

1. 河川法の目的は，洪水や高潮等による災害防御と水利用であり，河川環境の整備と保全は含まれていない。
2. 河川保全区域は，河岸又は河川管理施設を保全するために河川管理者が指定した区域である。
3. 洪水防御を目的とするダムは，河川管理施設には該当しない。
4. すべての河川は，国土交通大臣が河川管理者として管理している。

No.38 建築基準法に関する次の記述のうち，**誤っているもの**はどれか。

1. 建築物の敷地は，原則として道路に1m以上接しなければならない。

2. 建築物は，土地に定着する工作物のうち，屋根及び柱若しくは壁を有するものをいう。

3. 道路とは，道路法，都市計画法などによる道路で，原則として幅員4m以上でなければならない。

4. 建築設備は，建築物に設ける電気，ガス，給水などの設備をいう。

No.39 火薬類取締法上，火薬類の貯蔵上の取扱いに関する次の記述のうち，**誤っているもの**はどれか。

1. 火薬庫の境界内には，必要がある者以外は立ち入らない。

2. 火薬庫の境界内には，爆発，発火，又は燃焼しやすい物を堆積しない。

3. 火薬庫内には，火薬類以外の物を貯蔵しない。

4. 火薬庫内は，温度の変化を少なくするため，夏期は換気はしない。

No.40 騒音規制法上，建設機械の規格や作業の状況などにかかわらず指定地域内において特定建設作業の**対象とならない作業**は，次のうちどれか。
ただし，当該作業がその作業を開始した日に終わるものを除く。

1. さく岩機を使用する作業

2. バックホゥを使用する作業

3. 舗装版破砕機を使用する作業

4. ブルドーザを使用する作業

No.41 振動規制法上，指定地域内において特定建設作業を施工しようとする者が行う特定建設作業に関する届出先として，**正しいもの**は次のうちどれか。

1. 環境大臣

2. 市町村長

3. 都道府県知事

4. 労働基準監督署長

No.42 港則法に関する次の記述のうち，**正しいもの**はどれか。

1. 船舶は，特定港内において危険物を運搬しようとするときは，港長に届け出なければならない。

2. 船舶は，特定港に入港したときは，港長の許可を受けなければならない。

3. 船舶は，特定港において危険物の積込又は荷卸をするには，港長に届け出なければならない。

4. 特定港内で工事又は作業をしようとする者は，港長の許可を受けなければならない。

※問題番号No.43〜No.61までの19問題は必須問題ですから全問題を解答してください。

No.43 下図のようにNo.0からNo.3までの水準測量を行い，図中の結果を得た。**No.3の地盤高**は次のうちどれか。なお，No.0の地盤高は10.0mとする。

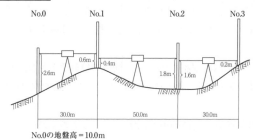

No.0の地盤高 = 10.0m

1. 11.0m

2. 11.5m

3. 12.0m

4. 12.5m

No.44 公共工事標準請負契約約款に関する次の記述のうち，**誤っているもの**はどれか。

1. 現場代理人とは，契約を取り交わした会社の代理として，任務を代行する責任者をいう。

2. 設計図書とは，図面，仕様書，契約書，現場説明書及び現場説明に対する質問回答書をいう。

3. 発注者は，工事完成検査において，工事目的物を最小限度破壊して検査することができる。

4. 受注者は，不用となった支給材料又は貸与品を発注者に返還しなければならない。

No.45 下図は逆T型擁壁の断面図であるが，逆T型擁壁各部の名称と寸法記号の表記として2つとも**適当なもの**は，次のうちどれか。

1. 擁壁の高さH2，つま先版幅B1
2. 擁壁の高さH1，底版幅B2
3. 擁壁の高さH2，たて壁厚B1
4. 擁壁の高さH1，かかと版幅B2

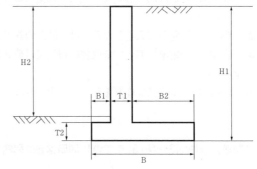

No.46 建設機械に関する次の記述のうち，**適当でないもの**はどれか。

1. バックホゥは，かたい地盤の掘削ができ，機械の位置よりも低い場所の掘削に適する。
2. ドラグラインは，軟らかい地盤の掘削など，機械の位置よりも低い場所の掘削に適する。
3. ローディングショベルは，掘削力が強く，機械の位置よりも低い場所の掘削に適する。
4. クラムシェルは，シールド工事の立坑掘削など，狭い場所での深い掘削に適する。

No.47 施工計画作成のための事前調査に関する次の記述のうち，**適当でないもの**はどれか。

1. 近隣環境の把握のため，現場用地の状況，近接構造物，労務の供給などの調査を行う。
2. 工事内容の把握のため，設計図面及び仕様書の内容などの調査を行う。
3. 現場の自然条件の把握のため，地質調査，地下水，湧水などの調査を行う。
4. 輸送，用地の把握のため，道路状況，工事用地などの調査を行う。

No.48 施工体制台帳の作成に関する次の記述のうち，**適当でないもの**はどれか。

1. 公共工事を受注した元請負人が下請契約を締結したときは，その金額にかかわらず施工の分担がわかるよう施工体制台帳を作成しなければならない。

2. 施工体制台帳には，下請負人の商号又は名称，工事の内容及び工期，技術者の氏名などについて記載する必要がある。

3. 受注者は，発注者から工事現場の施工体制が施工体制台帳の記載に合致しているかどうかの点検を求められたときは，これを受けることを拒んではならない。

4. 施工体制台帳の作成を義務づけられた元請負人は，その写しを下請負人に提出しなければならない。

No.49 平坦な砂質地盤でブルドーザを用いて，掘削押土する場合の時間当たり作業量Qとして，**適当なもの**は次のうちどれか。

ブルドーザの時間当たり作業量Q（m³/h）

$$Q = \frac{q \times f \times E \times 60}{Cm}$$

ただし，ブルドーザの作業量の算定の条件は，次の値とする。

q：回当たりの掘削押土量（m³）　　　3m³

E：作業効率　　　　　　　　　　　　0.7

Cm：サイクルタイム　　　　　　　　2分

f：土量換算係数＝$\frac{1}{L}$（土量の変化率　ほぐし土量L＝1.25）

1. 40.4m³/h

2. 50.4m³/h

3. 60.4m³/h

4. 70.4m³/h

No.50 工程表の種類と特徴に関する次の記述のうち，**適当でないもの**はどれか。

1. ガントチャートは，各工事の進捗状況が一目でわかるようにその工事の予定と実績日数を表した図表である。

2. 出来高累計曲線は，工事全体の実績比率の累計を曲線で表した図表である。

3. グラフ式工程表は，各工事の工程を斜線で表した図表である。

4. バーチャートは，工事内容を系統だて作業相互の関連の手順や日数を表した図表である。

No.51 下図のネットワーク式工程表に示す工事の**クリティカルパスとなる日数**は，次のうちどれか。ただし，図中のイベント間のA〜Gは作業内容，数字は作業日数を表す。

1. 19日
2. 20日
3. 21日
4. 22日

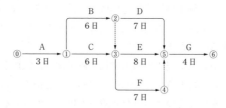

No.52 特定元方事業者が，その労働者及び関係請負人の労働者の作業が同一の場所において行われることによって生じる労働災害を防止するために講ずべき措置に関する次の記述のうち，労働安全衛生法上，**正しいもの**はどれか。

1. 作業間の連絡及び調整を行う。
2. 労働者の安全又は衛生のための教育は，関係請負人の自主性に任せる。
3. 一次下請け，二次下請けなどの関係請負人ごとに，協議組織を設置させる。
4. 作業場所の巡視は，毎週の作業開始日に行う。

No.53 高さ2m以上の足場（つり足場を除く）に関する次の記述のうち，労働安全衛生法上，**誤っているもの**はどれか。

1. 足場の床材間の隙間は，3cm以下とする。
2. 足場の作業床の幅は，40cm以上のものを設ける。
3. 足場の床材が転位し脱落しないよう支持物に取り付ける数は，2つ以上とする。
4. 足場の作業床の手すりの高さは，60cm以上のものを設ける。

No.54 地山の掘削作業の安全確保に関する次の記述のうち，労働安全衛生法上，**誤っているもの**はどれか。

1. 地山の掘削作業主任者は，掘削作業の方法を決定し，作業を直接指揮しなければならない。

2. 掘削の作業に伴う運搬機械等が労働者の作業箇所に後進して接近するときは，点検者を配置し，その者にこれらの機械を誘導させなければならない。

3. 地山の崩壊又は土石の落下により労働者に危険を及ぼすおそれのあるときは，土止め支保工を設け，労働者の立入りを禁止する等の措置を講じなければならない。

4. 明り掘削作業を埋設物等に近接して行い，これらの損壊等により労働者に危険を及ぼすおそれのあるときは，危険防止のための措置を講じた後でなければ，作業を行なってはならない。

No.55 事業者が，高さ5m以上のコンクリート造の工作物の解体作業に伴う危険を防止するために実施しなければならない事項に関する次の記述のうち，労働安全衛生法上，**誤っているもの**はどれか。

1. 外壁，柱等の引倒し等の作業を行うときは，引倒し等について一定の合図を定め，関係労働者に周知させる。

2. 作業主任者を選任するときは，コンクリート造の工作物の解体等作業主任者の特別教育を修了した者のうちから選任する。

3. 物体の飛来又は落下による労働者の危険を防止するため，当該労働者に保護帽を着用させる。

4. 作業計画を定めたときは，作業の方法及び順序，控えの設置，立入禁止区域の設定などの危険を防止するための方法について関係労働者に周知させる。

No.56 品質管理活動における（イ）〜（ニ）の作業内容について，品質管理のPDCA（Plan, Do, Check, Action）の手順として，**適当なもの**は次のうちどれか。

（イ）作業標準に基づき，作業を実施する。

（ロ）異常原因を追究し，除去する処置をとる。

（ハ）統計的手法により，解析・検討を行う。

（ニ）品質特性の選定と，品質規格を決定する。

1. （イ）→ （ニ）→ （ハ）→ （ロ）

2. （ハ）→ （ニ）→ （ロ）→ （イ）

3. （ロ）→ （ハ）→ （イ）→ （ニ）

4. （ニ）→ （イ）→ （ハ）→ （ロ）

No.57 品質管理における下図に示すA〜Cのヒストグラムについて，ばらつきの度合いを示す**標準偏差 σ の大きい順番に並べているもの**は，次のうちどれか。

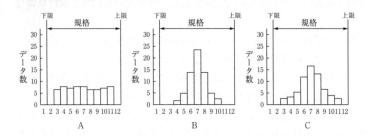

1. A→C→B
2. B→C→A
3. B→A→C
4. C→A→B

No.58 盛土の締固めの品質管理に関する次の記述のうち，**適当でないもの**はどれか。

1. 締固めの目的は，土の空気間げきを少なくし透水性を低下させるなどして土を安定した状態にすることである。
2. 締固めの品質規定方式は，盛土の敷均し厚などを規定する方法である。
3. 締固めの工法規定方式は，使用する締固め機械の機種や締固め回数などを規定する方法である。
4. 締固めの最適含水比は，土が最もよく締まる含水状態のことで，最大乾燥密度の得られる含水比である。

No.59 呼び強度21，スランプ12cm，空気量4.5％と指定した JIS A 5308 レディーミクストコンクリートの試験結果について，各項目の判定基準を**満足しないもの**は次のうちどれか。

1. スランプ試験の結果は，10.5cmであった。
2. 空気量試験の結果は，6.0％であった。
3. 1回の圧縮強度試験の結果は，18N/mm^{2}であった。
4. 3回の圧縮強度試験結果の平均値は，20N/mm^{2}であった。

No.60 建設工事の舗装作業における地域住民への生活環境の保全対策に関する次の記述のうち，**適当でないもの**はどれか。

1. 締固め作業でのアスファルトフィニッシャには，バイブレータ方式とタンパ方式があり，夜間工事など静かさが要求される場合などでは，タンパ方式を採用する。

2. 舗装の部分切取に用いられるカッタ作業では，振動ではなくブレードによる切削音が問題となるため，エンジンルーム，カッタ部を全面カバーで覆うなどの騒音対策を行う。

3. 舗装版とりこわし作業にあたっては，破砕時の騒音，振動の小さい油圧ジャッキ式舗装版破砕機，低騒音型のバックホゥの使用を原則とする。

4. 破砕物などの積込み作業では，不必要な騒音，振動を避けてていねいに行わなければならない。

No.61 「建設工事に係る資材の再資源化等に関する法律」（建設リサイクル法）に定められている特定建設資材に**該当しないもの**は，次のうちどれか。

1. アスファルト・コンクリート

2. 木材

3. 建設発生土

4. コンクリート

No.1 ［答え1］土質調査

1. の土の液性限界・塑性限界試験は，**コンシステンシー試験**とも呼ばれ，乾いた半固体状の土の含水量を変化させ，**塑性体，液体の状態に移る境界の含水比を調べる室内試験**である。**2.** のポータブルコーン貫入試験は，ロッドの先端に円錐のコーンを取り付けて地中に静的に貫入し，その圧入力から土のコーン指数を求める原位置試験である。**3.** の平板載荷試験は，一定の大きさの鋼板に載荷し，荷重と沈下量の関係から地盤の支持力係数を測定する原位置試験である。**4.** の標準貫入試験は，ボーリングロッド頭部に取り付けたノッキングブロックに，63.5kg±0.5kgの錘を76cm±1cmの高さから落下させ，地盤に30cm貫入する打撃回数からN値を調べる原位置試験である。したがって，**1.** が室内試験である。

No.2 ［答え3］土工作業の種類と使用機械

1. のトレンチャは，小型の掘削用バケットをチェーンソーのようにチェーンで環状につなぎ，回転によって地盤に溝を掘る機械である。**2.** のブルドーザは，前面に排土板が取り付けてあり，これにより掘削，運搬，整地，敷均しや，締固めや，伐開除根を行う機械である。**3.** のトラクターショベルは，前方に土砂をすくい上げるバケットが付いている**積込み機械**である。ただし，小距離運搬に用いることもある。**4.** のロードローラは，円筒状のローラによってアスファルト舗装や路盤・路床等の締固めに用いられる。したがって，**3.** が適当でない。

No.3 ［答え2］道路土工の盛土材料

盛土材料として望ましい条件としては，敷均しや締固めが容易で，締固め後のせん断強さが大きく，**圧縮性（沈下量）が小さく**，雨水等の浸食に強い（透水性が小さい）とともに，吸湿による膨潤性（水を吸着して体積が増大する性質）が低いことである。また施工機械のトラフィカビリティーが確保できることである。したがって，**2.** が適当でない。

No.4 ［答え3］基礎地盤の改良工法

1. の深層混合処理工法は，回転翼を有した撹拌機を地中に挿入し，引き上げながら固化材を噴射して軟弱土と強制的に混合・撹拌して円柱状の改良体をつくり，沈下及び安定性をはかる工法である。**2.** のウェルポイント工法は，吸水装置で掘削箇所の内側及び周辺を取り囲み，先端の吸水部から地下水をポンプで強制排水し，地下水位を低下させ，圧密の促進や地盤の強度増加をはかる工法である。**3.** の押え盛土工法とは，**本体盛土に先行し，側方に押さえ盛土を施工し，基礎地盤のすべり破壊に抵抗するモーメントを増加させて本体盛土のすべり破壊を防止する工法**である。選択肢の記述内容は，サーチャージ工法のことである。**4.** の薬液注入工法は，水ガラス等の薬液を地盤に注入し，土粒子の間隙に浸透・固化させ，地盤強化

や透水性の改良（止水）を行う工法である。したがって，**3.** が適当でない。

No.5 [答え1] コンクリートの性質改善

1. のフライアッシュを適切に用いると，コンクリートのワーカビリティーを改善し，単位水量が減少する。また**初期強度は小さいが長期強度を増進させ**，乾燥収縮や水和熱等の減少，水密性の向上，化学抵抗性の向上等，多くの特徴を発揮する。しかし，フライアッシュの品質は，微粉末の品質等により相違することから，混和材として用いる場合はJIS A 6201に適合したものを標準とする。**2.** の減水剤は，ワーカビリティーを向上させ，減水にともない単位セメント量を減らすことができる。またコンクリートが緻密となり，鉄筋との付着がよくなる。**3.** の高炉スラグ微粉末を適切に用いると，水和熱の発生速度の遅延や，コンクリートの長期強度の増進，水密性の向上，化学抵抗性の向上等の効果をもたらす。しかし，これらの効果は高炉スラグ微粉末の品質等により相違することから，高炉スラグ微粉末はJIS A 6206に適合したものを標準とする。**4.** のAE剤は，界面活性作用を利用し，フレッシュコンクリート中に微小な独立した空気の泡（エントレインドエア）を均等に連行することにより，①ワーカビリティーの改善，②耐凍害性の向上，③ブリーディング，レイタンスの減少といった効果が期待できる。したがって，**1.** が適当でない。

No.6 [答え4] コンクリートの配合

1. のコンクリートの単位水量は，作業ができる範囲でできるだけ少なくなるようにし，上限は175kg/m^{3}を標準する。**2.** のコンクリートは，AEコンクリートを原則とし，空気量は耐凍害性が得られるようにコンクリート容積の4～7%を標準とする。**3.** の粗骨材の最大寸法は，部材最小寸法の1／5，鉄筋の最小あき及びかぶりの3／4以下とする。**4.** のコンクリートの単位セメント量は，少なすぎるとワーカビリティーが低下することから，**粗骨材の最大寸法が20～25mmの場合には少なくとも270kg/m^3，最大寸法が40mmの場合には250kg/m^{3}以上**（望ましくは300kg/m^{3}以上）を確保するのがよい。したがって，**4.** が適当でない。

No.7 [答え2] コンクリートの施工

1. と**3.** と**4.** は記述のとおりである。**2.** の内部振動機で締固めを行う際は，上層と下層が一体になるように**下層コンクリート中に10cm程度挿入**する。したがって，**2.** が適当でない。
（参考：P.340 2018（平成30）年度後期学科試験No.7解説）

No.8 [答え4] 鉄筋の組立てと継手

1. のスペーサは，梁，床版等で1m^{2}あたり4個程度，ウェブ，壁及び柱で1m^{2}あたり2～4個程度配置する。なお型枠底面に接するスペーサは，モルタル製あるいはコンクリート製（本体コンクリートと同等以上の品質）を使用することを原則とする。**2.** は記述のとおりである。**3.** の鉄筋の重ね継手は，0.8mm以上の焼なまし鉄線で数箇所緊結し，重ね継手の重合せ長さは，鉄筋直径の20倍以上とする。**4.** の鉄筋の継手は，**応力の小さいところで**，かつ常時はコンクリートに圧縮応力が生じている部分に設け，**同一断面に集中して設けない**。継手位置

を軸方向に相互にずらす距離は，継手の長さに鉄筋直径の25倍を加えた長さ以上を標準とする。したがって，**4.** が適当でない。

No.9 ［答え1］ 既製杭の施工

1. と **3.** の中掘り杭工法は，中空の既製杭の内部にスパイラルオーガ等を通して地盤を掘削し，土砂を排出しながら杭を沈設するので，一般に打込み杭工法に比べて騒音・振動が小さく，**隣接構造物に対する影響が小さい**。**2.** の打込み杭工法は，ディーゼルハンマ，ドロップハンマ，油圧ハンマ等により杭を打ち込む工法であり，打止め管理は，打撃量，リバウンド量を測定し，貫入量を求め，2～10mmで打ち止める。**3.** は記述のとおりである。**4.** の打込み杭工法では，途中で打込みを中止すると杭周面の摩擦が増加して打込みが困難になるので連続して行うことを原則とする。したがって，**1.** が適当でない。

No.10 ［答え3］ 場所打ち杭の工法名と孔壁保護の資機材

1. のオールケーシング工法は，ケーシングチューブで孔壁保護を行い，ハンマグラブで掘削・排土する。掘削完了後，鉄筋かごを建て込み，コンクリートの打設とともにケーシングを引抜いて杭を築造する。**2.** のアースドリル工法は，崩壊しやすい地表部に表層ケーシングを建て込み，以深はベントナイト等の安定液で孔壁保護を行う。**3.** のリバースサーキュレーション工法は，表層部ではスタンドパイプを用い，それ以深では**自然泥水により，孔壁に水圧をかけて崩壊を防ぐ**。**4.** の深礎工法は，人力又は機械によって掘削を行い，孔壁保護は山留め材（ライナープレート）で行う。支持地盤を直接目視によって確認できる等の利点がある。したがって，**3.** が適当でない。

No.11 ［答え2］ 土留め壁

1. の連続地中壁は，止水性がよく，掘削底面以下の根入れ部分の連続性が保たれ，断面性能が高いので，大規模な開削工事や重要構造物の近接工事，軟弱地盤における工事等に用いられる。また，そのまま躯体として使用できるが，作業に時間を要することや支障物の移設等，他に比べて**経済的とはいえない**。**2.** の鋼矢板は，継ぎ手が強固で止水性が高く，掘削底面以下の根入れ部分の連続性が保たれるため，地下水位の高い地盤や軟弱な地盤に用いられる。施工はバイブロハンマー式，圧入式，オーガ併用式，ジェット併用式等があり，比較的容易である。**3.** の柱列杭は，モルタル柱等，地中に連続して構築するため，止水性がよく，**剛性が大きいが**，工期工費の面で不利がある。**4.** の親杭・横矢板は，良質地盤における標準工法であるが，**遮水性がよくなく**，掘削底面以下の根入れ部分の連続性が保たれないため，地下水のある地盤や軟弱地盤等で用いる場合は地盤改良が必要となる。したがって，**2.** が適当である。

No.12 ［答え2］ 鋼材の特性，用途

1. の耐候性鋼材は鋼材に銅，クロム，ニッケル等の合金元素を添加し，鋼材表面を緻密な錆で覆い，耐食性を向上させる方法であるが，材料の強度低下を招く場合もある。**2.** のワイヤーケーブルには，炭素鋼でつくられた高強度の**PC鋼線**が用いられる。**3.** 炭素鋼は，鉄と炭

素の合金であり，炭素含有量が多くなると，引張強さ・硬さが増すが，伸び・絞りが減少し，被削性・被研削性が悪くなる。炭素含有量が0.6%以上のものを高炭素鋼といい，工具鋼として使用される。**4.**の橋梁の伸縮継手には，長期耐久性があり，また取替施工が容易でライフサイクルコストの低減がはかれる鋳鋼等が用いられる。したがって，**2.**が適当でない。

No.13 [答え3] 高力ボルトの締付け

1.と**3.**のトルシア形高力ボルトのボルト軸力導入は，ナットを回して行い，ナット締付けトルクの反力をボルトのピンテールで受け，ピンテールの破断により所定の軸力の導入を確認する。また**本締めには，専用締付け機であるシャーレンチを用いて行う。2.**のボルトの締付けは，接触面の処理，継手部材間の肌すき，ボルトの締付け方法・順序に十分注意し，所定の軸力を導入する。**4.**のボルトの締付けは，予備締めと本締めの2回に分けて行い，予備締めは目標とする締付け軸力の60%程度とし，インパクトレンチが使用される。本締めの標準ボルト軸力は，設計ボルト軸力の10%増しとする。したがって，**3.**が適当でない。

No.14 [答え1] コンクリート構造物の劣化現象

1.のアルカリシリカ反応は，**コンクリート中のアルカリ分と骨材中のシリカ分が反応して**きたアルカリシリカゲルが吸水膨張し，**コンクリート構造物にひび割れを起こし，耐久性を低下させる**現象をいう。選択肢の記述内容は中性化のことである。**2.**の塩害には，コンクリート材料に含まれ，練混ぜ時から存在するものと，海水作用のように供用中に外部から侵入してくるものがある。**3.**凍害は，AEコンクリート（AE剤を用い，コンクリート中に微少な独立した空気の泡（エントレインドエア）を均等に連行したコンクリート）とすることにより，耐凍害性を向上できる。**4.**の化学的侵食は，工場排水，下水道，海水，温泉，侵食性ガス等により，遊離石灰の溶出，可溶性物質の生成による溶出，エトリンガイトの生成による膨張崩壊等を引き起こし，劣化する現象である。したがって，**1.**が適当でない。

No.15 [答え4] 河川堤防に用いる土質材料

河川堤防に用いる土質材料の条件は，①**高い密度が得られる粒度分布を有し**，かつせん断強度が大きいこと，②**できるだけ不透水性であること**，③堤体に悪影響を及ぼす圧縮変形や膨張性がないこと，④**施工性がよく，締固めが容易**であること，⑤浸水，乾燥に対し，すべりやクラックが生じず，安定であること，⑥有害な草木の根等，**有機物を含まないこと**，等である。したがって，**4.**が適当である。

No.16 [答え3] 河川護岸の法覆工

1.のコンクリートブロック張工は，工場製品のコンクリートブロックを法面に張り，連結金具や胴込コンクリート等によりブロック相互の一体化をはかった構造である。**2.**のコンクリート法枠工は，法勾配の急な場所では平張コンクリートの施工が難しい。**3.**のコンクリートブロック張工は，勾配が急な法面や流速の大きな急流部では積ブロック（間知ブロック）を用い，**勾配が比較的緩い法面で，流速があまり大きくない場所では平板ブロックを用いる。**

4. のコンクリート法枠工は，プレキャスト製又は現場打ちで法面にコンクリート格子枠をつくり，格子枠の中にコンクリートを打設する工法である。したがって，**3.** が適当でない。

No.17 [答え1] 砂防えん堤

1. の本えん堤の基礎の根入れは，基礎の不均質性や風化の速度を考慮し，**岩盤では1m以上**，砂礫盤では2m以上が必要である。**2.** の砂防えん堤の基礎地盤は，安全性等から岩盤が原則である。ただし，やむを得ず砂礫盤とする場合は，できる限りえん堤高15m未満に抑え，均質な地層を選定する。**3.** の本えん堤下流の法勾配は，越流土砂による損傷を避けるため，1：0.2を標準とするが，流出土砂の粒径が小さく，量が少ない場合は必要に応じて緩くできる。**4.** の砂防えん堤には，渓流・渓床の浸食防止（生産土砂の抑制），流下土砂の調節（土砂調節機能），土石流の捕捉及び減勢，流木の捕捉，の機能がある。したがって，**1.** が適当でない。

No.18 [答え2] 地すべり防止工

1. の抑制工には，地すべり頭部の荷重を減ずる排土工，深さ10〜20m程度の井戸により地すべり地の地下水を集水して外部に排水する集水井工や地下水排除工等がある。**2.** の地すべり防止工において，工法の主体は抑制工とし，地すべりが活発に継続している場合は**抑制工を先行させ，地すべり運動を軽減してから抑止工を施工する**。**3.** の抑止工には，杭工，シャフト工（深礎杭工），アンカー工，擁壁工等がある。**4.** の地すべり防止工では，抑制工と抑止工の両方を組み合わせて施工を行うのが一般的である。したがって，**2.** が適当でない。

No.19 [答え4] 道路のアスファルト舗装における路床

1. の盛土路床の層の敷均し厚さは，盛土材料の粒度，土質，締固め機械，施工法及び要求される締固め度等の条件に左右されるが，路床では1層の敷均し厚さを25〜30cm以下とし，締固め後の仕上り厚さを20cm以下とする。**2.** の切土路床の場合は，表面から30cm程度以内の木根は時間経過とともに腐植して空洞の原因になり，また転石は路床の均一性を損なうため，取り除いて仕上げる。**3.** の構築路床は，上部の舗装と一体になって交通荷重を支持するとともに，交通荷重を均一に分散して路体に伝えるため，変形量が少なく，水が浸入しても支持力が低下しにくい構造が求められる。**4.** の路床の安定処理は，比較的性状が劣る材料に安定材を添加混合して改良する工法である。混合方法には，中央プラント混合方式と路上混合方式があるが，**原則として路上混合方式**で行う。したがって，**4.** が適当でない。

No.20 [答え1] 道路のアスファルト舗装の施工

1. の横継目部は，施工終了時等に道路の横断方向に設けるつなぎ目で，施工の良否が走行性に影響を及ぼすので，平坦に仕上げ，**下層の継目の上に上層の継目を重ねないように施工する**。**2.** は記述のとおりである。**3.** の初転圧では，ローラへの混合物の付着防止のため，少量の水，切削油乳剤の希釈液，又は軽油等を薄く塗布する。**4.** の仕上げ転圧は，タイヤローラかロードローラで2回（1往復）程度，不陸の修正や転圧作業によって生じたローラの線状走行軌跡であるローラマークの消去のために行う。したがって，**1.** が適当でない。

No.21 [答え3] 道路のアスファルト舗装の補修工法

1.のオーバレイ工法は，舗装表面の亀裂等の補修のために，**既設舗装上に厚さ3cm以上の加熱アスファルト混合物を舗設する工法**である。**2.**の表面処理工法は，**既設舗装上に加熱アスファルト混合物以外の材料を使用し，3cm未満の封かん層を設け，路面の性能を回復させる**ことを目的とした**予防的維持工法**で，チップシール，スラリーシール，マイクロサーフェシング等がある。**3.**の打換え工法は，**既設舗装の路盤もしくは路盤の一部までを打ち換える工法**である。**4.**の切削工法は，路面に凹凸が生じ，極端に平坦性が悪くなった場合に，その部分を路面切削機等により切削し，平坦性を回復する工法である。したがって，**3.**が該当する。

No.22 [答え2] 道路のコンクリート舗装の施工

1.のアジテータトラック（生コン車）は，レディーミクスコンクリートのワーカビリティの低下や骨材分離を生じないように，撹はんしながら製造工場から現場まで運ぶトラックである。**2.**のフロートとは，フロートパンに柄を付けたT型の**コンクリート舗装の表面仕上げに用いる道具**で，コンクリートフィニッシャ仕上げ後に表面の小波をとるために用いる。**3.**のフィニッシャは，スプレッダでコンクリート敷均し後，ロータリー式ファーストスクリード，バイブレータ，フィニッシングスクリードの3つの装置により余盛の規整，締固め，仕上げを行う機械である。**4.**のスプレッダは，ダンプトラックから舗装路盤上に投入されたコンクリートを，ブレードで所定の高さに敷き均す機械である。したがって，**2.**が適当でない。

No.23 [答え2] コンクリートダム

1.は記述のとおりである。**2.**の監査廊は，コンクリートダムでは**基礎地盤から数m上部に設置**される。カーテングラウチングは，本堤打設高10～20mの時点で上流フィレット，監査廊内，袖部のグラウトトンネル内から施工する。**3.**のダム基礎掘削には，基礎岩盤に損傷を与えることが少なく，大量掘削が可能なベンチカット工法が一般的である。なおベンチカット工法とは，階段状に掘削を進める方法である。**4.**のブロック工法は，横継目，縦継目を設けてダム堤体をブロック状に分割し，コンクリートを打設する。RCD工法は，貧配合コンクリートを用いることにより，温度ひび割れの発生を抑制できることから，堤体のブロック割りを最小限に抑え，堤体全面に水平に連続して打ち込むができる。したがって，**2.**が適当でない。

No.24 [答え1] トンネルの施工

一般に**1.**の支保工の施工順序は，地山条件が良好な場合は①吹付けコンクリート，②ロックボルトの順，地山条件が悪い場合は**①一次吹付けコンクリート，②鋼製支保工，③二次吹付けコンクリート，④ロックボルトの順**である。**2.**の吹付けコンクリートは，吹付けノズルを吹付け面に直角に向けて吹き付けたときに最も圧縮され，付着性がよい。**3.**の発破掘削は，主に硬岩から中硬岩の地山に適用され，軟岩は岩石の抗力係数（岩石の抵抗する程度を示す係数）が低く，衝撃破壊作用も小さいため，発破効果は小さい。**4.**のベアリングプレートとナットは，ロックボルトと吹付けコンクリートを一体化するとともに，吹付けコンクリートを支持し，ロックボルト間隔以下の小岩塊の剥落を防止する。したがって，**1.**が適当でない。

No.25 **[答え4]** **異形コンクリートブロックによる消波工の施工**

異形コンクリートブロックの積み方には，規則正しく配列する層積みと，最初から組み上げない乱積みがある。**1.**の乱積みは，施工時のブロック間のかみ合わせが悪い部分もあり，荒天時の高波を受けるたびに沈下し，徐々に**ブロック間のかみあわせがよくなり，空隙や消波効果が改善される**。**2.**の層積みは，規則正しく配列する積み方で外観が美しく，施工当初から**安定性も優れている**。**3.**の乱積みは，層積みに比べて据付けは容易であるが，据付け時にブロック間や基礎地盤とのかみ合わせが十分でない箇所が生じるため，**安定性は層積みに比べて劣る**。**4.**は記述のとおりである。したがって，**4.**が適当である。

No.26 **[答え3]** **ケーソン式混成堤の施工**

1.のケーソンの据付けは，一次注水，据付け位置の微調整，二次注水の順で沈設させる。**2.**は記述のとおりである。**3.**のケーソンは，据付け後，その安定を保つため，設計上の単位体積重量を満足する材料をケーソン内部に**ただちに中詰め，蓋コンクリートの施工を行う**。**4.**のケーソンが，波浪や風等の影響でえい航直後の据付けが困難な場合には，仮置きマウント上までえい航し，注水して沈設仮置きする。したがって，**3.**が適当でない。

No.27 **[答え1]** **鉄道の軌道に関する用語**

1.のレール継目部分は，車輪による衝撃が大きく，保守経費・乗心地・保安面等から軌道の弱点箇所であるレール継目を溶接し，長さ200m以上にしたものがロングレールである。**2.**の**定尺レール**とは，標準長さのレールのことであり，一般的に**1本25m**である。**3.**の軌間とは，**両側レールの頭部内側の最短距離**と規定されている。**4.**のレールレベルとは，軌道高のことで，路盤の高さを示す基準面は施工基面という。したがって，**1.**が適当である。

No.28 **[答え3]** **鉄道の営業線近接工事における工事従事者**

設問に該当する「工事従事者」は，**3.**の列車見張員である。**列車見張員は，営業線又はこれに近接する作業現場において，列車等及び作業員等の安全を確保することを任務**としている。**1.**の工事管理者は，工事等終了後に作業区間内における作業員の退避状況，建築限界内の支障物の確認を行うことを任務とする。**2.**の誘導員は，当該運転者とあらかじめ合図，方法について打合せを行い，工事用重機械又は工事用自動車を安全・適切に誘導し，列車運転及び旅客公衆等の安全確保のため，事故防止に専念する。また事故発生又は発生のおそれがある場合は，ただちに列車防護の手配をとるとともに，関係各所に連絡することを任務とする。**4.**の主任技術者は，当該工事現場における建設工事の施工の技術上の管理をつかさどるものである（建設業法第26号第1項）。したがって，該当する名称は**3.**である。

No.29 **[答え2]** **シールドトンネル工事**

シールド工法は，シールド機前方で地山を掘削しながら，セグメントを反力とし，シールドジャッキで押すことにより推力を得るものである。シールドジャッキの選定と**配置**は，シールドの操向性，セグメントの種類及びセグメント**組立て**の施工性等を考慮して決めなければ

ならない。シールド機の進路は，円周状に配置された各シールドジャッキの屈伸量によって操作するため，ジャッキはシールドスキンプレートの内側に近接して等間隔に配置し，セグメントの全周に均等荷重を与えられるように考慮する必要があるが，土質条件等によっては間隔の異なる配置とすることもある。セグメントは工場で製作され，シールド本体のテール部に装備されたエレクターにより組み立てられる。セグメントは材質別に，RCセグメント，鋼製セグメント，合成セグメントがある。したがって，**2.** が適当である。

No.30 ［答え1］上水道に用いる配水管と継手

1. の鋼管は，溶接継手により一体化でき，地盤の変動に長大なラインとして追従できる。**2.** の硬質塩化ビニル管は，耐食性に優れ，**質量が軽く，施工性・加工性がよいが**，低温時には耐衝撃性が低下するので取扱いに注意する。**3.** のステンレス管は，耐食性に優れ，ライニングの塗装の必要はないが，**異種金属と接続する場合**はイオン化傾向の違いにより**異種金属接触腐食を生ずるので，絶縁処理が必要である**。**4.** のダクタイル鋳鉄管に用いる**メカニカル継手は，伸縮性や可とう性があり，地盤の変動に追従できる**。したがって，**1.** が適当である。

No.31 ［答え3］下水道管きょの剛性管の施工

剛性管における基礎工は，土質，地耐力，施工方法，荷重条件，埋設条件等によって選択する。**1.** の非常にゆるいシルト及び有機質土には，はしご胴木基礎，鳥居基礎，鉄筋コンクリート基礎が用いられる。**2.** のシルト及び有機質土には，コンクリート基礎，砕石基礎などが用いられる。**3.** の硬質粘土，礫混じり土及び礫混じり砂には，砂基礎，砕石基礎等を用い，**鉄筋コンクリート基礎は用いない**。**4.** のまくら木基礎は，砂，ローム及び砂質粘土など，地盤が比較的良好な硬質土及び普通土で採用される。したがって，**3.** が適当でない。

（参考：P.88 2022（令和4）年度前期第一次検定No.31解説）

No.32 ［答え1］賃金の支払い

1. は労働基準法第59条に「**未成年者は，独立して賃金を請求することができる。親権者又は後見人は，未成年者の賃金を代って受け取ってはならない**」と規定されている。**2.** は同法第37条（時間外，休日及び深夜の割増賃金）第1項により正しい。**3.** は同法第25条（非常時払）により正しい。**4.** は同法第11条により正しい。したがって，**1.** が誤りである。

No.33 ［答え4］災害補償

1. は労働基準法第75条（療養補償）第1項により正しい。**2.** は同法第77条（障害補償）により正しい。**3.** は同法第78条（休業補償及び障害補償の例外）により正しい。**4.** は同法第83条（補償を受ける権利）第1項に「補償を受ける権利は，労働者の**退職によって変更されることはない**」と規定されている。したがって，**4.** が誤りである。

No.34 ［答え3］労働安全衛生法

労働安全衛生法第14条（作業主任者）により規定された作業主任者を選任すべき作業は，労

働安全衛生法施行令第6条（作業主任者を選任すべき作業）に示されている。**1.**は第10号に規定されている。**2.**は第9号に規定されている。**3.**は規定されていない。**4.**は第15号に規定されている。したがって，**3.**が作業主任者の選任を必要としない。

No.35 [答え 1] 建築業法

1.は建設業法第26条第3項及び同法施行令第27条に「公共性のある施設若しくは工作物又は多数の者が利用する施設若しくは工作物に関する重要な建設工事で，**工事1件の請負代金の額が3500万円（建築一式工事は7000万円）以上の場合，置かなければならない主任技術者又は監理技術者は，工事現場ごとに，専任の者でなければならない**」と規定されている。すなわちこの請負金額未満であれば専任を要しないので，**主任技術者は現場代理人の職務を兼ねることができる。2.**の建設業法には，建設業の許可建設工事の請負契約，建設工事の請負契約に関する紛争の処理，施工技術の確保，建設業者の経営事項審査等が定められている。**3.**は同法第26条の4（主任技術者及び監理技術者の職務等）第1項により正しい。**4.**は同条第2項により正しい。したがって，**1.**が誤りである。

No.36 [答え 4] 車両の幅等の最高限度

道路法第47条第1項及び車両制限令第3条（車両の幅等の最高限度）より，車両の輪荷重は5t，高さは3.8m，長さは12m，**幅は2.5m**である。したがって，**4.**が誤りである。

（参考：P.47　2022（令和4）年度後期第一次検定No.36解説）

No.37 [答え 2] 河川法

1.は河川法第1条（目的）に「この法律は，河川について，**洪水，津波，高潮等による災害の発生が防止**され，**河川が適正に利用**され，流水の正常な機能が維持され，及び**河川環境の整備と保全**がされるようにこれを総合的に管理することにより，国土の保全と開発に寄与し，もって公共の安全を保持し，かつ，公共の福祉を増進することを目的とする」と規定されている。**2.**は同法第54条（河川保全区域）第1項により正しい。**3.**は同法第3条（河川及び河川管理施設）第2項に「この法律において「**河川管理施設**」とは，**ダム，堰，水門，堤防，護岸，床止め，樹林帯**，その他河川の流水によって生ずる公利を増進し，又は公害を除却し，若しくは軽減する効用を有する施設をいう（略）」と規定されている。**4.**は同法第9条（一級河川の管理）第1項に「**一級河川の管理は，国土交通大臣**」，第10条（二級河川の管理）第1項に「**二級河川の管理は，都道府県知事**」，第100条に「**準用河川の管理は，市町村長が行う**」と規定されている。したがって，**2.**が正しい。

No.38 [答え 1] 建築基準法

1.は建築基準法第43条（敷地等と道路との関係）第1項に「**建築物の敷地は，道路に2m以上接しなければならない**」と規定されている。**2.**は同法第2条（用語の定義）第1号により正しい。**3.**は同法第42条（道路の定義）第1項により正しい。**4.**は同法第2条第3号により正しい。したがって，**1.**が誤りである。

No.39 [答え4] 火薬類取締法

1. は火薬類取締法施行規則第21条（貯蔵上の取扱い）第1号により正しい。**2.** は同条第2号により正しい。**3.** は同条第3号により正しい。**4.** は同条第7号に「**火薬庫内では，換気に注意し，できるだけ温度の変化を少なくし，特に無煙火薬又はダイナマイトを貯蔵する場合には，最高最低寒暖計を備え，夏期又は冬期における温度の影響を少なくするような措置を講ずること**」と規定されている。したがって，**4.** が誤りである。

No.40 [答え3] 騒音規制法

騒音規制法第2条第3項，同法施行令第2条及び別表二により，特定建設作業に該当するものは，①くい打機，くい抜機又はくい打くい抜機を使用する作業，②びょう打機を使用する作業，③さく岩機を使用する作業，④空気圧縮機を使用する作業，⑤コンクリートプラント又はアスファルトプラントを設けて行う作業，⑥バックホウを使用する作業，⑦トラクターショベルを使用する作業，⑧ブルドーザを使用する作業である。したがって，**3.** の**舗装版破砕機を使用する作業は対象とならない。**

(参考：P.48　2022（令和4）年度後期第一次検定No.40解説)

No.41 [答え2] 振動規制法

振動規制法第14条第1項に「指定地域内において特定建設作業を伴う建設工事を施工しようとする者は，当該特定建設作業の開始の日の7日前までに，環境省令で定めるところにより，**市町村長に届け出**なければならない。ただし，災害その他非常の事態の発生により特定建設作業を緊急に行う必要がある場合は，この限りでない」と規定されている。したがって，**2.** が正しい。

No.42 [答え4] 港則法

1. は港則法第22条第4項に「船舶は，特定港内又は特定港の境界附近において危険物を運搬しようとするときは，**港長の許可を受けなければならない**」と規定されている。**2.** は同法第4条（入出港の届出）に「船舶は，特定港に入港したとき又は特定港を出港しようとするときは，国土交通省令の定めるところにより，**港長に届け出**なければならない」と規定されている。**3.** は同法第22条第1項に「船舶は，特定港において危険物の積込，積替又は荷卸をするには，**港長の許可**を受けなければならない」と規定されている。**4.** は同法第31条第1項（工事等の許可及び進水等の届出）により正しい。したがって，**4.** が正しい。

No.43 [答え3] 水準測量

水準測量で測定したデータを，昇降式で野帳に記入すると，次のとおりになる。

| 測点 | 距離 | 後視 (B.S) | 前視 (F.S) | 高低差 (m) | | 地盤高 (G.H) |
No.	(m)	(m)	(m)	昇 (+)	降 (−)	(m)
No.0		2.6				10.0
No.1	30.0	0.4	0.6	2.0		12.0
No.2	50.0	1.6	1.8		1.4	10.6
No.3	30.0		0.2	1.4		12.0

それぞれの地盤高は以下のとおりに計算する。

No.1：10.0m（No.0のG.H）＋（2.6m（No.0のB.S）－0.6m（No.1のF.S））＝12.0m

No.2：12.0m（No.1のG.H）＋（0.4m（No.1のB.S）－1.8m（No.2のF.S））＝10.6m

No.3：10.6m（No.2のG.H）＋（1.6m（No.2のB.S）－0.2m（No.3のF.S））＝12.0m

【別解】表の高低差の総和を，測点No.1の地盤高10.0mに足してもよい。

10.0m＋（2.0m＋1.4m＋（−1.4m））＝12.0m

したがって，**3.** が適当である。

No.44 [答え2] 公共工事標準請負契約約款

1. は公共工事標準請負契約約款第10条（現場代理人及び主任技術者等）第2項により正しい。**2.** は同約款第1条（総則）第1項に「（前略）**設計図書**（別冊の**図面**，**仕様書**，**現場説明書及び現場説明に対する質問回答書**をいう。以下同じ。）」と規定されており，**契約書は設計図書には含まれない**。**3.** は同約款第32条（検査及び引渡し）第2項により正しい。**4.** は同約款第15条（支給材料及び貸与品）第9項により正しい。したがって，**2.** が誤りである。

No.45 [答え4] 逆T型擁壁

設問の逆T型擁壁各部の寸法記号と名称の表記は次のとおりである。H1（擁壁高），H2（地上高），B（底版幅），B1（つま先版幅），B2（かかと版幅），T1（たて壁厚），T2（底版厚）。したがって，**4.** が適当である。

No.46 [答え3] 建設機械

1. のバックホウは，バケットを車体側に引き寄せて掘削する機械で，機械の設置位置より低い場所の掘削に適する。機械の質量に見合った掘削力が得られるので，硬い地盤の掘削ができる。**2.** のドラグラインは，ロープに吊り下げられたバケットを手前へたぐり寄せて土砂，砂利，軟らかい地盤を掘削する。機械の位置より低い場所の掘削に適するため，水底の掘削等にも多く用いられる。**3.** のローディングショベルは，アームの先にバケット（ショベル）を前向きに取り付けた機械で，**地表面より高い部分の採掘を得意とする**。バケット容量が大きいが，バックホウに比べて**掘削力が弱く**，採掘できる範囲が狭いため，主に積込機として使われる。**4.** のクラムシェルは，ロープに吊り下げられたバケットを自由落下させて掘削する機械，立坑掘削等，狭い場所での深い掘削に適する。したがって，**3.** が適当でない。

No.47 ［答え1］施工計画作成のための事前調査

施工計画作成のための事前調査においては，**1.**の近隣環境の把握として，近隣構造物，現場用地の状況（地下埋設物，文化財等）は必須とされているが，**労務の供給は近隣環境の調査に含まれない**。**2.**と**3.**と**4.**は記述のとおりである。したがって，**1.**が適当でない。

No.48 ［答え4］施工体制台帳の作成

1.は公共工事の入札及び契約の適正化の促進に関する法律第15条（施工体制台帳の作成及び提出等）第1項により正しい。**2.**は建設業法施行規則第14条の2（施工体制台帳の記載事項等）第1項第2号イ，ホ，及び第3号イにより正しい。**3.**は公共工事の入札及び契約の適正化の促進に関する法律第15条第3項により正しい。**4.**は同条第2項に「公共工事の受注者は，作成した施工体制台帳の写しを**発注者に提出**しなければならない」と規定されている。したがって，**4.**が適当でない。

No.49 ［答え2］掘削押土の時間あたり作業量

ブルドーザの時間あたり作業量（Q）の計算式は設問文中に示されている。土量換算係数（f）は，1／L（＝1／1.25）で与えられるから，これらの必要数値を式に代入すると，Q＝（3.0×1／1.25×0.7×60）／2.0＝50.4m³/hとなる。したがって，**2.**が適当である。

No.50 ［答え1］工程表の種類と特徴

本文は問題に不備があったため，正解が2つある。**1.**のガントチャートは，縦軸に工事を構成する部分作業，横軸に各工種の**作業の達成率を100%で示した工程表**である。**各作業の進捗率はわかるが，日数の把握は困難**である。**2.**の出来高累計曲線は，縦軸に出来高累計，横軸に工期をとったグラフである。出来高は，工事の初期から中期に向かって徐々に増加し，中期から終期に向かって徐々に減少するため，出来高累計曲線は工期の中期あたりに変曲点を持つSカーブとなる。**3.**のグラフ式工程表は縦軸に出来高比率（%），横軸に工期をとって，工種ごとの工程を斜線で表したグラフである。予定と実績との差の比較が直視でわかる。**4.**のバーチャートは，縦軸に工事を構成する部分作業，横軸に工期（日数）をとって，棒線で示した工程表である。各作業の所要日数がわかり，**漠然と作業間の関連が把握できる**。しかし，**工期に影響する作業がどれかわかりにくい**。したがって，**1.**が適当でない。

No.51 ［答え3］ネットワーク式工程表

クリティカルパスとは各作業経路のうち，最も日数を要する**最長経路**のことであり，**工期を決定する**。各経路の所要日数は次のとおりとなる。⓪→①→②→⑤→⑥＝3＋6＋7＋4＝20日，⓪→①→②→③→⑤→⑥＝3＋6＋0＋8＋4＝21日，⓪→①→②→③→④→⑤→⑥＝3＋6＋0＋7＋0＋4＝20日，⓪→①→③→⑤→⑥＝3＋6＋8＋4＝21日，⓪→①→③→④→⑤→⑥＝3＋6＋7＋0＋4＝20日である。したがって，**3.**が適当である。

No.52 [答え1] 労働安全衛生法

労働安全衛生法第30条（特定元方事業者等の講ずべき措置）第1項に「**特定元方事業者は，その労働者及び関係請負人の労働者の作業が同一の場所において行われることによって生ずる労働災害を防止するため，次の事項に関する必要な措置を講じなければならない。①協議組織の設置及び運営を行うこと。②作業間の連絡及び調整を行うこと。③作業場所を巡視すること。④関係請負人が行う労働者の安全又は衛生のための教育に対する指導及び援助を行うこと。**⑤仕事を行う場所が仕事ごとに異なることを常態とする業種で，厚生労働省令で定めるものに属する事業を行う特定元方事業者にあっては，仕事の工程に関する計画及び作業場所における機械，設備等の配置に関する計画を作成するとともに，当該機械，設備等を使用する作業に関し関係請負人がこの法律又はこれに基づく命令の規定に基づき講ずべき措置についての指導を行うこと。⑥前各号に掲げるもののほか，当該労働災害を防止するため必要な事項」と規定されている。なお，①の協議組織の設置及び運営に関しては，労働安全衛生規則第635条（協議組織の設置及び運営）第1項第1号に「**特定元方事業者及びすべての関係請負人が参加する協議組織を設置すること**」，③の作業場所を巡視に関しては，同規則第637条（作業場所の巡視）に「特定元方事業者は，法第30条第1項第3号の規定による**巡視については，毎作業日に少なくとも1回これを行なわなければならない**」，④の労働者の安全又は衛生教育に関しては，同規則第638条（教育に対する指導及び援助）に「特定元方事業者は，法第30条第1項第4号の教育に対する指導及び援助については，**当該教育を行なう場所の提供，当該教育に使用する資料の提供等の措置を講じなければならない**」と規定されている。したがって，**1.**が正しい。

No.53 [答え4] 労働安全衛生規則（足場）

1.は労働安全衛生規則第563条第1項第2号ロにより正しい。**2.**は同号イにより正しい。**3.**は同条同項第5号により正しい。**4.**は同規則第552条（架設通路）第1項第4号に「墜落の危険のある箇所には，次に掲げる設備を設けること」，及びイに「高さ85cm以上の手すり又はこれと同等以上の機能を有する設備」と規定されている。したがって，**4.**が誤りである。

No.54 [答え2] 労働安全衛生規則（地山の掘削作業の安全確保）

1.は労働安全衛生規則第360条（地山の掘削作業主任者の職務）第1号により正しい。**2.**は同規則第365条（誘導者の配置）第1項「事業者は，明り掘削の作業を行なう場合において，運搬機械等が，労働者の作業箇所に後進して接近するとき，又は転落するおそれのあるときは，**誘導者を配置し，その者にこれらの機械を誘導させなければならない**」と規定されている。**3.**は同規則第361条（地山の崩壊等による危険の防止）により正しい。**4.**は同規則第362条（埋設物等による危険の防止）第1項により正しい。したがって，**2.**が誤りである。

No.55 [答え2] 労働安全衛生規則（コンクリート造の工作物の解体作業にともなう危険防止）

1.は労働安全衛生規則第517条の16（引倒し等の作業の合図）第1項により正しい。**2.**は労

働安全衛生法規則第14条（作業主任者）に「事業者は，高圧室内作業その他の労働災害を防止するための管理を必要とする作業で，政令で定めるものについては，都道府県労働局長の免許を受けた者又は都道府県労働局長の登録を受けた者が行う**技能講習を修了した者のうち**から，厚生労働省令で定めるところにより，当該作業の区分に応じて，**作業主任者を選任し**，その者に当該作業に従事する労働者の指揮その他の厚生労働省令で定める事項を行わせなければならない。」と規定されている。なお，コンクリート造の工作物の解体等作業は，同法施行令第6条（作業主任者を選任すべき作業）第15の5号に定められた作業である。**3.**は同規則第517条の19（保護帽の着用）により正しい。**4.**は同規則第517条の14（調査及び作業計画）第1項及び第2項により正しい。したがって，**2.**が誤りである。

No.56 ［答え4］品質管理活動

品質管理は，組織の構築したシステムでPDCA（計画（Plan）→実施（Do）→検討（Check）→改善（Action））を繰り返し実行することで，スパイラルアップが期待できる。（イ）の「作業標準に基づき，作業を実施する」は**実施**の段階である。（ロ）の「異常原因を追究し，除去する処置をとる」は**改善**の段階である。（ハ）の「統計的手法により，解析・検討を行う」は**検討**の段階である。（ニ）の「品質特性の選定と，品質規格を決定する」は**計画**の段階である。したがって，（ニ）→（イ）→（ハ）→（ロ）の順となり，**4.**が適当である。

No.57 ［答え1］標準偏差

標準偏差 σ は，以下の式に示すとおり，個々の数値と平均値の差を2乗した値の総和をデータの総数で割ったものの平方根で表される。**平均値付近にデータが集まっていると小さな値**となり，逆に**平均値から広がっていると大きな値**となる。

$$\sigma = \sqrt{\frac{1}{n}\sum_{i=1}^{n}(x_i - \bar{x})^2}$$

n:データの総数　x_i:個々の数値　$\bar{x}$:平均値

Aは平均値の階級が7付近であるが，各階級のデータ数が同数程度で σ が大きくなる。Bは平均値付近にデータが集中しており σ が小さくなる。したがって，**1.**が適当である。

No.58 ［答え2］盛土の締固めの品質管理

1.の締固めの目的は，土の空気間げきを少なくし，透水性を低下させ，水の浸入による軟化・膨張を小さくして，土を最も安定した状態にし，盛土完成後の圧密沈下等の変形を少なくすることである。**2.**の品質規定方式による締固め管理は，**盛土に必要な品質を満足するように，施工部位・材料に応じて管理項目・基準値・頻度等の規定を仕様書に明示し，締固め方法については原則として施工者に委ねる方式**である。選択肢の記述内容は工法規定方式である。**3.**の工法規定方式による盛土の締固め管理は，使用する締固め機械の機種，まき出し厚，締固め回数等の工法そのものを仕様書に規定する方式である。**4.**の最適含水比は，ある一定のエネルギーにおいて最も効率よく土を密にすることのできる含水比のことであり，そ

のときの乾燥密度を最大乾燥密度という。したがって，**2.**が適当でない。

No.59 [答え4] レディーミクストコンクリート（JIS A 5308）

1.のスランプの許容値は，8〜18cmでは±2.5cmであり，スランプ12cmの場合は9.5〜14.5cmとなり，判定基準を満足している。**2.**の空気量の許容値は，コンクリートの種類によらず±1.5%であり，空気量4.5%の場合は3.0〜6.0%となり，判定基準を満足している。**3.**と**4.**の圧縮強度試験に関しては，JISに次のように定められている。「圧縮強度試験を行ったとき，強度は次の規定を満足しなければならない。なお強度試験における供試体の材齢は，呼び強度を保証する材齢の指定がない場合は28日，指定がある場合は購入者が指定した材齢とする。1) **1回の試験結果**は，購入者が指定した**呼び強度の強度値の85%以上**でなければならない。2) **3回の試験結果の平均値**は，購入者が指定した**呼び強度の強度値以上**でなければならない」。よって，呼び強度21の場合，1回の試験結果は17.9N/mm^{2}以上，3回の試験結果の平均値は21.0N/mm^{2}以上でなければならない。したがって，**4.**が満足しない。

（参考：P.50 2022（令和4）年度後期第一次検定No.51解説）

No.60 [答え1] 地域住民への生活環境保全対策

1.のアスファルトフィニッシャには，バイブレータ方式とタンパ方式がある。騒音レベルはバイブレータ方式がタンパ方式に比べて5〜6dB（A）と小さいことから，**夜間工事等，静かさが要求される場合にはバイブレータ方式を採用する**。**2.**のカッタ作業では，エンジンルームとカッタ部を全面カバーで覆う等の騒音対策により9〜14dB（A）の低減がはかられる。**3.**の騒音，振動は，建設機械の動力方式や形式により異なるが，空気式に比べて油圧式の方が小さい。**4.**の積込作業は丁寧に行い，建設工事関連自動車による警報音・合図音は必要最小限に止めるよう運転手に対する指導を徹底する。また機械の動力となるディーゼルエンジンは騒音，振動の発生源となり，また機械の騒音はエンジン回転速度に比例するので，不必要な空ぶかしや高い負荷を掛けた運転は避ける。したがって，**1.**が適当でない。

No.61 [答え3] 建設リサイクル法

建設工事に係る資材の再資源化等に関する法律（建設リサイクル法）第2条（定義）第5項及び同法施行令第1条（特定建設資材）に「建設工事に係る資材の再資源化等に関する法律第2条第5項のコンクリート，木材その他建設資材のうち政令で定めるものは，次に掲げる建設資材とする。①コンクリート，②コンクリート及び鉄から成る建設資材，③木材，④アスファルト・コンクリート」と規定されている。したがって，**3.の建設発生土は該当しない**。

2級土木施工管理技術検定試験

2017

平成 29 | 年度後期

学科試験

実地試験

解答・解説

※問題番号No.1～No.11までの11問題のうちから9問題を選択し解答してください。

No.1 標準貫入試験により求められる地盤情報に関する次の記述のうち，**適当でないもの**はどれか。

1. 支持層の位置の判定
2. 地盤の静的貫入抵抗値の判定
3. 砂質地盤の内部摩擦角の推定
4. 支持力の推定

No.2 「土工作業の種類」と「使用機械」に関する次の組合せのうち，**適当でないもの**はどれか。

[土工作業の種類]　　　　　　　　[使用機械]
1. 伐開と除根 ……………………… ブルドーザ
2. 掘削と運搬 ……………………… 自走式スクレーパ
3. 掘削と積込み …………………… バックホウ
4. 敷均しと締固め ………………… トレンチャ

No.3 道路土工の盛土材料として望ましい条件に関する次の記述のうち，**適当でないもの**はどれか。

1. 建設機械のトラフィカビリティーが確保しにくいこと
2. 施工中に間げき水圧が発生しにくいこと
3. 施工後の締固め乾燥密度やせん断強さが大きいこと
4. 重金属などの有害な物質を溶出しないこと

No.4 軟弱地盤における次の改良工法のうち，固結工法に**該当するもの**はどれか。

1. サンドドレーン工法
2. プレローディング工法
3. 深層混合処理工法
4. サンドマット工法

No.5 コンクリートの耐凍害性の向上をはかり，単位水量を減少させることができる混和剤として**適当なもの**は，次のうちどれか。

1. AE減水剤 　　 3. 減水剤
2. AE剤 　　　　 4. 流動化剤

No.6 コンクリートのスランプ試験に関する次の記述のうち，**適当でないもの**はどれか。

1. スランプ試験は，高さ30cmのスランプコーンを使用する。
2. スランプ試験は，コンクリートの空気量を測定する試験である。
3. スランプ試験は，コンクリートをほぼ等しい量の3層に分けてスランプコーンに詰め，各層を突き棒で25回ずつ一様に突く。
4. スランプ試験では，スランプコーンに詰めたコンクリートの上面をならした後，スランプコーンを静かに引き上げ，コンクリートの中央部でスランプを測定する。

No.7 コンクリートの施工に関する次の記述のうち，**適当でないもの**はどれか。

1. 内部振動機で締固めを行う際は，下層のコンクリート中に10cm程度挿入する。
2. コンクリートを打ち込む際は，1層当たりの打込み高さを40〜50cm以下とする。
3. 内部振動機で締固めを行う際の挿入時間の標準は，50〜60秒程度である。
4. コンクリートの練混ぜから打ち終わるまでの時間は，気温が25℃以下のときは2時間以内とする。

No.8 コンクリートの運搬と打込みに関する次の記述のうち，**適当でないもの**はどれか。

1. コンクリートと接して吸水するおそれのあるところは，コンクリートを打込む前にあらかじめ湿らせておく。
2. コンクリートポンプでの圧送は，できるだけ連続的に行う。
3. コンクリート打込み中に表面にたまった水は，ひしゃくやスポンジなどで取り除く。
4. シュートを用いて打込む場合には，コンクリートの材料分離を起こしにくい斜めシュートを用いる。

No.9 既製杭の施工に関する次の記述のうち，**適当でないもの**はどれか。

1. 打込み杭工法は，プレボーリング杭工法に比べて大きな騒音・振動を伴う。
2. 打込み杭工法は，一般に中掘り杭工法に比べ杭の支持力が小さい。

3. プレボーリング杭工法の杭の支持力を確保するためには，根固めにセメントミルクを注入する方法もある。

4. 中掘り杭工法の杭の支持力を確保するためには，ハンマーによる最終打撃による方法もある。

No. 10 場所打ち杭のアースドリル工法の施工において，**使用しない機材**は次のうちどれか。

1. トレミー管　　　　**3.** サクションホース

2. ドリリングバケット　　**4.** ケーシング

No. 11 下図に示す土留め工法の（イ）〜（ハ）の部材名称に関する次の組合せのうち，**適当なもの**はどれか。

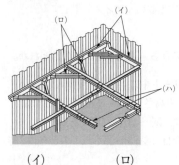

	（イ）	（ロ）	（ハ）
1.	切りばり	中間杭	腹起し
2.	腹起し	中間杭	火打ちばり
3.	切りばり	火打ちばり	腹起し
4.	腹起し	火打ちばり	切りばり

※問題番号No.12〜No.31までの20問題のうちから6問題を選択し解答してください。

No. 12 鋼材に関する次の記述のうち，**適当でないもの**はどれか。

1. 鋼材は，強さや伸びに優れ，加工性もよく，土木構造物に欠くことのできない材料である。

2. 低炭素鋼は，延性，展性に富み溶接など加工性が優れているので，橋梁などに広く用いられている。

3. 鋼材は，応力度が弾性限度に達するまでは塑性を示すが，それを超えると弾性を示す。

4. 鋼材は，気象や化学的な作用による腐食が予想される場合，耐候性鋼などの防食性の高いものを用いる。

No.13 鋼材の溶接接合に関する次の記述のうち，**適当でないもの**はどれか。

1. すみ肉溶接は，部材の交わった表面部に溶着金属を溶接するものである。

2. 開先溶接は，部材間のすきまに溶着金属を溶接するものである。

3. 溶接の始点と終点は，溶接欠陥が生じやすいので，スカラップという部材を設ける。

4. 溶接の方法には，手溶接や自動溶接などがあり，自動溶接は主に工場で用いられる。

No.14 コンクリート構造物の「劣化機構」と「その要因」に関する次の組合せのうち，**適当でないもの**はどれか。

　　　　〔劣化機構〕　　　　　　　　　　　　〔その要因〕

1. アルカリシリカ反応 ……………………… 反応性のある骨材

2. 塩害 ……………………………………… 水酸化物イオン

3. 中性化 …………………………………… 炭酸ガス

4. 凍害 ……………………………………… 凍結融解作用

No.15 河川堤防の施工に関する次の記述のうち，**適当でないもの**はどれか。

1. 既設堤防に腹付けを行う場合は，既設堤防との接合を高めるために，階段状に段切りを行う。

2. 堤防の盛土は，均等に敷き均し，締固め度が均一になるように締め固める。

3. 施工した堤防の法面保護は，一般に草類の自然繁茂により行う。

4. 施工中の堤防は，堤体への雨水の滞水や浸透が生じないように横断勾配を設ける。

No.16 河川護岸に関する次の記述のうち，**適当なもの**はどれか。

1. 横帯工は，護岸の法肩部に設けられるもので法肩の施工を容易にし，法肩部の破損を防ぐものである。

2. 高水護岸は，複断面の河川において高水時に堤防の表法面を保護するものである。

3. 低水護岸は，単断面河道などで堤防と低水河岸を一体として保護するものである。

4. 縦帯工は，河川の流水方向の一定区間ごとに設けられ，護岸の破損が他の箇所に波及しないよう絶縁する役割を有する。

No.17 砂防えん堤に関する次の記述のうち、**適当なもの**はどれか。

1. 本えん堤の堤体下流の法面は、越流土砂による損傷を受けないよう、一般に法勾配を1:0.5としている。

2. 本えん堤の堤体基礎の根入れは、砂礫層では1m以上行うのが通常である。

3. 砂防えん堤の施工は、一般に最初に副えん堤を施工し、次に本えん堤の基礎部を施工する。

4. 前庭保護工は、本えん堤を越流した落下水による前庭部の洗掘を防止するために設けられる。

No.18 地すべり防止工に関する次の記述のうち、**適当でないもの**はどれか。

1. 排水トンネル工は、地すべり規模が小さい場合に用いられる工法である。

2. 横ボーリング工は、帯水層をねらってボーリングを行い、地下水を排除する工法である。

3. 排土工は、地すべり頭部の不安定な土塊を排除し、斜面の活動力を減少させる工法である。

4. 杭工は、鋼管などの杭を地すべり斜面に建込み、斜面の安定を高める工法である。

No.19 道路のアスファルト舗装に関する下記の説明文に**該当するもの**は、次のうちどれか。

「自動車荷重による摩耗・わだち掘れ対策として、主に交差点部やバス停などで用いられ、空げき率の大きいアスファルト混合物に浸透用セメントミルクを浸透させて舗装の強度を高め、剛性及び耐久性を増加させる舗装である。」

1. 透水性舗装　　　　**3.** コンポジット舗装
2. サンドイッチ舗装　**4.** 半たわみ性舗装

No.20 道路のアスファルト舗装の施工に関する次の記述のうち、**適当でないもの**はどれか。

1. タックコートは、加熱アスファルト混合物とその下層との面の縁切りのため散布する。

2. 加熱アスファルト混合物は、一般にアスファルトフィニッシャにより均一な厚さに敷き均す。

3. 敷き均された加熱アスファルト混合物は、ロードローラで初転圧を行う。

4. 加熱アスファルト混合物の締固め温度は、高いほうがよいが、高すぎるとヘアークラックや変形などを起こすことがある。

No.21 道路のアスファルト舗装の補修工法に関する下記の説明文に**該当するもの**は，次のうちどれか。

「局部的なくぼみ，ポットホールなどに，舗装材料で応急的に充てんする工法である。」

1. オーバーレイ工法 **3.** 打換え工法
2. パッチング工法 **4.** 切削工法

No.22 道路の普通コンクリート舗装の施工に関する次の記述のうち，**適当でないもの**はどれか。
1. 舗装用のコンクリートは，施工がしやすく，外力に十分に抵抗するものでなければならない。
2. コンクリート舗装版の横収縮目地は，車線に直交方向に一定間隔に設ける。
3. コンクリート舗装版は，所定の強度になるまで乾燥状態を保つように養生する。
4. 舗装用のコンクリートの施工では，フィニッシャなどで一様かつ十分に締め固める。

No.23 ダムの施工に関する次の記述のうち，**適当でないもの**はどれか。
1. コンクリートダムにおける基礎処理工のグラウチングは，コンソリデーショングラウチングとカーテングラウチングを行う。
2. 転流工は，ダム本体工事を確実にまた容易に施工するため，工事期間中の河川の流れを迂回させるものである。
3. ダム工事は，一般に大規模で長期間にわたるため，工事に必要な設備，機械を十分に把握し，安全で合理的な工事を進めなければならない。
4. 中央コア型ロックフィルダムは，一般に堤体の中央部に透水性の高い材料を用い，上流及び下流部にそれぞれ遮水性の高い材料を用いて盛り立てる。

No.24 トンネルの山岳工法における覆工に関する次の記述のうち，**適当でないもの**はどれか。
1. 覆工コンクリートの打込み前には，コンクリートの圧力に耐えられる構造のつま型枠を，モルタル漏れなどがないように取り付ける。
2. 覆工コンクリートの打込み時には，適切な打上がり速度となるように，覆工の片側から一気に打ち込む。
3. 覆工コンクリートの締固めには，内部振動機を用い，打込み後速やかに締め固める。
4. 打込み終了後の覆工コンクリートは，硬化に必要な温度及び湿度を保ち，適切な期間にわたり養生する。

No.25 下図は傾斜型海岸堤防の構造を表わしたものであるが，Aの**構造名称**は，次のうちどれか。

1. 根固工
2. 裏法被覆工
3. 基礎工
4. 波返し工

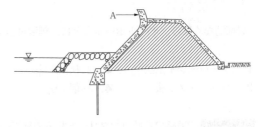

No.26 ケーソン式混成堤の施工に関する次の記述のうち，**適当でないもの**はどれか。

1. ケーソンの構造は，えい航，浮上，沈設を行うため，水位を調節しやすいように，それぞれの隔壁に通水孔を設ける。
2. ケーソンは，すえつけた後すぐにケーソン内部に中詰めを行って，ケーソンの質量を増し，安定性を高めなければならない。
3. ケーソンの仮置きは，波浪などの影響で，えい航直後のすえつけが難しいときには，引き船で近くの一時仮置き場にえい航して，浮かせておく。
4. 中詰め後は，波によって中詰め材が洗い出されないように，ケーソンのふたとなるコンクリートを打設する。

No.27 鉄道の道床バラストに関する次の記述のうち，**適当でないもの**はどれか。

1. 道床の役割は，マクラギから受ける圧力を均等に広く路盤に伝えることや，排水を良好にすることである。
2. 道床バラストに砕石が用いられる理由は，荷重の分布効果に優れ，マクラギの移動を抑える抵抗力が大きいためである。
3. 道床バラストを貯蔵する場合は，大小粒の分離ならびに異物が混入しないようにしなければならない。
4. 道床に用いるバラストは，単位容積重量や吸水率が大きく，適当な粒径，粒度を持つ材料を使用する。

No.28 鉄道の営業線近接工事における建築限界と車両限界に関する次の記述のうち，**適当でないもの**はどれか。

1. 建築限界とは，建造物等が入ってはならない空間を示すものである。
2. 車両限界とは，車両が超えてはならない空間を示すものである。
3. 建築限界は，車両限界の内側に最小限必要な余裕空間を確保したものである。

4. 曲線における建築限界は，車両の偏いに応じて拡大しなければならない。

No.29 シールド工法に関する次の記述のうち，**適当でないもの**はどれか。

1. シールド工法は，開削工法が困難な都市部の下水道工事や地下鉄工事などで用いられる。

2. シールド工法は，掘削時に切羽を安定させる方法の違いにより，土圧式シールド工法や泥水式シールド工法などがある。

3. 泥水式シールド工法は，大きい径の礫の排出に適している工法である。

4. 土圧式シールド工法は，切羽の土圧と掘削した土砂が平衡を保ちながら掘進する工法である。

No.30 上水道の管きょの施工に関する次の記述のうち，**適当でないもの**はどれか。

1. 管周辺の埋戻しは，現地盤と同程度以上の密度になるように管の側面を片側ずつ完了させる。

2. 管のすえつけは，水平器，水糸などを使用し，中心線及び高低を確定して正確にすえつける。

3. 管のすえつけは，施工前に管体検査を行い，亀裂その他の欠陥がないことを確認する。

4. 塩化ビニル管の積みおろしや運搬では，放り投げたりしないで慎重に取り扱う。

No.31 下図は，下水道用硬質塩化ビニル管の接着受口片受け直管を表わしたものであるが，次のA〜Dのうち**有効長を示すもの**はどれか。

1. A
2. B
3. C
4. D

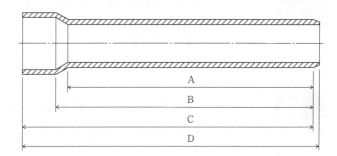

※ **問題番号 No.32～No.42までの11問題のうちから6問題を選択し解答してください。**

No.32 労働基準法に定められている労働時間に関する下記の文章の　　　　の (イ)，(ロ) に当てはまる次の数値の組合せのうち，**正しいもの**はどれか。

労働時間は，休憩時間を除き1週間について　(イ)　時間を超えていないこと，かつ，休憩時間を除き1日について　(ロ)　時間を超えていないことを原則とする。

　　　(イ)　(ロ)
1.　40　8
2.　40　9
3.　45　8
4.　45　9

No.33 労働基準法上，災害補償に関する次の記述のうち，**正しいもの**はどれか。

1. 療養補償を受ける労働者の休業期間の補償は，賃金の全額を休業補償として支払わなくてはならない。
2. 療養補償を受ける労働者が，療養開始後定められた期間を経過して疾病がなおらない場合，その後使用者は一切の補償を打ち切らなければならない。
3. 労働者が災害補償を受ける権利は，これを譲渡し，又は差し押さえることができる。
4. 労働者が災害補償を受ける権利は，労働者の退職によって変更されることはない。

No.34 労働安全衛生法上，統括安全衛生責任者との連絡のために，関係請負人が**選任しなければならない者**は，次のうちどれか。

1. 安全衛生責任者　　3. 作業主任者
2. 安全管理者　　　　4. 衛生管理者

No.35 建設業法に関する次の記述のうち，**誤っているもの**はどれか。

1. 発注者から直接建設工事を請け負った特定建設業者は，主任技術者又は監理技術者を置かなければならない。
2. 主任技術者又は監理技術者は，当該建設工事の技術上の管理を行わなければならない。
3. 主任技術者又は監理技術者は，発注者及び工事一件の請負代金の額によらず，専任の者でなければならない。

4. 工事現場における建設工事の施工に従事する者は，主任技術者又は監理技術者がその職務として行う指導に従わなければならない。

No.36 車両制限令に定められている車両の幅等の最高限度に関する次の記述のうち，**誤っているもの**はどれか。

1. 車両の軸重は，15tである。
2. 車両の幅は，2.5mである。
3. 車両の輪荷重は，5tである。
4. 車両の最小回転半径は，車両の最外側のわだちについて12mである。

No.37 河川法上，河川区域内における河川管理者の許可に関する次の記述のうち，**誤っているもの**はどれか。

1. 工作物を新築，改築又は除却をしようとする場合は，河川管理者の許可が必要である。
2. 取水施設の機能を維持するために行う取水口付近に積もった土砂の排除をしようとする場合は，河川管理者の許可が必要である。
3. 河川の地下を横断してサイホンやトンネルを設置しようとする場合は，河川管理者の許可が必要である。
4. 河川の上空に送電線を架設しようとする場合は，河川管理者の許可が必要である。

No.38 建築基準法に関する次の記述のうち，**誤っているもの**はどれか。

1. 病院は，特殊建築物である。
2. 建築物に設ける暖房設備は，建築設備である。
3. 構造上重要でない間仕切壁は，主要構造物ではない。
4. 建築物に附属する塀は，建築物ではない。

No.39 火薬類取締法上，火薬類の取扱いに関する次の記述のうち，**誤っているもの**はどれか。

1. 火薬類は，他の物と混包し，又は火薬類でないようにみせかけて，これを所持し，運搬してはならない。
2. 火薬庫を設置しようとする者は，経済産業大臣の許可を受けなければならない。
3. 火薬類を収納する容器は，木その他電気不良導体で作った丈夫な構造のものとし，内面には鉄類を表さないこと。
4. 火薬類取扱所内には，見やすい所に取扱いに必要な法規及び心得を掲示すること。

No.40 騒音規制法上，指定地域内において**特定建設作業の対象とならない作業**は，次のうちどれか。

ただし，当該作業がその作業を開始した日に終わるものを除く。

1. びょう打機を使用する作業

2. ディーゼルハンマによる杭打ち作業

3. 1日の移動距離が50mを超えない振動ローラによる路盤の締固め作業

4. 1日の移動距離が50mを超えないさく岩機による構造物の取り壊し作業

No.41 振動規制法上，指定地域内において特定建設作業を伴う工事を施工しようとする者が行う，特定建設作業の実施の届出先として，次のうち<u>正しいもの</u>はどれか。

1. 都道府県知事　　　**3.** 所轄警察署長

2. 労働基準監督署長　　**4.** 市町村長

No.42 港則法上，船舶の航路及び航行に関する次の記述のうち，**誤っているもの**はどれか。

1. 航路外から航路に入り，又は航路から航路外に出ようとする船舶は，航路を航行する他の船舶の進路を避けなければならない。

2. 船舶は，航路内において，他の船舶と行き会うときは，左側を航行しなければならない。

3. 船舶は，航路内において，並列して航行してはならない。

4. 船舶は，航路内においては，他の船舶を追い越してはならない。

※**問題番号No.43〜No.61までの19問題は必須問題ですから全問題を解答してください。**

No.43 測点No.1から測点No.5の水準測量を行い，下表の結果を得た。**測点No.5の地盤高さは，次のうちどれか。**

測点No.	距離（m）	後視（m）	前視（m）	高低差		地盤高さ
				昇（＋）	降（－）	（m）
1	20	0.8				10.0
2	30	1.2	2.0			
3	20	1.6	1.7			
4	30	1.6	1.4			
5			1.6			

1. 7.0m　　**2.** 7.5m　　**3.** 8.0m　　**4.** 8.5m

No.44 建設工事の施工に当たり，受注者が監督員に通知し，その確認を請求しなければならない内容として，公共工事標準請負契約約款上，**該当しないもの**は次のうちどれか。

1. 設計図書で示された支給材料の製造者名が明示されていないとき

2. 図面，仕様書，現場説明書及び現場説明に対する質問回答書が一致しないとき

3. 設計図書に誤謬又は脱漏があるとき

4. 設計図書に示された自然的又は人為的な施工条件と実際の工事現場が一致しないとき

No.45 下図は橋梁の一般図を表わしたものであるが，次のA〜Dのうち**支間を示すもの**はどれか。

1. A
2. B
3. C
4. D

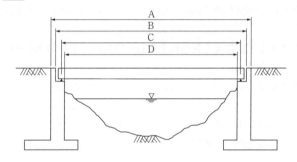

No.46 建設工事における建設機械の用途に関する次の記述のうち，**適当でないもの**はどれか。

1. ローディングショベルは，機械の位置よりも高い場所の掘削に用いられる。

2. クラムシェルは，水中掘削など，広い場所での浅い掘削に用いられる。

3. スクレープドーザは，掘削，運搬，敷均しを行う機械で，狭い場所で用いられる。

4. ドラグラインは，機械の位置より低い場所の掘削に適し，水路の掘削やしゅんせつなどに用いられる。

No.47 施工計画に関する次の記述のうち，**適当でないもの**はどれか。

1. 環境保全計画は，法規に基づく規制基準に適合するように計画することが主な内容である。

2. 事前調査は，契約条件・設計図書を検討し，現地調査が主な内容である。

3. 調達計画は，労務計画，資材計画，機械計画が主な内容である。

4. 仮設備計画は，仮設備の設計，仮設備の配置，品質管理計画が主な内容である。

No.48 朝からコンクリートの打込み作業を行う場合，一般に，打込み前日までに作業を完了しておかなければならない事項として，**該当しないもの**は次のうちどれか。

1. 型枠，配筋，支保工，作業足場の設置

2. コンクリートの種類，搬入時間などの手配

3. コンクリートの塩化物含有量の測定

4. ポンプ配管，シュート，ホッパなどの打込み段取り

No.49 土工の施工計画に関する次の記述のうち，**適当でないもの**はどれか。

1. 掘削時の床付けや埋戻し時の敷均しなどていねいな仕上げの作業を行う場合は，人力により行う。

2. ダウンヒルカット工法による掘削作業を行う場合は，下り勾配を利用してブルドーザなどによって掘削する。

3. 構造物の基礎掘削や溝を掘削する場合には，作業条件に応じてバックホゥなどが使用される。

4. ベンチカット工法による施工を行う場合は，階段式に掘削していく方法で，スタビライザなどによって掘削，運搬する。

No.50 工程管理に関する次の記述のうち，**適当でないもの**はどれか。

1. 曲線式工程表は，一つの作業の遅れが，工期全体に与える影響を，迅速・明確に把握することが容易である。

2. 横線式工程表（ガントチャート）は，各作業の進捗状況が一目でわかるようになっている。

3. 横線式工程表（バーチャート）は，作成が簡単で各工事の工期がわかりやすくなっている。

4. ネットワーク式工程表は，全体工事と部分工事が明確に表現でき，各工事間の調整が円滑にできる。

No.51 下図のネットワーク式工程表に示す工事の**クリティカルパスとなる日数**は，次のうちどれか。

ただし，図中のイベント間のA〜Gは作業内容，数字は作業日数を表す。

1. 19日
2. 20日
3. 21日
4. 22日

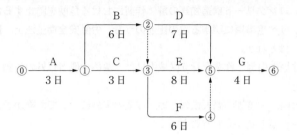

No.52 移動式クレーンを用いた作業に関する次の記述のうち，クレーン等安全規則上，**誤っているもの**はどれか。

1. 軟弱な地盤で移動式クレーンの作業を行う場合は，アウトリガーを張り出すことにより敷鉄板を敷く必要はない。

2. 移動式クレーンのワイヤロープは，著しい形くずれや腐食又はキンクのあるものは使用しない。

3. 移動式クレーンの運転者は，荷をつったままで，運転位置を離れてはならない。

4. 事業者は，移動式クレーンを用いて作業を行なうときは，移動式クレーンの運転について一定の合図を定め，指名した者に合図を行なわせなければならない。

No.53 足場（つり足場を除く）に関する次の記述のうち，労働安全衛生法上，**誤っているもの**はどれか。

1. 高さ2m以上の足場は，床材間の隙間を3cm以下とする。

2. 高さ2m以上の足場は，床材と建地との隙間を12cm未満とする。

3. 高さ2m以上の足場は，床材が転位し脱落しないよう2つ以上の支持物に取り付ける。

4. 高さ2m以上の足場は，幅20cm以上の作業床を設ける。

No.54 事業者が行う地山の掘削作業に関する次の記述のうち，労働安全衛生法上，**正しいもの**はどれか。

1. 事業者は，土石の落下による労働者の危険を防止するため，点検者を指名して作業の前日までに作業箇所を点検させる。

2. 事業者は，明り掘削の作業を行なう場所については，作業を安全に行なうため必要な照度を保持する。

3. 事業者は，地山の掘削作業の方法を決定し，ずい道等の掘削等作業主任者に作業を直接指揮させる。

4. 事業者は，高低差のある地盤において土止め支保工を組み立てるときは，組立図によらず現地に合わせて部材の寸法，配置，取付け順序等を決めながら作業を進める。

No.55 コンクリート構造物等の解体作業における危険を防止するため事業者が行うべき事項に関する次の記述のうち，労働安全衛生法上，**誤っているもの**はどれか。

1. 外壁や柱等の引倒し作業を行う区域内には，関係労働者以外の労働者の立入りを禁止すること。

2. 強風，大雨，大雪等の悪天候のため，作業の実施について危険が予想されるときは，当該作業を注意しながら行うこと。

3. 物体の飛来等により労働者に危険が生ずるおそれのある箇所に，解体用機械の運転者以外の労働者を立ち入らせないこと。

4. 器具，工具等を上げ，又は下ろすときは，つり綱，つり袋等を労働者に使用させること。

No.56 アスファルト舗装の基層及び表層に用いる加熱アスファルト混合物の配合設計のために行う試験として**適当なもの**は，次のうちどれか。

1. 含水比試験   **3.** マーシャル安定度試験

2. 一軸圧縮試験   **4.** 曲げ強度試験

No.57 下図のA〜Dのヒストグラムに関する次の記述のうち，**適当でないもの**はどれか。

ただし，図中の$\bar{x}$は平均値を表わす。

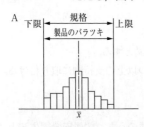
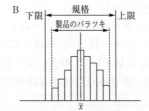
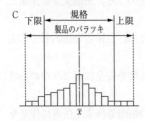
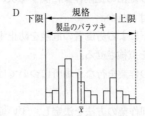

1. A図は，規格値を満足しているが，規格値すれすれのものもあり，ゆとりがない。

2. B図は，規格値を満足し，平均値が規格値の中央にある。

3. C図は，規格値の範囲の外にデータがあり，規格値の幅を広げる必要がある。

4. D図は，規格値内の分布の山が二つであり，すべてのデータを再度調べる必要がある。

No.58 盛土の締固めの品質に関する次の記述のうち，**適当でないもの**はどれか。

1. 締固めの目的は，土の空気間げきを少なくし透水性を低下させるなどして，土を安定した状態にすることである。

2. 締固めの品質規定方式は，盛土の締固め度などを規定する方法である。

3. 締固めの工法規定方式は，使用する締固め機械の機種や締固め回数，敷均し厚さなどを規定する方法である。

4. 最もよく締まる含水比は，最大乾燥密度が得られる含水比で施工含水比である。

No.59 呼び強度24N/mm^2，スランプ10cm，空気量4.5％と指定してレディーミクストコンクリート（JIS A 5308）を購入し，受入れ検査を実施した。次の検査結果に関する記述のうち，**誤っているもの**はどれか。

1. スランプが13cmだったため，合格と判断した。

2. 空気量が2.0％だったため，不合格と判断した。

3. 1回の試験結果は指定した呼び強度の強度値の85％以上で，3回の圧縮強度試験結果の平均値が24N/mm^{2}だったため，合格と判断した。

4. 塩化物含有量が塩化物イオン（Cl$^-$）量として3.0kg/m^{3}だったため，不合格と判断した。

No.60 建設工事における周辺地域の環境保全対策に関する次の記述のうち，**適当でないもの**はどれか。

1. 工事における環境保全対策に関する地域住民への説明会は，工事の着工後に行う。

2. 工事の作業時間は，できるだけ地域住民の生活に影響の少ない時間帯とする。

3. 工事に使用する建設機械は，低騒音・低振動のものを使用する。

4. 工事にともなう沿道交通への影響について，事前に十分調査する。

No.61 「建設工事に係る資材の再資源化に関する法律」（建設リサイクル法）に定められている特定建設資材に**該当しないもの**は，次のうちどれか。

1. コンクリート

2. 建設発生土

3. アスファルト・コンクリート

4. 木材

2017
平成29 | 年度

実地試験

※問題1～問題5は必須問題です。必ず解答してください。

問題1で

①設問1の解答が無記載又は記入漏れがある場合,

②設問2の解答が無記載又は設問で求められている内容以外の記述の場合,

どちらの場合にも問題2以降は採点の対象となりません。

必須問題
問題 1

あなたが経験した土木工事の現場において，工夫した安全管理又は工夫した工程管理のうちから1つ選び，次の〔設問1〕，〔設問2〕に答えなさい。

→経験記述については，P.472を参照してください。

必須問題
問題 2

切土の施工に関する次の文章の＿＿＿の（イ）～（ホ）に当てはまる適切な語句を，下記の語句から選び解答欄に記入しなさい。

(1) 施工機械は，地質・[（イ）]条件，工事工程などに合わせて最も効率的で経済的となるよう選定する。

(2) 切土の施工中にも，雨水による法面[（ロ）]や崩壊・落石が発生しないように，一時的な法面の排水，法面保護，落石防止を行うのがよい。

(3) 地山が土砂の場合の切土面の施工にあたっては，丁張にしたがって[（ハ）]から余裕をもたせて本体を掘削し，その後，法面を仕上げるのがよい。

(4) 切土法面では[（イ）]・岩質・法面の規模に応じて，高さ5～10mごとに1～2m幅の[（ニ）]を設けるのがよい。

(5) 切土部は常に[（ホ）]を考えて適切な勾配をとり，かつ切土面を滑らかに整形するとともに，雨水などが湛水しないように配慮する。

〔語句〕 浸食, 親綱, 仕上げ面, 日照, 補強,
地表面, 水質, 景観, 小段, 粉じん,
防護柵, 表面排水, 越水, 垂直面, 土質

解答欄

(イ)	(ロ)	(ハ)	(ニ)	(ホ)

必須問題 問題3 軟弱地盤対策工法に関する次の工法から2つ選び，工法名とその工法の特徴についてそれぞれ解答欄に記述しなさい。

・サンドマット工法
・緩速載荷工法
・地下水位低下工法
・表層混合処理工法
・掘削置換工法

解答欄

工法名	工法の特徴

必須問題 問題4 コンクリートの打継ぎの施工に関する次の文章の ____ の（イ）〜（ホ）に当てはまる適切な語句を，下記の語句から選び解答欄に記入しなさい。

(1) 打継目は，構造上の弱点になりやすく，`(イ)`やひび割れの原因にもなりやすいため，その配置や処理に注意しなければならない。

(2) 打継目には，水平打継目と鉛直打継目とがある。いずれの場合にも，新コンクリートを打ち継ぐ際には，打継面の`(ロ)`や緩んだ骨材粒を完全に取り除き，コンクリート表面を`(ハ)`にした後，十分に`(ニ)`させる。

(3) 水密を要するコンクリート構造物の鉛直打継目では，`(ホ)`を用いる。

［語句］ワーカビリティー，乾燥，モルタル，密実，漏水，
コンシステンシー，平滑，吸水，はく離剤，粗，
レイタンス，豆板，止水板，セメント，給熱

415

解答欄

（イ）	（ロ）	（ハ）	（ニ）	（ホ）

必須問題
問題 5
コンクリートに関する次の用語から2つ選び，用語とその用語の説明を
それぞれ解答欄に記述しなさい。
ただし，解答欄の記入例と同一内容は不可とする。

・エントレインドエア
・スランプ
・ブリーディング
・呼び強度
・コールドジョイント

解答欄（記入例は非公開）

用語	用語の説明

問題6～問題9までは選択問題（1），（2）です。
※問題6，問題7の選択問題（1）の2問題のうちから1問題を選択し解答してくださ
い。なお，選択した問題は，解答用紙の選択欄に○印を必ず記入してください。

選択問題｜1
問題 6
コンクリート構造物の鉄筋の組立・型枠の品質管理に関する次の文章
の　　　の（イ）～（ホ）に当てはまる適切な語句を，下記の語句から
選び解答欄に記入しなさい。

(1) 鉄筋コンクリート用棒鋼は納入時にJIS G 3112に適合することを製造会社の　（イ）
により確認する。
(2) 鉄筋は所定の　（ロ）　や形状に，材質を害さないように加工し正しく配置して，堅固
に組み立てなければならない。

(3) 鉄筋を組み立てる際には，かぶりを正しく保つために [(ハ)] を用いる。

(4) 型枠は，外部からかかる荷重やコンクリートの側圧に対し，型枠の [(ニ)]，モルタルの漏れ，移動，沈下，接続部の緩みなど異常が生じないように十分な強度と剛性を有していなければならない。

(5) 型枠相互の間隔を正しく保つために，[(ホ)] やフォームタイが用いられている。

［語句］鉄筋，断面，補強鉄筋，スペーサ，表面，
　　　　はらみ，ボルト，寸法，信用，セパレータ，
　　　　下振り，試験成績表，バイブレータ，許容値，実績

解答欄

（イ）	（ロ）	（ハ）	（ニ）	（ホ）

2017 平成29 年度 後期 問題

選択問題 | 1
問題 7 建設工事における移動式クレーンを用いる作業及び玉掛作業の安全管理に関する，クレーン等安全規則上，次の文章の ____ の（イ）～（ホ）に当てはまる適切な語句を，下記の語句から選び解答欄に記入しなさい。

(1) 移動式クレーンで作業を行うときは，一定の [(イ)] を定め，[(イ)] を行う者を指名する。

(2) 移動式クレーンの上部旋回体と [(ロ)] することにより労働者に危険が生ずるおそれの箇所に労働者を立ち入らせてはならない。

(3) 移動式クレーンに，その [(ハ)] 荷重をこえる荷重をかけて使用してはならない。

(4) 玉掛作業は，つり上げ荷重が1t以上の移動式クレーンの場合は，[(ニ)] 講習を終了した者が行うこと。

(5) 玉掛けの作業を行うときは，その日の作業を開始する前にワイヤロープ等玉掛用具の [(ホ)] を行う。

［語句］誘導，定格，特別，旋回，措置，
　　　　接触，維持，合図，防止，技能，
　　　　異常，自主，転倒，点検，監視

解答欄

(イ)	(ロ)	(ハ)	(ニ)	(ホ)

※問題8，問題9の選択問題（2）の2問題のうちから1問題を選択し解答してください。
なお，選択した問題は，解答用紙の選択欄に○印を必ず記入してください。

盛土の品質を確保するために行う<u>敷均し及び締固めの施工上の留意事項</u>をそれぞれ解答欄に記述しなさい。

解答欄

敷均し	
締固め	

「資源の有効な利用の促進に関する法律」上の建設副産物である，<u>建設発生土とコンクリート塊の利用用途</u>についてそれぞれ解答欄に記述しなさい。
ただし，利用用途はそれぞれ異なるものとする。

解答欄

建設発生土の利用用途	
コンクリート塊の利用用途	

2017
平成 29 年度
後期

学科試験

解答・解説

No.1 [答え2] 標準貫入試験により求められる地盤情報

標準貫入試験は，ボーリングロッド頭部に取り付けたノッキングブロックに，63.5kg±0.5kgの錘を76cm±1cmの高さから落下させ，地盤に30cm貫入する打撃回数から**N値（地盤の硬さや締まり具合，支持層の位置を判定）**を求める**動的サウンディング**である。ボーリングロッドの先端にはスプリットバレル（縦に2分割できる鋼管で標準貫入試験用サンプラーともいう）が取り付けてあり，試験実施区間（深さ）から採取した**土質試料より，土質や地質状態の目視確認，土質試験も行える**。**1.**は適当である。**2.**の地盤の**静的貫入抵抗値**の判定は，スウェーデン式サウンディング，ポータブルコーン貫入試験（コーンペネトロメータ）等，**静的サウンディング**で行う。**3.**の砂質地盤の内部摩擦角は，N値から推定可能である。**4.**の支持力の推定は，N値から換算が可能である。したがって，**2.**が適当でない。

No.2 [答え4] 土工作業の種類と使用機械

1.の伐開除根は，ブルドーザの排土板にレーキを取り付けたレーキドーザ等を用いる。**2.**の掘削と運搬は，モータースクレーパ，スクレープドーザ，ブルドーザ等を用いる。**3.**の掘削と積込みは，アームの先に取り付けたバケットを機体側に引き寄せて作業を行うバックホゥを用いる。**4.**の敷均しと締固めは，機体前面に排土板があるブルドーザを用いる。トレンチャは，小型の掘削用バケットをチェーンソーのように環状につなぎ，回転させ，溝を掘る機械である。したがって，**4.**が適当でない。

No.3 [答え1] 道路土工の盛土材料の条件

道路土工の盛土材料として望ましい条件は次のとおりである。①盛土の安定のために締固め乾燥密度やせん断強度が大きいこと。②締め固めやすいこと。③盛土の安定に支障を及ぼすような膨張あるいは収縮のないこと。④材料の物理的性質を変える有機物を含まないこと。⑤施工中に間げき水圧が発生しにくいこと。⑥**トラフィカビリティーが確保しやすいこと**。⑦重金属等の有害な物質を溶出しないこと。したがって，**1.**が適当でない。

No.4 [答え3] 軟弱地盤における改良工法

1.のサンドドレーン工法は，軟弱地盤中に適当な間隔で鉛直方向に砂柱を排水路として打設し，水平方向の排水距離を短くし，**圧密時間を短縮する工法**である。**2.**のプレローディング工法は，盛土や構造物の計画地盤に，**盛土等によりあらかじめ荷重を載荷し，圧密を促進させ**，その後，構造物を施工することにより，**構造物の沈下を軽減する工法**である。サンドマットが併用される。**3.**の深層混合処理工法は，地中に回転翼を挿入し，引き上げながら固化材を噴射し，軟弱土と強制的に混合・撹拌して円柱状の改良体をつくり，沈下及び安定性を

はかる固結工法である。**4.**のサンドマット工法は，軟弱地盤表層に0.5〜1.2m程度の厚さの砂を巻き出して良質地盤を確保し，上載荷重の分散効果により地盤の安定をはかる地盤改良工法である。施工機械のトラフィカビリティーの改善やドレーン工法用排水路として採用されることが多い。したがって，**3.**が該当する。

No.5 [答え1] コンクリートの混和剤

1.のAE減水剤は，AE剤と減水剤の両方の効果が期待できる混和剤である。**2.**のAE剤は界面活性剤の一種であり，フレッシュコンクリート中に微小な独立したエントレインドエアを均等に連行することにより，**ワーカビリティー及び耐凍害性を向上**させる。**3.**の減水剤は，**ワーカビリティーを向上**させ，所要のコンシステンシー及び強度を得るのに必要な**単位水量及び単位セメント量を減少**させることができる。**4.**の流動化剤は，あらかじめ練り混ぜられたコンクリートに添加し，撹拌することによって流動性を増大させる。標準型と遅延型があり，標準型は一般的なコンクリート工事に用いられる。遅延型は流動化効果と凝結遅延効果を併せ持つもので，主として暑中コンクリートや運搬時間が長い場合に，流動化後のスランプロスを低減させる目的で用いられる。したがって，**1.**が適当である。

No.6 [答え2] コンクリートのスランプ試験

スランプ試験はコンクリートのコンシステンシー（硬さ，軟らかさ，脆さ，流動性等の程度）を評価するために最も広く用いられている。スランプ値は，スランプコーン（上の開口10cm，下の開口20cm，高さ30cmの鋳鉄製の筒）にコンクリートを3層に分けて詰め，層ごとに突き棒で25回一様に突き，表面を均した後，スランプコーンを静かに引き上げたときの頂部からの下がり量（cm）で表される。**1.**と**3.**と**4.**は記述のとおりである。**2.**の**コンクリートの空気量は，空気量測定器（エアーメータ）で測定**する。したがって，**2.**が適当でない。

No.7 [答え3] コンクリートの施工

1.と**2.**と**4.**は記述のとおりである。**3.**の内部振動機で締固めを行う際の挿入時間の標準は，**5〜15秒程度**とし，振動機の引抜きは徐々に行い，後に穴が残らないようにする。したがって，**3.**が適当でない。(参考：P.340　2018（平成30）年度後期学科試験No.7解説)

No.8 [答え4] コンクリートの運搬と打込み

1.の打ち込んだコンクリートと接する面から水分が吸われると，コンクリートの品質低下や美観を損ねる場合があるので，吸水するおそれのある部分は，あらかじめ湿らせておく。ただし，過剰な水により帯水が生じないように注意する。**2.**のコンクリートポンプでの圧送を中断して配管内に長時間コンクリートを静置すると，材料分離やワーカビリティーの低下によって圧送性が悪くなり，閉塞等の原因となりやすい。またコンクリートの品質に影響を与えることもあるので，コンクリートポンプのホッパ内に供給されたコンクリートは連続して圧送し，打込み及び締固めを行う。**3.**のコンクリート打込み中に表面にたまった水は，ブリーディング水と呼ばれ，練混ぜ水の一部が骨材及びセメントの沈下に伴って上方に集まった

もので，強度低下や打継目不良の原因となるため，ひしゃくやスポンジ等で取り除く。**4.**の**斜めシュート**によって運搬されたコンクリートは，**材料分離を起こしやすいため**，シュートを用いる場合は**縦シュートを標準とする**。やむを得ず斜めシュートを用いる場合は，水平2に対し，鉛直1程度の斜度とする。したがって，**4.**が適当でない。

No.9 [答え2] 既製杭の施工

1.の打込み杭工法は，ディーゼルハンマ等を用い打撃により杭を地盤に貫入させるため，プレボーリング杭工法に比べて大きな騒音・振動を伴う。**2.**の**中掘り杭工法は**，既製杭の中空部にスパイラルオーガ等を通して地盤を掘削し，土砂を排出しながら杭を沈設したのち，所定の支持力が得られるように先端処理を行う工法であり，**打込み杭工法に比べて支持力は小さい**。**3.**のプレボーリング杭工法は，オーガにより杭穴を掘削後，根固め液を掘削先端部へ注入し，オーガを引き抜きながら杭周固定液を注入して，掘削孔に既製杭を沈設する。支持力増加のため，圧入又は打込みを併用することがある。**4.**の中掘り杭工法の杭の支持力の確保には，最終打撃方式とセメントミルク噴射撹拌方式がある。したがって，**2.**が適当でない。

No.10 [答え3] 場所打ち杭のアースドリル工法

1.のトレミー管は，杭孔へのコンクリート打設においてコンクリートを杭孔底部まで圧送するための管である。トレミー管は，打ち込んだコンクリート上面より2m以上，常に貫入しておく。**2.**のドリリングバケットは，バケットを回転させながら杭孔を掘削し，バケット内部に土砂を取り込み，地上に排土する掘削装置である。**3.**の**サクションホースは**，**リバースサーキュレーション工法**で用いられ，泥水とともに掘削土砂を吸い上げ，排出するためのホースである。**4.**のケーシングは，地表部の杭の孔壁が崩落しないように保護するためのパイプである。したがって，**3.**が使用しない機材である。

No.11 [答え4] 土留め工法の部材名称

図の**(イ)は腹起し，(ロ)は火打ちばり，(ハ)は切りばり**である。したがって，**4.**が適当である。（参考：P.128 2021（令和3）年度後期第一次検定No.11解説）

No.12 [答え3] 鋼材

1.と**2.**は記述のとおりである。**3.**の一般的な鋼材の応力－ひずみ曲線では，比例限度（直線関係）を超え，**弾性限度までは荷重を取り除くと変形がなくなり，元の形状に戻る弾性を示すが，弾性限度を超える**と荷重を取り除いても変形が完全には元の形状に戻らなくなる**塑性を示す**。**4.**鋼材の腐食は，水と酸素により発生し，塩化物や硫黄酸化物等の環境因子によって促進される。鋼構造物の腐食形態や腐食速度は，その鋼構造物が置かれている環境や構造により異なり，雨水や結露による濡れ時間や温度，構造物の形状や部位によっても異なるため，耐候性鋼の使用や，適切な防食を行う必要がある。したがって，**3.**が適当でない。

No.13 [答え3] 鋼材の溶接接合

1. は記述のとおりである。**2.** の開先溶接は，突合せ溶接において，部材間の溶接部に開先加工を施し，全断面にわたって完全な溶込みと融合を行う溶接である。**3.** の溶接の始端には溶込み不良やブローホール等，終端にはクレータ割れ等の欠陥が生じやすいため，部材と同等の開先を有する**エンドタブを取り付ける**。溶接終了後，エンドタブはガス等で切断し，グラインダーにて母材面まで仕上げる。スカラップとは，鋼構造部材の溶接接合部において，溶接線の交差を避けるために一方の母材に設ける円弧状の切欠きのことである。**4.** の溶接の方法には，現場で一般的に用いられる手溶接の被覆アーク溶接があり，自動溶接にはサブマージアーク溶接等があり，主に工場で用いられる。したがって，**3.** が適当でない。

No.14 [答え2] コンクリート構造物の劣化機構とその要因

1. のアルカリシリカ反応は，コンクリート中のアルカリ分が骨材中の特定成分と反応し，骨材の異常膨張やそれに伴うひび割れ等を起こし，耐久性を低下させる現象である。**2.** のコンクリートの**塩害**とは，**コンクリート中の鋼材が塩化物イオンと反応して，鋼材に腐食・膨張が生じ，コンクリートにひび割れ，はく離等の損傷を与える現象**をいう。**3.** の中性化は，空気中のCO_2がコンクリート内に侵入し，水酸化カルシウムを炭酸カルシウムに変化させ，本来高アルカリ性であるコンクリートのpHを低下させる現象である。**4.** の凍害は，コンクリート中の水分が凍結融解作用により膨張と収縮を繰り返し，組織に緩み又は破壊を生じる現象である。したがって，**2.** が適当でない。

No.15 [答え3] 河川堤防の施工

1. の既設堤防で1：4より急な法面に腹付け工事を行う場合は，既設堤防との十分な接合とすべり面が生じないよう，階段状に段切りを行う。**2.** の盛土の締固めは，土の空隙を小さくし，透水性を低下させ，また軟弱化を防止するため，締固め度が均一になるよう施工する。**3.** の堤防の法面保護は，降雨及び流水等による法崩れや洗掘に対して安全となるよう，**芝張り，種子吹付け等**によって行う。**4.** の施工中の堤防は，降雨による法面浸食や雨水浸透による含水比の変化を防ぐため，堤体横断方向に3～5％程度の勾配設けて施工する。したがって，**3.** が適当でない。

No.16 [答え2] 河川護岸

1. の横帯工は，法覆工の延長方向に50m程度の間隔で設け，**護岸の変位・破損が他の箇所に波及しないよう絶縁する**役割を有する。選択肢の記述内容は縦帯工である。**2.** の高水護岸は，複断面河道で高水敷幅が十分あるような箇所で，流水から堤防を保護するための護岸である。**3.** の低水護岸は，**複断面河道において低水路河道の侵食を防止するための護岸**である。**4.** の縦帯工は，護岸の法肩部に設置し，**法肩部の施工を容易にするとともに護岸の法肩部の破損を防ぐ構造物**である。選択肢の記述内容は横帯工である。したがって，**2.** が適当である。

No.17 [答え4] 砂防えん堤

1.の本えん堤下流の法勾配は，1：0.2を標準とする。**2.**の本えん堤の基礎の根入れは，岩盤で1m以上，**砂礫層では2m以上必要である。3.**の砂防えん堤の**施工順序は，①本えん堤の基礎部，②副えん堤，③側壁護岸，④水叩き，⑤本えん堤上部**の順である。**4.**の前庭保護工は，副えん堤及び水褥池（ウォータークッション）による減勢工，水叩き，側壁護岸，護床工等から成り，本えん堤からの落下水，落下砂礫による基礎地盤の洗掘及び下流の河床低下を防止する施設で，堤体の下流側に設置される。したがって，**4.**が適当である。

No.18 [答え1] 地すべり防止工

1.の排水トンネル工は，**地すべり規模が大きく，地下水が深部にあるため，横ボーリング，集水井工の施工が困難な場合に，地すべりの影響のない地盤深部にトンネルを設ける工法で**ある。**2.**の横ボーリング工は，地表から5m以深のすべり面付近に分布する深層地下水や断層，破砕帯に沿った地下水を排除するために設置される。**3.**と**4.**は記述のとおりである。したがって，**1.**が適当でない。(参考：P.343 2018（平成30）年度後期学科試験No.18解説)

No.19 [答え4] 道路のアスファルト舗装

1.の**透水性舗装**は，透水性の舗装を通して**雨水を路床から地中内部へ浸透させる舗装**である。**2.**の**サンドイッチ舗装**は，**軟弱路床上に遮断層，粒状路盤材，セメント安定処理又は貧配合コンクリートの層を設け，その上に舗装を行う舗装**である。**3.**の**コンポジット舗装**は，**表層又は表基層にアスファルト混合物を用い，下層にセメント系の版を用いた舗装**であり，コンクリート舗装の耐久性とアスファルト舗装の良好な走行性と維持修繕の容易さを併せ持つ舗装である。**4.**の**半たわみ性舗装**は，空げき率の大きい開粒度タイプの半たわみ性舗装用アスファルト混合物に，浸透用セメントミルクを浸透させ，**アスファルト舗装のたわみ性とコンクリート舗装の剛性を備えた耐久性に優れた舗装**である。したがって，**4.**が該当する。

No.20 [答え1] 道路のアスファルト舗装の施工

1.のタックコート（アスファルト乳剤PK-4）は，**舗設する混合物と基層等との接着及び継目部や構造物との付着をよくするために散布する。2.**と**3.**は記述のとおりである。**4.**の加熱アスファルト混合物の締固め温度は，高すぎるとヘアークラックや変形等を起こすことがあり，逆に低いと締固め効果が不十分となり，仕上げ面に凹凸ができる。したがって，**1.**が適当でない。(参考：P.258 2019（令和元）年度後期学科試験No.20解説)

No.21 [答え2] 道路のアスファルト舗装の補修工法

1. のオーバーレイ工法は、わだち掘れが浅い場合、ひび割れが少ない場合に適し、既存舗装の上に、厚さ3cm以上の加熱アスファルト混合物層を舗設する工法である。**2.** の**パッチング工法**は、**ポットホール、くぼみ、段差等を、加熱アスファルト混合物等により応急的に充填する工法**である。**3.** の打換え工法は、既存舗装の路盤もしくは路盤の一部までを打ち換える工法である。**4.** の切削工法は、路面の凸部等を切削・除去し、不陸や段差を解消する工法（適用箇所での施工は1回まで）であり、オーバーレイ工法や表面処理工法の事前処理として行われることも多い。したがって、**2.** が該当する。

No.22 [答え3] 道路の普通コンクリート舗装の補修工法

1. の舗装用のコンクリートは、施工がしやすく、所定の強度が得られて疲労抵抗性が高いこと、乾湿繰返し・凍結融解等の抵抗性が高いこと、乾燥収縮等による体積変化が小さいこと、すべり・すり減り抵抗性が高いことが求められる。**2.** の横収縮目地は、フレッシュコンクリートの硬化時及び硬化コンクリートの収縮を吸収し、不規則な間隔のひび割れを防止する。カッター目地と打込み目地があり、どちらもダウエルバーを用いたダミー目地を標準とし、車線に直交方向に一定間隔に設ける。**3.** のコンクリート舗装版は、所定の強度になるまで適切な**湿潤養生**期間が必要とされている。一般に、早強ポルトランドセメントでは1週間、普通ポルトランドセメントでは2週間、混合セメント等においては3週間が必要とされている。**4.** の舗装用のコンクリートの施工では、スプレッダーで生コンクリートを均一に敷き均した後、ロータリー式ファーストスクリード、バイブレータ、フィニッシングスクリードの3つの装置によってそれぞれ余盛の規整、締固め、仕上げを行う機能を備えたフィニッシャ等で一様かつ十分に締め固める。したがって、**3.** が適当でない。

No.23 [答え4] ダムの施工

1. と**2.** と**3.** は記述のとおりである。フィルダムは、不透水性材料を主体とする均一型フィルダム、不透水性材料と透水性材料から成るゾーン型フィルダム、透水性材料を主体として表面を不透水性材料で覆った表面遮水壁型フィルダムに大別される。**4.** の**中央コア型ロックフィルダム**は、ゾーン型フィルダムであり、**堤体の中央部に不透水性材料による遮水壁（コア）、その上下流に砂や砂利を積んでコアを支えるフィルター**、さらにその外側に**コアとフィルターを支えるロック（岩）を積んで築造するダム**である。選択肢の記述内容は、表面遮水壁型フィルダムである。したがって、**4.** が適当でない。

No.24 [答え2] トンネルの山岳工法における覆工

1. の覆工目地部に相当するつま部は、コンクリート硬化後に複雑な力が働かないよう極力覆工内面に対して直角で直線的な構造とする。**2.** の覆工コンクリートの打込み時には、打上りが適切な速度となるように、また型枠に偏圧がかからないように、**覆工の左右均等にできるだけ水平に連続して打ち込む。3.** と**4.** は記述のとおりである。したがって、**2.** が適当でない。

No.25 ［答え4］ 傾斜型海岸堤防の構造

図のAは波返し工である。したがって，**4.**が該当する。

（参考：P.345 2018（平成30）年度後期学科試験No.25解説）

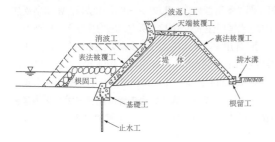

No.26 ［答え3］ ケーソン式混成堤の施工

1.は記述のとおりである。**2.**と**4.**のケーソン据付け後は，その安定を保つため，ただちにケーソン内部に設計上の単位体積重量を満足する材料の中詰めを行い，中詰め材が波浪等によって流失しないよう表面に場所打ちコンクリート又はプレキャスト製の蓋を施工する。**3.**のケーソンが，波浪や風等の影響でえい航直後の据付けが困難な場合には，**仮置きマウント上までえい航し，注水して沈設仮置きする。**したがって，**3.**が適当でない。

No.27 ［答え4］ 鉄道の道床バラスト

1.の道床の役割は，①マクラギから受ける圧力を均等に広く路盤に伝える，②マクラギ位置を固定する，③荷重を受けて自ら変位することにより衝撃力を緩和し，他の軌道材料の破壊を低減する，④良好に排水することである。**2.**の道床バラストに砕石が用いられる理由は，荷重の分布効果に優れ，列車から伝わる振動加速度に対して崩れにくく，マクラギの移動を抑える抵抗力が大きいためである。**3.**の道床バラストを貯蔵する場合は，大小粒の分離を防ぐとともに，じんあい，土砂等が混入しないようにする。**4.**の道床に用いるバラストは，①**吸水率が小さく排水が良好である**，②材質が強固でじん性に富み，摩損や風化に耐える，③**単位容積重量**，安息角が**大きい**，④**適当な粒径と粒度**を有し，突固めその他の作業が容易である，⑤粘土・沈泥・有機物を含まない，⑥列車荷重により破砕されにくい，⑦どこでも多量に得られて廉価である等の性質が必要である。したがって，**4.**が適当でない。

No.28 ［答え3］ 鉄道の営業線近接工事における建築限界と車両限界

車両限界とは，車両が超えてはならない限界空間をいう。また列車の走行には，車両の左右上下の動揺や，曲線部ではカントやスラックの設置や車両の偏倚（へんい）等が生ずるため，線路上の**車両限界の外側に最小限必要な余裕空間**が必要である。この空間を**建築限界**といい，建築限界内には建造物の設置や物を置いてはならない。したがって，**3.**が適当でない。

No.29 [答え3] シールド工法

1. のシールド工法は，発進立坑より横方向にシールドマシンを，土砂の崩壊を防ぎながら掘進し，シールド内でセグメントを組み立て，トンネルを構築する工法である。開削工法とは異なり，地上に影響が少ないので，都市部で多用される。**2.** のシールド工法は，密閉型及び開放型に大別される。密閉型シールドは，掘削土を泥土化し，所定の圧力を与え，切羽の安定をはかる土圧式シールド工法と，切羽に作用する土水圧より多少高い泥水圧をかけ，切羽の安定を保つ泥水式シールド工法に分けられる。開放型シールドは，掘削方法によって手掘り式シールド，半機械掘り式シールド及び機械掘り式シールドに分類される。**3.** の泥水式シールド工法の場合，カッタースリットから取り込まれた**大きい径の礫は配管やポンプ閉塞を生ずるおそれがあるため，礫除去装置で除去するかクラッシャーで破砕する**必要がある。**4.** は記述のとおりである。したがって，**3.** が適当でない。

No.30 [答え1] 上水道の管きょの施工

上水管の管布設工に関しては，水道工事標準仕様書において規定されている。**1.** の管周辺の埋戻しは，同仕様書4.1.20「埋戻工」に，「布設する**管に偏圧がかからないよう，片埋めを避けながら一層の厚さを20～30cm**ごとに**平らに均して締め固めて施工する**」と記されている。**2.** と**3.** は同仕様書4.1.10「管の据付け」により正しい。**4.** は同仕様書4.1.8「管弁類の取扱い及び運搬」3.水道用硬質塩化ビニル管（1）により正しい。したがって，**1.** が適当でない。

No.31 [答え2] 下水道用硬質塩化ビニル管の接着受口片受け直管

下水道用硬質塩化ビニル管は，JIS K 6741 7.2に「**有効長とは管の全長から受口長さ及び面取り長さを差し引いた長さである**」と定められている。したがって，**2.** のBが有効長を示す。

No.32 [答え1] 労働時間

労働基準法第32条（労働時間）第1項に「使用者は，労働者に，休憩時間を除き**1週間について40時間**を超えて，労働させてはならない」と規定され，同条第2項に「使用者は，1週間の各日については，労働者に，休憩時間を除き**1日について8時間**を超えて，労働させてはならない」と規定されている。したがって，**1.** が正しい。

No.33 [答え4] 災害補償

1. は労働基準法第76条（休業補償）第1項に「労働者が前条の規定による療養のため，労働することができないために賃金を受けない場合においては，使用者は，労働者の療養中**平均賃金の100分の60の休業補償**を行わなければならない」と規定されている。**2.** は同法第81条（打切補償）に「療養補償を受ける労働者が，療養開始後3年を経過しても負傷又は疾病がなおらない場合においては，使用者は，**平均賃金の1200日分の打切補償を行い，その後はこの法律の規定による補償を行わなくてもよい**」と規定されている。**3.** は同法第83条（補償を受ける権利）第2項に「補償を受ける権利は，これを**譲渡し，又は差し押えてはならない**」と規定されている。**4.** は同法第83条第1項により正しい。したがって，**4.** が正しい。

No.34 [答え1] 関係請負人が選任すべき者

労働安全衛生法第16条（安全衛生責任者）に「統括安全衛生責任者を選任すべき事業者以外の請負人で，当該仕事を自ら行うものは，**安全衛生責任者**を選任し，その者に統括安全衛生責任者との連絡その他の厚生労働省令で定める事項を行わせなければならない」と規定されている。したがって，**1.**の安全衛生責任者を選任しなければならない。

No.35 [答え3] 建設業法

1.は建設業法第26条（主任技術者及び監理技術者の設置等）第1項及び第2項により正しい。**2.**は同法第26条の4（主任技術者及び監理技術者の職務等）第1項により正しい。**3.**は同法第26条第3項及び建設業法施行令第27条に「公共性のある施設若しくは工作物又は多数の者が利用する施設若しくは工作物に関する重要な建設工事で，**工事一件の請負代金の額が3500万円（建築一式工事は7000万円）以上の場合，置かなければならない主任技術者又は監理技術者は，工事現場ごとに，専任の者でなければならない**」と規定されており，請負金額によって異なる。**4.**は同法第26条の4第2項により正しい。したがって，**3.**が誤りである。

No.36 [答え1] 車両の幅等の最高限度

道路法第47条第1項及び車両制限令第3条（車両の幅等の最高限度）より，車両の軸重は10t，幅は2.5m，輪荷重は10t，最小回転半径は12mである。したがって，**1.**が誤りである。

（参考：P.348　2018（平成30）年度後期学科試験No.36解説）

No.37 [答え2] 河川法

1.は河川法第26条（工作物の新築等の許可）第1項により正しい。**2.**は同法第27条第1項に「河川区域内の土地において土地の掘削，盛土若しくは切土その他土地の形状を変更する行為又は竹木の栽植若しくは伐採をしようとする者は，国土交通省令で定めるところにより，河川管理者の許可を受けなければならない。**ただし，政令で定める軽易な行為については，この限りでない**」と規定されている。この政令で定める軽易な行為は，同法施行令第15条の4第1項第2号に「工作物の新築等に関する河川管理者許可を受けて設置された**取水施設又は排水施設の機能を維持するために行う取水口又は排水口の付近に積もった土砂等の排除**」と規定されており，河川管理者の許可を受けて設置された取水施設の機能を維持するために行う取水口の付近に積もった土砂等の排除については，河川管理者から許可を必要としない。**3.**と**4.**は同法第24条（土地の占用の許可）により正しい。したがって，**2.**が誤りである。

（参考：P263　2019（令和元）年度後期学科試験No.37解説）

No.38 [答え4] 建築基準法

1. は建築基準法第2条（用語の定義）第2項に「**特殊建築物**　学校，体育館，**病院**，劇場，観覧場，集会場，展示場，百貨店，市場，ダンスホール，遊技場，公衆浴場，旅館，共同住宅，寄宿舎，下宿，工場，倉庫，自動車車庫，危険物の貯蔵場，と畜場，火葬場，汚物処理場その他これらに類する用途に供する建築物をいう」と規定されている。**2.** は同法第2条（用語の定義）第3項に「**建築設備　建築物に設ける**電気，ガス，給水，排水，換気，**暖房**，冷房，消火，排煙若しくは汚物処理の設備又は煙突，昇降機若しくは避雷針をいう」と規定されている。**3.** は同法第2条（用語の定義）第5項に「**主要構造部**　壁，柱，床，はり，屋根又は階段をいい，建築物の**構造上重要でない間仕切壁**，間柱，付け柱，揚げ床，最下階の床，回り舞台の床，小ばり，ひさし，局部的な小階段，屋外階段その他これらに類する建築物の部分**を除くものとする**」と規定されている。**4.** は同法第2条（用語の定義）第1項に「**建築物**　土地に定着する工作物のうち，屋根及び柱若しくは壁を有するもの，**これに附属する**門若しくは**塀**，観覧のための工作物又は地下若しくは高架の工作物内に設ける事務所，店舗，興行場，倉庫その他これらに類する施設をいい，建築設備を含むものとする」と規定されており，**建築物に附属する塀は建築物である**。したがって，**4.** が誤りである。

No.39 [答え2] 火薬類取締法

1. は火薬類取締法第38条（火薬類の混包等の禁止）により正しい。**2.** は同法第12条（火薬庫）第1項に「火薬庫を設置し，移転し又はその構造若しくは設備を変更しようとする者は，経済産業省令で定めるところにより，**都道府県知事の許可**を受けなければならない」と規定されている。**3.** は同法施行規則第51条（火薬類の取扱い）第1号により正しい。**4.** は同規則第52条（火薬類取扱所）第3項第8号により正しい。したがって，**2.** が誤りである。

No.40 [答え3] 騒音規制法

騒音規制法第2条第3項，同法施行令第2条及び別表二により，特定建設作業に該当するものは，①くい打機，くい抜機又はくい打くい抜機を使用する作業，②びょう打機を使用する作業，③さく岩機を使用する作業，④空気圧縮機を使用する作業，⑤コンクリートプラント又はアスファルトプラントを設けて行う作業，⑥バックホウを使用する作業，⑦トラクターショベルを使用する作業，⑧ブルドーザを使用する作業である。したがって，**3.** の振動ローラによる路盤の締固め作業は対象とならない。

(参考：P.48　2022（令和4）年度後期第一次検定No.40解説)

No.41 [答え4] 振動規制法

振動規制法第14条第1項に「指定地域内において特定建設作業を伴う建設工事を施工しようとする者は，当該特定建設作業の開始の日の7日前までに，環境省令で定めるところにより，**市町村長に届け出**なければならない（略)」と規定されている。したがって，**4.** が正しい。

No.42 [答え2] 港則法

1.は港則法第13条（航法）第1項により正しい。**2.**は同条第3項に「船舶は，航路内において，他の船舶と行き会うときは，**右側を航行**しなければならない」と規定されている。**3.**は同条第2項により正しい。**4.**は同条第4項により正しい。したがって，**2.**が誤りである。

No.43 [答え4] 水準測量

設問の水準測量の結果を計算すると，以下のとおりになる。

測点 No.	距離（m）	後視（m）	前視（m）	高低差 昇（＋）	高低差 降（－）	地盤高さ（m）
1	20	0.8				10.0
2	30	1.2	2.0		1.2	8.8
3	20	1.6	1.7		0.5	8.3
4	30	1.6	1.4	0.2		8.5
5			1.6	0		8.5

それぞれの地盤高さは以下のとおりに計算する。

No.2：10.0m（No.1の地盤高さ）＋（0.8m（No.1の後視）－2.0m（No.2の前視））＝8.8m
No.3：8.8m（No.2の地盤高さ）＋（1.2m（No.2の後視）－1.7m（No.3の前視））＝8.3m
No.4：8.3m（No.3の地盤高さ）＋（1.6m（No.3の後視）－1.4m（No.4の前視））＝8.5m
No.5：8.5m（No.4の地盤高さ）＋（1.6m（No.4の後視）－1.6m（No.5の前視））＝8.5m
【別解】表の高低差の総和を，測点No.1の地盤高さに足してもよい。
10.0m＋（0.2m＋0m＋（－1.2m－0.5m））＝8.5m
したがって，**4.**が適当である。

No.44 [答え1] 公共工事標準請負契約約款

1.は公共工事標準請負契約約款第15条（支給材料及び貸与品）第2項に「監督員は，支給材料又は貸与品の引渡しに当たっては，受注者の立会いの上，発注者の負担において，当該支給材料又は貸与品を検査しなければならない。この場合において，当該検査の結果，その**品名，数量，品質又は規格若しくは性能**が設計図書の定めと異なり，又は使用に適当でないと認めたときは，受注者は，その旨を直ちに発注者に通知しなければならない」と規定されており，**製造者名は明示されていなくてもよい**。**2.**は同約款第18条（条件変更等）第1項第1号により正しい。**3.**は同条同項第2号により正しい。**4.**は同条同項第4号により正しい。したがって，**1.**が該当しない。

No.45 [答え3] 橋梁の一般図

設問の図の各部の名称は，Bは橋長（両端橋台部のパラペット前面間の長さ），Cは支間長（支承間の長さ），Dは径間長である。なおBの橋長から伸縮装置を設置する遊間を引いたものが桁長となる。したがって，**3.**のCが支間を示す。

No.46 [答え **2**] 建設工事における建設機械の用途

1.のローディングショベルは，アームの先にバケットを前向きに取り付けた機械で，地表面より高い部分の採掘に適している。**2.**のクラムシェルは，バケットを落下させて掘削する機械で，立坑掘削等，**狭い場所での深い掘削に適している**。**3.**のスクレープドーザは，スクレーパとクローラ式ブルドーザを合体したような外観で，土砂の掘削と運搬の機能を兼ね備えている。接地圧が低く，前・後進のシャトル運転で足場を乱さないことから，狭い場所や軟弱地盤での施工に使用される。**4.**のドラグラインは，ロープに吊り下げられたバケットを遠心力を利用して放り投げ，地面に沿って引き寄せながら掘削する機械で，設置位置より低い場所の掘削に適する。したがって，**2.**が適当でない。

No.47 [答え **4**] 施工計画

1.と**2.**と**3.**は記述のとおりである。**4.**の仮設備は，工事内容や現地条件に合った適正な規模のものにすることが大切で，工事規模に対して過大・過小にならないようにする。また使用期間・目的等に応じて強度計算を行うとともに，関連法規に合致するようにしなければならない。なお仮設備計画においては，仮設備の設計及び配置計画が主な内容であり，**品質管理計画は含まれない**。したがって，**4.**が適当でない。

No.48 [答え **3**] コンクリートの打込み作業

1.と**2.**と**4.**はいずれも打込み前日までに完了しておかなければならない作業である。**3.**はJIS A 5308に「レディーミクストコンクリートの強度，スランプ又はスランプフロー，空気量，及び塩化物含有量は，**荷卸し地点で**，次の**条件を満足**しなければならない」とされている。「塩化物含有量は，塩化物イオン（Cl^-）量として$0.30kg/m^3$以下とする（購入者の承認を受けた場合は$0.60kg/m^3$以下とすることができる）」と規定されている。したがって，**3.**が該当しない。

No.49 [答え **4**] 土工の施工計画

1.の床付けや埋戻し時の敷均し等，建設機械の作業に適さない場所やきめ細かい作業が要求される場所では人力により行う。**2.**のダウンヒルカット工法は，ブルドーザ，スクレープドーザ，スクレーパ等を用いて傾斜面の下り勾配を利用して地山を掘削し，運搬する工法である。**3.**の構造物の基礎掘削や溝の掘削には，機械設置位置より低い場所の掘削に適したバックホゥ等が使用される。**4.**のベンチカット工法は，階段式に掘削を行う工法で，大規模土工に適しており，一般にショベル系掘削機やローダによって掘削積込みが行われ，硬い地山の場合は発破が用いられる。**スタビライザは，表層混合処理工法等で表層地盤にセメントや石灰等の固化材を撹はん混合するための機械**である。したがって，**4.**が適当でない。

No.50 [答え1] 工程管理

1. の曲線式工程表には，グラフ式工程表と出来高累計曲線があり，縦軸に工事出来高又は施工量の累積をとり，横軸に日数等の工期の時間的経過をとり，出来高の進捗状況を曲線で示したグラフである。予定と実績との差が比較・確認しやすく，どの作業が未着手で，どの作業が完了したか等が明確であるが，**各作業の相互関連と重要作業がどれであるかは不明確である**。**2.** の横線式工程表（ガントチャート）は，縦軸に各作業名を記述し，横軸に各作業の達成率を100%で示した工程表である。各作業の進捗状況がひと目でわかるが，日数の把握は困難である。**3.** の横線式工程表（バーチャート）は，縦軸に各作業名を記述し，横軸に工期（日数）をとり，棒線で示した工程表である。各作業の所要日数がわかり，漠然と作業間の関連が把握できる。しかし，工期に影響する作業がどれかわかりにくい。**4.** のネットワーク式工程表は，全体工事と部分工事が明確に表現でき，各作業の相互関連と重要作業をすばやく把握でき，各工事間の調整が円滑にできる。したがって，**1.** が適当でない。

No.51 [答え3] ネットワーク式工程表

クリティカルパスとは各作業ルートのうち，最も日数を要する**最長経路**のことであり，**工期を決定する**。各経路の所要日数は次のとおりとなる。⓪→①→②→⑤→⑥＝3＋6＋7＋4＝20日，**⓪→①→②→③→⑤→⑥＝3＋6＋0＋8＋4＝21日**，⓪→①→②→③→④→⑤→⑥＝3＋6＋0＋6＋0＋4＝19日，⓪→①→③→⑤→⑥＝3＋3＋8＋4＝18日，⓪→①→③→④→⑤→⑥＝3＋3＋6＋0＋4＝16日である。したがって，**3.** が適当である。

No.52 [答え1] 移動式クレーンを用いた作業

1. はクレーン等安全規則第70条の3（使用の禁止）に「事業者は，**地盤が軟弱であること**，埋設物その他地下に存する工作物が損壊するおそれがあること等により移動式クレーンが転倒するおそれのある場所においては，移動式クレーンを用いて作業を行ってはならない。ただし，**当該場所において，移動式クレーンの転倒を防止するため必要な広さ及び強度を有する鉄板等が敷設され，その上に移動式クレーンを設置しているときは，この限りでない**」と規定されている。**2.** は同規則第77条第1項第2項，及び同規則第80条（補修）により正しい。**3.** は同規則第75条（運転位置からの離脱の禁止）第1項により正しい。**4.** は同規則第71条（運転の合図）第1項により正しい。したがって，**1.** が誤りである。

No.53 [答え4] 労働安全衛生規則（足場）

労働安全衛生規則第563条（作業床）第1項第2号に「つり足場の場合を除き，幅，床材間の隙間及び床材と建地との隙間は，次に定めるところによること。㋑**幅は，40cm以上**とすること。㋺床材間の隙間は，3cm以下とすること。㋩床材と建地との隙間は，12cm未満とすること」及び第5号に「つり足場の場合を除き，床材は，転位し，又は脱落しないように2以上の支持物に取り付けること」と規定されている。したがって，**4.** が誤りである。

No.54 [答え**2**] 労働安全衛生規則（地山の掘削作業）

1. は労働安全衛生規則第358条（点検）に「事業者は，明り掘削の作業を行なうときは，地山の崩壊又は**土石の落下による労働者の危険を防止するため**，次の措置を講じなければならない」，第1号「点検者を指名して，作業箇所及びその周辺の地山について，**その日の作業を開始する前**，大雨の後及び中震以上の地震の後，浮石及びき裂の有無及び状態並びに含水，湧水及び凍結の状態の変化を点検させること」と規定されている。**2.** は同規則第367条（照度の保持）により正しい。**3.** は同規則第360条（地山の掘削作業主任者の職務）に「事業者は，**地山の掘削作業主任者に，次の事項を行なわせなければならない**」，第1号「**作業の方法を決定し，作業を直接指揮すること**」と規定されている。**4.** は同規則第370条（組立図）に「事業者は，土止め支保工を組み立てるときは，**あらかじめ，組立図を作成し，かつ，当該組立図により組み立てなければならない**」と規定されている。したがって，**2.** が正しい。

No.55 [答え**2**] 労働安全衛生規則（コンクリート造の工作物の解体工事にともなう危険防止）

1. は労働安全衛生規則第517条の15（コンクリート造の工作物の解体等の作業）第1号により正しい。**2.** は同条第2号に「強風，大雨，大雪等の悪天候のため，作業の実施について危険が予想されるときは，**当該作業を中止すること**」と規定されている。**3.** は同規則第171条の6（立入禁止等）第1号により正しい。**4.** は同規則第517条の15第3号により正しい。したがって，**2.** が誤りである。

No.56 [答え**3**] 加熱アスファルト混合物の配合設計のために行う試験

1. の含水比試験は，土に含まれる水の質量と土の乾燥質量との比である含水比を求める試験であり，含水比は土構造物の設計・施工に際し，施工条件を判断するのに用いられる。また締固め試験により締固め曲線（乾燥密度と含水比の関係）を求め，盛土等の締固めの施工管理基準として利用される。**2.** の一軸圧縮試験は，粘性土を円柱状に整形し，上下方向に荷重を加え，土のせん断強さを求める室内試験である。**3.** のマーシャル安定度試験は，舗装用アスファルト混合物の配合設計，特に最適アスファルト量を求める試験である。**4.** の曲げ強度試験は，硬化コンクリート供試体に曲げ応力が作用したときの供試体内部に生じている最大曲げ応力（引張応力）を求める試験である。したがって，**3.** が適当である。

No.57 [答え**3**] ヒストグラム

ヒストグラムは，横軸をいくつかのデータ区間に分け，それぞれの区間に入るデータの数を度数として縦軸に高さで表したものである。工程が安定している場合，設問のB図のように一般的に平均値付近に度数が集中し，平均値から離れるほど低く，左右対称のつり鐘型の正規分布となる。**1.** のA図は，規格値の範囲内であるが，わずかな工程の変化によって規格値を割る可能性があるため，バラツキを小さくするよう品質管理する必要がある。**2.** は記述のとおりである。**3.** のC図は，規格値の範囲外にデータがあり，規格値の幅を広げるのではなく，**製品のバラツキが規格値に入るように工程を見直す必要がある**。**4.** のD図は，2つの異

なる工程（2台の機械や2種類の材料等）を用いた場合に現れやすい分布（平均値が異なる分布が混在）である。したがって，**3.**が適当でない。

No.58 ［答え4］ 盛土の締固めの品質

1.の締固めの目的は，土の空気間げきを少なくし，透水性を低下させ，水の浸入による軟化・膨張を小さくし，土を最も安定した状態にして，盛土完成後の圧密沈下等の変形を少なくすることである。**2.**の締固めの品質規定方式は，盛土に必要な品質を仕様書に明示し，締固め方法については施工者に委ねる方法である。現場における締固め後の乾燥密度を室内締固め試験における最大乾燥密度で除した締固め度や，空気間げき率，飽和度等で規定する。**3.**の締固めの工法規定方式は，使用する締固め機械の機種や締固め回数，敷均し厚さ等を規定する方法である。盛土材料の土質，含水比があまり変化しない場合や，岩塊や玉石等，品質規定方式が適用困難なとき，また経験の浅い施工業者に適している。**4.の最もよく締まる含水比のことを最適含水比といい**，ある一定のエネルギーにおいて最も効率よく土を密にすることができる。このときの乾燥密度を最大乾燥密度という。したがって，**4.**が適当でない。

No.59 ［答え1］ レディーミクストコンクリート（**JIS A 5308**）

1.のスランプは，8〜18cmの時の許容値は±2.5cmであり上限値は12.5cmとなり，不合格である。**2.**の空気量の許容値はコンクリートの種類によらず**±1.5%**であり下限値は3.0%となり，不合格である。**3.**の圧縮強度試験に関しては，JISに「圧縮強度試験を行ったとき，強度は次の規定を満足しなければならない。なお強度試験における供試体の材齢は，呼び強度を保証する材齢の指定がない場合は28日，指定がある場合は購入者が指定した材齢とする。
1）1回の試験結果は，購入者が指定した**呼び強度の強度値の85%以上**でなければならない。
2）3回の試験結果の平均値は，購入者が指定した**呼び強度の強度値以上**でなければならない」
と規定されており，合格である。**4.の塩化物含有量**は，JISに塩化物イオン量として**0.3kg/m³以下**と規定されており，不合格である。したがって，**1.**が誤りである。
（参考：P.50　2022（令和4）年度後期第一次検定No.51解説）

No.60 ［答え1］ 周辺地域の環境保全対策

1.の工事における**地域住民への説明会は，工事着手手前**に地区自治会等を通じて行い，工事の目的，内容，環境保全対策等について説明し，地域住民との合意形成をはかりながら環境保全管理に努める。**2.**の工事の作業時間は，影響の少ない時間帯とし，夜間，早朝の作業を避ける等，作業工程の設定を行う。**3.**の建設工事の騒音・振動対策の基本は，発生源対策であり，低騒音・低振動の工法及び機械をできるだけ採用する。**4.**の工事にともなう沿道交通への影響は，資材等の運搬のための工事用車両による交通障害，交通事故及び沿道に対する対策について事前に十分調査し，対策を検討する。したがって，**1.**が適当でない。

No.61 [答え 2] 建設工事に係る資材の再資源化等に関する法律（建設リサイクル法）

建設工事に係る資材の再資源化等に関する法律（建設リサイクル法）第2条（定義）第5項，及び同法施行令第1条（特定建設資材）に「建設工事に係る資材の再資源化等に関する法律第2条第5項のコンクリート，木材その他建設資材のうち政令で定めるものは，次に掲げる建設資材とする。①コンクリート，②コンクリート及び鉄から成る建設資材，③木材，④アスファルト・コンクリート」と規定されている。したがって，**2.** の建設発生土が該当しない。

2017
平成 29 年度

実地試験
解答・解説

問題 1 必須問題

問題1は受検者自身の経験を記述する問題です。経験記述の攻略法や解答例は，P.472で紹介しています。

問題 2 必須問題

切土の施工

(1) 土工機械の選定に関しては，土の種類，**土質**条件，地下水の状況，工事量，運搬距離，工事工程等，工事条件に適合し，かつ経済的な建設機械を選定する。

(2) 切土した法面は時間の経過とともに不安定になり，雨水等による表流水で**浸食**されやすいため，法肩や小段に仮排水工を設け，切土部に流入する表流水を遮断する。

(3) 土砂の切土面の施工においては，最初に丁張に従って**仕上げ面**より余裕を持たせて本体を掘削し，その後，仕上げ面まで丁寧に掘削して仕上げるのがよい。

(4) 切土法面では，土質，岩質，法面勾配，法面の規模に応じ，切土高5〜10mごとに**小段**を設ける。なお，土質あるいは岩質が変化する場合にはその境界の位置に小段を設ける。

(5) 切土部は，常に**表面排水**を考えて切土面を滑らかに整形するとともに，横断方向に3%程度の勾配をとり，掘削断面の両側にトレンチを掘って，雨水を排除する。

これらを参考に，（イ）〜（ホ）に適語を記入する。

（イ）	（ロ）	（ハ）	（ニ）	（ホ）
土質	浸食	仕上げ面	小段	表面排水

問題 3 必須問題

軟弱地盤対策工法

下記の5つから2つを選び，解答する。

●サンドマット工法

軟弱地盤表層に0.5〜1.2m程度の厚さの砂を巻き出して良質地盤を確保し，上載荷重の分散効果により地盤の安定をはかる地盤改良工法である。施工機械のトラフィカビリティの改善やドレーン工法用排水路として採用されることが多い。

●緩速載荷工法

盛土の施工に時間をかけ，ゆっくり盛土を行う工法である。圧密による強度増加が期待でき，短時間に盛土した場合には安定が保たれない場合でも安全に盛土できる。漸増載荷工法

と段階載荷工法がある。漸増載荷工法は，盛土の立上りを漸増していく工法である。段階載荷工法は，盛土後，盛土を放置して圧密による地盤強度の増加後，さらに盛土を行う，この工程を繰り返す工法である。

●地下水位低下工法

地下水位内の土粒子は，水の浮力により軽くなっているが，地下水位を低下させると土粒子が受けていた浮力に相当する荷重が下層の軟弱層に作用して圧密沈下が生じ，強度の増加がはかれる。

●表層混合処理工法

軟弱地盤の表層部分の土に，セメント系や石灰系等の固化材を混合・撹はんし，タイヤローラー等で転圧することでコーン指数の増加，すなわち地盤の強度の増加，安定性の増大，変形抑制及び施工機械のトラフィカビリティの確保をはかる工法である。

●掘削置換工法

軟弱層等，問題のある地盤を掘削・除去し，良質な材料に置き換え，良好な地盤を得る工法である。置換した地盤を支持地盤とする場合は，十分な締固めが必要である。

問題 4 必須問題

コンクリートの打継ぎの施工

(1) 打継目は，構造上の弱点になりやすく，**漏水**やひび割れの原因にもなりやすいため，できるだけせん断力の小さな位置に設け，打継目を部材の圧縮力の作用方向と直角にするのを原則とする。

(2) **レイタンス**とは，コンクリート打込み後，ブリーディングによりセメントや骨材等の微粉末が表面に浮かび上がり，堆積した微細な物質のことである。強度も水密性も小さく，打継面の大きな弱点となる。コンクリートを打ち継ぐ場合には，このレイタンスや品質の悪いコンクリート，緩んだ骨材粒等を完全に除去し，コンクリート表面を**粗**にした後（グリーンカット），十分に**吸水**させなければならない。

(3) 水密を要するコンクリートにおいては，所要の水密性が得られるように適切な間隔で打継目を設けなければならない。また鉛直打継目では**止水板**を用いるのを原則とする。

　　これらを参考に，（イ）～（ホ）に適語を記入する。

（イ）	（ロ）	（ハ）	（ニ）	（ホ）
漏水	レイタンス	粗	吸水	止水板

問題 5 必須問題

コンクリートに関する用語

次の5つから2つを選び解答する。

●エントレインドエア

連行空気ともいい，AE剤又はAE減水剤等の界面活性作用を利用し，計画的にコンクリート中に均等に分布させた微少な独立した空気の泡のことをいう。

●スランプ

フレッシュコンクリートの軟らかさの程度を測定するもので，コンシステンシー(硬さ，軟らかさ，脆さ，流動性等の程度) を調べる試験として，最も広く用いられている。スランプコーンにコンクリートを3層に分けて詰め，層ごとに突き棒で25回一様に突き，表面を均した後，スランプコーンを引き上げた直後に測った頂部からの下がり量（cm）で表される。

●ブリーディング

セメント及び骨材粒子の沈降にともない，水やセメントの微粉末が表面に浮かび上がる現象をいう。ブリーディングにより表面に浮かび上がり，堆積した微細な物質をレイタンスといい，強度も水密性も小さく，打継面の弱点となるので除去しなければならない。

●呼び強度

JISに規定されたコンクリートの強度の区分。荷下し地点におけるレディミクストコンクリートが，所定の材齢まで標準養生を行ったときの圧縮強度に相当する呼び強度を，購入者が選んで指定する。レディミクストコンクリート取引上の強度のことをいう。

●コールドジョイント

先に打ち込んだコンクリートとの間に生ずる完全に一体化していない継目のこと。コンクリートを断続的に重ねて打ち込む際，適切な時間間隔より遅れて打ち込む場合や，不当な打ち継ぎ処理の場合に生ずる。

問題6 選択問題 1

コンクリート構造物の鉄筋の組立・型枠の品質管理

(1) 受注者は，工事に使用した材料の品質を証明する**試験成績表**，性能試験結果，ミルシート等の品質規格証明書を，受注者の責任において整備，保管しなければならない。

(2) 鉄筋は，設計図書に示された形状及び**寸法**を確認し，あらかじめ定められた加工寸法の許容誤差内になるように加工を行う必要がある。

(3) かぶりが少ない場合は，種々の原因によって鉄筋沿いにひび割れが生じやすく，構造物の耐荷力，耐久性，耐火性が低下する。**スペーサ**は梁，床版等で1m²あたり4個程度，ウェブ，壁及び柱で1m²あたり2〜4個程度配置する。なお型枠底面に接するスペーサは，モルタル製あるいはコンクリート製（本体コンクリートと同等以上の品質）を使用することを原則とする。

(4) 型枠及び支保工は，外部からかかる荷重やコンクリートの側圧に対し，型枠の**はらみ**，モルタルの漏れ，移動，傾き，沈下，接続部の緩み等，異常が生じないように十分な強度と剛性を有するものでなければならない。

(5) 型枠相互の間隔を正しく保つために**セパレータ**を用いるが，セパレータの存在により，骨材等の沈下によるひび割れが生ずるおそれがあるため，バイブレータを用いて十分に締

固めを行わなければならない。

　これらを参考に，（イ）〜（ホ）に適語を記入する。

（イ）	（ロ）	（ハ）	（ニ）	（ホ）
試験成績表	寸法	スペーサ	はらみ	セパレータ

問題 7 選択問題 | 1

移動式クレーンを用いる作業及び玉掛作業の安全管理

(1) 労働安全衛生法の規定に基づいたクレーン等安全規則第71条（運転の合図）に「事業者は，移動式クレーンを用いて作業を行なうときは，移動式クレーンの運転について一定の**合図**を定め，合図を行なう者を指名して，その者に合図を行なわせなければならない。ただし，移動式クレーンの運転者に単独で作業を行なわせるときは，この限りでない」と規定されている。

(2) クレーン等安全規則第74条（立入禁止）に「事業者は，移動式クレーンに係る作業を行うときは，当該移動式クレーンの上部旋回体と**接触**することにより労働者に危険が生ずるおそれのある箇所に労働者を立ち入らせてはならない」と規定されている。

(3) クレーン等安全規則第69条（過負荷の制限）「事業者は，移動式クレーンにその**定格**荷重をこえる荷重をかけて使用してはならない」と規定されている。

(4) クレーン等安全規則第221条（就業制限）に「事業者は，つり上げ荷重が1t以上のクレーン，移動式クレーン若しくはデリックの玉掛けの業務については，次の各号のいずれかに該当する者でなければ，当該業務に就かせてはならない」と規定され，第1号に「玉掛け**技能**講習を修了した者」と規定されている。なお第222条には「事業者は，つり上げ荷重が1t未満のクレーン，移動式クレーン又はデリックの玉掛けの業務に労働者をつかせるときは，当該労働者に対し，当該業務に関する安全のための特別の教育を行なわなければならない」と規定されている。

(5) クレーン等安全規則第220条（作業開始前の点検）に「事業者は，クレーン，移動式クレーン又はデリックの玉掛用具であるワイヤロープ，つりチエーン，繊維ロープ，繊維ベルト又はフック，シヤックル，リング等の金具を用いて玉掛けの作業を行なうときは，その日の作業を開始する前に当該ワイヤロープ等の異常の有無について**点検**を行なわなければならない」と規定されている。

　これらを参考に，（イ）〜（ホ）に適語を記入する。

（イ）	（ロ）	（ハ）	（ニ）	（ホ）
合図	接触	定格	技能	点検

問題 8 選択問題 2

盛土の品質確保のために行う敷均し及び締固めの施工上の留意事項

下記の敷均し及び締固めの施工上の留意事項を参考に記述する。

●敷均し

①均一な品質の盛土を作るためには，高まきを避け，水平の層に薄く敷き均し，均等に締め固める必要がある。

②敷均し厚さは，盛土の種類，盛土材料の粒度，土質，締固め機械と施工法及び要求される締固め度等の条件によって変わる。道路盛土の場合，一般に路体では一層の敷均し厚さを35〜45cm以下，締固め後の仕上り厚さを30cm以下，路床では一層の敷均し厚さを25〜35cm以下，締固め後の仕上り厚さを20cm以下としている。また河川堤防では一層の敷均し厚さを35〜45cm以下，締固め後の仕上り厚さを30cm以下としている。

●締固め

締固めに際しては，盛土材料の土質，施工箇所，要求される締固め土，施工規模等を考慮した適切な締固め機械を選定する必要がある。締固め作業を行ううえでの留意点は以下のとおりである。

①盛土材料の含水比をできるだけ最適含水比に近づけるような処置をする。

②盛土材料の土質に応じて，適切な機種及び重量の締固め機械を選定する。

③施工中の排水処理を十分に行う。

④運搬機械の走行路は固定せず，切回しを行うことで運搬機械の走行による締固め効果が得られるようにする。

⑤盛土すり付け部や端部は締固めが不十分となりやすいので，本体部とは別に締固め方法を検討する等して，両者の締固め度に差が出ないようにする。

建設発生土とコンクリート塊の利用用途

下記を参照し，建設発生土とコンクリート塊の利用用途についてそれぞれ記述する。

●建設発生土の主な利用用途

区分		主な利用用途
第1種建設発生土	砂，レキ及びこれらに準ずるものをいう。	工作物の埋戻し材料 土木構造物の裏込材 道路盛土材料 宅地造成用材料
第2種建設発生土	砂質土，レキ質土及びこれらに準ずるものをいう。	土木構造物の裏込材 道路盛土材料 河川築堤材料 宅地造成用材料
第3種建設発生土	通常の施工性が確保される粘性土及びこれに準ずるものをいう。	土木構造物の裏込材 道路路体用盛土材料 河川築堤材料 宅地造成用材料 水面埋立て用材料
第4種建設発生土	粘性土及びこれに準ずるもの（第3種建設発生土を除く）	水面埋立て用材料

●コンクリート塊の主な利用用途

区分	主な利用用途
再生クラッシャーラン	道路舗装及びその他舗装の下層路盤材料 土木構造物の裏込材及び基礎材 建築物の基礎材
再生コンクリート砂	工作物の埋戻し材料及び基礎材
両生粒度調整砕石	その他舗装の上層路盤材料
両生セメント安定処理路盤材料	道路舗装及びその他舗装の路盤材料
再生石灰安定処理路盤材料	道路舗装及びその他舗装の路盤材料

2級土木施工管理技術検定試験

2017

平成 29 | 年度前期

学科試験

解答・解説

※**問題番号No.1〜No.11までの11問題のうちから9問題を選択し解答してください。**

No.1 土質調査における「試験の名称」と「試験結果から求められるもの」に関する次の組合せのうち，**適当なもの**はどれか。

　　　［試験の名称］　　　　　　　　　　　［試験結果から求められるもの］

1. 圧密試験 ・・・・・・・・・・・・・・・・・・・・・・・・・・・・・ 粘性土の沈下に関すること

2. CBR試験 ・・・・・・・・・・・・・・・・・・・・・・・・・・・・ 岩の分類に関すること

3. スウェーデン式サウンディング試験 ・・・・ 地盤の中を伝わる地震波に関すること

4. 標準貫入試験 ・・・・・・・・・・・・・・・・・・・・・・・ 地盤の透水に関すること

No.2 「土工作業の種類」と「使用機械」に関する次の組合せのうち，**適当でないもの**はどれか。

　　　［土工作業の種類］　　　　　　　　　　［使用機械］

1. 溝掘り ・・・・・・・・・・・・・・・・・・・・・・・・・・・・・・ バックホウ

2. 伐開除根 ・・・・・・・・・・・・・・・・・・・・・・・・・・・・ ブルドーザ

3. 掘削・運搬 ・・・・・・・・・・・・・・・・・・・・・・・・・・ モーターグレーダ

4. 締固め ・・・・・・・・・・・・・・・・・・・・・・・・・・・・・・ ロードローラ

No.3 盛土工に関する次の記述のうち，**適当でないもの**はどれか。

1. 盛土を施工する場合は，その基礎地盤が盛土の完成後に不同沈下や破壊を生ずるおそれがないか検討する。

2. 盛土工における構造物縁部の締固めは，大型の締固め機械により入念に締め固める。

3. 盛土の敷均し厚さは，盛土の目的，締固め機械と施工法及び要求される締固め度などの条件によって左右される。

4. 軟弱地盤における盛土工で建設機械のトラフィカビリティが得られない場合は，あらかじめ適切な対策を講じてから行う。

No.4 軟弱地盤における次の改良工法のうち，締固め工法に**該当するもの**はどれか。

1. バイブロフローテーション工法
2. 石灰パイル工法
3. ウェルポイント工法
4. サンドドレーン工法

No.5 コンクリートに用いられる次の混和剤のうち，コンクリート中に多数の微細な気泡を均等に生じさせるために使用される混和剤に**該当するもの**はどれか。

1. 減水剤　　3. 防せい剤
2. 流動化剤　4. AE剤

No.6 荷おろし時の目標スランプが8cmであり，練上り場所から現場までの運搬にともなうスランプの低下が2cmと予想される場合，**練上り時の目標スランプ**は次のうちどれか。

1. 6cm　　3. 10cm
2. 8cm　　4. 12cm

No.7 コンクリートの施工に関する次の記述のうち，**適当でないもの**はどれか。

1. 内部振動機で締固めを行う際は，下層のコンクリート中に10cm程度挿入する。
2. 内部振動機で締固めを行う際の挿入時間の標準は，5〜15秒程度である。
3. コンクリートを打ち込む際は，1層当たりの打込み高さを40〜50cm以下とする。
4. コンクリートの練混ぜから打ち終わるまでの時間は，気温が25℃を超えるときは3時間以内とする。

No.8 コンクリートの打込みと締固めに関する次の記述のうち，**適当でないもの**はどれか。

1. コンクリート打込み中にコンクリート表面に集まったブリーディング水は，仕上げを容易にするために，そのまま残しておく。
2. 型枠内面には，コンクリート硬化後に型枠をはがしやすくするため，はく離剤を塗布しておく。
3. 棒状バイブレータは，コンクリートに穴を残さないように，ゆっくりと引き抜く。
4. 再振動を行う場合には，コンクリートの締固めが可能な範囲でできるだけ遅い時期に行う。

No.9 既製杭の施工に関する次の記述のうち，**適当でないもの**はどれか。

1. 打撃工法は，既製杭の杭頭部をハンマで打撃して地盤に貫入させるものである。

2. 中掘り杭工法は，既製杭の中空部をアースオーガで掘削しながら杭を地盤に貫入させていくものである。

3. バイブロハンマ工法は，振動機を既製杭の杭頭部に取り付けて地中に貫入させるものである。

4. プレボーリング杭工法は，杭径より小さな穴を地盤にあけておき，その中に既製杭を機械で貫入させるものである。

No.10 場所打ち杭の「工法名」と「掘削方法」に関する次の組合せのうち，**適当でないもの**はどれか。

　　［工法名］　　　　　　　　　　　［掘削方法］

1. リバースサーキュレーション工法 … 掘削孔に満たした水の圧力で孔壁を保護しながら，水を循環させて削孔機で掘削する。

2. アースドリル工法 ………………… 掘削孔に満たした水の圧力で孔壁を保護しながら，ドリリングバケットで掘削する。

3. オールケーシング工法 …………… ケーシングチューブを挿入して孔壁の崩壊を防止しながら，ハンマーグラブで掘削する。

4. 深礎工法 …………………………… 掘削孔が自立する程度掘削して，ライナープレートを用いて孔壁の崩壊を防止しながら，人力又は機械で掘削する。

No.11 「土留め壁の種類」と「特徴」に関する次の組合せのうち，**適当でないもの**はどれか。

　　［土留め壁の種類］　　　　［特徴］

1. 鋼矢板 ………………………… 止水性が高く，施工が比較的容易である。

2. 連続地中壁 …………………… 適用地盤の範囲が狭いが，他に比べ経済的である。

3. 柱列杭 ………………………… 剛性が大きいため，深い掘削にも適する。

4. 親杭・横矢板 ………………… 止水性が劣るため，地下水のない地盤に適する。

※問題番号No.12〜No.31までの20問題のうちから6問題を選択し解答してください。

No.12 下図は一般的な鋼材の応力度とひずみの関係を示したものであるが，次の記述のうち，**適当でないもの**はどれか。

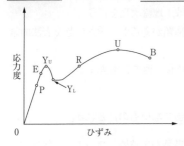

1. 点Pは，応力度とひずみが比例する最大限度という。
2. 点Eは，弾性変形をする最大限度という。
3. 点Bは，最大応力度の点という。
4. 点Yuは，応力度が増えないのにひずみが急激に増加しはじめる点という。

No.13 鋼道路橋の架設工法に関する次の記述のうち，**適当なもの**はどれか。

1. クレーン車によるベント式架設工法は，橋桁をベントで仮受けしながら部材を組み立てて架設する工法で，自走クレーン車が進入できる場所での施工に適している。
2. フローティングクレーンによる一括架設式工法は，船にクレーンを組み込んだ起重機船を用いる工法で，水深が深く流れの強い場所の架設に適している。
3. ケーブルクレーン工法は，鉄塔で支えられたケーブルクレーンで橋桁をつり込んで架設する工法で，市街地での施工に適している。
4. 送出し工法は，すでに架設した桁上に架設用クレーンを設置して部材をつりながら片持ち式に架設する工法で，桁下の空間が使用できない場合に適している。

No.14 コンクリートの劣化機構について説明した次の記述のうち，**適当でないもの**はどれか。

1. 化学的侵食は，硫酸や硫酸塩などによりコンクリートが溶解する現象である。
2. 塩害は，コンクリート中に浸入した塩化物イオンが鉄筋の腐食を引き起こす現象である。
3. 中性化は，コンクリートの酸性が空気中の炭酸ガスの浸入などにより失われていく現象である。
4. 疲労は，荷重が繰返し作用することで，コンクリート中に微細なひび割れが発生し，やがて大きな損傷となっていく現象である。

No. 15 河川堤防の施工に関する次の記述のうち，**適当でないもの**はどれか。

1. 旧堤拡築工事は，かさ上げと腹付けを同時に行うことが多く，腹付けは一般に旧堤防の裏法面に行う。

2. 河川堤防の工事において基礎地盤が軟弱な場合は，地盤改良を行う。

3. 築堤した堤防への芝付けは，総芝，筋芝などの種類があるが，総芝は芝を表法面全体に張ったものをいう。

4. 引堤工事を行った場合の旧堤防は，新堤防が完成後，直ちに撤去する。

No. 16 河川護岸に関する次の記述のうち，**適当でないもの**はどれか。

1. 低水護岸の天端保護工は，流水によって護岸の裏側から破壊しないように保護するものである。

2. 根固工は，法覆工の上下流の端部に施工して護岸を保護し，将来の延伸を容易にするものである。

3. 基礎工は，法覆工を支える基礎であり，洗掘に対する保護や裏込め土砂の流出を防ぐものである。

4. 法覆工には，主にコンクリートブロック張工やコンクリート法枠工などがあり，堤防及び河岸の法面を被覆し保護するものである。

No. 17 砂防えん堤に関する次の記述のうち，**適当でないもの**はどれか。

1. 水抜きは，本えん堤施工中の流水の切替えや堆砂後の浸透水を抜いて，本えん堤にかかる水圧を軽減するために設けられる。

2. 袖は，洪水を越流させないために設けられ，両岸に向かって上り勾配で設けられる。

3. 水たたきは，本えん堤を越流した落下水の衝撃を緩和し，洗掘を防止するために設けられる。

4. 水通しは，一般に本えん堤を越流する流量に対して十分な大きさの矩形断面で設けられる。

No. 18 地すべり防止工に関する次の記述のうち，**適当なもの**はどれか。

1. 水路工は，地表面の水を速やかに水路に集め，地すべり区域外に排除する工法である。

2. 抑止工は，地すべりの地形や地下水の状態などの自然条件を変化させることにより，地すべり運動を緩和させる工法である。

446

3. 抑制工は，杭などの構造物を設けることにより，地すべり運動の一部又は全部を停止させる工法である。

4. 排土工は，地すべり脚部に存在する不安定な土塊を排除し，地すべりの滑動力を減少させる工法である。

No.19 道路のアスファルト舗装の破損に関する次の記述のうち，**適当でないもの**はどれか。

1. 線状ひび割れは，縦・横に幅5mm程度で長く生じるひび割れで，路盤の支持力が不均一な場合や舗装の継目に生じる破損である。

2. 縦断方向の凹凸は，道路の延長方向に，比較的長い波長で生じる凹凸で，どこにでも生じる破損である。

3. ヘアクラックは，縦・横・斜め不定形に，幅1mm程度に生じる比較的短いひび割れで，おもに表層に生じる破損である。

4. わだち掘れは，道路の縦断線形の小さいところにできる縦断方向の凹凸で，高速走行による車両の揺れにより生じる破損である。

No.20 道路のアスファルト舗装における締固めの施工に関する次の記述のうち，**適当でないもの**はどれか。

1. 初転圧は，ロードローラへの混合物の付着防止のため，ローラに少量の水を散布する。

2. 仕上げ転圧は，平坦性をよくするためタンピングローラを用いる。

3. 二次転圧は，一般にタイヤローラで行うが，振動ローラを用いることもある。

4. 初転圧は，横断勾配の低い方から高い方向へ一定の速度で転圧する。

No.21 道路のアスファルト舗装の施工に関する次の記述のうち，**適当なもの**はどれか。

1. 加熱アスファルト混合物は，敷均し後ただちに初転圧，二次転圧，継目転圧，仕上げ転圧の順序で締め固める。

2. 加熱アスファルト混合物は，基層面や古い舗装面上に舗装をする場合，既設舗装面との付着をよくするためプライムコートを散布する。

3. 加熱アスファルト混合物は，現場に到着後ただちにブルドーザにより均一な厚さに敷き均す。

4. 加熱アスファルト混合物は，よく清掃した運搬車を用い，温度低下を防ぐため保温シートなどで覆い品質変化しないように運搬する。

No.22 道路の普通コンクリート舗装に関する次の記述のうち，**適当でないもの**はどれか。

1. コンクリート舗装は，コンクリート版が交通荷重などによる曲げ応力に抵抗するので，たわみ性舗装である。

2. コンクリート舗装は，アスファルト舗装に比べ耐久性に富んでいる。

3. コンクリート舗装は，アスファルト舗装の路面が黒色系であるのに比べ，路面が白色系のため照明効率が良い。

4. コンクリート舗装は，アスファルト舗装に比べ長い養生日数が必要である。

No.23 コンクリートダムに関する次の記述のうち，**適当でないもの**はどれか。

1. 基礎処理工は，コンクリートダムの基礎岩盤の状態が均一ではないことから，基礎岩盤として不適当な部分の補強，改良を行うものである。

2. 転流工は，比較的川幅が狭く，流量が少ない日本の河川では仮排水トンネル方式が多く用いられている。

3. RCD工法は，単位水量が少なく，超硬練りに配合されたコンクリートを振動ローラで締め固める工法である。

4. ダム本体の基礎掘削工は，基礎岩盤に損傷を与えることが少なく，大量掘削に対応できる全断面工法が一般的である。

No.24 トンネルの山岳工法における支保工に関する次の記述のうち，**適当でないもの**はどれか。

1. 支保工は，掘削後の断面を維持し，岩石や土砂の崩壊を防止するとともに，作業の安全を確保するために設ける。

2. ロックボルトは，掘削によって緩んだ岩盤を緩んでいない地山に固定し，落下を防止するなどの効果がある。

3. 吹付けコンクリートは，地山の凹凸を残すように吹き付けることで，作用する土圧などを地山に分散する効果がある。

4. 鋼製（鋼アーチ式）支保工は，吹付けコンクリートの補強や掘削断面の切羽の早期安定などの目的で行う。

No.25 海岸堤防の消波工の施工に関する次の記述のうち，**適当でないもの**はどれか。

1. 異形コンクリートブロックを層積みで施工する場合は，すえつけ作業がしやすく，海岸線の曲線部も容易に施工できる。

2. 消波工に一般に用いられる異形コンクリートブロックは，ブロックとブロックの間を波が通過することにより，波のエネルギーを減少させる。

3. 異形コンクリートブロックは，海岸堤防の消波工のほかに，海岸の侵食対策としても多く用いられる。

4. 消波工は，波の打上げ高さを小さくすることや，波による圧力を減らすために堤防の前面に設けられる。

No.26 港湾の防波堤に関する次の記述のうち，**適当でないもの**はどれか。

1. 直立堤は，傾斜堤より使用する材料は少ないが，波の反射が大きい。

2. 直立堤は，地盤が堅固で，波による洗掘のおそれのない場所に用いられる。

3. 混成堤は，捨石部と直立部の両方を組み合わせることから，防波堤を小さくすることができる。

4. 傾斜堤は，水深の深い大規模な防波堤に用いられる。

No.27 鉄道の「軌道の用語」と「説明」に関する次の組合せのうち，**適当でないもの**はどれか。

　　　［軌道の用語］　　　［説明］

1. スラック ………… 曲線部において列車通過を円滑にするため軌間を拡大すること

2. バラスト軌道 ….. プレキャストのコンクリート版を用いた軌道

3. 緩和曲線 ………… 鉄道車両の走行を円滑にするため直線と円曲線，又は二つの曲線間に設けられた特殊な線形

4. カント ……………… 車両が曲線を通過するときに遠心力により外方に転倒することを防止するために外側のレールを高くすること

No.28 鉄道（在来線）の営業線及びこれに近接した工事に関する次の記述のうち，**適当でないもの**はどれか。

1. 営業線に近接した重機械による作業は，列車の近接から通過の完了まで十分注意して行う。

2. 重機械の運転者は，重機械安全運転の講習会修了証の写しを添えて，監督員などの承認を得る。

3. 信号区間のときは，バール・スパナ・スチールテープなどの金属による短絡（ショート）を防止する。

4. 列車見張員は，信号炎管・合図灯・呼笛・時計・時刻表・緊急連絡表を携帯しなければならない。

No.29 シールド工法に関する次の記述のうち，**適当でないもの**はどれか。

1. シールドマシンは，フード部，ガーダー部及びテール部の三つに区分される。
2. シールド推進後は，セグメントの外周に空げきが生じるためモルタルなどを注入する。
3. セグメントの外径は，シールドで掘削される掘削外径より大きくなる。
4. シールド工法は，コンクリートや鋼材などで作ったセグメントで覆工を行う。

No.30 上水道の管きょの継手に関する次の記述のうち，**適当でないもの**はどれか。

1. ダクタイル鋳鉄管の接合に使用するゴム輪を保管する場合は，紫外線などにより劣化するので極力室内に保管する。
2. 接合するポリエチレン管を切断する場合は，管軸に対して切口が斜めになるように切断する。
3. ポリエチレン管を接合する場合は，削り残しなどの確認を容易にするため，切削面にマーキングをする。
4. ダクタイル鋳鉄管の接合にあたっては，グリースなどの油類は使用しないようにし，ダクタイル鋳鉄管用の滑剤を使用する。

No.31 下水道の管きょの接合に関する次の記述のうち，**適当でないもの**はどれか。

1. 段差接合は，緩い勾配の地形でのヒューム管の管きょなどの接続に用いられる。
2. 管底接合は，上流が上がり勾配の地形に適し，ポンプ排水の場合は有利である。
3. 階段接合は，急な勾配の地形での現場打ちコンクリート構造の管きょなどの接続に用いられる。
4. 管頂接合は，下流が下り勾配の地形に適し，下流ほど管きょの埋設深さが増して工事費が割高になる場合がある。

※問題番号No.32〜No.42までの11問題のうちから6問題を選択し解答してください。

No.32 労働基準法に定められている労働時間，休憩，休日に関する次の記述のうち，**正しいもの**はどれか。

1. 使用者は，労働時間が8時間を超える場合においては，少なくとも1時間の休憩時間を労働時間の途中に与えなければならない。
2. 使用者は，原則として労働者に休憩時間を除き1週間について60時間を超えて労働させてはならない。

3. 使用者は，労働者に対して4週間を通じて3日以上の休日を与えなければならない。

4. 使用者は，雇入れの日から起算して3箇月間継続勤務したすべての労働者に対して有給休暇を与えなければならない。

No.33 労働者が業務上負傷し，又は疾病にかかった場合の災害補償に関する次の記述のうち，労働基準法上，**正しいもの**はどれか。

1. 使用者は，労働者の療養期間中の平均賃金の全額を休業補償として支払わなければならない。

2. 使用者は，労働者が治った場合，その身体に障害が残ったとき，その障害が重度な場合に限って障害補償を行わなければならない。

3. 使用者は，労働者が重大な過失によって業務上負傷し，且つ使用者がその過失について行政官庁の認定を受けた場合においては，障害補償を行わなければならない。

4. 使用者は，療養補償により必要な療養を行い，又は必要な療養の費用を負担しなければならない。

No.34 事業者が労働者に対して特別の教育を行わなければならない業務に関する次の記述のうち，労働安全衛生法上，**該当しないもの**はどれか。

1. アーク溶接機を用いて行う金属の溶接，溶断等の業務

2. 赤外線装置を用いて行う透過写真の撮影の業務

3. 高圧室内作業に係る業務

4. 建設用リフトの運転の業務

No.35 建設業法に定められている主任技術者及び監理技術者の職務に関する次の記述のうち，**誤っているもの**はどれか。

1. 当該建設工事の施工計画の作成を行わなければならない。

2. 当該建設工事の工程管理を行わなければならない。

3. 当該建設工事の下請契約書の作成を行わなければならない。

4. 当該建設工事の品質管理を行わなければならない。

No.36 道路法上，道路占用者が道路を掘削する場合に**用いてはならない方法**は，次のうちどれか。

1. えぐり掘り

2. つぼ掘り

3. 推進工法

4. 溝掘り

No.37 河川法に関する次の記述のうち, **誤っているもの**はどれか。

1. 1級及び2級河川以外の準用河川の管理は, 市町村長が行う。
2. 河川区域内で道路橋工事用桟橋を設置する場合は, 河川管理者の許可を受けなくてよい。
3. 河川の上空を横断する送電線を設置する場合は, 河川管理者の許可を受けなければならない。
4. 河川保全区域とは, 河川管理施設を保全するために河川管理者が指定した区域である。

No.38 建築基準法に定められている建築物の敷地と道路に関する下記の文章の 　　　　 の (イ), (ロ) にあてはまる次の数値の組合せのうち, **正しいもの**はどれか。

都市計画区域内の道路は, 原則として幅員 (イ) m以上のものをいい, 建築物の敷地は, 原則として道路に (ロ) m以上接しなければならない。

	(イ)	(ロ)		(イ)	(ロ)
1.	3	2	**3.**	4	2
2.	3	4	**4.**	4	4

No.39 火薬類に関する次の記述のうち, 火薬類取締法上, **正しいもの**はどれか。

1. 消費場所において火薬類を取り扱う場合, 固化したダイナマイト等はもみほぐしてはならない。
2. 火薬類を存置し, 又は運搬するときは, 火薬, 爆薬, 導火線と火工品とをそれぞれ異なった容器に収納すること。
3. 火薬類取扱所において存置することのできる火薬類の数量は, 全作業の消費見込量とする。
4. 火薬類の発破を行う場合には, 前回の発破孔を利用して, 削岩し, 又は装てんする。

No.40 騒音規制法上, 指定地域内において特定建設作業を伴う建設工事を施工しようとする者が, 作業開始前に市町村長に実施の届出をしなければならない期限として**正しいもの**は, 次のうちどれか。

1.	3日前まで	**3.**	14日前まで
2.	7日前まで	**4.**	21日前まで

No.41 振動規制法に定められている**特定建設作業の対象とならない建設機械**は，次のうちどれか。

ただし，当該作業がその作業を開始した日に終わるものを除き，1日における当該作業に係る2地点間の最大移動距離が50mを超えない作業とする。

1. ディーゼルハンマ
2. ジャイアントブレーカ
3. ブルドーザ
4. 舗装版破砕機

No.42 特定港で行う場合に**港長の許可を受ける必要があるもの**は，港則法上，次のうちどれか。

1. 特定港に入港したとき
2. 特定港内又は特定港の境界附近で工事又は作業をしようとする者
3. 特定港内において，雑種船以外の船舶を修繕し，又はけい船しようとする者
4. 特定港を出港しようとするとき

※**問題番号No.43～No.61までの19問題は必須問題ですから全問題を解答してください。**

No.43 下図のようにNo.0からNo.3までの水準測量を行い，図中の結果を得た。**No.3の地盤高**は次のうちどれか。なお，No.0の地盤高は10.0mとする。

1. 8.9m
2. 9.2m
3. 9.5m
4. 10.0m

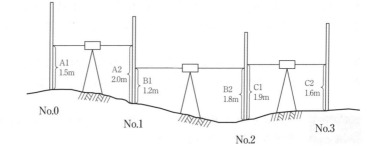

No.44 公共工事で発注者が示す設計図書に**該当しないもの**は，次のうちどれか。

1. 現場説明書
2. 実行予算書
3. 設計図面
4. 特記仕様書

No.45 下図は逆T型擁壁の断面図であるが，逆T型擁壁各部の名称と寸法記号の表記として2つとも**適当なもの**は，次のうちどれか。

1. 擁壁の高さH1，かかと版幅B1
2. 擁壁の高さH2，たて壁厚T1
3. 擁壁の高さH1，底版幅B
4. 擁壁の高さH2，つま先版幅B2

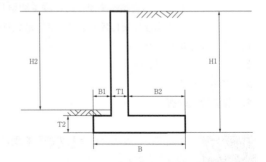

No.46 建設工事における建設機械の「機械名」と「性能表示」に関する次の組合せのうち，**適当なもの**はどれか。

　　［機械名］　　　　　　　　　　　　　　［性能表示］
1. ロードローラ ……………………………… 質量（t）
2. バックホウ ………………………………… バケット質量（kg）
3. ダンプトラック …………………………… 車両重量（t）
4. クレーン …………………………………… ブーム長（m）

No.47 施工計画作成のための事前調査に関する次の記述のうち，**適当でないもの**はどれか。

1. 輸送，用地の把握のため，道路状況，工事用地などの調査を行う。
2. 工事内容の把握のため，現場事務所用地，設計図面及び仕様書の内容などの調査を行う。
3. 近隣環境の把握のため，近接構造物，地下埋設物などの調査を行う。
4. 資機材の把握のため，調達の可能性，適合性，調達先などの調査を行う。

No.48 仮設備工事には直接仮設工事と間接仮設工事があるが，間接仮設工事に**該当するもの**は，次のうちどれか。

1. 足場工　　　3. 土留め工
2. 現場事務所　4. 型枠支保工

No.49 建設機械の作業に関する次の記述のうち，**適当なもの**はどれか。

1. トラフィカビリティとは，軟岩やかたい土を爪によって作業できる程度をいう。
2. ブルドーザの作業効率は，砂の方が岩塊・玉石より小さい。

3. リッパビリティとは，建設機械が土の上を走行する良否の程度をいう。

4. ダンプトラックの作業効率は，運搬路の沿道条件，路面状態，昼夜の別で変わる。

No.50 工程管理に関する次の記述のうち，**適当でないもの**はどれか。

1. 工程表は，工事の施工順序と所要の日数を図表化したものである。

2. 計画工程と実施工程の間に生じた差を修正する場合は，労務・機械・資材及び作業日数など，あらゆる方面から検討する。

3. 工程管理では，実施工程が計画工程よりも下回るように管理する。

4. 作業能率を高めるためには，実施工程の進行状況を常に全作業員に周知する。

No.51 下図のネットワーク式工程表に示す工事の**クリティカルパスとなる日数**は，次のうちどれか。

ただし，図中のイベント間のA～Gは作業内容，数字は作業日数を表す。

1. 19日
2. 20日
3. 21日
4. 22日

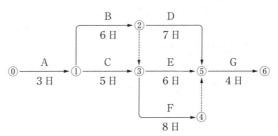

No.52 建設工事における保護具の使用に関する次の記述のうち，**適当でないもの**はどれか。

1. 保護帽は，大きな衝撃を受けた場合には，損傷の有無を確認して使用する。

2. 安全帯に使用するフックは，できるだけ高い位置に取り付ける。

3. 保護帽は，規格検定合格ラベルの貼付けを確認し使用する。

4. 胴ベルト型安全帯は，できるだけ腰骨の近くで，ずれが生じないよう確実に装着する。

No.53 足場（つり足場を除く）に関する次の記述のうち，労働安全衛生法上，**誤っているもの**はどれか。

1. 高さ2m以上の足場は，床材と建地との隙間を12cm未満とする。

2. 高さ2m以上の足場は，幅40cm以上の作業床を設ける。

3. 高さ2m以上の足場は，床材間の隙間を3cm以下とする。

4. 高さ2m以上の足場は，床材が転位し脱落しないよう1つ以上の支持物に取り付ける。

No.54 事業者が，地山の掘削作業における災害を防止するために実施しなければならない事項に関する次の記述のうち，労働安全衛生法上，**誤っているもの**はどれか。

1. 労働者に危険を及ぼすおそれがあるときは，作業箇所の形状，地質，き裂，湧水，埋設物の有無，ガス及び蒸気発生の有無を十分に調査する。

2. 高さ2m以上の箇所で労働者に安全帯等を使用させるときは，安全帯等を安全に取り付けるための設備等を設ける。

3. 掘削面の高さが2m以上となる場合は，地山の掘削作業主任者の特別教育を修了した者を地山の掘削作業主任者に選任する。

4. 作業中に物が落下することにより労働者に危険を及ぼすおそれがあるときは，安全ネットの設置，立入区域の設定等の措置を講ずる。

No.55 事業者が，高さ5m以上のコンクリート構造物の解体作業に伴う災害を防止するために実施しなければならない事項に関する次の記述のうち，労働安全衛生法上，**誤っているもの**はどれか。

1. あらかじめ，作業方法や順序，使用機械の種類や能力，立入禁止区域の設定等の作業計画を立て，関係労働者に周知する。

2. コンクリート塊等の落下のおそれのある場所で解体用機械を使用するときは，堅固なヘッドガードを備えた機種を選ぶ。

3. 解体用機械の運転者が運転位置を離れる際は，ブレーカ等の作業装置を周辺作業に支障のない高さに上げておく。

4. 粉じんの発生が予想される解体作業では，関係労働者の保護眼鏡や呼吸用保護具等を備えなければならない。

No.56 アスファルト舗装の路床の強さを判定するために行う試験として，**適当なもの**は次のうちどれか。

1. PI（塑性指数）試験　　**3.** マーシャル安定度試験

2. CBR試験　　　　　　　**4.** すり減り減量試験

No.57 品質管理に用いるヒストグラムに関する次の記述のうち，**適当でないもの**はどれか。

1. ヒストグラムの形状が度数分布の山が左右二つに分かれる場合は，工程に異常が起きていると考えられる。

2. ヒストグラムは，データの存在する範囲をいくつかの区間に分け，それぞれの区間に入るデータの数を度数として高さで表す。

3. ヒストグラムは，時系列データの変化時の分布状況を知るために用いられる。

4. ヒストグラムは，ある品質でつくられた製品の特性が，集団としてどのような状態にあるかが判定できる。

No.58 盛土の締固めの品質管理に関する次の記述のうち，**適当でないもの**はどれか。

1. 締固めの品質規定方式は，盛土の締固め度などを規定する方法である。

2. 締固めの目的は，土の空気間げきを多くし透水性を低下させるなどして土を安定した状態にする。

3. 締固めの工法規定方式は，使用する締固め機械の機種や締固め回数，敷均し厚さなどを規定する方法である。

4. 盛土の締固めの効果や性質は，土の種類や含水比，施工方法によって変化する。

No.59 呼び強度21，スランプ12cm，空気量4.5％と指定したレディーミクストコンクリート（JIS A 5308）の判定基準を**満足しないもの**は，次のうちどれか。

1. 3回の圧縮強度試験結果の平均値は，23N/mm²である。

2. 1回の圧縮強度試験結果は，18N/mm²である。

3. スランプ試験の結果は，14.0cmである。

4. 空気量試験の結果は，7.0％である。

No.60 建設工事における建設機械の騒音振動対策に関する次の記述のうち，**適当でないもの**はどれか。

1. 車輪式（ホイール式）の建設機械は，移動時の騒音振動が大きいので，履帯式（クローラ式）の建設機械を用いる。

2. 建設機械の騒音は，エンジンの回転速度に比例するので，無用なふかし運転は避ける。

3. 作業待ち時は，建設機械などのエンジンをできる限り止めるなど騒音振動を発生させない。

4. 建設機械は，整備不良による騒音振動が発生しないように点検，整備を十分に行う。

No.61 「建設工事に係る資材の再資源化等に関する法律」（建設リサイクル法）に定められている特定建設資材に**該当しないもの**は，次のうちどれか。

1. アスファルト・コンクリート

2. 木材

3. コンクリート及び鉄から成る建設資材

4. 土砂

2017 平成29年度 前期 問題

学科試験　解答・解説

No.1　[答え1]　土質調査

1. の圧密試験は，粘性土地盤の載荷重による継続的な圧密による地盤の沈下の解析に必要な沈下量と時間の関係を測定する試験である。**2.** のCBR試験には，**路床・路盤の支持力を直接測定する現場CBR試験と，アスファルト舗装の厚さ決定に用いられる路床土の設計CBR**等を求める室内CBR試験とがある。**3.** のスウェーデン式サウンディング試験は，土の硬軟や，締まり具合を判定する試験である。**4.** の標準貫入試験は，N値を求め，地盤支持力の判定を行う試験である。したがって，**1.** が適当である。

No.2　[答え3]　土工作業の種類と使用機械

1. の溝掘りは，機械の設置地盤よりも低い場所を掘るのに適した建設機械であるバックホウが適している。**2.** の伐開除根は，ブルドーザの排土板にレーキを取り付けたレーキドーザ等が適している。**3.** の掘削・運搬には，モータースクレーパ，スクレープドーザ，ブルドーザ等を使用する。**モーターグレーダは路盤の敷均し，整形を行う機械である。4.** の締固め作業は，3輪のマカダムローラーや，機械全幅の鉄輪を有するタンデムローラー等のロードローラが適している。したがって，**3.** が適当でない。

No.3　[答え2]　盛土工

1. の盛土施工では，盛土の安定性を確保し，盛土の有害な変形の発生を抑制するため，必要な場合には盛土の基礎地盤について適切な処理を行う。**2.** の構造物縁部は，底部がくさび形になり面積が狭く，締固め作業が困難となるため，**小型の機械により入念に締固めを行う。**
3. の盛土の敷均し厚さは，盛土の種類，盛土材料の粒度，土質，締固め機械と施工法及び要求される締固め度等の条件によって左右される。**4.** のトラフィカビリティとは，建設機械の走行性のことをいい，軟弱地盤における盛土工で建設機械のトラフィカビリティが得られない場合は，あらかじめサンドマット工法等の対策を行う。したがって，**2.** が適当でない。

No.4　[答え1]　軟弱地盤における改良工事

1. のバイブロフローテーション工法は，バイブロフロット（棒状の振動機）を水の噴射と振動でゆるい砂地盤に貫入し，周囲に骨材を投入して**振動と水締め地盤を締め固めることにより，**地盤改良を行う。**2.** の石灰パイル工法は，軟弱地盤中に生石灰を柱状に打設し，その吸水による脱水や化学的結合によって**地盤の固結，含水比の低下，地盤の強度・安定性を増加させ，沈下を減少させる。3.** のウェルポイント工法は，ウェルポイントで掘削箇所の内側と周辺を取り囲み，地下水をポンプで強制排水して地下水位を低下させ，**圧密の促進や地盤の強度増加をはかる。4.** のサンドドレーン工法は，軟弱地盤中に適当な間隔で鉛直方向に砂柱

を排水路として打設し，水平方向の排水距離を短くして**圧密時間を短縮する**。排水促進のためには，盛土等の載荷重の併用が必要である。したがって，**1.**が該当する。

No.5 ［答え4］コンクリート用混和剤

1.の減水剤は，単位水量及び単位セメント量を低減させ，ワーカビリティーを向上させる。**2.**の流動化剤は，配合や硬化後の品質を変えることなく，流動性を増大させる。**3.**の防せい剤は，塩化物イオンによる鉄筋の腐食を抑制させる。**4.**のAE剤は，界面活性作用を利用し，**フレッシュコンクリート中に多数の微細な気泡（エントレインドエア）を均等に連行する**ことで，ワーカビリティーの改善，耐凍害性の向上，ブリーディング・レイタンスの減少といった効果が期待できる。したがって，**4.**が該当する。

No.6 ［答え3］目標スランプ

荷おろし時の目標スランプが8cmであり，運搬中のスランプロスが2cmと予想されることから，練上り時の目標スランプは8＋2＝10cmとなる。なおスランプロスとは，レディーミクストコンクリートがプラントから現場に到着する間にコンクリートの凝結が進行することをいい，発生要因として，長い運搬時間，高い外気温，夏季における生コン車のドラムの高温化等が挙げられる。したがって，**3.**が該当する。

No.7 ［答え4］コンクリートの施工

1.と**2.**と**3.**は記述のとおりである。**4.**のコンクリートの練混ぜから打ち終わるまでの時間は，外気温が25℃以下のときで2時間以内，**25℃を超えるときで1.5時間以内**を標準としている。したがって，**4.**が適当でない。

（参考：P.298 2019（令和元）年度前期学科試験No.7解説）

No.8 ［答え1］コンクリートの打込みと締固め

1.のブリーディング水とは，セメント及び骨材粒子の沈降に伴い，水やセメントの微粉末が表面に浮かび上がったものであり，これが堆積したものがレイタンスであり，強度も水密性も小さく，打継面の弱点となるので，**ブリーディング水は，スポンジやひしゃく等で除去する**。**2.**と**3.**は記述のとおりである。**4.**の再振動を適切な時期に行うと，コンクリートは再び流動化し，コンクリート中の空げきや水げきが少なくなり，コンクリート強度や鉄筋との付着強度の増加，沈みひび割れの防止等に効果がある。したがって，**1.**が適当でない。

No.9 ［答え4］既製杭の施工

1.の打撃工法は，ディーゼルハンマや油圧ハンマ等を用い，打撃により杭を地盤に貫入させるため，騒音・振動が大きい。**2.**の中掘り杭工法は，既製杭の中空部にスパイラルオーガ等を通して地盤を掘削・土砂を排出しながら杭を沈設するので，一般に打撃工法に比べて隣接構造物に対する影響や騒音・振動が小さい。**3.**のバイブロハンマは，上下方向の振動力により，杭と地盤との周面摩擦力及び先端抵抗力を一時的に低減させて打ち込む方法であり，振

動と騒音を生じる。**4.**のプレボーリング杭工法は，杭径より**大きな穴を掘削後，根固め液を**掘削先端部へ注入し，オーガを引き抜きながら杭周固定液を注入し，掘削孔に既製杭を沈設し，**圧入又は打撃により根固め液中に定着させる工法**である。したがって，**4.**が適当でない。

No.10 [答え2] 場所打ち杭の工法名と掘削方法

1.と**3.**と**4.**は記述のとおりである。**2.**のアースドリル工法は，**安定液（ベントナイト溶液等）により孔壁を保護**しながら，ドリリングバケットで掘削する。したがって，**2.**が適当でない。（参考：P.384　2018（平成30）年度前期学科試験No.10解説）

No.11 [答え2] 土留め壁の種類と特徴

1.と**3.**と**4.**は記述のとおりである。**2.**の連続地中壁は，遮水性がよく，根入れ部分の連続性が保たれ，断面性能が高いため，大規模な開削工事や重要構造物の近接工事，軟弱地盤における工事等に用いられる。そのまま躯体として使用できるが，作業に時間を要すことや支障物の移設等，他に比べて**経済的とはいえない**。したがって，**2.**が適当でない。

（参考：P.299　2019（令和元）年度前期学科試験No.11解説）

No.12 [答え3] 鋼材の応用度とひずみの関係

鋼材の応力度とひずみ図の主な各点の名称は，P（比例限度），E（弾性限度），Y_U（上降伏点），Y_L（下降伏点），R（塑性域），U（最大応力度又は引張り強さ），**B（破断点）**である。したがって，**3.**が適当でない。

（参考：P.299　2019（令和元）年度前期学科試験No.12解説）

No.13 [答え1] 鋼道路橋の架設工法

1.は記述のとおりである。**2.**のフローティングクレーンによる一括架設式工法は，船にクレーンを組み込んだ起重機船を用い，組み立てた橋桁を一括で架設する工法で，起重機船が航行できる水深があり，**流れの弱い場所の架設に用いられる**。**3.**のケーブルクレーン工法は，桁下が利用できない山間部等で用いる場合が多く，**市街地では採用されない**。**4.**の送出し工法は，既設桁上等で橋体を組み立て，**手延機を使用して橋桁を所定の位置に押し出し，据え付ける工法**である。選択肢の記述内容は片持ち式工法である。したがって，**1.**が適当である。

No.14 [答え3] コンクリートの劣化機構

1.と**2.**と**4.**は記述のとおりである。**3.**の中性化は，空気中のCO_2がコンクリート内に侵入し，水酸化カルシウムを炭酸カルシウムに変化させ，**本来高アルカリ性であるコンクリートのpHを低下させる現象**をいう。したがって，**3.**が適当でない。

（参考：P.385　2018（平成30）年度前期学科試験No.14解説）

No.15 [答え4] 河川堤防の施工

1.の腹付けとは，堤防法面等に盛土して堤防の幅を広げる築堤工事のことであり，川表側に

拡幅する場合を「表腹付け」，川裏側に拡幅する場合を「裏腹付け」，川表，川裏の両方に拡幅する場合を「両腹付け」という。**2.**の地盤改良工法には多種あるが，大きく分けて表面処理工法，置換工法，密度増加工法，固結工法があり，目的及び経済性を考慮して選定する。**3.**の芝付け工には芝張り，種子吹付け等があるが，施工箇所に関わらず，総芝を標準とする。**4.**の引堤とは，川幅を拡幅するために堤防を堤内地の方に移動させてつくりかえることをいい，引堤工事を行った場合，新堤防は圧密沈下や法面の安定に時間を要するので，堤防のり面の植生の生育状況，堤防本体の締固めの状況（自然転圧）等を考慮し，**原則，新堤防完成後3年間は旧堤防除去を行ってはならない**。したがって，**4.**が適当でない。

（参考：P.257　2019（令和元）年度後期学科試験No.15解説）

No.16 ［答え2］河川護岸

1.の天端保護工は，天端工と背後地の間から侵食が予測される場合に設置するもので，天端部分に作用する流速が1～2m/s程度を超える場合は，洗掘の可能性が高いため，設置が望ましい。**2.**の根固工は，洪水時に河床の洗掘が著しい場所や，大きな流速の作用する場所等で，**護岸基礎工前面の河床の洗掘を防止するために設置する**施設である。**3.**は記述のとおりである。**4.**の法覆工には多種多様な工法があり，選定にあたっては当該地区の河川特性や周辺の自然景観，環境及び河川の生態系に配慮して選定する。したがって，**2.**が適当でない。

No.17 ［答え4］砂防えん堤

1.の水抜き暗渠は，一般に流出土砂量の調節，施工中の流水の切替え，堆砂後の水圧軽減等を目的として設ける。**2.**のえん堤の袖は，洪水を越流させないことを原則とし，袖天端の勾配は，上流の計画堆砂勾配と同程度かそれ以上とする。**3.**の水叩きは，えん堤下流の洗掘を防止し，堰堤基礎の安定及び両岸の崩壊を防止するとともに，落下水，落下砂礫の衝突及び揚圧力に対して安全となるよう設ける。**4.**の**水通し断面は，原則として台形とし**，水通し幅は，流水によるえん堤下流部の洗掘に対処するため，側面侵食等の著しい支障を及ぼさない範囲でできるだけ広くし，水通し高さは，対象流量を流し得る水位に余裕高以上の値を加えて定める。したがって，**4.**が適当でない。

No.18 ［答え1］地すべり防止工

1.の水路工は，斜面における降雨や融雪等の地表面の水を速やかに水路に集め，地すべり区域外に排除する工法である。**2.**の**抑止工は，杭工，深礎杭工，アンカー工，擁壁工等の構造物を設けることにより，地すべり運動の一部又は全部を停止させる工法**である。**3.**の抑制工は，地すべり地の地形，地下水の状態等の自然条件を変化させることによって，地すべりの滑動力と抵抗力のバランスを改善し，**地すべり運動を停止又は緩和させる工法**である。**4.**の**排土工は，斜面の地すべり頭部の土塊を排除**し，荷重を減ずることにより，地すべりの滑動力を減少させる工法である。したがって，**1.**が適当である。

No.19 [答え4] 道路のアスファルト舗装の破損

1. の線状ひび割れは，施工不良や切盛境の不等沈下，基層・路盤のひび割れ，路床・路盤支持力の不均一や敷均し転圧不良が原因となる。**2.** の縦断方向の凹凸は，混合物の品質不良，路床・路盤の支持力の不均一による不等沈下，ひび割れ，わだち掘れや構造物と舗装の接合部における段差，補修箇所の路面凹凸等が原因となる。**3.** のヘアクラックは，混合物の品質不良，転圧温度の不適による転圧初期のひび割れが原因となる。**4.** のわだち掘れは，**横断方向の凹凸であり，過大な大型車交通**，地下水の影響等による路床・路盤の支持力の低下，混合物の品質不良，締固め不足等が原因となる。したがって，**4.** が適当でない。

(参考：P.259　2019（令和元）年度後期学科試験No.21解説)

No.20 [答え2] 道路のアスファルト舗装における締固めの施工

1. の初転圧において，ローラへの混合物の付着防止のため，少量の水，切削油乳剤の希釈液又は軽油等を薄く塗布する。**2.** の**タンピングローラ**は，ローラ表面に突起が付いた，土塊や岩塊を破砕しながら締め固める機械であり，**仕上げ転圧には用いない**。**3.** と**4.** は記述のとおりである。したがって，**2.** が適当でない。

(参考：P.343　2018（平成30）年度後期学科試験No.20解説)

No.21 [答え4] 道路のアスファルト舗装の施工

1. の加熱アスファルト混合物は，敷均し後ただちに**継目転圧，初転圧，二次転圧及び仕上げ転圧の順序**で締め固める。**2.** のプライムコートは，路盤等の防水性を高め，路盤とアスファルト混合物とのなじみをよくするために用いられる。加熱アスファルト混合物と，既設舗装面との付着をよくするために用いるのは**タックコート**である。**3.** の加熱アスファルト混合物は，現場に到着後ただちに**アスファルトフィニッシャ**により均一な厚さに敷き均す。**4.** は記述のとおりである。したがって，**4.** が適当である。

No.22 [答え1] 道路の普通コンクリートの舗装

1. の**コンクリート舗装**は，コンクリート版が交通荷重等による曲げ応力に抵抗するので，**剛性舗装**と呼ばれ，**アスファルト舗装**はせん断力に対する抵抗力は高いが，曲げ応力に対する抵抗力は低く，**たわみ性舗装**と呼ばれる。**2.** のコンクリート舗装は，アスファルト舗装に比べて「耐流動性」「耐摩耗性」「耐油性」「耐熱性」に富み，「耐荷力」にも優れているため，維持補修が困難な場所や，大型車両の交通量が多く，舗装に与える負荷が大きいところに用いられる。**3.** のコンクリート舗装は白色に近いため，照明の路面反射率が高く，視認性がよく，照明効率も高くなる。**4.** のコンクリート舗装の養生期間は，早強ポルトランドセメントで1週間，普通ポルトランドセメントで2週間，高炉セメント及び中庸熱ポルトランドセメント，フライアッシュセメントで3週間程度必要である。したがって，**1.** が適当でない。

No.23 [答え4] コンクリートダム

1. の基礎処理工とは，ダムを支える基礎岩盤の軟質部分や割れ目を補強し，水みちを遮水す

るために，ボーリングした孔にセメントミルクを圧入し，改良を行うものである。**2.**と**3.**は記述のとおりである。**4.**のダム本体の基礎掘削は，基礎岩盤に損傷を与えることが少ない長所を備える**ベンチカット工法が一般的**である。掘削方法は，まず平坦なベンチを造成し，階段状に切り下げる工法である。設問の全断面工法とは，トンネル掘削における工法である。したがって，**4.**が適当でない。

No.24 [答え3] トンネルの山岳工法

1.の支保工は，所定の支保機能を発揮するとともに，その施工に際し，作業が安全かつ能率的に行えるように設ける。**2.**のロックボルトは，吹付けコンクリートや鋼製支保工とは異なり，地山の内部から支保機能が発揮され，不安定な岩塊を深部の地山と一体化し，その剥落や抜け落ちを抑止する，吊下げ効果や縫付け効果が期待できる。**3.**の吹付けコンクリートは，地山応力が円滑に伝達されるように，**地山の凹凸を埋めるように吹付ける**。**4.**は記述のとおりである。したがって，**3.**が適当でない。

(参考：P.344　2018（平成30）年度後期学科試験No.24解説)

No.25 [答え1] 海岸堤防の消波工の施工

1.の異形コンクリートブロックの積み方には，規則正しく配列する層積みと，最初から組み上げない乱積みがある。**層積み**は，規則正しい配列から外観が美しく，施工当初から安定性も優れているが，乱積みに比べて**据付けに手間がかかり，海岸線の曲線部等の施工が難しい**。**2.**は記述のとおりである。**3.**の異形コンクリートブロックは，海岸の侵食対策として，堤防の根固め工，離岸堤，潜堤，突堤等にも用いられる。**4.**の消波工は，越波や打上げを防ぐとともに，波圧を軽減させる目的で，堤防又は護岸等の前面に設置される付帯構造物である。したがって，**1.**が適当でない。

No.26 [答え4] 港湾の防波堤

1.と**2.**の直立堤は反射式防波堤とも呼ばれ，波を堤体で反射させることを目的としている。堤体をコンクリート等で築造するため敷幅は比較的狭く，狭い用地でも建設できるが，単位面積あたりの載荷重が大きくなるため，基礎地盤の比較的よいところで用いられる。しかし，堤防全面の重複波により洗掘や沿岸漂砂が生じやすいため，侵食が問題となる海岸では突堤や根固め工等の併用を考える必要がある。**3.**の混成堤は捨石堤を基礎に，その上部に直立提を設置した複合的な構造で，傾斜堤と直立堤の長所を兼ね備えた合理的な構造である。直立部があるので，防波堤を小さくすることができる。現在，わが国の防波堤の主流である。**4.**の傾斜堤は，捨石堤ともいわれ，石や消波ブロック等を台形状に積み上げて堤体とし，斜面での砕波によってエネルギーを散逸させる構造である。単位面積あたりの載荷重が小さいため，軟弱地盤にも適用しやすいが，**水深が深い大規模な防波堤**では，大量の材料や労力が必要となるため**採用されにくい**。水深の深い大規模な防波堤には，混成堤が用いられることが多い。したがって，**4.**が適当でない。

No.27 ［答え2］ 鉄道の軌道の用語

1.のスラックは，車両の固定軸距と曲線半径等から決定される。**2.**のバラスト軌道とは，**路盤上に砂利や砕石から成る道床バラストを敷き込み，その上にまくら木を一定間隔で並べ，まくら木の上に一対のレールを定められた軌間で締結したもの**である。選択肢のプレキャストのコンクリート版を用いるのは，スラブ軌道である。**3.**の緩和曲線は一般的に，道路ではクロソイド曲線が用いられるが，鉄道では三次放物線が用いられる。**4.**は記述のとおりである。したがって，**2.**が適当でない。

No.28 ［答え1］ 鉄道の営業線近接工事

1.の営業線に近接した重機械による作業では，**列車の接近から通過まで作業を一時中断**する。**2.**は記述のとおりである。**3.**の線路は軌道回路であり，基本原理は2本のレールを車両（車輪と車軸）が短絡（ショート）することにより，列車の存在を検知するため，信号区間のときは，金属による短絡を防止する。**4.**は記述のとおりである。したがって，**1.**が適当でない。

No.29 ［答え3］ シールド工法

1.は記述のとおりである。**2.**のシールド推進後は，セグメントの外周に空げきが生じるため，セグメントに設けられた注入孔や本体テール部に設けられた注入管からモルタル等の裏込め注入を行う。**3.**のシールドの外径は，セグメントリングの外径，テールクリアランス及びテールスキンプレート厚を考慮して決定するため，**セグメントの外径はシールドで掘削される掘削外径より小さい。4.**のセグメントには，材質別にRCセグメント，鋼製セグメント，合成セグメントがある。したがって，**3.**が適当でない。

(参考：P.303 2019（令和元）年度前期学科試験No.29解説）

No.30 ［答え2］ 上水道の管きょの継手

1.は記述のとおりである。**2.**のポリエチレン管を切断する場合は，パイプカッター等で**管軸に対して切口は直角に切断**する。接合は融着により行うため，斜め切れ，挿入不足があると，熱で溶けて膨張したポリエチレン樹脂が樹脂漏れを起こし，十分な融着強度が得られなくなる。**3.**のポリエチレン管は，融着により接合するが，削残しがあると管表面の酸化被膜が十分に溶融されず，漏水の発生等の原因となるため，管融着面にマーキングを行い，このマーキングが消えるように切削（スクレープ）を行う。**4.**のグリースや鉱物油等を用いると，ゴム輪が劣化し，漏水の原因となるおそれがある。したがって，**2.**が適当でない。

No.31 ［答え1］ 下水道の管きょの接合

1.の段差接合は，**地表勾配が急な場合**，地表勾配に応じて適当な間隔にマンホールを設け，1箇所あたりの段差は1.5m以内とすることが望ましい。なお段差が0.6m以上の場合，合流管，汚水管については副管の使用を原則とする。**2.**と**4.**は記述のとおりである。**3.**の階段接合は，通常，大口径管きょ又は現場打ち管きょに等の接続に用いられ，階段の高さは1段あたり0.3m以内とする。急な勾配の地形において用いられる。したがって，**1.**が適当でな

い。(参考：P.346　2018（平成30）年度後期学科試験No.31解説)

No.32 [答え1] 労働時間，休憩，休日

1. は労働基準法第34条（休憩）第1項に「使用者は，労働時間が6時間を超える場合においては少くとも45分，8時間を超える場合においては少くとも1時間の休憩時間を労働時間の途中に与えなければならない」と規定されており，正しい。**2.** は同法第32条（労働時間）第1項に「使用者は，労働者に，休憩時間を除き1週間について40時間を超えて，労働させてはならない」と規定されている。**3.** は同法第35条（休日）第1項「使用者は，労働者に対して，毎週少くとも1回の休日を与えなければならない」，及び第2項「前項の規定は，4週間を通じ4日以上の休日を与える使用者については適用しない」と規定されている。**4.** は同法第39条（年次有給休暇）第1項に「使用者は，その雇入れの日から起算して6箇月間継続勤務し全労働日の8割以上出勤した労働者に対して，継続し，又は分割した10労働日の有給休暇を与えなければならない」と規定されている。したがって，**1.** が正しい。

No.33 [答え4] 災害補償

1. は労働基準法第76条（休業補償）第1項に「労働者が前条の規定による療養のため，労働することができないために賃金を受けない場合においては，使用者は，労働者の療養中平均賃金の100分の60の休業補償を行わなければならない」と規定されている。**2.** は同法第77条（障害補償）に「労働者が業務上負傷し，又は疾病にかかり，治った場合において，その身体に障害が存するときは，使用者は，その障害の程度に応じて，平均賃金に別表第二に定める日数を乗じて得た金額の障害補償を行わなければならない」と規定されている。**3.** は同法第78条（休業補償及び障害補償の例外）に「労働者が重大な過失によって業務上負傷し，又は疾病にかかり，且つ使用者がその過失について行政官庁の認定を受けた場合においては，休業補償又は障害補償を行わなくてもよい」と規定されている。**4.** は同法第75条（療養補償）第1項により正しい。したがって，**4.** が正しい。

No.34 [答え2] 労働安全衛生法

労働安全衛生法第59条（安全衛生教育）第3項により規定された，労働者に対して特別の教育を行わなければならない業務は，同規則第36条（特別教育を必要とする業務）に示されている。**1.** は第3号に規定されている。**2.** は規定されていない。**3.** は第24の2号に規定されている。**4.** は第18号に規定されている。したがって，**2.** が該当しない。

No.35 [答え3] 建築業法

建設業法第26条の4（主任技術者及び監理技術者の職務等）第1項に「主任技術者及び監理技術者は，工事現場における建設工事を適正に実施するため，当該建設工事の施工計画の作成，工程管理，品質管理その他の技術上の管理及び当該建設工事の施工に従事する者の技術上の指導監督の職務を誠実に行わなければならない」と規定されており，**3.** の当該建設工事の下請契約書の作成は監理技術者の職務ではない。したがって，**3.** が誤りである。

No.36 [答え1] 道路法

道路法施行令第13条（工事実施の方法に関する基準）第2号に「**道路を掘削する場合においては，溝掘，つぼ掘又は推進工法その他これに準ずる方法によるものとし，えぐり掘の方法によらないこと**」と規定されている。したがって，**1.**のえぐり掘りが用いてはならない。

No.37 [答え2] 河川法

1.は河川法第100条（この法律の規定を準用する河川）第1項により正しい。**2.**は同法第26条（工作物の新築等の許可）第1項に「**河川区域内の土地において工作物を新築し，改築し，又は除却しようとする者**は，国土交通省令で定めるところにより，**河川管理者の許可を受け**なければならない。河川の河口附近の海面において河川の流水を貯留し，又は停滞させるための工作物を新築し，改築し，又は除却しようとする者も，同様とする」と規定されている。**この規定は一時的な仮設工作物にも適用され，許可が必要である。3.**は同法第24条（土地の占用の許可）により正しい。**4.**は同法第54条（河川保全区域）第1項により正しい。したがって，**2.**が誤りである。（参考：P.263　2019（令和元）年度後期学科試験No.37解説）

No.38 [答え3] 建築基準法

建築基準法第42条（道路の定義）第1項に「「道路」とは，次の各号のいずれかに該当する**幅員4m以上のもの**（地下におけるものを除く。）をいう」と規定されている。また，同法第43条（敷地等と道路との関係）第1項に「**建築物の敷地は，道路に2m以上接しなければならない**」と規定されている。したがって，**3.**が正しい。

No.39 [答え2] 火薬類取締法

1.は火薬類取締法施行規則第51条（火薬類の取扱い）に「消費場所において火薬類を取り扱う場合には，次の各号の規定を守らなければならない」，同条第7号に「**固化したダイナマイト等は，もみほぐすこと**」と規定されている。**2.**は同規則第51条第2項により正しい。**3.**は同規則第52条（火薬類取扱所）第3項第11号に「火薬類取扱所において存置することのできる火薬類の数量は，1日の消費見込量以下とする」と規定されている。**4.**は同規則第53条（発破）第6号に「**前回の発破孔を利用して，削岩し，又は装てんしないこと**」と規定されている。したがって，**2.**が正しい。

No.40 [答え2] 騒音規制法

騒音規制法第14条（特定建設作業の実施の届出）に「**指定地域内において特定建設作業を伴う建設工事を施工しようとする者は，当該特定建設作業の開始の日の7日前までに，環境省令で定めるところにより，市町村長に届け出なければならない**。ただし，災害その他非常の事態の発生により特定建設作業を緊急に行う必要がある場合は，この限りでない」と規定されている。したがって，**2.**が正しい。

No.41 [答え 3] 振動規制法

振動規制法第2条第3項,同法施行令第2条及び別表二により,特定建設作業に該当するものは,①くい打機,くい抜機を使用する作業,②鋼球を使用して建築物その他の工作物を破壊する作業,③舗装版破壊機を使用する作業,④ブレーカを使用する作業である。したがって,**3.**のブルドーザは特定建設作業の対象とならない。

(参考:P.48 2022(令和4)年度後期第一次検定No.41解説)

No.42 [答え 2] 港則法

1.と**4.**は港則法第4条(入出港の届出)に「船舶は,**特定港に入港したとき又は特定港を出港しようとするときは**,国土交通省令の定めるところにより,**港長に届け出なければならない**」と規定されている。**2.**は同法第31条(工事等の許可及び進水等の届出)第1項に「**特定港内又は特定港の境界附近で工事又は作業をしようとする者は**,**港長の許可を受けなければならない**」と規定されている。**3.**は同法第7条(修繕及び係船)第1項に「**特定港内においては**,**汽艇等**※**以外の船舶を修繕し**,**又は係船しようとする者**は,その旨を**港長に届け出**なければならない」と規定されている。したがって,許可が必要なものは**2.**である。

※3.では「雑種船」と記されているが,平成28年11月の港則法改正により「雑種船」は「汽艇等」の表記に改められ,総トン数20トン未満の汽船を指すこととなった。

No.43 [答え 2] 水準測量

水準測量で測定したデータを,昇降式で野帳に記入すると,以下のとおりになる。

測点 No.	距離 (m)	後視 (B.S) (m)	前視 (F.S) (m)	高低差 (m) 昇 (+)	高低差 (m) 降 (-)	地盤高 (G.H) (m)
No.0		1.5				10.0
No.1		1.2	2.0		0.5	9.5
No.2		1.9	1.8		0.6	8.9
No.3			1.6	0.3		9.2

それぞれの地盤高は以下のとおりに計算する。

①No.1:10.0m(No.0のG.H)+(1.5m(No.0のB.S)-2.0m(No.1のF.S))= 9.5m
②No.2:9.5m(No.1のG.H)+(1.2m(No.1のB.S)-1.8m(No.2のF.S))= 8.9m
③No.3:8.9m(No.2のG.H)+(1.9m(No.2のB.S)-1.6m(No.3のF.S))= 9.2m
したがって,**2.**が適当である。

No.44 [答え 2] 公共工事で発注者が示す設計図書

公共工事標準請負契約約款第1条(総則)第1項に「(前略)設計図書(別冊の**図面,仕様書,現場説明書**及び現場説明に対する質問回答書をいう。以下同じ。)(後略)」と規定されている。**2.**の実行予算書は,受注者が工事原価を見積もり,原価管理を行うために作成するものであり,発注者が示す図書ではない。したがって,**2.**が該当しない。

No.45 [答え3] 逆T型擁壁

設問の逆T型擁壁各部の寸法記号と名称の表記は次のとおりである。H1（擁壁高），H2（地上高），B（底版幅），B1（つま先版幅），B2（かかと版幅），T1（たて壁厚），T2（底版厚）。したがって，**3.** が適当である。

No.46 [答え1] 建設機械

建設機械の性能は **1.** のロードローラは機械の質量（t），**2.** のバックホゥはバケット容量（m^3），**3.** のダンプトラックは最大積載重量（t），**4.** のクレーンは最大定格総荷重（t）で表す。したがって，**1.** が適当である。

No.47 [答え2] 施工計画作成のための事前調査

施工計画作成のための事前調査においては，契約条件と現場条件に関する調査確認が必要である。契約条件については，①契約内容の確認，②設計図書の確認，③その他の確認があり，現場条件には，地形・地質・水文気象調査，施工方法・仮設・機械選定，動力源・工事用水，材料の供給源・価格及び運搬路，労務の供給・賃金，工事による支障の発生，用地取得状況，隣接工事の状況，騒音・振動等の環境保全基準，文化財・地下埋設物等の有無，建設副産物対策等があるが，**2.** の現場事務所用地は必須事項ではない。したがって，**2.** が適当でない。

No.48 [答え2] 仮設備工事

直接仮設工事とは，工事用道路や支保工足場，電力設備や土留め，仮締切等，本工事のために必要な仮設であり，**間接仮設工事とは，現場事務所・倉庫・宿舎等**であり，共通仮設工事ともいう。したがって，**2.** が該当する。

No.49 [答え4] 建設機械の作業

1. のトラフィカビリティとは，軟弱地盤上の**建設機械の走行性**をいい，コーン指数で表す。選択肢の記述内容はリッパビリティのことである。**2.** のブルドーザの作業効率は，実績数値で示され，**岩塊・玉石の作業効率 0.20～0.35 に対して砂は 0.40～0.70** と大きい。**3.** のリッパビリティは，**リッパによる軟岩や硬岩の掘削性**をいい，リッパビリティは岩盤の強度との関係が強く，岩盤の弾性波速度で表される。選択肢の記述内容はトラフィカビリティのことである。**4.** は記述のとおりである。したがって，**4.** が適当である。

No.50 [答え3] 工程管理

1. の工程表には，バーチャート（横線式工程表）や斜線式工程表等がある。**2.** は記述のとおりである。**3.** の工程管理では，予期せぬ事態に適切に対処するため，**実施工程の進捗が計画工程を少し上回る**ように管理する。**4.** は記述のとおりである。したがって，**3.** が適当でない。

No.51 [答え3] ネットワーク式工程表

クリティカルパスとは各作業ルートのうち，最も日数を要する最長経路のことであり，工期

を決定する。各経路の所要日数は次のとおりとなる。⓪→①→②→⑤→⑥＝3＋6＋7＋4＝20日，⓪→①→②→③→⑤→⑥＝3＋6＋0＋6＋4＝19日，⓪→①→②→③→④→⑤→⑥＝3＋6＋0＋8＋0＋4＝21日，⓪→①→③→⑤→⑥＝3＋5＋6＋4＝18日，⓪→①→③→④→⑤→⑥＝3＋5＋8＋0＋4＝20日である。したがって，**3.** が適当である。

No.52 **[答え1]** 建設工事の保護具

1. の保護帽は，一度でも大きな衝撃を受けたものは，外観に損傷がなくても使用しない。**2.** の安全帯のフックの位置が低いと落下距離が大きくなり，墜落時の衝撃も大きくなるため，フックはD環よりもできるだけ高い位置に取り付ける。**3.** と **4.** は記述のとおりである。したがって，**1.** が適当でない。 ※平成31年2月に労働安全衛生規則が改正され，設問文にある「安全帯」は「要求性能墜落制止用器具」という名称に変更された。

No.53 **[答え4]** 労働安全衛生規則（足場）

1. と **2.** と **3.** は労働安全衛生規則第563条（作業床）第2項より，いずれも正しい。**4.** は同規則第563条の第5に「つり足場の場合を除き，床材は，転位し，又は脱落しないように2以上の支持物に取り付けること」と規定されている。したがって，**4.** が誤りである。

No.54 **[答え3]** 労働安全衛生規則（地山の掘削作業における災害防止）

1. は労働安全衛生規則第355条（作業箇所等の調査）により正しい。**2.** は同規則第521条（安全帯等の取付設備等）により正しい。**3.** は同法施行令第6条（作業主任者を選任すべき作業）第9号及び同規則第359条（地山の掘削作業主任者の選任）より「掘削面の高さが2m以上となる地山の掘削の作業については，**地山の掘削及び土止め支保工作業主任者技能講習を修了した者のうちから，地山の掘削作業主任者を選任しなければならない**」と規定されている。**4.** は同規則第537条（物体の落下による危険の防止）により正しい。したがって，**3.** が誤りである。

No.55 **[答え3]** 労働安全衛生規則（コンクリート造の工作物の解体工事にともなう危険防止）

1. は労働安全衛生規則第517条の14（調査及び作業計画）により正しい。**2.** は同規則第153条（ヘッドガード）により正しい。**3.** は同規則第160条（運転位置から離れる場合の措置）の第1項に「事業者は，車両系建設機械の運転者が運転位置から離れるときは，当該運転者に次の措置を講じさせなければならない」，及び同項第1号に「**バケット，ジッパー等の作業装置を地上に下ろすこと**」と規定されている。**4.** は同規則第593条（呼吸用保護具等）により正しい。したがって，**3.** が誤りである。

No.56 **[答え2]** アスファルト舗装の路床の強さ

1. のPI（塑性指数）試験は，**粘性土の安定性を求める試験**であり，PIは液性限界と塑性限界の含水比の差から求められ，値が大きいほど吸水による強度低下や土の圧縮性が大きい。

2. のCBR試験とは，**路床や路盤の支持力の大きさを評価する試験**である。**3.** のマーシャル安定度試験とは，**アスファルト混合物の配合設計**を決定するための試験である。
4. のすり減り減量試験とは，**骨材の耐摩耗性を求める試験**である。したがって，**2.** が適当である。

No.57 [答え3] 品質管理に用いるヒストグラム

ヒストグラムは，横軸をいくつかのデータ区間に分け，それぞれの区間に入るデータの数を度数として縦軸に高さで表したものである。工程が安定している場合，一般的に平均値付近に度数が集中し，平均値から離れるほど低く，左右対称のつり鐘型の正規分布となる。ある品質でつくられた製品の特性が，集団としてどのような状態にあるかが判定でき，**工程の状態を把握できるが，個々のデータの時間的変化や変動の様子はわからない。時系列データの変化は，工程能力図や管理図で把握できる。**したがって，**3.** が適当でない。

No.58 [答え2] 盛土の締固めの品質管理

1. と **3.** と **4.** は記述のとおりである。**2.** の締固めの目的は，**土の空気間げきを少なくし，透水性を低下させる等して土を最も安定した状態にし，盛土完成後の変形を少なくすること**である。したがって，**2.** が適当でない。(参考：P.433 2017（平成29）年度後期学科試験No.58解説)

No.59 [答え4] レディーミクストコンクリート（**JIS A 5308**）

設問のレディーミクストコンクリートにおいて，圧縮強度は1回の試験結果が呼び強度値の85%（17.85N/mm^2）以上，3回の試験結果の平均値が呼び強度値（21N/mm^2）以上となる。空気量は許容差が±1.5%で許容範囲となる3.0～6.0%となる。スランプは12cmのとき許容差が±2.5cmで許容範囲が9.5～14.5cmとなる。したがって，空気量7.0%の **4.** が満足しない。
(参考：P.50 2022（令和4）年度後期第一次検定No.51解説)

No.60 [答え1] 建設機械の騒音振動対策

1. の建設機械の騒音・振動は，動力や走行方式等により異なり，大型機械より小型機械，履帯式より**車輪式の方が一般に騒音・振動は小さい**。**2.** の建設機械の騒音は，エンジン回転速度に比例するので，不必要な空ぶかしや高い負荷を掛けた運転は避ける。**3.** は記述のとおりである。**4.** の整備不良の建設機械や老朽化した建設機械は，摩耗や緩み，潤滑油の不足等により，作業効率の低下や，大きな騒音・振動の発生原因となる。したがって，**1.** が適当でない。

No.61 [答え4] 建設リサイクル法

建設工事に係る資材の再資源化等に関する法律（建設リサイクル法）に定められている特定建設資材は，①コンクリート，②コンクリート及び鉄から成る建設資材，③.木材，④アスファルト・コンクリートである。したがって，**4.** の土砂が該当しない。
(参考：P.355 2018（平成30）年度後期学科試験No.61解説)

memo

経験記述の攻略法

経験記述で何が問われるか

　経験記述では，現場で問題が発生したときの**2級土木施工管理技士としての能力**が問われます。すなわち，**2級土木施工管理技士にふさわしい経験と知識，判断力，課題解決能力などが**求められますので，この点をよく留意し，**技術的な記述**を行ってください。

　経験記述で最も重要なことは，採点者からよい評価をもらうことです。そのためには，**採点者が容易に現場をイメージできるような文章作成**を心がけてください。

記述上の基本事項

　経験記述における基本的な記述事項は，以下のとおりです。

○指定された記述スペースを有効に使う。
　→目安としては，記述スペースの最終行にかかる程度の文章量とする。
○文字は，行高の5～7割程度の大きさで，丁寧にはっきりと読みやすく書く。
○誤字，脱字，当て字，単位間違いがないようにする。
○主語と述語がきちんと対応した文を作成する。
○要点をわかりやすく，簡潔明瞭に記述する。
　→冗長な文章は避け，適切に句読点を入れ，一文が長くならないようにする。
○「ですます」調ではなく，「である」調で記述する。
○内容の重複や，文章の繰返しがないようにする。

経験記述の準備

　経験記述は**例年同じ形式で出題**されていますので，唯一**事前準備ができる問題**です。ですから，試験当日にいきなり作文をするのではなく，あらかじめ自分で**どの現場について記述するかを決め，**あらかじめ作文し，先輩社員など，できれば**1級土木施工管理技士等資格保有者の添削**を受けてください。ここ数年間の出題傾向としては，次表に示すとおり，**安全管理，品質管理，工程管理が均等に出題**されています。また過去には**環境管理や環境対策**も出題されましたので，これらのテーマについて**必ず準備をしておいてください。**

	'17	'18	'19	'20	'21	'22
品質管理		●	●		●	●
安全管理	●	●		●	●	
工程管理	●			●	●	●

問題例

問題1 あなたが経験した土木工事の現場において、**工夫した安全管理**又は**工夫した品質管理**のうちから1つ選び、次の〔設問1〕,〔設問2〕に答えなさい。

［注意］あなたが経験した工事でないことが判明した場合は失格となります。

〔設問1〕 あなたが**経験した土木工事**に関し、次の事項について解答欄に明確に記述しなさい。

［注意］「経験した土木工事」は、あなたが工事請負者の技術者の場合は、あなたの所属会社が受注した工事内容について記述してください。従って、あなたの所属会社が二次下請業者の場合は、発注者名は一次下請業者名となります。

なお、あなたの所属が発注機関の場合の発注者名は、所属機関名となります。

(1) 工事名

(2) 工事の内容

①発注者名	
②工事場所	
③工期	
④主な工種	
⑤施工量	

(3) 工事現場における施工管理上のあなたの立場

〔設問2〕 上記工事で実施した**「現場で工夫した安全管理」**又は**「現場で工夫した品質管理」**のいずれかを選び次の事項について解答欄に具体的に記述しなさい。

ただし，安全管理については，交通誘導員の配置のみに関する記述は除く。

> 問われている管理項目について記述すること！

（1）特に留意した**技術的課題**

（2）技術的課題を解決するために**検討した項目と検討理由及び検討内容**

（3）上記検討の結果，**現場で実施した対応処置とその評価**

☞〔設問1〕のポイント

　工事概要を，(1) 工事名，(2) 工事の内容（①発注者名，②工事場所，③工期，④主な工種，⑤施工量），(3) 工事現場における施工管理上のあなたの立場，の順に記述します。ここで記述する工事は，当該工事が**土木工事**であり，**自分自身が経験した工事**について記述しなければなりません。記述する工事の種別・内容・業務は受検の手引きに示されている**「土木施工管理に関する実務経験として認められる工事種別・工事内容等」**及び**「土木施工管理に関する実務経験として認められない工事種別・工事内容等」**を熟読し，受検者が経験した工事の中で，なるべく**規模の大きい工事を選定**してください。例えば，工事請負者の場合，「国＞都道府県＞市町村」の順でなるべく規模の大きい工事を選定するとよいでしょう。**小規模な工事しか経験していない者は土木施工管理技士にふさわしくない**とみなされ，**評価が下がる可能性**があります。

　また，一次下請業者や二次下請業者の場合も同様に，なるべく規模の大きい工事を選定するよう心がけてください。規模の小さい民間の工事では，土木工事か判定しにくい場合がありますので避けた方がよいでしょう。

　なお，受検の手引きには，**実務経験の内容**として，具体的に以下のように記されていますので，**この内容から逸脱しないように注意**してください。

　①受注者（請負人）として施工を指揮・監督した経験（施工図の作成や，補助者としての経験も含む）。
　②発注者側における現場監督技術者等（補助者も含む）としての経験。
　③設計者等による工事監理の経験（補助者としての経験も含む）。

☞経験記述〔設問2〕のポイント

　〔設問1〕で記述した工事において発生した技術的課題と課題解決に対する検討内容と，実施した対応処置とその評価について，(1) 特に留意した技術的課題，(2) 技術的課題を解決するために検討した項目と検討理由及び検討内容，(3) 上記検討の結果，現場で実施した対応処置とその評価，の順に記述します。すなわち，「(1) 課題提起→ (2) 課題解決に向けた検討→ (3) 実施内容と結果とその評価」の順で記述することになり，通常の起承転結の文章構成とは異なり，「**起→承→結**」という構成になります。

　ここで特に注意することは，**問われている管理項目について記述すること**です。設問文に問われている管理項目以外を記述した場合，採点対象にならない可能性がありますので，**記述後，設問文も含め必ず読み直してください**。また経験記述では，**土木の専門用語を正しく理解**したうえで，適切に使用してください。

　なお，記述スペースは年度によって増減されることがありますが，ここ数年の試験では (1) は7行，(2) は11行，(3) は7行が与えられています。

■解答例

必須問題 問題1　あなたが経験した土木工事の現場において，**工夫した安全管理**又は**工夫した品質管理**のうちから**1つ選び**，次の〔設問1〕，〔設問2〕に答えなさい。

［注意］あなたが経験した工事でないことが判明した場合は失格となります。

〔設問1〕　あなたが**経験した土木工事**に関し，次の事項について解答欄に明確に記述しなさい。

［注意］「経験した土木工事」は，あなたが工事請負者の技術者の場合は，あなたの所属会社が受注した工事内容について記述してください。従って，あなたの所属会社が二次下請業者の場合は，発注者名は一次下請業者名となります。

なお，あなたの所属が発注機関の場合の発注者名は，所属機関名となります。

(1) 工事名

> 工事場所や概要がわかるような略式名称でよい

○○電力△△発電所□□水路橋改良工事並びに関連除却工事

> 採点者が工事をイメージできるように記述する

(2) 工事の内容

> 発注機関の部署名まで正確に記述する

①発注者名	○○電力株式会社△△支店□□工務所
②工事場所	○○県△△郡□□町◇◇地先
③工期	令和3年11月1日から令和4年3月31日
④主な工種	●既設水路橋及び中間ピア撤去工 ●橋台改良工（右岸・左岸） ●伸縮装置工　●主桁製作工　●防水工　●検査工
⑤施工量	●既設水路橋及び中間ピア撤去工54m³ ●橋台改良工（右岸・左岸）コンクリート20m³ 鉄筋470kg ●伸縮装置工2箇所 ●主桁製作工(L=13.85m, 内空断面H=2700mm, W=2400mm)コンクリート41m³, 鉄筋3800kg, PC鋼材216kg ●防水工108m² ●検査路工（歩廊・手摺り・落下物防止工，既設部分含む）24.2m

> 請負契約書などを参考に正確に記述する

> 正確に記述する

> 工事内容をイメージできるように，〔設問2〕で記述する工種を入れる

> 具体的な施工数量を記述する

(3) 工事現場における施工管理上のあなたの立場

工事主任

> 指導監督的立場であることがわかるように記述する

〔設問2〕 上記工事で実施した**「現場で工夫した安全管理」**又は**「現場で工夫した品質管理」**のいずれかを選び，次の事項について解答欄に具体的に記述しなさい。

ただし，安全管理については，交通誘導員の配置のみに関する記述は除く。

> 問われている管理項目について記述すること！

(1) 特に留意した**技術的課題**

> ①工事の概要と現場の特性，②施工状況を記述する

本工事は，1933（昭和8）年に建設された××川に架かる3径間の水路橋の老朽化と，また橋脚が渓流の流路障害となっていることから取壊し，1径間のポストテンション方式のPC構造の水路橋を建設を行うものである。渇水期における施工であったが，施工箇所は土石流危険渓流Ⅲの指定地域であり，降雨等による土石流発生に対する警戒や，土石流発生時における作業員の安全確保が課題となった。

> ③留意した技術的課題を記述する

(2) 技術的課題を解決するために**検討した項目と検討理由及び検討内容**

土石流発生への警戒と，発生時における作業員の安全確保のため，避難場所の設定と避難経路の設置について，また作業員への土石流の危険性と避難経路などの周知について以下の検討を行った。
①ワイヤー式土石流検知機による土石流の早期検知と，雨量計による降雨の検知。
②土石流発生時において安全な避難場所の設定，及び施工箇所から安全に避難できる避難経路（安全通路）の設置。
③作業中止基準及び避難基準の設定。
④土石流災害に対する作業員への啓発・啓蒙のための安全教育の実施，及び上記避難場所と避難経路の作業員への周知による，土石流警報発報時の作業員の安全確保。

> 検討した項目と理由を記述する

> 検討内容を記述する

(3) 上記検討の結果，**現場で実施した対応処置とその評価**

> 対応処置の内容を技術的かつ具体的に記述する

現場の約3km上流に土石流検知機，現場には雨量計を設置。避難場所は両岸の高台2箇所に設け，現場から通じる避難経路を兼ねた作業通路を設置した。避難等の基準は，警報発報時は退避，降雨は1滴でも作業中止，安全な場所への避難とした。これらを新規入場時教育で周知し，また月に1度避難訓練を実施した。
以上の対応処置により，施工期間中に土石流は発生しなかったが，安心して作業が行え，工事は無事に完成した。

> 対応処置の評価を記述する

経験記述の攻略法

477

⑦〔設問1〕の書き方のルール

(1) 工事名

正式名称（契約工事名）ではなく，**工事場所や概要がわかるような略式名称**でよい（例：国道○○号線△△地区道路改良工事）。

(2) 工事の内容

受検者が担当した**工事を採点者がイメージできるように記述する**。

① 発注者名

なるべく**正確に発注機関の部署名まで記述する**（例：国土交通省○○地方整備局△△事務所）。所属会社が元請業者の場合，発注者名は役所などの発注機関，一次下請業者の場合，発注者は元請業者，二次下請業者の場合，発注者は一次下請業者となる。なお，発注機関に所属の場合は，発注者名は発注機関となる。

② 工事場所

請負契約書に記載されている地名などを参考に，**正確に記述する**（例：○○県△△市□□町◇◇地先）。

③ 工期

正確に記述する（例：令和○○年△△月□□日から令和○○年△△月□□日）。なお，工事の規模にも関連するが，**最低でも2か月以上の工期の工事**を選定する。また，なるべく**直近5年以内に完成した工事**を取り上げ，10年以上前の工事は避ける。

④ 主な工種

工事内容を採点者がイメージできるように記述する（例：道路改良工事の場合；道路土工，擁壁工，函渠工，路床工）。なお，**主な工種の中に〔設問2〕で記述する工種を入れること**。

⑤ 施工量

④に記述した主な工種の施工量について，工事の規模がわかるように**具体的な施工数量（数値及び単位）を記述する**（例：道路延長○○m，車道幅員○○m，歩道幅員○○m，盛土土量○○m^3，重力式擁壁工H＝○○m L＝○○m，ブロック積擁壁工H＝○○m L＝○○m，路床工t＝○○cm ○○m^3，ボックスカルバート工○○cm×○○cm×○○m）。なお，**施工量は③に記述した工期に対して適正であるか，必ず確認する**。

(3) 工事現場における施工管理上のあなたの立場

　工事主任，現場監督，現場代理人，発注者側監督員等，現場において指導監督的立場であることがわかるように記述する。なお，作業主任者や作業員などの表現はNGである。また，監督員という表現は発注者側の立場なので，請負側の場合は○○監督員という表現は用いない。

⚑〔設問2〕の書き方のルール

(1) 特に留意した技術的課題

　①工事の概要と現場の特性（地形，地質，環境，気象条件や現場の制約，施工法など），②施工状況，③留意した技術的課題，の順に記述する。

① 工事の概要と現場の特性

　〔設問1〕の (1)工事名，(2)工事の内容と合わせ，**現場の概要をイメージできる**ように，**工事概要，施工条件，現場の周辺状況等**を具体的に記述する。

② 施工状況

　技術的課題が生じたときの工法や施工状況などについて具体的に記述する。

③ 留意した技術的課題

　どのような技術的課題に留意したのかを，名称や数値などを用いて具体的に記述する。

(2) 技術的課題を解決するために検討した項目と検討理由及び検討内容

　(1)で記述した技術的課題を解決するために，どのような検討を行ったのか，**検討を行った理由と検討した内容を具体的に記述する**（箇条書きでもよい）。なお，ここでの記述は**検討内容まで**とし，実施した対応処置とその評価については次の(3)で記述する。

(3) 上記検討の結果，現場で実施した対応処置とその評価

　(2)の検討内容に対して行った対応処置を記述する。一般的な対応処置ではなく，**その現場固有の条件などを踏まえて工夫して行った対応処置の内容**を，技術的かつ具体的に記述する。また，まとめとして**対応処置の評価**を，数値などを用いて具体的に記述する。

監修・執筆

保坂成司（ほさか・せいじ）

博士（工学）。日本大学生産工学部環境安全工学科教授。日本大学生産工学部土木工学科卒。日本大学大学院生産工学研究科土木工学専攻博士前期修了。長田組土木株式会社、日本大学生産工学部副手、英国シェフィールド大学土木構造工学科客員研究員などを経て現職。保有資格は、一級建築士、1級土木施工管理技士、1級造園施工管理技士、1級管工事施工管理技士、測量士、甲種火薬類取扱保安責任者など。

執筆

森田興司（もりた・こうじ）

ISO審査委員。元・読売東京理工専門学校講師。

山田愼吾（やまだ・しんご）

技術士。元・国士舘大学技術職員。

小野　勇（おの・いさむ）

工学博士。元・国士舘大学技術職員。

Staff

編集　　　　　　株式会社エディポック

装丁・本文デザイン　　小林義郎

最新過去問11回分を完全収録
2級土木施工管理技士　過去問コンプリート　2023年版

2023年2月25日　発　行　　　　　　　　　　　　　　　　　　　NDC510

著　者　　森田興司、山田愼吾、小野 勇
監　修　者　　保坂成司
発　行　者　　小川雄一
発　行　所　　株式会社 誠文堂新光社
　　　　　　　〒113-0033 東京都文京区本郷3-3-11
　　　　　　　電話03-5800-5780
　　　　　　　https://www.seibundo-shinkosha.net/
印刷・製本　　株式会社 堀内印刷所

ISBN978-4-416-52363-6